Hirtenfeld, Jaromir

Allgemeines militärisches Handbuch

Hirtenfeld, Jaromir

Allgemeines militärisches Handbuch

Inktank publishing, 2018

www.inktank-publishing.com

ISBN/EAN: 9783747770849

Allgemeines
Militärisches Handbuch.

Organisation
der
europäischen Heere
in Bezug auf
Etat, Eintheilung, Dislocation, Bewaffnung, Ausrüstung, Uniformirung etc., und einer militärischen Bibliografie des Jahres 1853.

Nach
authentischen Mittheilungen und den besten Quellen
bearbeitet von

J. Hirtenfeld.

WIEN 1854.
Druck und Verlag von Carl Gerold & Sohn.

Seiner Excellenz

dem kais. kön.

Feldmarschall-Lieutenant

Herrn

Johann Kempen von Fichtenstamm,

k. k. wirklichen geheimen Rathe, Grosskreuz des k. österreichischen Ordens der Eisernen Krone, Militär - Verdienstkreuz, Ritter des kais. russischen Weissen- und des k. preussischen Rothen-Adler-Ordens erster, dann des k. russischen St. Wladimir-Ordens vierter Klasse, Inhaber des 32. Linien-Infanterie-Regiments Erzherzog Franz Ferdinand d'Este, Chef der Obersten-Polizei-Behörde, Militär-Gouverneur der Reichs-Haupt- und Residenzstadt Wien, General-Inpekteur der Gend'armerie etc. etc.,

ehrfurchtsvoll gewidmet.

Euer Excellenz

haben gnädigst erlaubt, dass ich **Ihnen** mein Werk über „die Organisazion der europäischen Heere“ widmen darf. Hierdurch ist meinen Bemühungen die lohnende Auszeichnung geworden, dass ich diesem Werke einen Namen voranstelle, der unter den treusten Dienern Sr. Majestät des Kaisers so hochgestellt, in der Militär- und kriegsgeschichtlichen Literatur als Autorität anerkannt ist, und in der Armee mit Stolz und Verehrung genannt wird.

Ich bitte daher **Euer Excellenz** überzeugt sein zu wollen, dass ich den hohen Werth dieser gnädigen Erlaubniss seiner vollen Bedeutung nach zu würdigen weiss, und hierbei den Ausdruk meiner tiefgefühltesten Dankbarkeit und unbegrenzten Ehrfurcht zu genehmigen.

Euer Excellenz

Wien, im Februar 1854.

gehorsamster D.iener

J. Hirtenfeld.

Vorwort.

Wie oft wird es Bedürfniss, sich über die Verhältnisse der europäischen Heere zu orientiren, und wie selten sind die Hilfsmittel, welche uns hierüber erwünschten Aufschluss zu geben vermögen?

Ein dahin zielendes Unternehmen dürfte also gerechtfertigt erscheinen.

Mit dem vorliegenden Werke bezwekte ich neben der tiefer eingehenden Organisazion jedes einzelnen Heeres, auch eine Art Jahresbericht zu geben, und war bemüht, abgesehen von den direkt erhaltenen authentischen Mittheilungen, alle in den verschiedenen Staats- und Handbüchern, Almanachen, Militär-Journalen und dahin einschlägigen Werken zerstreuten Daten zu sammeln, und in ein entsprechendes Ganzes zu ordnen.

Die Aufgabe war, wenn sie den Erwartungen der militärischen Welt entsprechen sollte, keine geringe; dieses wohl erwägend ging ich erst an das Unternehmen, als mir die Gewissheit der angehofften Hilfe vorlag.

Diese sehr wirksame Hilfe bestand in der Unterstüzung hoher Gönner und geneigter Freunde, welche meine lang genährte Idee zur Reife brachten. Als Redakteur des „Oesterreichischen Soldatenfreundes“ glaubte ich mich um so mehr berufen an die Abfassung dieses Werkes zu schreiten, als ich in meinem Journal manches brauchbare Material niedergelegt fand.

Ein näheres Eingehen in das Handbuch wird die Zwekmässigkeit desselben herausstellen; dasselbe bringt: die obersten Militärbehörden jedes Staates, den Stand der Generale und Offiziere, die Armee auf den Kriegs- und Friedens-Etat, ihre taktische und organische Eintheilung, die Dislokazion, Ausrüstung, Bewaffnung, Uniformirung, Ergänzung; dann die im Jahre 1853 ergangenen Normen, auf diese Spezialitäten Bezug nehmend, wodurch ein Umriss über die Veränderungen und Fortschritte der Heere im Einzelnen geboten wird.

Als Anhang sind die Erfindungen und Verbesserungen im militärischen Gebiete, und die Militär-Literatur vom Jahre 1853 aufgenommen.

Wenn die Personalien und Dislokazionen, wie natürlich dem Wechsel unterworfen, Aufnahme fanden, so dürfte diess nicht überflüssig erscheinen; ich bezwekte bei den Persönlichkeiten nicht sowohl diese, als die Stellung selbst, und bei den Dislokazionen ein Bild im Allgemeinen hinzustellen, wie die einzelnen Truppentheile in den bezüglichen Staaten stazionirt sind.

Wenn es mir auch nicht gelingen konnte, die angehofften Mittheilungen vollständig zu erhalten, daher Manches vielleicht zu ergänzen bleibt, so habe ich doch alle Quellen gewissenhaft benuzt, um ein möglichst wahres Bild der europäischen Heere zu bieten.

Umso dankbarer bin ich jenen hochlöblichen Militär-Behörden und Freunden, welche mit seltener Bereitwilligkeit meinem Unternehmen entgegen kamen, und erwähne ich in dieser Beziehung der freundlichen Mitwirkung aus Preussen, Sachsen, Württemberg, Hannover, England, Frankreich, Spanien, Belgien, Parma, Modena; der geneigten Willfährigkeit der hohen Stellen aus Schweden, Dänemark, Niederlande, den beiden Hessen, Baden, Nassau, Frankfurt, etc. etc.

Preussen wurde nicht ohne Grund ausführlicher behandelt, ist es ja doch massgebend für die militärischen Instituzionen der norddeutschen Staaten.

Ueber Russland und die Türkei wurden die besten Quellen zu Rathe gezogen, Neapel auf Grundlage brieflicher Bruchstüke abgefasst — und so sei denn diese anspruchslose Arbeit, gleich meinen früheren literarischen Leistungen, dem Wohlwollen der militärischen Welt empfohlen.

Der Verfasser.

Inhalt.

Erste Abtheilung.

Deutsche Bundesstaaten.

Deutscher Bund.

Bundes-Militär-Kommission.

Präsidirender Bevollmächtigter —: k. k. österr. GM. Ritter v. Schmerling; Ober-Kommandant der Bundes-Truppen zu Frankfurt a. M.

2. Bevollmächtigter von Oesterreich —: Oberst Freiherr v. Rzikowsky vom 28. Infanterie-Regimente.

Von Preussen —: 1. Bevollmächtigter GM. Friedrich Graf v. Waldersee. 2. Bevollmächtigter —: Oberstlt. von Twardowski.

Von Baiern —: GM. Josef Ritter v. Xylander.

Vom 8. Armee-Korps. *a)* von Württemberg: GM. v. Baur, Major Bayer v. Ehrenberg; *b)* von Baden: Oberst Georg Krieg v. Hochfelden, *c)* von G. H. Hessen: Oberst Christian Frey.

Vom 9. Armee-Korps: *a)* vom Königreich Sachsen: Oberst Gustav v. Spiegel; *b)* von K. F. Hessen: Major I. K. Ritter v. Ende; *c)* von Luxemburg: k. niederl. Oberst Panhuys.

Vom 10. Armee-Korps: *a)* von Hannover: GM. v. Jakobi; *b)* von Dänemark: Oberstlt. J. v. Bülow; *c)* von Oldenburg: Major Plate.

Bundes-Festungs-Behörden.

Landau. Kommandant —: Philipp Frhr. v. Brandt, GM. — Genie-Direktor —: Oberstlt. Martin Mager; Artillerie-Direktor —: Stefan v. Saint-Germain, Oberstlt.; Plazstabsoffizier —: char. Oberst Josef Bronzetti; sämmtliche in k. baierischen Diensten.

Luxemburg. Gouverneur —: v. Wedell, GL. und Gen.-Adj. — Kommandant —: Aug. Kaiser, GM. — Plaz-Major —: Hauptmann v. Jwanow. — Lokal-Genie-Direktor —: Voelcker, Oberstlt. — Lokal-Artillerie-Direktor —: Kleinschmidt, Hauptmann; sämmtlich in k. preussischen Diensten.

Mainz. Gouverneur —: S. kais. Hoh. Erzh. Albrecht von Oesterreich (29. Oktober 1849). — Vize-Gouverneur —: FML. Karl Frhr. v. Mertens. — Kommandant —: der k. preuss. GL. v. Hahn. — Lokal Genie-Direktor —: der

1

k. preuss. Major v. Köckritz. — Festungs-Artillerie-Direktor —: der k. österr. Oberst Pichler. — Plazoffiziere —: k. österr. Oberstlt. Heiter, k. preuss. Major v. Katte; k. österr. Hauptmann Matzal.

Rastatt. Gouverneur —: Friedrich Frhr. Gayling v. Altheim, grossherzogl. bad. GL. — Kommandant —: Gustav Kuntz, grossh. bad. Oberst. — Genie-Direktor —: k. k. öster. Genie-Oberstlt. Ritter v. Merkl. — Lokal-Artillerie-Direktor — : Wilhelm Schellenberg, grossh. badischer Artillerie-Hauptmann. Plaz-Kommandant —: Franz v. Davans, grossh. bad. Hauptmann und Plaz-Major.

Ulm. Gouverneur —: Graf v. Sontheim, württemb. GL. — Adjutant —: Oberstlt. Rath. — Vize-Gouverneur und Kommandant der Truppen —: v. Reinhard, k. württemb. GM. — Kommandant — : Josef Naus, k. baier. GM.

Das Bundes-Heer *).

Stärke: Jeder Bundesstaat hat nach der Matrikel von 1842 zu stellen:

1. das einfache Kontingent zu 1 p. C.;
2. die Reserve zu $^1/_3$ p. C., 10 Wochen nach der Mobilmachung;
3) den Ersaz zu $^1/_6$ p. C., mit beliebigen Stämmen; also in Summa $1^1/_2$ p. C., ohne den Train.

Hiernach ist das Bundesheer stark:

a) einfaches Kontingent . . . . 238,776 M., excl. 64707 M. Bundesfestungs-Besazungen.
b) Reserve . . . . 101,161 „
c) Totalstärke für den Krieg im Felde . . 339,937 M.

A. Eintheilung.

Das aus den einfachen Kontingenten zusammengesezte Bundesheer zerfällt in 10 Armee-Korps und 1 aus 13 Bataillons bestehende Reserve-Infanterie-Division. Die Reserve des Bundes-Heeres ist im Fall ihrer Gestellung entweder mit den betreffenden Armee-Korps zu vereinigen oder lezteren analog als selbstständige Truppen-Abtheilung zu organisiren.

Armee-Korps.

				Kombatt.
I., II., III. Armee-Korps;	6	Divisionen	Oesterreich	94,822
IV., V., VI. „ „ ;	6	„	Preussen .	79,484
VII. „ „ ;	2	„	Baiern .	35,600

*) Die Verfassung gründet sich auf die in den Jahren 1821 und 1822 in 10 Abschnitten festgestellten, und später ergänzten Bundes-Beschlüsse.

			Kombatt.
VIII. Armee-Koprs;	1. Division	Württemberg	13,955
	2. „	Baden . .	10,000
	3. „	Grossherzogthum Hessen	6195
IX. Armee-Korps;	1. Divis.	Königreich Sachsen	12,000
	2. „	Kurfürstenthum Hessen . .	5679
		Nassau	4039
Luxemburg-Limburg	zur Besazung von Luxemburg .		2536
X. Armee-Korps;	1. Divis.	Hannover	13,054
		Braunschweig . 3 Brigade .	2096
	2. „	Holstein-Lauenburg 1. „ .	3600
		Meklenb.-Schwerin 2. „ . .	3580
		„ Strelitz . .	718
		Oldenburg 3. „ . .	2829
		Lübek . .	407
		Bremen . .	485
		Hamburg . .	1298
		Summa des einfachen Kontingents	292,377

Reserve-Infanterie-Division.

			Kombatt.
1.	Bataillon	Sachsen-Altenburg	982
2.	„	„ Koburg-Gotha	1116
3.	„	„ Meiningen-Hildburghausen .	1150
4. 5.	„	„ Weimar-Eisenach	2010
6. 7.	„	Anhalt-Dessau	529
		„ Bernburg	370
		„ Köthen	325
Jäger-Detach.		Hessen-Homburg	200
8.	Bataillon	Waldeck	519
9.	„	Lippe (Detmold)	731
Jäger-Detach.		zum 8. u. 9. Bat. Schaumburg-Lippe	200
10.	Bataillon	Schwarzburg-Sondershausen . . .	451
		„ Rudolstadt	539
11.	„	Hohenzollern-Hechingen	145
		„ Siegmaringen	356
Jäger-Detach.		Liechtenstein	55
12.	Bataillon	Reuss ältere und jüngere Linie . .	745
13.	„	Frankfurt	693
		Summa des einfachen Kontingents	11,116

Die 10 Armee-Korps vertheilen sich: Linien-Infanterie 216,343; Jäger 11,388; Kavallerie 10,754; Artillerie und Train

1*

20,977 Mann mit 594 Geschüzen und Pioniere und Pontoniere 2915 Mann.

Dic Reserve Infanterie-Division, wie oben, 11,116 M. (davon 1457 Jäger), so, dass das ganze Kontingent 303,493 Mann zählet.

In Folge des Bundes-Beschlusses vom 10. März 1853 ist die Vermehrung der Bundes-Armee um 50,000 Mann beantraget.

Die Reserve - Infanteric - Division ist in 3 Inspekzionen: 1 österreichische, 1 preussische und 1 baier'sche vertheilt und zur Besezung der Bundesfestungen bestimmt.

Das Verhältniss der Waffengattungen ist: Kavallerie $^1/_7$ des Kontingents; Artillerie: 2 Geschüze auf 1000 Mann, 36 Mann pr. Geschüz, 200 Geschüze als Belagerungs-Park für das ganze Heer; $^1/_4$ Haubizen, $^1/_4$ Zwölf-Pfünder; $^3/_4$ Sechs-Pfünder; $^1/_5$ reitende Artillerie. Pioniere und Pontoniere: $^1/_{100}$ des Kontingents; Genie-Truppen stellt Oesterreich und Preussen; jedes Kontingent, welches stärker als ein Armee-Korps ist, gibt ein Brükentrain für grosse Flüsse; jedes andere für eine Flussbreite von 200 Schuh. Infanterie: bildet den Rest; die leichte Infanterie soll $^1/_{20}$ der ganzen Infanterie bestehen.

Für die Bundes-Festungen wurde unter besonderer Mitwirkung des k. württembergischen Generals v. Baur ein Reglement im Monat April 1853 ausgearbeitet, und den Regierungen zur Genehmigung vorgelegt. Nach demselben ist über den künftigen Bestand der Friedensbesazung folgendes festgestellt worden. In Mainz wird dieselbe bestehen aus 6000 M. (3000 Preussen und 3000 Oesterreichern); in Luxemburg aus 3000 Preussen und 1000 Württembergern; in Ulm aus 5000 Württembergern und Baiern, nebst 300 M. österr. Artillerie; in Rastatt aus 2500 Badensern und 100 M. österr. Genie-Truppen. — Die Kriegsbesazung soll bestehen: In Mainz aus 7000 Oesterreichern, 7250 Preussen, 982 Sachsen-Altenburgern, 1116 Koburg-Gothaern, 1150 Meiningern, 2010 Weimaranern, 529 Anhalt-Dessauern, 370 Anhalt-Bernburgern, 325 Köthenern, 200 Hamburgern; zusammen 20,932 M. (als höchster Stand). In Luxemburg aus mindestens 7000 M. (3098 Infanterie, 600 Artillerie, 125 Kanonen, 121 Genie-Truppen Preussen, 1602 M. Luxemburgern, 210 M. Schaumburg-Lippe, 720 M. Lippe, 419 M. Waldekern). In Ulm als Maximal-Stand 20,000 M., zu gleichen Theilen Oesterreichern, Baiern und Württembergern. In Rastatt 2800 M. österr. Infanterie, 100 M. österr. Kavallerie, 400 M. österr. Artillerie, 200 M. österr. Genie-Truppen; 6000 M., badische Infanterie, 200 M. Kavallerie, 800 M. Artillerie, in Summa 10,500 M. als höchster Stand.

Die Marine-Kommission wurde in Folge gefassten Beschlusses der h. Bundes-Versammlung am 1. Mai 1853 definitiv aufgelöst. Alle Gegenstände so zur Flotte gehört hatten, wurden verkauft, mit alleiniger Ausnahme der Armatur für die Mannschaft (für etwa 1200 Mann).

Eine allgemeine Verpflegs-Ordnung für die Bundes-Festungen für Kriegszeiten Bezug nehmend, wurde im August 1853 festgesezt.

Die bereits im Jahre 1847 von der Bundes-Versammlung angeregte Zusammenstellung statistischer Angaben, welche auf eine eventuelle Benuzung der Eisenbahnen, in den Bundes-Staaten zu militärischen Zweken in Bezug kommen, wird nach einem Beschlusse vom August 1853 in erschöpfender Weise fortgesezt.

Ein „technischer Beirath" für die Festungs-Bauten aus sieben Mitgliedern bestehend, trat in Wirksamkeit und ist der kais. österr. Oberst Rzikowsky Referent dieser Abtheilung.

Im September 1853 fand eine Inspizirung sämmtlicher zehn Armee-Korps, mit Ausnahme des Holstein-Lauenburgischen, statt, wozu folgende Generale von den bezüglichen Regierungen fürgewählt wurden:

1. für das Bundes-Kontigent von Oesterreich — von Preussen: Se. königl. Hoheit der Prinz v. Preussen; von Königreich Sachsen: GL. Graf Holzendorf; von Hannover: General Hugh Halkett;

2. für jenes von Preussen — von Oesterreich: Se. kaiserl. Hoheit der Erzherzog Leopold, FML.; von Baiern: GL. v. Flotow; Württemberg: hatte verzichtet;

3. für das von Baiern — von Oesterreich: Se. kaiserl. Hoheit der Erzherzog Wilhelm, FML.; von Sachsen: GL. v. Rockhausen; von Grossherzogthum Hessen: GL. Wachter;

4. für Württemberg — von Oesterreich: FML. Graf Degenfeld; von Meklenburg: GM. von Witzleben;

5. für Baden — von Preussen: GL. v. Hirschfeld; von Kurhessen: GM. v. Kaltenborn; von Oldenburg: der GM. v. Ranzow;

6. für das Grossherzogthum Hessen — von Oesterreich: FML. Baron Wernhardt; von Hannover: GM. Jakobi; von Kurhessen: der GM. v. Helmschwerdt;

7. für das Königreich Sachsen — von Oesterreich: FML. Prinz Alexander zu Württemberg; von Baiern: GL. v. Hailbronner; von Grossherzogthum Hessen: GM. v. Rabenau;

8. für Kurhessen, Luxemburg und Nassau — von Preussen: GL. v. Schack; von Baden: GM. v. Roggenbach; von Braunschweig: GM. v. Erichsen;

9. für Hannover u. Braunschweig — von Preussen: GL. Fürst Radziwill; von Baden: GL. Frhr. Gayling v. Altheim; von Luxemburg: der königl. niederländische GM. Strom de Grave;

10. für Meklenburg-Schwerin und Meklenburg-Strelitz, Oldenburg und Hansestädte — von Preussen: GL. v. Thümen; Württemberg hatte verzichtet; von Nassau: GM. v. Hadeln;

11. für die Bundes-Kontingente von Sachsen-Meiningen-Hildburghausen, Sachsen-Koburg-Gotha, Sachsen-Altenburg, Frankfurt — von Oesterreich: FML. v. Mertens; Bundes-Kontingente von Sachsen-Weimar, Anhalt-Dessau-Köthen, Hessen-Homburg, Schaumburg-Lippe, Lippe und Waldek — von Preussen: GL. v. Voss; Bundes-Kontingente v. Schwarzburg-Sondershausen und Schwarzburg-Rudolstadt, Liechtenstein und Reuss ältere und jüngere Linie — von Baiern: GM. v. Hess.

Anhalt-Bernburg.

Se. Hoheit Herzog Alexander (geb. 1805).

Chef des Bundes-Kontingents —: Oberstlt. v. Winning.

Nach der Militär-Konvenzion mit Preussen vom Jahre 1849 stellt das Herzogthum 1 Linien-Bataillon Infanterie und 1 Linien-Schwadron Kavallerie, 980 Mann; das Bundes-Kontingent zur Reserve-Division zählend, ist nur 370 Mann.

Uniform: dunkelgrün; Helme; preussisches Perkussions-Gewehr mit Hirschfänger. Die Dienstzeit ist auf 6 Jahre, 4 in der Linie und 2 in der Reserve festgesezt.

Anhalt-Dessau-Köthen.

Se. Hoheit Herzog Leopold (geb. 1794).

Militär-Kommandant —: Oberst Stockmar.

Vorsizender bei der Kriegs-Kommission —: Oberstlt. v. Davier. Das Bundes-Kontingent beider Herzogthümer zählt 854 Mann, und wird zur Reserve-Division gestellt. Dessau formirt 3 Linien-Kompagnien, Köthen 2 Kompagnien, überdiess jedes Herzogthum 1 Reserve-Kompagnie; in den Kompagnien sind Schützen als Schliessende einrangirt. Nach der mit Preussen im Jahre 1849 abgeschlossenen, nicht mehr bestehenden Militär-Konvenzion stellten die beiden Herzogthümer: 1 Linien- und 1 Landwehr-Bataillon Infanterie; 1 Linien- und 1 Landwehr-Schwadron Kavallerie, dann $^1/_2$ Batterie zu 4 Geschüzen.

A. Bewaffnung.

Perkussions-Gewehre mit Bajonnet und Säbel; die Scharfschützen Perkussions-Büchsen mit Hirschfänger.

B. Uniform.

Dunkelgrün, weisse Knöpfe, schwarzes Lederzeug; Helme.

C. Ergänzung.

Erfolgt durch Stellung oder Stellvertretung; die Dienstzeit beträgt 4 Jahre in der Linie und 2 in der Reserve.

Mit herzoglichem Befehl vom 29. Dezember 1852 wurde der Eid auf die Verfassung aufgehoben.

Das am 6. August 1853 ausgegebene Stük der Gesez-Sammlung brachte eine Verordnung, die Stiftung einer Militär-Denkmünze für die in der Zeit vom 1. März 1848 bis 1. Oktober 1849 in Dienst gestandenen Militärpersonen betreffend. Der §. 1 der Verordnung bestimmt: „Es wird eine Militär-Denkmünze gestiftet, welcher Wir zum Zeichen unserer gnädigsten Anerkennung der treuen Pflichterfüllung Unseres Militärs in den Jahren 1848 und 1849 die Benennung: „Alexander-Karl-Denkmünze" beilegen." —

Baden.

Se. k. H. Regent Friedrich (geb. 1826), Oberster Chef des Armee-Korps.

Adjutanten des Regenten.

Flügel-Adjutanten: Oberst Lud. Schuler, Oberstlt. Karl Frhr. Seutter v. Lötzen; Major Fried. Keller.

Flügel-Adjutant des Grossherzogs: Oberstlt. Aug. Frhr. Göler.

Kriegs-Ministerium.

Präsident —: GL. Aug. Frhr. v. Roggenbach. 1. Adjut.

1. Sekzion (militärische) —: Oberst Josef v. Theobald; Fried. von Böckh; Oberstlt. Walz; Major Zeroni.

2. Sekzion (ökonomische) —: Kriegsrath Dr. Vogelmann und v. Froben, dann Assessor Ekert.

3. Sekzion (rechtsgelehrte) und Ober-Kriegsgericht: — General-Auditor Wilhelm Brauer; Kriegsrath C. F. Obermüller.

Militär-Sanitäts-Direkz. —: Gen.-Stabs-Arzt Dr. Schrikel.

Rekrutirung —: in den Bezirken Freiburg, Karlsruhe und Mannheim, überall ein Stabs-Offizier.

Verwaltungs-Kommission der Militär-Witwen-Waisen-Kasse —: Präsident GM. Frhr. v. Röder. Haupt-Kriegs-Kassa —: Kassier Horchler.

Zeughaus - Direkzion —: Direktor Oberst Fr. Köbel. Haupt-Magazin und Montirungs-Kommissariat in Ettligen —: Direktor Major Waizenegger. Straf-Kompagnie —: Kommandant Hauptmann Zimmermann. Bureau der früheren Infanterie- und Reiter-Regimenter. Vorstand des ersteren: Major Stadler; — des lezteren: GM. Konst. Baron Roggenbach.

Kommandant des Invaliden-Korps: Oberst Georg Sartori.

Kommandantschaften, in Karlsruhe —: GM. Konst. Frhr. v. Roggenbach; Mannheim —: Oberst Fried. v. Porbeck vom 3. Infanterie-Regimente; Rastatt —: Oberst Karl Dreyer vom 2. Infanterie-Regiment; Freiburg —: Oberstlt. Josef Koch vom 2. Füsilier-Bataillon; Konstanz —: Oberstlt. Josef Louis vom 4. Infanterie-Regiment; Bruchsal: — Oberst Theodor Hilpert vom 2. Reiter-Regiment; Kisslau —: Oberst Georg Sartori vom Invaliden-Korps und Kehl —: Oberst Fried. Asbrand.

Einrangirte (Aktive) Offiziere im Jahre 1853. GLt. v. Gailing und Aug. Baron Roggenbach, GM.

Konst. Baron Roggenbach und Baron Röder, 10 Oberste, 9 Oberstlte, 13 Majore und 243 Hauptleute, Ober-Lieutenante und Lieutenante.

Das Heer.

A. Stärke. Infanterie: 1. (Grenadier-) Regiment (1955 Kombattanten); 3 Linien-Infanterie-Regimenter (2 — 4); jedes Regiment zu 2 Bataillone, je 4 Kompagnien; mit dem Kriegsstande von je 1929 Kombattanten; 2 selbstständige Füsilier-Bataillone zu je 4 Kompagnien (je 970 Kombattanten); 1 Jäger-Bataillon zu 3 Kompagnien (532 Kombattanten): zusammen 10,223 Mann und 1302 Mann als Ersazmannschaft in den Depot-Kompagnien.

Kavallerie: 3 Reiter-Regimenter zu je 4 Eskadrons, jedes Regiment im Kriegsstande 800; zusammen 2451 Kombattanten.

Artillerie: 1 Regiment, 4 Fuss- und 1 reitende Batterie, zusammen 40 Geschüze, 1700 Mann.

Genie-Truppen: 1 Pionier-Kompagnie mit einem Biragoschen Brükenzug, 255 Kombattanten; 1 Zeughaus-Handwerker-Kompagnie. — Bundes-Kontingent: 2. Division des 8. Armee-Korps 10.000 M. u. z. Infanterie 7751, Kavallerie 1429, Artillerie 720, Pioniere 100 M. 20 Geschüze.

B. Dislokazion. Infanterie: 1. (Grenadier-) Regiment in Karlsruhe; 2. Infanterie-Regiment in Rastatt; 3. Infanterie-Regiment in Mannheim; 4. Infanterie-Regiment in Konstanz. 1. Füsilier-Bataillon in Karlsruhe; 2. Füsilier-Bataillon in Freiburg; Jäger-Bataillon in Freiburg. Reiterei: 1. Regiment in Karlsruhe; 2. Regiment in Bruchsal; 3. Regiment in Mannheim. Artillerie: in Gottesau. Pioniere: in Karlsruhe. Zeughaus-Handwerker: in Karlsruhe.

C. Eintheilung. Die Infanterie bildet 1 Division. Kommandant: Röder von Diersburg Phil. Frhr. GM. Die Reiterei bildet 1 Brigade. Kommandant: Roggenbach August Freihr. GM. Die Pioniere sind dem Generalstabe zugetheilt.

D. Bewaffnung. Die Jäger mit Wild'schen Büchsen, Hirschfänger; die Füsiliere und Infanterie mit Perkussions-Gewehren, Bajonnet und Faschinenmesser, die Pioniere und Fuss-Artillerie mit Yatagan in eisernen Scheiden und Karabiner. Reiterei gekrümmte Korbsäbel, 1 Karabiner, 1 Pistole; Unteroffiziere der Fuss- und die reitende Artillerie gekrümmte Säbel und 1 Pistole. Zeughaus-Handwerker Faschinenmesser.

E. Ausrüstung. Alle Truppen tragen den Helm mit gelbem, nur die Pioniere mit weissem Beschlag; zur Parade Jäger- und Artillerie einen schwarzen, Reiter- und Pioniere einen weissen Haarbusch. Die Grenadiere tragen eine Granate, die Füsiliere ein Schüzenhörnchen auf der Patrontasche. Lederzeug bei der Infanterie, Kavallerie, Artillerie weiss, Füsiliere, Jäger, Pioniere und Zeughaus-Handwerker schwarz. Reiterei und Artillerie ungarische Sättel; Schabraken bei der Reiterei von hellblauem Tuch, bei der Artillerie von schwarzem Pelz.

F. Uniformirung. Die Generalität dunkelblaue Waffenröke mit rothen Aufschlägen und Krägen, weisse Knöpfe, Uniforms-Stikerei in Silber, graue Beinkleider mit 2 breiten rothen Streifen und einem Passe-poil, silberne Epaulette mit steifen Bouillon, silbernem Halbmond und Feld; Helm weisses Beschläg, Spizen, zur Parade weissen Federbusch, Degen, silbernes Porte-épée, Schärpe mit Silber gewirkt als Dienstzeichen. Flügel-Adjutanten wie die Generale, nur weiss passe-poilirt und weissen Haarbusch auf dem Helm zur Parade.

Gradauszeichnungen: Epaulett, die Stabs-Offiziere mit losen Bouillon; Oberst und Hauptmann 2, Oberst-Lieutenant und Ober-Lieutenant 1 Stern in silbernem Feld. Bei der Infanterie, Jäger, Füsiliere und Artillerie gelbe, bei der Kavallerie und dem Generalstab weisse Halbmonde. Unter-Offiziere Tressen am Kragen und Aufschlägen, Feldwebel 2 Wappenknöpfe am Kragen, Oberfeldwebel Offizier-Säbel mit Offizier-Porte-épée.

Infanterie: Waffenrok dunkelblau, rothe Aufschläge, Kragen und Passe-poil, weisse Achselklappen mit der Regiments- oder Bataillons-Nummer (roth), gelbe Knöpfe; die Füsiliere grüne Patten auf den Aufschlägen. Jäger: Waffenrok dunkelgrün, roth passe-poilirt, rothe Achselklappen, gelbe Knöpfe, schwarze Kragen und Aufschläge. Reiterei: hellblaue Waffenröke, weisse Knöpfe und rothen, gelben oder schwarzen Aufschlägen, gelbe und rothe Passe-poil. Artillerie: Waffenrok dunkelblau, roth passe-poilirt, gelbe Knöpfe, rothe Achselklappen, schwarze Kragen und Aufschläge. Pioniere: Waffenrok dunkelblau, Aufschläge, Kragen, Achselklappen und Passe-poil karmoisinroth, weisse Knöpfe, Zeughaus-Handwerker: Dunkelblaue Waffenröke, schwarze Krägen, Achselklappen und Aufschläge. Sämmtliche Truppen, mit Ausnahme der Pioniere, graue Beinkleider mit scharlachrothem Vorstoss, die Pioniere karmoisinrothen Vorstoss, jedoch sämmtliche dunkelgraue Mäntel.

G. Ergänzung und Dienstpflicht. Stellung nach vollendetem 21. Jahre durch Loos mit erlaubter Stellvertretung. Die Dienstzeit ist 6 Jahre durch Beurlaubung erleichtert.

Unterm 10. Oktober 1852 wurde die Errichtung einer Abtheilung Unteroffiziers-Garde verfügt, die nur aus Ober-Feldwebeln und Ober-Wachtmeistern besteht, und als

Versorgung für solche dienet, die nicht leicht eine ihrem Alter und Dienstrang angemessene Versorgung im Zivil-Dienst finden. Ihre Verwendung ist zunächst zum Ordonnanz-Dienst bei der Person des Regenten. Die Ober-Feldwebel und Ober-Wachtmeister haben den Rang vor allen Unter-Offizieren des Armee-Korps.

Das Ministerium hat am 12. November 1852 den Vollzug der Straf-Urtheile bei Verstossungen vom Militär angeordnet. Ist gegen Unter-Offiziere und Soldaten durch ein Zivil-Gericht auf Zuchthaus erkannt, so wird hiernach die Verstossung des Verurtheilten in der Weise vollzogen, dass das rechtskräftige Urtheil, dem nach Massgabe der allgemeinen Dienst-Ordnung ausgerükten Regimente mit dem Bemerken verkündigt wird: der Verurtheilte sei hiernach unwürdig im Militär zu dienen, wenn diese Verkündigung als Verstossungs-Akt desselben vom Militär gilt.

Im Dezember 1852 wurde eine Reihe von Aenderungen der speziellen Dienst-Ordnung der Infanterie, Reiterei und Artillerie festgestellt, wodurch den verschiedenen Kommando-Stellen des Armee-Korps diejenigen Befugnisse sowohl zum Belohnen, als zum Bestrafen gewährt werden, welche deren Wirkungskreis und den Verhältnissen angemessen, erachtet worden sind.

Baiern.

Se. Majestät König Maximilian II. (geb. 1811).

Adjutantur.

General-Adjutanten: Hohenhausen, Leonh. Freiherr, GL.; Delpy v. La Roche, Heinrich, GL.

Flügel-Adjutanten: Von der Tann, Ludwig Freiherr, Oberst; Strunz, Emil, Hauptmann; Rechberg v. Rothenlöwen Ludw. Graf, Major; Leonrod, August Frhr., Hauptmann; Zoller, Ludwig Freiherr, Major, zugleich des Königs Hofmarschall.

Kriegs-Ministerium.

Dirigirender Kriegsminister: Lüder, Ludwig v., GL.

(Der Kriegsrath besteht unter dem Vorsiz des Kriegsministers aus 8 Mitgliedern, Generale und hohe Beamte, dann einem Stabs-Offizier zur Protokollführung.)

I. (Sekretariat, Geseze und Archive, Protokoll und Expedit.) Chef: Gönner, Michael v., General-Sekretär.

II. (Generalstab, Infanterie, Kavallerie, Invaliden, Pensionirung, Belohnung, Unterrichtswesen, Remontirung, Dépôt.) Chef: — —. 5 Referenten.

III. (Artillerie.) Chef: — —. 1 Major als Referent.

IV. (Genie-Wesen.) Chef: — —. 1 Major als Referent.

V. (Korrespondenz mit den andern Ministerien, Gendarmerie und Polizei, Sanität, Heeresergänzung, Landwehr, Gnadengaben.) Chef: — —. 5 Referenten.

VI. (Budget, Rechnungswesen, Pensionen überhaupt, Kriegs-Kasse.) Prov. Chef —: Oberstlt. Neumayer. 3 Referenten. Dieser Sekzion ist eine Revisions-Abtheilung beigegeben, für die Rechnungen besonderer Stellen, ferner die Bau- und Medikamenten-Rechnungen, deren Chef: Oberst von Lindpaintner ist.

Aktive Generalität.

Feldmarschall: Karl Prinz von Baiern, General-Inspektor der Armee.

Generale: Zweibrücken, Christian Freiherr, G. d. K.; Taxis, Theodor Fürst von Thurn und, G. d. K.; Ysenburg, Wilh. Graf, G. d. I.

General-Lieutenante: Gumppenberg, Anton Freiherr; Heidek, genannt Heidegger Karl, Freiherr; Kunst, Joh. v.; Maximilian, Herzog in Baiern; Luitpold, Prinz von Baiern, k. H.; Hohenhausen, Leonhard Frhr.; Magerl, Xaver Frhr.; Bosch, Hugo v.; Flotow, Friedrich v.; Hailbronner, Karl v.; Lüder, Lud. v.; Delpy v. Laroche, Heinrich; Mark, Anton v. der. — 32 General-Majore, 37 Oberste, 27 Oberst-Lieutenante und 80 Majore.

Leibgarde der Hartschiere. General-Kapitän: G. d. K. Freiherr von Zweibrücken.

General-Quartiermeister-Stab. General-Quartiermeister: (unbesezt) 1. GL. (Frhr. Haidegger), 3 Oberste, 2 Oberstlts., 4 Majors, 11 Hauptleute. Topografisches Bureau. Direktor: Oberst Aulitschek. Haupt-Konservatorium der Armee. Konservator: Oberst Seifried.

Artillerie-Korps-Kommandant: GL. Prinz Luitpold, k. H.

Ingenieur-Korps-Kommandant: GM. Joh. Keller Frhr. v. Schleitheim.

Gendarmerie (Korps-Kommando in München). Chef: Oberst Freiherr Gumppenberg, in 9 Kompagnien.

Das Heer.

A. Stärke:

a) Infanterie: 16 Regimenter Linien (1 Leibgarde und Nr. 1 bis 15), dann 6 Jäger-Bataillone. Jedes Linien-Regiment zu 3 Bataillons, zu 4 Fuss- und 1 Schüzen-Kompagnie, mit dem Kriegsstande von 3048 Kombattanten; das Jäger-Bataillon zu 4 Jäger- und 1 Karabinier-Kompagnie, 909 Kombattanten. Sämmtliche Infanterie und Jäger 54,222.

b) Kavallerie: 2 Kürassier-, 6 Chevauxlegers-Regimenter zu 6 Feld- und 1 Dépôt-Eskadron, jedes Regiment 956 Komb. und die 8 Regimenter 7748 M.

c) Artillerie: 2 Regimenter zu 2 Feld-Bataillons à 6 Kompagnien oder Batterien, jede ohne Fuhrwesen 133 Mann, dann 1 Festungs-Bataillon zu 3 Komp. à 207 Mann und 6 Fuhrwesens-Kompagnien; endlich 1 reitendes Artillerie-Regiment zu 4 Batterien à 217 Mann, — zusammen 28 Batterien, 224 Geschüze und 5642 Komb.

d) Genie-Truppe. 1 Regiment zu 8 Kompagnien mit 1 Ponton- und 6 Biragoschen Brückentrains in der Stärke von 1026 Kombat.

e) Sanitäts-Truppe: 2 Kompagnien zu 4 Zügen 486 Köpfe.

Sohin die Totalstärke im Kriege 69,024 Kombattanten und 3541 Nichtkombat. Im Frieden ist jedoch der Präsenstand nur 27,360 Mann.

f) Die Landwehr steht unter 7 Kreis-Kommandanten, 12 Kreis-Inspektoren, 51 Distrikts-Inspektoren in 2 Klassen von 22 bis 40 und von 41 bis 60 Jahren, aus den weder zur Reserve noch zum stehenden Heere gehörigen Individuen gebildet; sie ist uniformirt, aus allen Truppen-Gattungen zusammengesezt und wird zehnmal des Jahres exerzirt.

Baiern stellt das 7. Armee-Korps zum deutschen Bundes-Kontingent in der Stärke von 35,600 M., u. z. Infanterie 26,215, Jäger 1380, Kavallerie 5068, Artillerie 2563, Pioniere und Pontoniere 356 M. mit 18 Haubizen und 54 Kanonen.

B. Eintheilung.

In 2 Armee-Korps, jedes 2 Divisionen, diese zu 2 Infanterie-Brigaden (2 Linien-Regimenter, 1. Jäger-Bataillon), 1 Kavallerie-Brigade (2 Kürassier- oder Chevauxlegers-Regimenter), 2 sechspfündige fahrende, zwölfpfündige schwere und 1 sechspfündige reitende Batterie. Jedes Korps eine Geschütz-Reserve von 6 Batterien, 1 Genie-Detachement, 1 Sanitäts-Abtheilung.

I. Armee-Korps (München), Kommandant G. d. K. Fürst Taxis; Chef des Generalstabes Oberst Liel; Adjutant Major Lamott; Genie-Inspektor Oberst Hörmann.

1. Armee-Division (München), GL. Friedr. v. Flotow. 1. Infanterie-Brigade (München), GM. v. Ott; 2. (München), GM. v. Hess; 1. Kavallerie-Brigade (in München), GM. v. Schätzler.

2. Armee-Division (Augsburg), GL. Frhr. v. Hohenhausen. 3. Infanterie-Brigade (Augsburg), GM. v. Hartmann; 4. Inf.-Brig. (Ingolstadt), GM. Emmarth; 2. K. B. Augsburg), GM. Baron Völderndorff.

II. Armee-Korps (Würzburg) Kommandant: GL. Frhr. v. Gumppenberg; Generalstabs-Chef: Major v. Schintling; Adjutant: Hauptmann Kohlermann; Genie-Inspektor: Major Blassin.

3. Armee-Division (Nürnberg), GL. v. Hailbronner. 5. Inf.-Brig. (Nürnberg), GM. v. Haller; 6. (in Bayreuth), GM. Freiherr Grossschedel; 3. Kav.-Brig. (Bamberg), GM. Ritter v. Binder.

4. Armee-Division (Würzburg), GL. von der Mark. 7. Inft.-Brigd. (in Aschaffenburg), GM. Graf Du Ponteil; 8. (in Speier), GM. v. Krazeisen; und 4. K. Br. (in Ansbach), GM. v. Schmalz.

C. Dislokazion.

Infanterie. Leib-Regiment: Stab mit dem 1. und 3. Bataillon in München, mit dem 2. in Landau. 1. König Ludwig: Stab mit dem 1. und 3. Bataillon in München, das 2. in Germersheim. 2. Kronprinz: Stab mit dem 1. und 3. Bataillon in München, mit dem 2. in Germersheim. 3. Prinz Karl: Stab mit dem 2. und 3. Bataillon in Augsburg, das 1. in Kirchheimbolenden. 4. Gumppenberg: Stab mit dem 3. Bataillon in Kaiserslautern, das 1. in Ingolstadt, das 2. in München. 5. Grossherzog von Hessen: Stab mit dem 1. Bataillon in Germersheim, das 2. in Augsburg, das 3. in München. 6. König von Preussen: Stab und 1. Bataillon in Augsburg, das 2. in Bamberg, das 3. in Sulzbach. 7. Hohenhausen: Stab mit dem 2. und 3. Bataillon in Ingolstadt, das 1. in Germersheim. 8. Sekendorff: Stab mit dem 2. und 3. Bataillon in Passau, das 1. in Landau. 9. Wrede, Stab mit dem 1. und 2. Bataillon in Würzburg, das 3. in Forchtheim. 10. Pappenheim: in Ingolstadt. 11. Ysenburg: Stab mit dem 2. und 3. Bataillon in Regensburg, das 1. in Landau. 12. König von Griechenland: Stab mit dem 1. Bataillon in Landau, das 2. in Straubing, das 3. in München. 13. Kaiser von Oesterreich: in Bayreuth, 2 Kompagnien in Rosenberg. 14. Zandt: in Nürnberg. 15. Prinz Johann von Sachsen: Stab mit 4 Kompagnien des 3. Bataillons in Neuburg, die 5. in Wülzburg, das 1. Bataillon in Neu-Ulm, 4 Kompagnien des 2. Bataillons in Eichstädt, die 4. in Wülzburg.

Jäger. 1. Bataillon in Frankfurt am Main. 2. Bataillon: Stab mit 4 Kompagnien in Burghausen, die 4. in Reichenhall. 3. Bataillon in Aschaffenburg. 4. Bataillon in Lindau. 5. Bataillon in Marienberg. 6. Bataillon in München.

Kürassiere. 1. Regiment Prinz Karl: Stab mit 6 Eskadronen in München, 1 Eskadron in Nymphenburg. 2. Prinz Adalbert: Stab mit 5 Eskadronen in Landshut, 2 in Freising.

Chevauxlegers: 1. Regiment vakant Karl Pappenheim: Stab mit 2 Eskadronen in Speier, 2 in Dillingen, 2 in Augsburg, 1 in Landau. 2. Taxis: in Anspach. 3. Herzog Maximilian: Stab mit 5 Eskadronen in Dillingen, 2. Speier. 4. König: Stab mit 5 Eskadronen in Augsburg, 2 in Zweibrücken. 5. Leiningen: Stab mit 3 Eskadronen in Bayreuth, 2 in Nürnberg, 2 in Neumarkt. 6. Leuchtenberg: Stab mit 5 Eskadronen in Bamberg, 2 in Neustadt an der Asch.

Artillerie: 1. Regiment Prinz Luitpold: Stab mit 9 Kompagnien in München, 2 in Ingolstadt, 2 in Landau, 2 in Germersheim, Detachements in Nürnberg und auf Oberhaus. 2. Lüder: Stab mit 8 Kompagnien in Würzburg, 2 in Landau, 2 in Germersheim, 2 in Ingolstadt, 1 in Augsburg, Detachements in Rosenberg und Wülzburg. 3. Reitendes, Königin: in München.

Genie-Korps: 3 Direkzionen, in München, Würzburg, Landau, das Regiment in Ingolstadt.

Sanitäts-Kompagnien: In München und Würzburg.

D. Bewaffnung:

Die Füsiliere: Perkussions-Gewehr, Doppelscheide für Säbel und Bajonnet; bei den Schüzen in jeder Kompagnie 24 Mann mit Dornstuzen (a la Thouvenin) mit einem Hau-Bajonnet, welches mit dem Ladstock zugleich in der Scheide getragen wird. Die Pioniere: Pistolen im Gurt. Kürassiere: Pallasch und zwei Pistolen; Chevauxlegers: gekrümmte Korbsäbel, lange Karabiner und eine Pistole, sämmtlich perkussionirt. Fahrende Artillerie: schwere Faschinenmesser; Unteroffizier und Trompeter, dann die reitende Artillerie: Kavalleriesäbel.

E. Ausrüstung.

Infanterie und Jäger: Lederhelme mit Huppe; leztere bei der Infanterie schwarz, bei den Jägern grün; Verzierung von Messing, an der Patrontasche ein Täschchen für den Regenpropfen, die Schüzen Patrouillpfeifchen. Kürassiere: eiserne Helme und Kürasse, Schuppen-Epauletts, deutsche Sättel; Chevauxlegers: Kasquets, Schuppen-Epauletts, ungarische Sättel. Artillerie: Helme mit rothen Huppen und Schuppen-Epauletts.

F. Uniform.

Grundfarbe hellblau, die Generalität rothe Aufschläge und Paspoil, weisse Knöpfe, graue Mäntel, Hüte mit Silberschleifen und Bouillonquasten, weiss und blauer Hahnenfederbusch, Schulterblätter von weissem Metalle; Uniformstickerei in Silber; ein gleiches Porte-épée mit hellbrauner Seide, so auch die Schärpe, leztere als Dienstzeichen. Jeder General zwei Pistolen und Säbel. Infanterie: hellblau, scharlachrother Vorstoss; Kragen und Aufschläge bei je zwei Regimentern gleich, und nur durch weisse und gelbe Knöpfe unterschieden, graue Mäntel; als Dienstzeichen der Ringkragen. Grad-Auszeichnungen: Tressen nach der Farbe der Knöpfe am Kragen, u. z. der Oberst und Hauptmann drei; der Oberst-Lieutenant und Ober-Lieutenant zwei, der Major und Unter-Lieutenant eine; die Mannschaft aus Wolle. Die Jäger unterscheiden sich nur durch die hellgrünen Krägen, Aufschläge, Schulterklappen und Vorstosse; gelbe Knöpfe. Kürassiere: Krägen u. dergl. scharlachroth; weisse Mäntel. Chevauxlegers: Kollets und Beinkleider stahlgrün, Mäntel grau, Krägen und Aufschläge bei je zwei Regimentern gleich und durch die Knöpfe unterschieden. Artillerie und Genie: Waffenrok und Beinkleider dunkelblau, Aufschläge und Krägen schwarz, Mäntel dunkelgrau.

G. Ergänzung und Dienstpflicht.

Stellung nach vollendetem 21. Jahre durch Loos mit erlaubter Stellvertretung. Die Dienstzeit ist durchgängig 6 Jahre in der Linie und 13 in der Reserve, wird aber durch Beurlaubung sehr erleichtert, daher dieselbe sich in zwei Klassen scheidet: die erste Klasse mit, die zweite ohne Montourraten. Alle nicht zur Linie oder Reserve gehörigen Individuen sind landwehrpflichtig.

Im Oktober 1852 wurden zu München gelungene Versuche mit Infanterie-Gewehren nach Minié vorgenommen, und werden diese bisher aus Lüttich bezogenen Gewehre nunmehr in der k. Fabrik zu Amberg erzeugt.

Anfangs November 1852 entschied der Oberste Gerichtshof, dass die Zuständigkeit in Strafsachen gegen Frauen und Angehörige von aktiven Offizieren, Militär-Beamten und Soldaten, dem Zivil-Gerichte zukommt.

Ein k. Befehl vom 28. Februar 1853 verbietet den Stadt- und Festungs-Kommandanten die Annahme von Ehrenbürgerrechten.

Durch k. Kriegs-Ministerial-Reskript vom 10. Februar 1853 wurde die Aufstellung einer ständigen Artillerie-Berathungs-Kommission verfügt.

Ihr Formasionsstand ist folgender:

Der jeweilige General-Major und Brigadier der Artillerie als Vorstand. Ein Oberst-Lieutenant, ein Major und vier Hauptleute, von der Artillerie in zeitweisem Wechsel als Mitglieder, und dazu für Schreiben und Zeichnen 4 aus den Artillerie-Regimentern zu entnehmende Unteroffiziere, dann ein als Bureau-Diener zuzutheilender Gefreiter oder Gemeiner.

Der Geschäftskreis der Artillerie-Berathungs-Kommission hat alle jene Arbeiten zu umfassen, welche den bisher bestandenen Kommissionen zugewiesen gewesen sind. Die Artillerie-Berathungs-Kommission hat demnach zu berathen, Versuche vorzunehmen, Gutachten abzugeben und Anträge zu stellen über alle ihr auf dem Dienstwege zugewiesenen Gegenstände, namentlich über den Dienst, die Uebungen, den theoretischen und praktischen Unterricht der Artillerie-Truppen und die hierauf bezüglichen Vorschriften, das Artillerie-Material in seinem ganzen Umfange und die hierauf bezüglichen Vorschriften, die Entdekungen und Erfindungen, welche in Beziehung zur Artillerie und zur Bewaffnung des Heeres stehen u. s. w.

Ein im März 1853 erschienenes Reskript des Kriegs-Ministeriums untersagt medizinische Behandlungsarten, wie Homöopathie, Semmelkur, Morisons-Pillen, Sympatie und andere derartige Modekuren in den Militär-Kranken-Häusern in Ausführung zu bringen.

Mit königl. Verordnung aus Palermo v. 16. April 1853 wurde in Betreff der Verehelichungen der Offiziere und Militär-Beamten bestimmt:

1. Verehelichungs-Gesuche, welche gegen die Norm, oder nicht mit allen normgemässen Erfordernissen versehen sind,

2

eignen sich zur Verlage nicht und sollen von der zur Instruirung zuständigen Dienstesstelle sogleich zurükgewiesen werden.

2. Die definitiv pensionirten Offiziere und Militär-Beamten aller Chargen und Grade haben bei Verehelichung, vorbehaltlich der einzuholenden Allerhöchsten Entschliessung, wegen Fortbezuges der Pension für ihre Person und beziehungsweise, wegen ausnahmsweiser Bewilligung zur Tragung der Uniform der Offiziere à la suite, aus dem Militär-Verbande zu treten, und dann ihre Verehelichungs-Gesuche an die einschlägigen Zivil-Behörden, behufs der zuständigen Instruirung und Vorbescheidung nach bürgerlichen Normen zu richten.

3. Jenen definitiv pensionirten Offizieren und Militär-Beamten, welche wegen schwerer Verwundung vor dem Feinde, oder wegen Gebrechlichkeit, als unmittelbare Folge der ausgestandenen Kriegs-Strapazen, in den Ruhestand versezt wurden, und eine besondere Pflege nothwendig haben, ist in dringenden Fällen ausnahmsweise gestattet, die Verehelichungs-Erlaubniss im Militär-Verbande nachzusuchen; sie haben jedoch die volle Heiraths-Kauzion ihres Dienstgrades zu stellen, und den vollen Jahresbetrag ihrer Pension als ausserordentlichen Witwen-Kassabeitrag zum Militär-Witwen und Waisen-Fonde zu erlegen.

4. Den im Heere nicht definitiv angestellten, so wie den nur temporär pensionirten Offizieren und Militär-Beamten ist die Verehelichung, während der Dauer des Provisoriums oder der temporären Pensionirung nicht gestattet.

5. Den Junkern und den im Range gleichgestellten Militär-Beamten kann die Verehelichung nicht bewilligt werden.

6. Kein Offizier darf die Verehelichungs-Bewilligung vor zurükgelegtem 30. Lebensjahre nachsuchen *),

7. Offizieren und Militär-Beamten, welche durch vorstehende Bestimmungen nicht ausgeschlossen sind, ist die Einreichung eines Verehelichungs-Gesuches nur dann gestattet, wenn sie die ihrer Charge entsprechend vorschriftsmässige Heiraths-Kauzion abgestellt haben, und diese von dem General-Auditoriate nach den bestehenden Bestimmungen als annehmbar erklärt worden ist.

8. Gesuche um Verehelichungs-Erlaubniss ohne Kauzionsstellung gegen Verzicht auf Witwen- und Waisenpension sind unzulässig, wenn sie auch mit Einschreibungen in Lebens-Versicherungs-Renten-Anstalten u. dergl. verbunden sind.

---

*) Dieser Punkt soll aufgehoben sein. Red.

9. Die Heiraths-Kanzion wird:

a) für einen Unter- u. Ober-Lieutenant auf 15,000 fl. (früher 10,000);

b) für die Hauptleute 2. Klasse bis inklusive der Generale auf 10,000 fl.

c) für die Militär-Beamten aller Grade auf 10.000 fl. festgesezt, und muss dieselbe einen gesicherten, mindestens 4% jährlichen Rentenbezug abwerfen. Sind Vermögentheile vorhanden, deren jährliche Rente weniger als 4% beträgt, so erhöht sich die Hauptsumme der Heiraths-Kauzion auf den Betrag, welcher zur Erzielung der 4%tigen Gesammt-Rente aus 15,000 fl. beziehungsweise 10,000 fl. mit 600 fl., resp. 400 fl. jährlich nothwendig ist.

10. Hinsichtlich der Prüfung und Annehmbarkeit der Heiraths-Kauzionen, deren Verwahrung, Vinkulirung, Surrogirung, Dauer und Verabfolgung hat es im Uebrigen bei den bisherigen Verordnungen zu verbleiben.

11. Die Instruirung der Verehelichungs-Gesuche richtet sich nach den bisher bestandenen Bestimmungen, jedoch hat sich die betreffende Dienstesstelle bei Vorlage solcher Gesuche pflichtmässig auszusprechen, ob Bittsteller bisher einen geregelten ökonomischen Haushalt geführt hat, und ob das Verhalten desselben in dienstlicher und moralischer Beziehung durchweg tadellos ist.

12. Die bisher bestandenen Vorschriften wegen Entrichtung der ordentlichen und ausserordentlichen Witwen-Kassa-Beiträge bleiben, so weit nicht durch Nr. 3 ein Anderes besonders verordnet ist, bis auf Weiteres unverändert.

13. Jene Verehelichungs-Gesuche, welche im Augenblike der jezt ergehenden Allerhöchsten Entschliessung bereits der förmlichen Instrukzion bei den einschlägigen Militär-Behörden unterliegen, sind nach den bisher geltenden älteren Verordnungen bezüglich der Kauzions-Summe zu erledigen.

Mit k. Verordnung aus Neapel vom 8. Mai wurde in Bezug des Einstehens beabschiedeter Unteroffiziere und Soldaten, mit Rüksicht auf das Gesez über die Ergänzung des stehenden Heeres vom 15. August 1828, verordnet: dass in Zukunft alle Unteroffiziere und Soldaten, welche einzustehen beabsichtigen, ohne Rüksicht auf die Zeit der Beabschiedung mit einem Einstands-Zeugnisse ihrer früheren Militär-Behörde versehen sein müssen, welches ihre volle Fähigkeit zum Dienste nachweiset.

Braunschweig.

Se. Hoheit, Herzog Ludwig Wilhelm (geb. 1806), k. hannover. FM. und preuss. G. d. K.

Flügel-Adjutant: Oberst Aug. Friedr. Bause.

Kriegs-Ministerium.

Chef —: Major von Mansberg. Ordentliche Mitglieder der Ministerial-Kommission in Militärsachen (Kriegs-Kollegium) —: GM. Alexander von Erichsen. Der Flügel-Adjutant Oberst Bause und Hauptmann Graf von Görtz-Wrisberg, ferner 1 Rath, 1 Assessor, 1 Intendant.

Militär-Etat.

Kommandant der herzogl. Brigade, zugleich Kommandirender unter dem unmittelbaren Ober-Befehl Sr. Hoheit —: GM. von Erichsen. 1 Korps-Adjutant, 1 Chef des General-Stabes, 1 Kriegs-Intendant, 1 Ober-Stabsarzt und 1 Stabs-Auditor. Kommandanturen in Braunschweig und Wolfenbüttel.

Militär-Konvenzion mit Preussen vom 1. Dezember 1849. Die Brigade wird der in Magdeburg stazionirten preussischen Division angeschlossen. Sie besteht in einem Infanterie-Regimente, formirt aus 2 Bataillonen Linie und 2 Bataillonen Landwehr, einem Leib-Bataillone und einem Husaren-Regiment von 2 Schwadronen Linie und 2 Schwadronen Landwehr, Artillerie mit 12 Geschüzen. Die Kriegsstärke für Infanterie und Kavallerie ist zu 4857 Mann, die Friedensstärke zu 2476 Mann berechnet; die Kriegsstärke der Artillerie zu 502 Mann, die Friedensstärke zu 244 Mann.

Als Bundes-Kontingent stellt Braunschweig zum 10. Armee-Korps 2096 M., u. z. 1625 Infanteristen, 299 Kavallerie 172 Artillerie und Pioniers mit 4 Geschüzen.

Die Etatsmässige Stärke des Feld-Korps ist:

Stab —: 3 Offiziere, Kavallerie, 1 Hussaren-Regiment zu 3 Eskadron und einer Reserve —: 20 Offiziere, 430 Mann; Infanterie, 1 Jäger- oder Leib-, 2 Feld- und 1 Reserve-Bataillon —: 59 Offiziere, 2375 Mann, Artillerie (halbe Fuss-Batterie 4 Geschüze) 6 Offiziere, 220 Mann; Pioniere: 1 Offizier, 30 Mann. Zusammen: 89 Offiziere, 3055 Mann.

A. Bewaffnung.

Die Husaren: Pallasch, Pistolen und Karabiner perkussionirt; Infanterie gezogene Oval-Gewehre — Bandrohr mit 2 Zügen zu $^3/_4$ Windung — und gezogene Gewehre mit 7 Zügen und dieselbe Windung, perkussionirt, das Leib-Bataillon Hirschfänger, ein Dritttheil des Infanterie-Regiments kleine Handbeile, die übrigen Säbel; Artillerie: Kavallerie-Säbel und Pistolen.

B. Ausrüstung.

Die Husaren: Kolpak mit Haarbusch, Infanterie: Käppis, Artillerie: Helm mit Federbusch.

C. Uniform.

Waffenröke dunkelblau, mit scharlachrothen Kragen und Aufschlägen, Epauletten und Stikerei in Silber, dunkelgraue Beinkleider; die Husaren Pelz und Dollmann mit Gold besezt, das Leib-Bataillon schwarze Dollmann mit schwarzen Schnüren; Mäntel dunkelblau und dunkelgrau; Schärpe: Silber mit blauen Streifen durchwirkt.

D. Ergänzung.

Durch Freiwillige, Ausgehobene und Stellvertreter nach dem 21. Lebensjahre; 5 Dienstjahre beim stehenden Truppen-Korps, 2 in der Reserve.

Bremen.

(Freie Hansestadt.)

Stellt sein Kontingent zur 3. Brigade der 2. Division des 10. Armee-Korps, u. z.

als einfaches Kontingent: $^1/_2$ Bataillon, $^1/_2$ Eskadron, 450 Mann, welche sich in 5 Pioniere, 69 Reiter und 376 Infanteristen vertheilen.

Durch die Reserve verstärkt, zählt das Kontingent 92 Mann Kavallerie und 508 Mann Infanterie.

Bremen und Lübeck bilden ein gemeinschaftliches Bataillon Infanterie mit 4 Kompagnien und eine Schwadron Reiter, welch leztere mit Hamburg eine Division formiren.

Der Senat leitet die Militär-Angelegenheiten, und wird durch eine Militär-Kommission vertreten.

Kommandant der Truppen —: Oberstlt. v. Reutter.

Das Kontingent ergänzt sich durch Geworbene und Wehrpflichtige; die Dienstzeit beträgt 5 Jahre im Haupt-Kontingente und 3 Jahre in der Reserve.

Die Uniform ist: dunkelgrüne Waffenröke, dunkelgraue Beinkleider und Mäntel, Metallhelme nach preussischem Muster, perkussionirte Gewehre mit Bajonnet.

Frankfurt am Main.

(Freie Stadt.)

Oberste Militär-Behörde —: das Kriegs-Zeugamt; welchem sowol der Militär- und Plaz-Kommandant, als auch der Kommandant der Stadt- und Landwehre in allen ihren Funkzionen zugetheilt sind. — Das Kriegs-Zeugamt umfasst alle Militärsachen überhaupt, und wird gebildet aus 2 Senats-, 1 bürgerlichen Deputirten, und 1 Aktuar. Demselben unterstehen: die Zeug- und Munizions-, die Kaserne und Montour-, und die Militär-Hospital-Verwaltung.

Bewaffnete Macht.

a) Stadt- und Landwehr: 1 Kommandant, 7 Adjutanten und 3 Auditeurs. Die Stadtwehr ist bestimmt: Ruhe und Sicherheit in der Stadt und dem Gebiete zu erhalten, und nur dann zum Wachtdienst verpflichtet, wenn das Linien-Militär denselben nicht genügend versehen kann. Jeder Bürger, Insasse, u. dergl. ist vom 21. bis zum 60. Lebensjahre Stadtwehr-Dienstpflichtig. Die Stadtwehr besteht *a*) aus dem Disziplinargericht: 1 Major als Präses, 12 Mitglieder; *b*) der Dispensazions-Kommission: 1 Hauptmann als Präses, 8 Mitglieder, *c*) der freiwilligen Kavallerie, Artillerie und Scharfschüzen, 2 Bataillon freiwillige Infanterie; 1 Bataillon der Lösch-Anstalt; und 3 Bataillon, Infanterie. Die Landwehr formirt 2 Bataillon, und hat in Bezug der zur freien Stadt gehörigen Ortschaften und Höfen dieselben Verpflichtungen wie die Stadtwehr zur Stadt; das 1. Bataillon der Landwehr begreift in sich: Bornheim, Nieder-Ursel, Nieder-Erlenbach, Dortelweil, Bonames und Hausen, das 2. Oberrad und Niederrad.

b) Linien-Militär. Der Garnisons-Stab: 1 Oberst als Militär und Plaz-Kommandant, 2 Majore, 1 Hauptmann als Stabsquartiermeister, 1 Bataillons-Adjutant, der in Friedenszeiten die Funkzionen des Plaz-Adjutanten versieht, 1 Auditor und 2 Aerzte.

Das Bundes-Kontingent — das 13. Bataillon der Reserve-Infanterie-Division bildend — besteht nach dem verfassungsmässigen Stande aus einem Infanterie-Bataillon zu 4 Kompagnien, 683 M., 227 M. Reserve und 114 Ersazmannschaft, zusammen 1024 M., worunter 132 Schüzen. Der Friedensstand der Kontingents-Truppen ist auf ein Bataillon zu 6 Kompagnien in der Stärke von 910 M. mit Schüzen festgesezt. Kommandant des Bataillons: — Oberstlt. Joh. Wilh.

Busch, 1 Quartiermeister, 1 Adjutant, 1 Auditor, 1 Arzt, 6 Hauptleute, 13 Ober- und Unterlts.

A. Uniform.

Blau, weisse Knöpfe, rothe Aufschläge, Helme, weisses Lederzeug; perkussionirte Gewehre mit Bajonnet.

B. Die Ergänzung.

Erfolgt durch Werbung auf 4 bis 6 Jahre, und wenn diess unzureichend, werden durchs Loos die zur Stellung Bestimmten einberufen.

Hamburg.

(Freie Stadt.)

Der Senat verfügt über das Militär. Das Militär-Departement wird gebildet: aus dem ältesten Bürgermeister (Dr. Kellinghusen) den 3 ältesten Senatoren, dem Kommandanten (Oberst Bödiker), zwei Oberalten, zwei Kämmerei-Bürgern und 4 Militär-Kommissarien (aus der Bürgerschaft gewählt).

Stadt-Kommandant und Chef des Militärwesens —: Oberstlt. F. O. L. Bödiker mit dem Plaz-Adjutanten und dem Ober-Auditor; — ad latus Major Bess.

Das Kontingent gehört zur 3. Brigade der 2. Division des 10. Armee-Korps, und besteht aus einem Bataillon Infanterie zu 6 Kompagnien und 1 Eskadron Kavallerie (13 Pioniere, 185 Reiter und 1007 Infanteristen); durch die Reserve verstärkt: aus 2 Bataillonen und 2 Eskadrons oder 247 Mann Kavallerie und 1360 Mann Infanterie; die bundesmässige Zahl Jäger bildet ein eigenes Detachement unter dem Kommandeur der Infanterie. Die Kavallerie mit Lübeck und Bremen vereiniget, formirt eine Division, unter einem gemeinschaftlichen Kommandeur und Stab.

A. Uniform.

Dunkelgrün; die Infanterie und Dragoner rothe, die Jäger schwarze Kragen; dunkelgraue Beinkleider und Mäntel; Scherpen und Porte-épées: Silber mit rother Füllung; Helme; mit der deutschen Kokarde; — Bewaffnung: Infanterie und Jäger, perkussionirte Gewehre mit Bajonnet, und beziehungsweise Hirschfänger.

Dragoner: krumme Säbel, Pistolen und Karabiner mit Steinschloss.

B. Ergänzung:
Durch Aushebung, Werbung und Stellvertretung auf 5 Jahre

In dem revidirten Reglement für das Bürger-Militär ist die Dauer der Dienstzeit vom 22. bis zum 40. Lebensjahr festgestellt, während welcher Zeit alle Mitglieder des Bürger-Militärs gleiche Verpflichtungen haben, indem die bisherige Dispensazion von den Exerzierübungen nach zurükgelegtem 35. Lebensjahr aufhört. Während die zum Austreten Berechtigten bis jezt noch länger im Dienst verbleiben können, bestimmt das neue Reglement, dass die Behörde, welcher die Verabschiedung zusteht, nach ihrem Ermessen jedes Mitglied, nach dessen gesezlich beendigter Dienstzeit zu entlassen berechtigt ist. Hierbei ist jedoch die Bildung einer Reserve oder Landwehr vorbehalten, indem der erlangte Abschied aus dem Bürger-Militär keineswegs von der Verpflichtung, in ein derartiges Korps wieder einzutreten, befreit. Das Reglement enthält schärfere Befehle für den Chef des Bürger-Militärs. Die Pflichten der Infanterie-Hauptleute und der Majore der Infanterie sind grösser geworden und bestimmter ausgesprochen. In Bezug des Dienstreglements ist bei den Strafen für den „öffentlichen Verweis," „kriegsgerichtlicher Verweis" und für „Degradazion," „Entfernung aus dem Dienst" bestimmt. Bei der Kassazion fällt die schon längst ausser Anwendung gekommene Bestimmung, dass dem Verurtheilten „die Uniform ausgezogen werden soll," weg, und wird dagegen der zu Kassirende in Zivil vorgeladen werden. Das Strafmass der Offiziere, sowohl für Geldstrafen als Arrest, ist bestimmter ausgesprochen. (Sizung der Bürgerschaft im September 1853).

Hannover.

Se. Majestät König Georg V. (geb. 1819) führt den Ober-Befehl des Heeres.

Adjutantur.

General-Adjutant—: Ernst Heinr. Wilh. Tschirschnitz, Oberst vom 2. Infanterie-Regt.

Flügel-Adjutanten: Oberstlt. Lud. Joh. Frhr. Slicher, vom Garde-Regimente. Major Leopold v. Boddien vom 3. Infanterie, Kapitän Julius Graf v. Platen Hallermund vom Garde-Regimente, Fried. v. Issendorff von der Artillerie und Premier-Lieutenant Karl Joh. Christ. v. Heimbuch, vom Garde-Kürassier-Regiment.

Zur Dienstleistung in der General-Adjutantur —: Oberstlt. Alex. Frhr. v. Hammerstein von der Garde du Korps und Kapitän Fried. Heinrich Rummel vom 2. Infanterie-Regimente. Ausserdem 4 extraordinäre Flügel-Adjutanten.

General-Kommando.

Chef: Se. Majestät der König. Die General-Adjutantur leitet mit dem Chef des General-Stabes unter dem unmittelbaren Befehle Sr. Majestät alle rein militärischen Angelegenheiten.

Kriegs-Ministerium.

(Leitet die Militär-Verwaltung und das Militär-Rechnungswesen.) Staats und-Kriegsminister—: GM. Eberhard v. Brandis. General-Sekretär —: Major Friedrich Schomer. — Militär-Entlassungs-Kommisson —: Geheimer Kriegsrath Karl Georg Ludolf Just. v. Hattorf. Kassa-Personale—: Haupt-Dirigent v. Hattorf; zweiter Dirigent —: Ober-Kommissär Ed. Aug. Wilh. Polchau. Medizinal-Behörde—: Hofrath Dr. Holscher; Ober-Stabschirurg Dr. Bacmeister; Stabsarzt Dr. Bothe. Militär-Kleidungs-Kommission —: Chef Major Walther.

Generalstab—: Chef GL. und General-Adjutant Viktor Prott, 2 Stabs-Offiziere, 1 Kapitän und 7 aus den Regimentern abkommandirte Offiziere.

Direktor des Armee-Materials —: Oberst August Pfannkuche.

Armee-Remonte-Kommission: Direktor Oberstlt. Wilhelm v. Hassell.

Armee-Bereiter —: Oberstlt. Hans Georg Meyer.

Generalität. Feld-Marschall Se. Hoheit der regierende Herzog zu Braunschweig und Lüneburg. —Generale—: Hugh Halkett, und Georg Julius Hartmann. — General-Lieutenante: — Se. k. Hoheit der Herzog von Cambridge. Prinz Bernhard zu Solms (à la suite); Viktor Prott; Georg Graf von der Decken; Se. k. Hoheit der Grossherzog v. Oldenburg; Se. Hoheit der Herzog von Sachsen-Altenburg; Wilhelm v. Schnehen.

10 General-Majors —: 14 Oberste, 33 Oberst-Lieutenante 39 Majore und 563 subalterne Offiziere.

General-Inspektor der Kavallerie —: GL. van der Decken.

General-Inspektor der Infanterie —: General Halkett.

Kommandant der Artillerie-Brigade —: Oberst Karl Friedrich Müller.

Kommandant des Ingenieur-Korps —: Oberstlt. Ferdinand Glünder. 3 Oberst-Lieutenante, 2 Kapitäns, 5 Premier-Lieutenants.

Das Heer.

A. Etat.

8 Linien-Infanterie-Regimenter zu 2 Bataillons, jedes zu 4 Kompagnien à 210 Kombattanten, darunter 10 Schützen; jedes Regiment mit den Stäben (20 Kombattanten zusammen) 1700 Kombattanten = 13,600.

4 leichte Bataillons zu 4 Kompagnien in der Stärke der Linien-Infanterie, und 9 Kombattanten im Bataillons-Stabe 3396.

6 Kavallerie-Regimenter zu 4 Eskadrons à 150, der Stab 5 Kombattanten, sohin jedes Regiment 605 und sämmtliche Regimenter 3630.

Artillerie-Brigade: 2 reitende, 7 Fuss- und 1 Handwerker-Kompagnie; diese bedienen 2 reitende (350 Mann), 1 sechspfündige Fuss- (173) und 3 neunpfünder Fuss-Batterien (576), sohin der Stab mit 6 Batterien zu 6 Geschützen 1118.

Genie-Truppen: Stab mit 2 Kompagnien 197.

Im Totale: Kombattanten 21,941.

Hannover stellt zum 10. Armee-Korps als Bundes-Kontingent die erste Division mit 13,054 M. u. z. Infanterie und Jäger 10,118, Kavallerie 1865, Artillerie und Pioniere 1071 M. mit 26 Geschützen.

B. Eintheilung.

Infanterie. General-Inspektor: — wie oben. 1. Division in Hannover. 1. Brigade —: in Hannover (Garde- und Leib-Regiment, Garde-Jäger-Bataillon). 2. Brigade —: GM. v. Ludewig in Celle (2., 3. Infanterie-Regiment; 1. leichtes Bataillon).

II. Division —: GM. Christian Wyneken in Verden. 3. Brigade —: Oberst Theodor v. Quistorp in Lüneburg (4., 5. Infanterie-Regiment; 2. leichtes Bataillon). 4. Brigade —: GM. Lütgen in Osnabrük. (6., 7. Infanterie-Regiment und 3. leichtes Bataillon).

Kavallerie. General-Inspektor —: wie oben. Divisions-Stabs-Quartier in Hannover. 1. Brigade —: GM. Graf zu Münster in Hannover. (Garde du Korps, Garde-Kürassier-Regiment). 2. Brigade —: GL. v. Schnehen in Lüneburg (Garde und Königin Husaren). 3. Brigade —: in Celle. (Herzog von Cambridge und Kronprinz Dragoner).

C. Dislokazion.

Infanterie: Garde-Regiment, Chef Se. Majestät der König, in Hannover, 1. Leib-Regiment in Hannover; 2. Herzog zu Sachsen-Altenburg in Celle; 3. Grossherzog von Oldenburg in Einbek; 4. in Stade; 5. in Lüneburg; 6. in Nienburg; 7. in Osnabrück; — Garde-Jäger-Bataillon, Chef Se. Majestät der König, in Hannover; 1. leichtes Bataillon, in Goslar; 2. in Hameln; 3. in Münden.

Kavallerie: Garde du Korps, Chef Se. Majestät der König; in Hannover; Garde-Kürassier-Regiment, Chef Se. Majestät der König, Inhaber: Herzog Wilhelm zu Braunschweig, in Nordheim; Garde-Husaren-Regiment, Chef: Se. Majestät der König, in Verden; Königin Husaren, Chef: Ihre Majestät die Königin, in Lüneburg; Herzog von Cambridge Dragoner in Celle; Kronprinz Dragoner in Osnabrück.

Artillerie: Stab der Brigade in Hannover; die reitende Artillerie zu Wunstorf; das 1. Bataillon zu Hannover, das 2. zu Stade; die Handwerker-Kompagnie zu Hannover.

D. Bewaffnung.

Die Infanterie-Unteroffiziere und Scharfschüzen siebenzügige Gewehre à la Thouvenin, Pikelgewehre genannt, mit dreischneidigem Bajonnet; die übrigen Mannschaften glatte englische Perkussions-Gewehre; bei der leichten Infanterie die Unteroffiziere achtzügige Pikelbüchsen mit einschneidigem Hirschfänger; die Mannschaft wie die Schüzen der Infanterie; sämmtliche Mannschaften Säbel. Die Kürassiere: Pallasch und 2 Pistolen, die anderen Reiter: Säbel, 2 gezogene Pistolen mit einer dazu gehörigen Kolbe, die reitende und fahrende Artillerie Husaren-Säbel und 1. Kürassier-Pistolen, die Fuss-Artillerie Degen. Genie-Truppen wie die Fuss-Artillerie.

E. Ausrüstung.

Infanterie-Garde-Regiment: Helme und Bärenmüzen, die Linien-Infanterie: Helme; Tornister von Seehundsfell; leichte Infanterie: Keppis; Kürassiere: Stahlhelme, Eisen-Kürasse, englische Sättel; Husaren: Pelzmüze und Kalpak, die Dragoner Helme, beide ungarische Sättel. Artillerie Helme.

F. Uniform.

Grundfarbe blau. Generalität, Generalstab, und Adjutantur dunkelblaue Waffenröke, rothe Kragen und Aufschläge; die Generale und Armee-Adjutanten: Stikerei und Besezung von Gold, die andern von Silber. Das Garde- und die Linien-Infanterie-Regimenter: dunkelblaue Waffenröke; ersteres Silber, leztere Goldbesezung, sämmtliche

Regimenter scharlachrothe Kragen und Aufschläge; die Achselklappen bei der 1. Brigade: weiss, bei der zweiten: roth; bei der dritten gelb, und bei der vierten lichtblau. Garde-Jäger und die leichten Bataillons: dunkelgrüne Waffenröke, schwarze Krägen und Aufschläge; silberbesezt. Garde du Korps und Garde-Kürassier-Regiment; weisse Waffenröke, ersteres scharlachrothe Aufschläge, Silberbesezung; lezteres hellblaue Aufschläge und Goldbesezung. Die Husaren dunkelblaue Pelze und Dollmann, die Garde-Husaren Gold, die Königin Husaren Silberbesezung. Die Dragoner blaue Waffenröke; Cambridge Dragoner: karmoisinrothe Krägen und Aufschläge mit Silber; Kronprinz Dragoner weisse Aufschläge und Krägen mit Gold besezt. Artillerie und Genie: dunkelblaue Waffenröke mit schwarzen Krägen und Aufschlägen. Beinkleider und Mäntel: dunkelgrau mit einem rothen Passe-poil.

G. Ergänzung.

Die Kavallerie, Artillerie und Genie durch freiwillige Werbung auf gewisse Jahre; die Infanterie durch Stellung mittelst Loos unter den 20jährigen diensttüchtigen jungen Leuten. Die Dienstzeit der lezteren beträgt einschlüssig eines Kriegsreserve-Jahres 7 Jahre.

Eine am 27. November 1852 publizirte General-Ordre sezt in Bezug der Heirathen der Offiziere Folgendes fest: Dem Offizier ohne Unterschied des Grades mit Ausnahme der Second-Lieutenants, wird nur dann der Ehe-Konsens ertheilt, wenn er oder dessen Braut zuvor gerichtlich ein Vermögen nachgewiesen hat, welches eine Rente von mindestens 600 Thlr. jährlich sichert. Wechselpapiere bis zu diesem Betrag sind bei der Heirath gerichtlich zu deponiren. Es dürfen hierauf weder Schulden haften, noch kontrahirt werden. Der König entscheidet in allen Fällen, und es darf bei jedem Regiment nur ein Dritttheil der zur Klasse der Premier-Lieutenants und Kapitäns gehörigen Offiziere verheirathet sein. In Bezug der nicht regimentirten Offiziere behält sich Se. Majestät auch in Rüksicht auf die Zahl die jedesmalige Entscheidung vor.

Mit Allerhöchstem Befehl vom 12. Jänner 1853 wurde die Errichtung einer Sanitäts-Kompagnie angeordnet. Sie besteht aus 200 Mann und werden bei jedem Bataillon vorläufig fünf Mann mit den entsprechenden Unter-Offizieren, von einem Arzte im Verbinden, und den nöthigen Handleistungen unterrichtet. Dann erfolgt die Zusammenziehung dieser Leute zur weitern Ausbildung.

Hessen-Kassel.

Se. k. Hoheit Kurfürst Friedrich Wilhelm I. (geb. 1802).

Adjutantur.

General-Adjutant: Oberst Karl Wilh. Jeremias v. Lossberg.

Flügel-Adjutanten: Major Herman Gr. Fr. Ludwig von Biedenfeld; Major Ludwig Friedr. v. Heimrod; Rittmeister Herm. Ludw. Karl Jul. Hans v. Eschwege.

Kriegs-Ministerium.

Kriegs-Minister: GM. Fr. Wilh. Karl Eduard v. Haynau. Adjutant: Hauptmann J. Ferd. Reinhard Has zugleich vortragender Offizier.

I. Kriegs-Departement.

1. Sekzion: (Formazion, Abgang und Ergänzung an Mannschaft und Pferden, Dislocirung, Uebung, Beurlaubung, Mobilmachung; ferner Heirathskonsense, Invaliditäts-Erklärung und Bewilligung von Pensionen vom Feldwebel abwärts, die Disziplin, die Belohnungen; die Bestrafungen).
Chef: Oberst Joh. Heinrich Kröschell.

2. Sekzion: (Regiments-Schulen, Marsch- und Etappen-Sachen, das Militär-Fuhrwesen; ferner Artillerie-Bedürfnisse: Fabrikazion, Anschaffung und Instandhaltung aller Waffen und der Munizion; die Zeughäuser, die Stük- und Kugelgiessereien; die Modelle und die Erfindungen im Artillerie- und Ingenieur-Fache). Chef: Hauptmann Philipp Otto Schneider.

II. Militär-Oekonomie-Departement.

1. Sekzion: (Etats- und Kassenwesen, die Aufsicht über die richtige Rechnungs-Ablage und die Kontrolle des gesammten Rechnungsgeschäfts aller Militär-Verwaltungen einschlüssig des Invalidenhauses, die Militär-Bauten, das Medizinalwesen).
Chef: Geheime Kriegsrath, Gottlieb Meyer.
(Für die Bausachen: Referent, Ober-Baudirektor Kohl).

2. Sekzion: (Die Bekleidung und Ausrüstung der Truppen, Kontrolle über Verwendung und Aufbewahrung der hierzu gehörigen Gegenstände; die Kontrolle über die Aufbewahrung und Vertheilung aller Waffen). Chef: Hauptmann Bernhard Ludw. Wilh. Theodor Engelhardt.

3. Sekzion: (Einquartirungs-, Kasernen- und Serviswesen, Garnison-Einrichtungen, Natural-Verpflegung der Truppen, die Verwaltung des Karlshafer Invalidenhauses so wie der Militär-Hospitäler).
Chef: Kriegsrath Ludwig Spangenberg.

(Kriegs-Kasse: Kriegszahlmeister Hedderich; Kriegs-Kommissariat: Ober-Kriegs-Kommissär Königer).

Aktive Generalität.

GL. August Schirmer, Oberbefehlshaber, Kommandeur der 2. Infanterie-Brigade. — GM. Rudolph Wilh. Karl Roland v. Kaltenborn, Kommandeur der 1. Infanterie-Brigade, interim Kommandant der Residenz. Wilh. Burgh. von Helmschwerd, Kommandeur der Kavallerie-Brigade. Friedr. Wilh. Karl Eduard v. Haynau, Kriegs-Minister. Karl Friedr. v. Starck, Kommandant zu Hanau. (7 Obersten, 9 Oberst-Lieutenants und 10 Majors der Infanterie, Kavallerie und Artillerie).

General-Stab.

Chef: GM. (vakat), 1 Oberstlt., 1 Major, 4 Hauptleute, 1 Premier-Lieutenant.

Kommandeur der Artillerie-Brigade: Oberst Wilh. Gottlob Heinrich Petri (auftragsweise) Kommandeur des Artillerie-Regiments.

Kommandeur der Land-Gensdarmerie: Oberst Georg Wilh. v. Schmied zu Kassel.

Armee-Korps.

A. Stärke.

a) Infanterie: 4 Regimenter (1 Leibgarde und Nr. 1 bis 3), 1 Jäger-Bataillon und 1 Füsilier-Bataillon. Jedes Regiment 2 Bataillon, à Bataillon, 4 Kompagnien.

Das Regiment zählt im Kriegsstande 1545 Kombattanten; Jäger-Bataillon 410; Füsilier-Bataillon 771. Sämmtliche Infanterie- und Jäger 7281 Kombattanten.

b) Kavallerie: 1. Division Garde du Korps à 2 Eskadrons und 2 Husaren-Regimenter à 4 Eskadrons so wie 1 Detaschement Armee-Gensdarmerie.

(Im Kriegsstande wird die Kavallerie formirt zu 2 Eskadrons Kürassiren 304 Kombattanten; 1 Husaren-Regiment zu 4 Eskadrons 595; 1 desgleichen zu 3 Eskadrons 433; 1 Detaschement Armee-Gensdarmerie 18; Summa 1350 Kombattanten).

c) Artillerie: 1 Regiment: bestehend aus 1 zwölfpfündigen und 2 sechspfündigen, und 1 reitenden Batterie, 1 Handwerker-Kompagnie; sodann 1 Pionier-Kompagnie.

(Im Kriegsstande wird die Artillerie formirt zu 1 reitenden-, 2 sechspfünder Fuss-Batterien, 1 Munizions-Kolonne = 718 und 1 Pionier-Kompagnie zu 94, zusammen 812 Kombattanten Stäbe 23 Kombattanten. Mithin die Total-Stärke im Kriege 9466 Kombattanten; 504 Nichtkombattanten. Dagegen beträgt die Friedens-Soll-Stärke 11,870 Kombattanten.

Bundes-Kontingent: 9. Armee-Korps 5679 M. mit 19 Geschüzen, u. z. Infanterie 4402, Kavallerie 811, Artillerie und Pioniere 466 Mann.

B. Eintheilung.

Infanterie: bestehend aus einer Division; (Divisions-Kommandeur: GL. (vakat).

Die Division aus 2 Brigaden:

1. Brigade: Kommendeur GM. v. Kaltenborn; Leib-Garde-Regiment. 1. Infanterie-Regiment, Kurfürst Jäger-Bataillon.

2. Brigade: GL. v. Schirmer; 2. Infanterie-Regiment; 3. Infanterie-Regiment; Füsilier-Bataillon.

Kavallerie: bildet eine Brigade, Kommandeur: GM. v. Helmschwerd. Garde du Korps; 1. (Leib-) Husaren-Regiment; 2. Husaren-Regiment.

Artillerie: das Artillerie-Regiment und die Pionier-Kompagnie bildet eine Brigade.

Brigade-Kommandeur: Oberst Wilh. Gottlob Heinr. Petri.

C. Dislokazion.

Infanterie: Leibgarde-Regiment in Kassel; 1. Infanterie-Regiment, Kurfürst, in Hanau; 2. Infanterie-Regiment, (genannt Landgraf Wilhelm): Stab, und 1. Bataillon, Fulda; 2. Bataillon, Marburg; 3. Infanterie-Regiment; Jäger- und Füsilier-Bataillon in Kassel.

Kavallerie: Garde du Korps. 1. (Leib-) Husaren-Regiment: Stab und 1. Eskadron, in Kassel: 1 in Waldau; 2 in Grebenstein. 2. Husaren-Regiment (Herzog von Sachsen-Meiningen). Hofgeismer.

Artillerie und Pionier in Kassel. (1. Garnisons-Kompagnie, Spangenberg; 2. Marburg; Invalidenhaus, Karlshofen).

D. Bewaffnung.

a) Infanterie: Die Linien-Infanterie hat perkussionirte Gewehre mit Bajonnet für Rundkugeln und einen gewöhnlichen Infanterie-Säbel. Die Füsiliere sind gegenwärtig noch eben so bewaffnet wie die übrige Infanterie, ihre Gewehre sind jedoch etwas kürzer (circa 4 Zoll) als diejenigen der Linien-Infanterie. Die Jäger führen Büchsen à la Thouvenin, auf welche der gewöhnlich als Seitengewehr getragene Hirschfänger statt Bajonnet aufgestekt werden kann. Die Pioniere führen Bajonnet, Karabiner und ein Faschinenmesser nach preussischem Modell, die Unteroffiziere statt des lezteren den Sappeursäbel französischen Modells mit Sägerüken.

b) Kavallerie: Die Garde du Korps Pallasche und Pistolen; die Husaren-Regimenter gekrümmte Säbel mit österreichischem Glokengefäss, und jeder Mann (Unteroffizier, Trompeter und Husar) eine Pistole, ausserdem hat jeder Husar und Karabinier einen Karabiner oder eine gezogene Kavalleriebüchse à la Thouvenin (von lezterer Waffe per Eskadron 10 Stük, welche die besten Schüzen erhalten). Die Schusswaffen der Kavallerie sind ebenfalls sämmtlich perkussionirt.

c) Artillerie: Reitende Artillerie gekrümmter Säbel mit englischem Bügelgefäss, und jeder Mann eine perkussionirte Pistole. Fuss-Artillerie: Säbel ähnlich denjenigen der Infanterie jedoch circa 1 Fuss länger. Die berittene Mannschaft Säbel wie die reitende Artillerie, so wie Geschüz-Kommandanten und Trompeter eine perkussionirte Pistole.

E. Ausrüstung.

Infanterie und Jäger: Lederhelme, Leibgarde mit weissen, 1. Infanterie-Regiment und Jäger mit schwarzen Haarbüschen; Verzierungen von Messing (Leibgarde von Neusilber); per Mann 2 kleine Patrontaschen; Infanterie weisses, Jäger und Füsiliere schwarzes Lederzeug.

Garde du Korps: Helme von Tombak mit weissen Haarbüschen; Stahlkürasse mit Tombakbeleg; deutsche Sättel.

Husaren: Pelzmüzen mit weissen Haarbüschen; ungarische Sättel.

Artillerie und Pioniere: Lederhelme mit schwarzen Haarbüschen, Artillerie mit Messing-, Pioniere mit Argentanbeschlägen.

F. Uniform.

Grundfarbe: dunkelblau. Die Generale Waffenröke mit ponceaurothen Krägen und Aufschlägen, offene Krägen, einer Reihe von 12 gelben Knöpfen; graue Paletots, Helme mit Federbusch.

Infanterie: dunkelblaue Waffenröke (Jäger grün) ponceaurothen Vorstoss, Krägen und Aufschläge; zur Unterscheidung verschiedenfarbige Achselklappen; gelbe Knöpfe (Leibgarde 2 weisse Lizen auf Krägen und Aufschlägen, weisse Knöpfe); dunkelgraue Mäntel und Beinkleider. Als Dienstzeichen: die Schärpe.

Gradauszeichnungen: Epauletten. General, Oberst und Hauptmann mit 2 Sternen; GL., Oberstlt. und Premier-Lieutenant mit 1 Stern.

Garde du Korps: weisse Kollets mit ponceaurothen Krägen, und Aufschlägen und weissen Knöpfen.

Husaren: dunkel- und hellblaue Pelze und Dolmans mit weissen Schnüren und Knöpfen.

Artillerie und Pioniere: dunkelblaue Waffenröke, schwarze Krägen und Aufschläge, Artillerie: gelbe, Pioniere weisse Knöpfe.

G. Ergänzung und Dienstpflicht.

Jeder Waffenfähige, mit Ausnahme der Prinzen des Kurfürstlichen Hauses und der standesherrlichen Familien, ist zum Kriegsdienste vom zurükgelegten 20. bis zum vollendeten 30. Lebensjahre verpflichtet, und geschieht die Leistung des Dienstes in 2 Aufgeboten, wovon jedes Aufgebot in 2 Abtheilungen zerfällt. Die 1. Abtheilung des I. Aufgebotes (die Aktive) enthält die eingestellte Mannschaft der drei jüngsten Altersklassen; die 2. Abtheilung (die Reserve) die ausgebildete Mannschaft der beiden folgenden Altersklassen. Des II. Aufgebotes erste Abtheilung begreift die militärpflichtige Mannschaft des 26. und 27., und dessen zweite Abtheilung diejenige des 28. bis 30. Jahres. Beide Abtheilungen, zunächst jedoch die erste, haben die Bestimmung, im Kriege das Heer nach entstehendem Bedürfnisse zu ergänzen. Die zur zweiten Abtheilung des 1. Aufgebotes und zur 1. Abtheilung des 2. Aufgebotes gehörigen Leute können, eine kurze 8 bis 14tägige Uebungszeit ausgenommen, nur bei wirklichem Kriegszustande, oder wenn es die Erfüllung der Pflichten gegen den deutschen Bund erfordert, zum Dienste aufgerufen werden. Die zweite Abtheilung des zweiten Aufgebotes wird im Frieden nicht zum Dienste eingezogen.

Stellvertretung. Findet in soweit statt, dass es den Pflichtigen des I. Aufgebots gestattet ist, sich durch Leute des II. Aufgebots im ersteren vertreten zu lassen.

Grossherzogthum - Hessen.

Seine k. H. Grossherzog Ludwig III. (geb. 1806).

Adjutantur.

General-Adjutanten: Friedrich Wilhelm Frhr. von Schäffer-Bernstein, GL. Georg Casimir Graf zu Ysenburg-Philippseich GM.; Hermann Frhr. v. Trotha, GM.

Flügel-Adjutanten: Carl Camesasca, Oberst. Eduard Frhr. v. Günderode, Oberst. Ferdinand Graf zu Ysenburg-Philippseich, Oberstlt.

Kriegs-Ministerium.

Kriegs-Minister: Friedr. Wilh. Frhr. v. Schäffer-Bernstein, GL. (siehe oben).

I. Sekzion. Chef: Ferdinand du Hall, Oberstlt. 2 Referenten.

(Formazion, Dienst und Uebung der Truppen; Anstellung, Beförderung, Versezung, Pensionirung und Entlassung der Offiziere; Militär-Bildungs-Anstalten; Ausrüstung; Ordenssachen etc.).

II. Sekzion. Chef: Friedrich Wilhelm Zimmermann, Geheimer Staats-Rath; 1 Referent.

(Militär-Justiz; Rekrutirung; Militär-Sanitätswesen; Militär-Kirchen- und Schulwesen; Heirathssachen; Militär-Witwen- und Waisen-Anstalten; Invaliden; Gnadensachen etc.).

III. Sekzion. Chef: Franz Schmidt, Oberst; 2 Referenten.

(Verpflegs- und Rechnungs-Wesen; Remontirung; Militär-Bauwesen; Kasernirung; ärarische Magazine und Vorräthe etc.).

Aktive Generalität und Kommandeure der einzelnen Truppenkörper.

Kommandeur der Armee-Division: Friedr. Wilh. Frhr. v. Schäffer-Bernstein, Kriegs-Minister, General-Adjutant und GL. (siehe oben).

Kommandant der Residenz: Friedr. Wachter, GL.

Kommandeur der I. Infanterie-Brigade: Friedr. Frhr. v. Vordeck zur Rabenau, GM.

Kommandeur der II. Infanterie-Brigade: Heinrich Joseph v. Weitershausen, GM.

Kommandeur der Garde-Unteroffiziers-Kompagnie: Carl Camesasca, Oberst und Flügel-Adjutant. (siehe oben).

General-Quartier-Meister-Stab und Pionier-Kompagnie: General-Quartier-Meister: Johann Georg Roth, Oberst; — Kommandant der Pionier-Kompagnie: Karl Friedrich Kröll, Hauptmann; — sodann 1 Major, 2 Hauptmänner, 2 Ober-Lieutenante, 1 Lieutenant.

Kommandeur des Grossherzoglichen Artillerie-Korps: Karl Frhr. Pergler v. Perglas, Major.

Kommandeur des Garde-Regiments-Chevauxlegers: Karl Klingelhöffer, Oberst.

Kommandeur des 1. Infanterie-Regiments: Georg Casimir Cronenbold, Oberst.

Kommandeur des 2. Infanterie-Regiments: Bernhard v. Gehren, Oberst.

Kommandeur des 3. Infanterie-Regiments: Wilhelm Frhr. v. Gerlach, Oberst.

Kommandeur des 4. Infanterie-Regiments Christian Friedr. Ludw. v. Bechtold, Oberst.

Kommandeur der Gensdarmerie: Karl Schulz Oberst.

Die Armee-Division.

A. Stärke.

a) Infanterie: 2 Brigaden, jede Brigade zu 2 Regimenter, jedes Regiment zu 2 Bataillonen, jedes Bataillon zu 4 Linien- und 1 Schüzen-Kompagnie, in der Stärke von 1825 Kombattanten per Regiment; zusammen Infanterie 7300 Kombattanten. — Die Regimenter sind mit Nr. 1, 2, 3 und 4 bezeichnet.

b) Reiterei: 1. Chevauxlegers - Regiment (Garde,) zu 3 Divisionen, jede Division zu 2 Schwadronen, in der Stärke von 1341 Kombattanten.

c) Artillerie: 2 Kompagnien - Fussartillerie, $^1/_2$ Kompagnie reitende Artillerie und 1 Train-Artillerie-Kompagnie in der Stärke von 758 Kombattanten. Die, als Kontingent des 8. deutschen Armee - Korps, zu stellenden Geschüze sind 16 Stük nebst einer Abtheilung Belagerungs-Artillerie.

d) Pioniere: 1 Kompagnie mit einer halben Birago'schen Brüken-Equipage in der Stärke von 93 Kombattanten.

Die Kriegsstärke der Armee-Division ist 9510 Kombattanten.

Im Frieden ist der Präsentstand durchschnittlich 3630 M.

Bundes-Kontingent: 3. Division des 8. Armee-Korps 6195 M.; u. z. Infanterie 4802, Kavallerie 885, Pioniere und Artillerie 508 M., 12 Geschüze.

B. Dislokazion.

Garnison Darmstadt: Das Kommando der Armee-Division. 1. und 2. Infanterie-Brigade. Die Garde-Unter-Offiziers-Kompagnie; der General-Quartier-Meister-Stab; die Pionier - Kompagnie; das Grossherzogliche Artillerie-Korps; der Regiments-Stab und 4 Schwadronen des Garde - Regiments-Chevauxlegers; das 1. Infanterie-Regiment; das 2. Infanterie-Regiment; das Kommando der Gensdarmerie.

Garnison Worms: Das 3. Infanterie-Regiment. Offenbach: der Regiments-Stab und 1. Bataillon des 4. Infanterie-Regiments. Friedberg: das 2. Bataillon des 4. Infanterie-Regiments. Butzbach: 2 Schwadronen des Garderegiments-Chevauxlegers.

C. Eintheilung.

Sämmtliche Truppen formiren eine Division. (3. Division des 8. deutschen Armee-Korps).

D. Bewaffnung.

Die Linien-Kompagnien: Perkussions-Gewehre, die Schüzen-Kompagnien dergleichen, jedoch etwas kürzer, mit Bajonnets und Bajonnetscheiden, Säbel; bei jeder Kompagnie sind 1 Unter-Offizier und 8 Mann mit Büchsen (Wild'schen) und einem Haubajonnet versehen, lezteres wird in einer Scheide als

Seitengewehr getragen. — Die Pioniere sind mit perkussionirten Gewehren, (jedoch kürzeren wie bei der Infanterie) einem Faschinenmesser, die Fussartillerie mit dergleichen Gewehren und einem Säbel bewaffnet. — Die reitende Artillerie: leichte Reitersäbel mit einfachem Bügel und eine perkussionirte Pistole. — Chevauxlegers: wenig gekrümmte Korbsäbel, Karabiner und eine Pistole, beide perkussionirt.

Die Offiziere der Infanterie, des General-Quartier-Meister-Stabs und der Pionier-Kompagnie führen Degen, alle berittene Offiziere Pistolen.

E. Ausrüstung und Uniformirung.

Infanterie, Pioniere und Artillerie: Lederhelme mit gelber Garnitur; Chevauxlegers dergleichen mit schwarzem Haarbusch, Schuppen-Epaulettes.

Die Grundfarbe des Waffenroks ist: bei den General- und Flügel-Adjutanten hellblau, bei der Infanterie, dem General-Quartier-Meister-Stab, den Pionieren und der Artillerie dunkelblau, bei den Chevauxlegers dunkelgrün, mit ponceaurothem Vorstoss, weisse Knöpfe.

Die Farbe des Rokkragens der einzelnen Truppenkörper ist: bei dem 1. Infanterie-Regiment ponceauroth; 2. weiss; 3. hellblau; 4. dunkelgelb; bei den Pionieren karmoisinroth; Artillerie schwarz; auf den Seiten des Kragens zwei Lizen, bei den Offizieren von Silber gestikt, bei den Unteroffizieren von gewirktem Silber, bei den Soldaten von weisser Wolle; Chevauxlegers ponceauroth, auf der Seite eine schwarze Patte mit einer Lize.

Sämmtliche Truppen tragen dunkelgraue Beinkleider mit ponceaurothem Vorstoss, mit Ausnahme des General-Quartier-Meister-Stabs und der Pionier-Kompagnie, bei welchen der Vorstoss an Rok und Beinkleider karmoisinroth ist. — Graue Mäntel bei allen Waffen. — Die reitende Artillerie und Chevaulegers ungarische Sättel.

Die Generalität karmoisinrothe, Krägen und Aufschläge mit Silberstikerei und karmoisinrothem Vorstoss; weiss und ponceaurothem Haarbusch auf den Helmen. — Bei sämmtlichen Offizieren der Infanterie, Artillerie, Pioniere: Epaulettes, die Bänder von gewirktem, die Kränze (Halbmonde) von geschlagenem Silber, bei den Chevauxlegers sind dieselben ganz von geschlagenem Silber; Porte-épée von Silber mit rothen Seidenstreifen durchwirkt. — Dienstzeichen: bei der Infanterie, General-Quartier-Meister-Stab und Pionier-Kompagnie Schärpen von Silber mit rothen Seidenstreifen durchwirkt, bei der Artillerie und Chevauxlegers: Kartouche.

F. Ergänzung. Der Eintritt in den Dienst erfolgt im 21. Lebensjahre durch's Loos, Stellvertretung ist gestattet. Die

Dienstzeit beträgt 6 Jahre, hievon 2 bei der Reserve. Bei der Infanterie bleibt der Mann 1½, bei der Kavallerie 2, bei der Artillerie 1½ bis 2½ Jahre unter der Fahne.

Hessen-Homburg.

Se. Durchlaucht Landgraf Ferdinand (geb. 1783), k. österr. G. d. K.

Militär-Kommandant und Chef der Militär-Verwaltung —: Major Rolle. Das Militär besteht aus 2 Kompagnien Jäger, 350 M., worunter 100 M. Reserve; als Bundes-Kontingent werden zur Reserve-Divisioh 200 M. gestellt, welche zur Besazung von Mainz bestimmt sind. Das grossherzogliche hessiche Kriegsgericht entscheidet über Militär-Verbrechen.

A. Uniform.

Grün mit rothen Aufschlägen und Achselklappen, weisse Knöpfe, graue Mäntel, Offiziere silberne Epauletts mit Grad-Auszeichnungen auf denselben.

B. Bewaffnung und Ausrüstung.

Preuss. Perkussions-Büchsen mit Hirschfängern, schwarzes Lederzeug; Czako mit Rosshaar-Büschen.

C. Ergänzung.

Freiwilliger Eintritt und Konskripzion vom 21. Jahre an mit Stellvertretung. 6 Jahre Dienstzeit, wovon 2 bei der Reserve.

Holstein-Lauenburg (siehe Dänemark).

Limburg und Luxemburg (siehe Niederlande).

Liechtenstein.

Se. Durchlaucht Fürst Alois (geb. 1796).

Zur Reserve-Division stellt Liechtenstein 55 Scharfschüzen mit 2 Offizieren; und 25 M. Reserve-Truppen.

3

Uniform und Bewaffnung.

Perkussions-Stuzen mit Haubajonnet; Czako mit Rosshaar-Büschen, blaue Uniform, roth passe-poilirt mit grünen Achselklappen, auf den Kragen zwei weisse, die Offiziere silberne, Lizen; ausser Dienst tragen die Offiziere Hüte mit schwarzen Federbüschen.

Ergänzung.

Durch Stellung, Werbung und Stellvertretung auf 6 Jahre.

Lippe-Detmold.

Se. Durchlaucht Fürst Leopold (geb. 1821).

Militär: 1 Bataillon Infanterie zu 4 Kompagnien 858 M. und 2 Kompagnien-Reserve zu 243 Mann.

Bundes-Kontingent 731 M., zur Reserve-Division und zur Besazung von Luxemburg bestimmt.

Uniform und Bewaffnung.

Grüne Waffenröke, rothe Aufschläge, graue Beinkleider, Helme; französische Gewehre und Säbel, Taschen mit Stern. 4 Jahre Dienstzeit. Preussisches Reglement; die Offiziere werden auf der k. preuss. Divisionschule zu Münster gebildet.

Lippe-Schaumburg.

Se. Durchlaucht Fürst Georg (geb. 1784).

Militär: 1 Bataillon von einem Stabs-Offizier kommandirt, 432 M., und Reserve 144 M.

Bundes-Kontingent: 200 M., zur Reserve und zur Besazung von Luxemburg bestimmt.

Uniform, Bewaffnung u. dgl.

Grüne Waffenröke mit schwarzen Aufschlägen, roth vorgeschossen; graue Beinkleider, Helme; perkussionirte Büchsen, mit Hirschfänger zum Aufsezen. $4\frac{1}{2}$jährige Dienstzeit in der Linie, $1\frac{1}{2}$ in der Reserve.

Lübeck.

(Freie Stadt.)

Oberste Behörde: der Senat und das Militär-Departement; drei Mitglieder aus der Mitte des Senats gewählt, leiten die Militär-Angelegenheiten.

Zur dritten Brigade der 2. Division des 10. Armee-Korps stellt Lübeck $^1/_2$ Bataillon, $^1/_2$ Eskadron, 4 Pioniere, 58 Kavalleristen, 316 Infanteristen, zusammen 378 M., die Reserve 19 Kavalleristen und 110 Infanteristen. Das halbe Bataillon bildet mit Bremen ein Bataillon zu 4 Kompagnien, unter einem gemeinschaftlichen Bataillons-Kommandeur; eben so bildet die Kavallerie mit Bremen eine Schwadron, und mit Hamburg eine Division unter einem gemeinschaftlichen Kommandeur.

A. Uniform.

Dunkelgrüne Waffenröke mit rothen Krägen und Aufschlägen, dunkelgraue Beinkleider und Mäntel, Helme als Kopfbedekung.

B. Bewaffnung.

Perkussionirte Gewehre mit Bajonnet bei der Infanterie; Säbel, Karabiner und Pistolen bei der Kavallerie.

C. Ergänzung.

Durch das Loos vom 22. bis 25. Lebensjahre. Dienstzeit $3^1/_2$ Jahr.

Mecklenburg-Schwerin.

Se k. Hoheit Grossherzog Friedrich Franz (geb. 1823), Chef des Heeres.

General-Adjutant —: GM. v. Hopfgartten.

Flügel-Adjutanten —: Oberst. v. Zülow. Hauptmann v. Müller; Pr. Lieutenant Baron Stenglin.

Oberste Militär-Behörde: unter dem unmittelbaren Befehl Sr. k. Hoheit.

Militär-Kollegium: (administrative Behörde). Direktor —: Oberst. v. Zülow, (für die Folge ist mit der Stellung als Direktor der Rang eines GM. verbunden). 2 Kriegs-Räthe, 1 Sekretär, 1 Registrator.

Brigade-Kommando. (Die erste Behörde für alle rein militärischen Angelegenheiten) —: GM. v. Witzleben.

Kommandeure: des Grenadier-Garde-Bataillons —: Oberstlt. v. Oerzen; des 1. Musketier-Bataillon —: Major v. Pressenthin; 2. Musketier-Bataillon —: Oberstlt. v: Bassewiz; des leichten Bataillons —: Major Oldenburg; des Dragoner-Regiments —: Oberst von Bernstorff; der Artillerie —: Major v. Buch.

Militär.

A. Etat.

	Im Frieden,	im Kriege:
Stab	9 M.	11 M.;
Grenadier-Garde-Bataillon (4 Kompagnien)	517 „	965 „
2 Musketier-Bataillon à 4 Kompagnien	970 „	1866 „
leichtes Bataillon (2 Schüzen und 2 Jäger-Kompagnien)	388 „	628 „
Dragoner-Regiment (4 Eskadrons) .	481 „	629 „
Artillerie (1 sechspfündige Batterie zu 8, im Kriege 16 Geschüze, . .	239 „	574 „
Pionier-Abtheilung	41 „	80 „
Zusammen	2645 M.	4753 M.

Die Brigade bildet mit dem Bataillon von Strelitz die 2. Brigade des 10. Armee-Korps, und mit Oldenburg und den Hansestädten die 2. Division. In militärischer Beziehung ist das Grossherzogthum in 6 Distrikte getheilt.

B. Dislokazion.

Grenadier-Garde und leichtes Bataillon in Schwerin; 1. Musketièr-Bataillon in Wiesmar; 2. in Rostock; Dragoner-Regiment in Ludwigslust.

C. Bewaffnung:

Die Musketiere gezogene Stift-Gewehre mit Bajonnet, die Schüzen gezogene Stift-Gewehre und Faschinenmesser; die Jäger gezogene Stift-Büchsen und Hirschfänger. Die Dragoner wenig gekrümmte Säbel, Unter-Offiziere: Stift-Pistolen; die Dragoner: Karabiner; Artillerie: Gewehre und Säbel.

D. Ausrüstung.

Garde-Musketiere und Artillerie: lederne Helme mit weissem Rosschweif, das leichte Bataillon Käppis mit schwarzen Rossschweif, die Dragoner: leichte neusilberne Helme, weisse Rossschweife; Infanterie und Dragoner: weisses, das leichte Bataillon und die Artillerie: schwarzes Lederzeug. Die Dragoner: Boksättel.

E. Uniform.

Sämmtliche Truppen dunkelblaue, die Kavallerie hellblaue Waffenröke, dunkelgraue Beinkleider, graue Mäntel; Generalität, das Garde- und die Musketier-Bataillone und Dragoner: scharlachrothe, das leichte Bataillon hellgrüne, die Artillerie schwarze Aufschläge und Krägen, eine Reihe Knöpfe; — Epauletten: die Kavallerie von gelbem, alle übrigen von weissem Metalle, als Gradabzeichen. Als Dienstzeichen: die goldene Schärpe mit den gelb-karmoisinroth-hellblauen Feldzeichen.

F. Ergänzung.

Einstellung von Militärpflichtigen zwischen dem 21. und 22. Lebensjahre; freiwilliger Eintritt bedingungsweise gestattet; Dienstzeit: 6 Jahre; jährlich wird $^{1}/_{10}$ der Unter-Offiziere, Spielleute und Soldaten ausgehoben.

Am 5. Juni 1853 wurde zu Schwerin die Feier der Enthüllung und Einweihung des Militärdenkmals auf der Höhe des Exerzierplazes am Haselholze, in Gegenwart Ihrer königlichen Hoheiten des Grossherzogs, der Grossherzoginnen Auguste und Alexandrine, des Prinzen von Preussen und Sr. Hoheit des Herzogs Wilhelm eröffnet. Das Monument besteht aus einem 10 Fuss hohen, mit einem kolossalen Helm geschmükten Granitwürfel. An den beiden Langseiten befinden sich zwei Denktafeln, deren eine die Inschrift trägt: „Den in Schleswig und Baden während der Feldzüge von 1848 und 1849 gefallenen mecklenburgischen Kriegern ihre Kameraden". Die andere Tafel enthält unter der Ueberschrift: „Es starben den Heldentod" in zwei Reihen die Namen der 47 Gefallenen.

Die im Mai 1849 abgeschlossene Militär-Konvenzion mit Preussen, in welcher der Anschluss der grossherzoglichen Truppen an die preussische Armee, unter gewissen auf die damaligen Verhältnisse hinzielenden Bedingungen festgesezt war, wurde im Juli 1853 aufgehoben. Die grossherzogliche Division in der Stärke von 7860 M. auf den Kriegsfuss gesezt, bestand aus: 1 Grenadier-, 2 Musketier-, 1 leichten und 3 Landwehr-Bataillonen, 1 Linien-Kavallerie-Regiment zu 4 Schwadronen und 3 Schwadronen Landwehr-Kavallerie, 2 Batterien mit 16 Geschüzen und 1 Pionier-Abtheilung von 80 M.; war einem königl. preussischen Armee-Korps zugetheilt, und hielt mit diesem seine Waffenübungen. Sie nahm diejenigen preussischen Reglements an, auf welchen die taktische Gleichförmigkeit gleicher Waffen beruhte und alle jene

Vorschriften, die sich auf Dienst, Disziplin und Ausbildung der Truppen bezog, überdies das preussische Strafgesez und die Militär-Gerichts-Ordnung. Die Qualifikazionen zu Porte-épée-Fähnrichen und zu Sekond-Lieutenanten wurden den in Preussen bestehenden Bestimmungen angepasst, die Prüfungen jedoch vor einheimischen Kommissionen abgelegt, und gingen die Beförderungen, obgleich die Theilnahme an den preussischen Militär-Bildungs-Anstalten sämmtlichen Offizieren des Grossherzogthums gestattet wurde, vom Landesfürsten aus. Indessen hat sich Preussen bereit erklärt, auch fortan die Benuzung der k. Militär-Bildungs-Anstalten, die Zulassung von Mecklenburgern zu den k. Kadettenhäusern, so wie die Theilnahme der grossherzoglichen Truppen oder einzelner Theile derselben an den grössern Uebungen der k. preussischen Truppen (wie es auch im September 1853 geschehen) in speziellen Fällen zu gestatten.

Die Stellvertretung im Jahre 1848 aufgehoben, wurde wieder hergestellt. Der Stellvertreter muss Inländer, ledig und unter 27 Jahre zählen. Die Ablösungs-Summe beträgt für Kombattanten 200, für Nicht-Kombattanten 100 Thaler, und wird erst nach Ablauf der Dienstzeit ausgefolgt, inzwischen aber von der Regierung verzinset.

Mecklenburg-Strelitz.

Se k. Hoheit Grossherzog Georg (geb. 1779), Chef der Militär-Angelegenheiten.

Militär-Kollegium (administrative Behörde): 1 Präses und 2 Mitglieder.

Militär-Kommando (militärische Behörde): Vorstand —: Major v. Rosenberg Grusyczynski, zugleich Kommandant des Bundes-Kontingentes. Dieses leztere besteht aus einem Infanterie-Bataillon zu 4 Kompagnien, und zur Brigade von Schwerin stossend in der Stärke von 718 Köpfe.

A. Etat.

18 Offiziere, 700 M., exklusive der Reserve von 359 M.

Chef desselben: Se. k. Hoheit der Erbgrossherzog Friedrich Wilhelm, k. preussischer GL. à la Suite.

B. Uniform.

Dunkelblaue Waffenröke mit rothen Krägen und Aufschlägen, Besezung und Epauletten von Gold, graue Beinkleider, Helme mit weissem Haarbusche, Schärpen von Gold mit blau und roth durchwirkter Seide. Perkussions - Gewehre mit Bajonnet und Säbel.

Ergänzung. Durch Stellung mittelst Loos nach erreichtem 21. Lebens-, auf 6 Dienstjahre, Stellvertretung gestattet.

Nassau.

Se. Hoheit Herzog Adolf (geb. 1817).

Hochderselbe hat im Jahre 1852 das Ober-Kommando der Truppen in Person übernommen, und es haben alle bisher an das General-Kommando, welches für diese Zeit aufhört, gerichteten Meldungen, künftig an Ihm unter Aufschrift:

„An das herzogliche Ober-Kommando der Truppen" gerichtet zu werden.

Das Kontingent ist organisirt:

a) Aus dem Ober-Kommando mit den Flügel-Adjutanten; *b*) dem Kriegs-Departement; *c*) den beiden Infanterie-Inspekzionen, und *d*) aus dem Kommando der Artillerie-Division.

Adjutantur.

General-Adjutanten: GL. Staats-Minister Prinz Aug. Lud. v. Sain-Witgenstein — Berleberg und Frhr. Friedr. Christ, v. Preen.

Flügel-Adjutanten: Major Hier. v. Ziemiecki, Hauptmann Frhr. Wilh. v. Nauendorff, und Frhr. Friedr. v. Bose.

Kriegs-Departement.

Vorstand: GM. Frhr. Heinrich v. Hadeln zugleich Kommandant der Truppen.

Sekzionen: *a*) militärische. Referent —: Major Karl Kopp, *b*) juridische —: General-Auditor Dr. Friedr. Seebold, *c*) Finanzielle —: Intendant Josef Simon. — Militär-Verwaltungs-Kommission — Hauptleute Christ. Malm und Christ. Weber. — Kriegsschule. Direktor —: Major Robert Roth; — Verwaltung der Militär-Spitäler in Wiesbaden, Weilburg und Dietz —: Ober-Stabsarzt Dr. Ferd. Ebhardt mit 1 Regiments- und 1 Bataillons-Arzt. Kasernen-Verwaltungen in den vorgenannten Orten, und in Biebrich.

General-Stab: 1 Major, 5 Hauptleute.

Inspektoren der Infanterie: Oberst Friedr. Weis für das 1., 3. und 5., und Karl Hergenhan für das 2., 4. und 6. Bataillon.

Korps-Chef der Artillerie: Major Wilhelm Heimann.

Die Truppen.

Kommando: Se. Hoheit der Herzog. 3 Flügel-Adjutanten, 3 Generalstabs-Offiziere.

A. Stärke.

a) Infanterie: 6 Bataillone zu 4 Kompagnien, davon 4 Linien (Nr. 1, 3., 4. und 6.), und 2 leichte (Nr. 2. und 5). à 815 Kombattanten.

Die Infanterie: 4936.

b) Artillerie: 399 Kombattanten, in 2 Kompagnien formirt.

c) Pioniere: 42 Kombattanten.

Die Totalstärke für den Krieg 5385 Kombattanten.

Das Bundes-Kontingent zum 9. Armee-Korps zählt 4039 M. u. z. 3721 Infanterie, 318 Artillerie mit 8 Geschüzen

B. Dislokazion.

Infanterie: 1. und 3. Bataillon in Wiesbaden, 2. Bataillon in Diez, 4. und 6. Bataillon in Weilburg, 5. Bataillon in Biebrich. Die mit gezogenen Gewehren bewaffneten Scharfschüzen aller Bataillone (per Kompagnie 12 Mann Scharfschüzen-Abtheilung) garnisonirt, zu 2 Instrukzions-Kompagnien formirt, in Wiesbaden.

Artillerie und Pioniere: Wiesbaden.

C. Eintheilung.

Eine Brigade mit selbstständigem Bataillons- und Korpsverband.

D. Bewaffnung.

Infanterie: Perkussions-Gewehre (französisches Kaliber) Doppelscheide für Säbel und Bajonnet; die Scharfschüzen Dorngewehre (à la Thouvenin) ein Theil versuchsweise dieselben abgeändert in Minié Gewehre.

Artillerie: Schwere Faschienenmesser; Fahrkanoniere Kavaleriesäbel und Pistole.

Pioniere: Karabiner und schwere Faschienenmesser.

E. Ausrüstung.

Infanterie und Pioniere: Lederhelm mit Kugel, Messingbeschlag, Tornister, Lederwerk und Patrontasche nach preussischem Zuschnitt.

Lederzeug gelb; an der Patrontasche befestigt ein Täschchen für Zündhütchen, welches am Leibgurt vor- und zurükgeschoben werden kann.

Artillerie: Helm und Tornister der Fusskanoniere wie bei der Infanterie. Fahrkanoniere Kartusch am gelben Riemen.

F. Uniform.

Grundfarbe: dunkelgrünen Waffenrok.

Die Generalsuniform mit grünen reich mit goldgestikten Krägen und Aufschlägen, Passe-poil scharlach, gelbe Knöpfe, goldene Schuppen-Epauletts mit diken Bouillon, Helm mit weissem Federbusch. Säbel mit goldenem mit dunkelblauer Seide durchwirkten Porte-épée, Schärpe von orange gelber Seide. General-Stab: karmoisinrothe Krägen mit Goldstikerei und Aufschläge, so wie Passe-poil von gleicher Farbe, Helm mit weissem Rossbusch. Infanterie Krägen und Aufschläge von schwarzem Sammet, Passe-poil scharlach, Knöpfe gelb. Die Mannschaft trägt das Bataillons-Nummer auf den rothen Achselklappen gelb eingenäht. Allgemeines Dienstzeichen gelbe orange Schärpe.

Gradzeichen: bei den Offizieren in den Epauletten nach preussischer Weise, bei der Mannschaft durch Gold oder Wolle-Tressen am Kragen und Aufschlägen. An den Achselklappen der Scharfschüzen befindet sich ein gelbes Passe-poil.

Artillerie: Wie die Infanterie nur statt scharlach, karmoisin Passe-poil.

Pionier: karmoisinrothe Krägen und Aufschläge, Mäntel grau, Beinkleider eisengrau.

G. Ergänzung und Dienstpflicht.

Die Dienstpflicht ist eine 6jährige Stellung nach vollendetem 20. Lebensjahre durch Loos mit erlaubter Stellvertretung zu $^1/_3$ des Kontingents. Nach beendigter Dienstzeit in der Linie noch einjährige Reserve-Dienstpflicht.

Der fortwährende Präsenzstand ist den Bundesanforderungen gemäss.

Es werden jezt ausgedehnte Versuche mit dem Minié-Gewehre gemacht, so wie in neuerer Zeit mit der Kugel von Fleury.

Ein Gesez aus Biebrich 27. November 1852 erlassen, stellt fest: dass Offiziere und Militär-Beamten, welche Offiziersrang bekleiden, nur nach dem erreichten 70. Lebensjahre Anspruch auf Pension haben, und hebt dadurch den §. 1. des Ediktes vom 3. Juni 1845 auf.

Oesterreich.

Sr. k. k. Apostol. Majestät Franz Josef I. (geb. 1830), Chef der Armee.

I. Adjutantur.

General-Adjutanten: Grünne, Karl Graf v., FML., erster General-Adjutant Sr. Majestät und der Armee, — Kellner v. Köllenstein, Friedr. Frhr., FML., und Bamberg, Josef, GM.

Flügel-Adjutanten: O'Donell, Maxmilian Graf, Oberst; Weckbecker, Hugo v., und Boxberg, Karl, Frhr., Majors.

6 Hauptleute und Rittmeister als Adjutanten.

II. Allerhöchste Militär-Zentral-Kanzlei.

(Umfasst alle höheren Militär-Angelegenheiten, besteht für sich allein, und hat ihren eigenen Wirkungskreis).

Vorstand: Grünne, Karl, Graf, FML. — Zugetheilte: Kellner, Friedrich Frhr., FML.; Müller, Vincenz, Oberst des Deutschbanater-Grenz-Regiments; Brantem, Josef, Ritter, Oberst des 2. Artillerie-Regiments; Sachs, Josef, Oberstlt. aus dem Pensions-Stande; Knopp von Kirchwald Karl, Major vom 22. Infanterie-Regimente Graf Wimpffen, Haardt v. Hartenthurm, Karl, Major des 2. Gensdarmerie-Regiments; 1 Hauptmann, 1 Ober-Lieutenant, 1 Registrator, 3 Offiziale.

III. Armee-Ober-Kommando.

Vorsizender bei den Konferenzen der Sekzions-Chefs: Se. k. k. Hoheit E. H. Wilhelm, FML.

1. Sekzion: (General-Adjutantur). Chef: Springensfeld, Peter, Ritter, GM., 2. General-Adjutant der Armee. Zugetheilt: 2 Stabs-Offiziere, 9 Hauptleute.

2. Sekzion: (Operazions-Kanzlei). Chef: Hess, Heinrich Frhr., FZM. Zugetheilt: 6 Stabs-Offiziere, 6 Hauptleute des General-Quartiermeister-Stabes.

3. Sekzion: (Die politisch-ökonomisch-juridische Zentral-Administrazion). Chef: Bamberg, Josef, GM.

Diese Sekzion bildet 12 Abtheilungen, und zwar:

Nr. 1. (Präsidialkanzlei). Vorstand: Weigelsperg, Friedr. Frhr., Oberstlt. vom 45. Infanterie-Regimente Erzherzog Sigismund.

Nr. 2. (Militär-Versorgung der Pensionisten, Ergänzung der Armee). Viktor, Stefan, Major v. Fürstenwärther Infanterie Nr. 56.

Nr. 3. (Remontirung auf Gestüte). Hardegg-Glatz, und im Machlande, Heinrich Graf, G. d. K.

Nr. 4. (Kanzleidirekzion, Invalidenhäuser). Storch, Ignaz, Adolf, Sekzionsrath und Kanzlei-Direktor.

Nr. 5. (Verpflegung). Centner, Josef, Hofrath.

Nr. 6. (Montour und Ausrüstung). Karaisl v. Karais, Karl Frhr., FML.

Nr. 7. (Sanitäts-Gegenstände). Dreyer, Joh. Traugott, Dr., Hofrath und oberster Feldarzt der Armee.

Nr. 8. (Militärgrenze in politischer, polizeilicher und ökonomischer Beziehung). Beck, Karl, Hofrath.

Nr. 9. (Marine-Angelegenheiten, mit Ausnahme der Offiziersernennungen). Hoffmann, Georg, Hofrath.

Nr. 10. (Fortifikatorische Angelegenheiten). Braunizer v. Braunenthal, Franz, Hofrath.

Nr. 11. (Finanzielles der Armee). Noe, August, Hofrath.

Nr. 12. (Justiz). Komers, Karl, General-Auditor.

4. Sekzion: (Bildungs-Anstalten). Chef: Bamberg, Josef, GM. Zugetheilt: 2 Stabsoffiziere, 2 Hauptleute, 2 Subaltern-Offiziere.

Expedits-Direktor: Herzog, Raimund.

Registratur und Kanzlei-Archiv: Klemm, Friedrich, Vice-Direktor.

Universal-Kriegszahlamt: Fischer, Alois Ritter v., Zahlmeister.

Universal-Depositen-Administrazion: Kuglmayr, Joh., Direktor.

Direkzion der Militär-Kirchen-Angelegenheiten: Leonhard, Johann, Michael, Apost. Feldvicar der k. k. Heere, Regierungsrath.

Zugetheilt beim Armee-Ober-Kommando: Schlitter v. Niederberg, Karl Frhr., GM.

Oberster Militär-Gerichtshof. Präsident: Thurn-Valle-Sassina, Georg Graf, FZM. 2 Generale als Beisizer, 5 General-Auditore als Referenten.

Allgemeines Militär-Appellazions-Gericht. Präsident: Turszky, August Frhr. v., FML.; 1 General-Auditor und Kanzlei-Direktor, 12 Oberst-Auditore und Referenten.

General-Artillerie-Direkzion. Direktor: Augustin, Vincenz Frhr., FZM.; 1 Oberst als Sekzions- und 6 Departements-Chefs.

General-Genie-Direkzion. Direktor: Caboga, Bernhard, Graf, FML.; ad latus: Baur v. Eyssenek, Adalbert, FML.; 4 Generäle als Komité-Glieder, 6 Departements-Chefs.

General-Quartiermeister-Stab. Chef: Hess, Heinrich Frhr., FZM.; ad latus: Nagy, Ladislaus v., GM.;

Kanzlei-Direktor: Lausch, Michael, Oberstlt.; Direktor des Landesbeschreibungs-Bureau: Nagy, Ladislaus v., GM.; des kriegsgeschichtlichen Bureaus: Ramming, Wilhelm Frhr., Oberst; des Marsch- und statistischen Bureaus: Gablenz, Ludwig Frhr., Oberst; Direktor des Ingenieur-Geografen-Korps und des militär-geografischen Institutes: Fligely, August v., Oberst; des Kriegsarchivs: Hannekart, Franz Ritter v., GM. Stand des Generalstabes; 13 Oberste, 13 Oberstlt., 21 Majore, 83 Hauptleute; des Ingenieur-Geografen-Korps: 1 Oberst, 2 Oberstlt., 4 Majore, 16 Hauptleute, 12 Oberlt., 8 Unterlt.

Gendarmerie-Inspekter —: FML. Johann von Kempen, Kommandant—: FML. v. Gerstner; ad latus: — GM. v. Hartmann; mit den 3 Departements: Militär, Oekonomie und Justiz.

Fuhrwesen-Korps —: Kommandant FML. v. Ludwig, ad latus: Major Grimm.

Armee-Waffeninspekzion —: Inspektor FML. Stefan Frhr. v. Wernhardt, mit 12 Armee-Korps-Waffeninspektoren.

Aktive Generalität.

Feld-Marschälle: Johann Baptist, E. H. k. k. Hoheit; Radetzky de Radetz, Josef Graf; Wimpffen, Maximilian Frhr. v.; Windischgrätz, Alfred, Fürst, zu; Nugent, Laval Graf, römischer Fürst; Paskewicz v. Eriwan, Iwan Theodorowic Graf, Fürst von Warschau.

Feldzeugmeister und Generale der Kavallerie.

Albrecht, Friedrich Rudolf, k. k. Hoheit, G. d. K.; Ludwig, Josef, k. k. Hoheit, FZM.; Maximilian, Josef v. Este, k. Hoheit, FZM.; Leopold II., Grossherzog von Toskana, k. k. Hoheit, G. d. K.; Hardegg, Heinrich Graf, G. d. K.; Fiquelmont, Karl Ludwig Graf, G. d. K.; Emil, Prinz von Hessen und bei Rhein, Hoheit, FZM.; Ferdinand, regierend. Landgraf zu Hessen-Homburg, Durchlaucht, G. d. K.; Gorczkowski v. Gorczkow, Karl Ritter, G. d. K.; Wratislaw, Eugen Graf, G. d. K.; Augustin, Vinzenz Frhr. v., FZM.; Böhm, Josef Filipp Frhr. v., G. d. K.; Hess, Heinrich Frhr., FZM.; Appel, Christian Frhr.; G. d. K.; Liechtenstein, Karl Fürst, G. d. K.; Schlick, zu Bassano und Weisskirchen, Franz Graf, G. d. K.; Thurn-Valle-Sassina, Georg Graf, FZM.; Gyulai v. Maros-Nemeth und Nadaska, Franz Graf, G. d. K.; Jellachich de Buzim, Josef Frhr., FZM.; ferner 106 FML., 129 GM., 249 Obersten, überhaupt 15,000 aktive Offiziere aller Grade.

Armee.

A. Etat.

Infanterie. 62 Linien-Regimenter, jedes im Kriege 1 Grenadier-, 4 Feld- und 1 Dépôt-Bataillon. Im Frieden ist bei jedem Feld-Bataillon eine Kompagnie (auf dem rechten Flügel) aufgelöst und wird durch eine der Grenadier-Kompagnien ersezt, daher im Frieden das Grenadier-Bataillon nicht zusammengestellt ist. Ein Feld-Bataillon hat 6, ein Grenadier- und ein Dépôt-Bataillon 4 Kompagnien. Eine Feld- und eine Grenadier-Kompagnie ist im Kriege 220, eine Dépôt-Kompagnie 133 Mann stark. Im Frieden ist der Chargenstand gleich dem Kriegsstande, der Stand der Gemeinen wird nach Massgabe der Umstände von 180 bis auf 60 herabgesezt. Ein Infanterie-Regiment auf den kompleten Stand zählt 152 Köpfe vom Stabe, 5812 von der Kompagnie, in Summa 5964 Köpfe. Wenn das Grenadier-Bataillon zusammengestellt wird und die aufgelösten 4 Kompagnien errichtet werden, um 15 Köpfe vom Stab und 890 von den Kompagnien, also um 895 Köpfe mehr, oder das ganze Regiment im Kriege 6869 Köpfe. Die 62 Infanterie-Regimenter bilden hiernach im Kriege einen Körper von 425,878 Köpfen, wovon nach Abschlag der 62 Dépôt-Bataillone à 532 Köpfe, 392,894 M. in das Feld rüken.

14. Grenz-Infanterie-Regimenter, und das Titler Bataillon. Jedes Regiment besteht aus 2 Feld- und 1 Reserve-Bataillon. Ein Feld-Bataillon hat 6, ein Reserve-Bataillon 4 Kompagnien. Ein Feld-Bataillon hat 18 Köpfe vom Stabe, 1320 von den Kompagnien, zusammen 1338 M.; ein Reserve-Bataillon 14 vom Stabe, 880 von den Kompagnien, zusammen 894 Mann. Der Regiments-Stab besteht aus 37 Köpfen, die Regiments-Artillerie aus 53 M. daher das ganze Regiment aus 3847 Köpfen, worunter 182 zum Grenz-Verwaltungsdienst bestimmt, aufgenommen sind. Die Grenz-Infanterie-Regimenter zählen also: 53,858 und mit dem Titler Grenz-Infanterie-Bataillon die Grenz-Truppen über 55,200 Mann.

1. Jäger-Regiment mit 7 Feld-Bataillons (die ersten 6 zu 4, das siebente zu 6 Kompagnien) und einer Dépôt-Abtheilung von 3 Kompagnien, dann 25 Feld-Jäger-Bataillone, davon 20 mit 4, und 5 mit 6 Kompagnien. Die Bataillone zu 6 Kompagnien haben eine, und jene zu 4 Kompagnien je zwei zusammen eine Dépôt-Kompagnie. Eine Feld-Kompagnie Jäger zählt 206, eine Dépôt-Kompagnie 137 Köpfe auf den kompleten Stand. Hiernach beträgt die Anzahl der Jäger in der k. k. Armee: Kaiser-Jäger-Regiment, Stab 273, Kompagnien 6591, zusammen 6591 Köpfe. 5 Jäger-Bataillone jedes zu 6 Feld- und 1 Dépôt-Kompagnie: vom

Stab 41, Kompagnien 1373, Summe 1414, zusammen 7070 Köpfe. 10 Bataillone jedes zu 4 Feld- und 1 Dépôt-Kompagnie: vom Stab 39, Kompagnien 961, Summe 1000, zusammen 10,000 Köpfe. 10 Bataillone jedes zu 4 Feld-Kompagnien: vom Stab 36, Kompagnien 824, Summe 860, zusammen 8600 Köpfe. Hauptsumme der Jäger-Truppen 32,534 Köpfe.

Kavallerie 8 Kürassier-, 7 Dragoner-, 12 Husaren- und 11 Uhlanen-Regimenter. Die schweren Kavallerie-Regimenter haben 3, die leichten 4 Divisionen zu 2 Eskadronen. Das Dragoner-Regiment Nr. 7 hat ausnahmsweise 4 Divisionen. Jedes Kavallerie-Regiment hat eine Dépôt-Eskadron. Die Feld-Eskadron eines schweren Regiments hat 194 M. und 170 Pferde. Die Dépôt-Eskadron 139 M. und 113 Pferde. Ein schweres Kavallerie-Regiment: vom Stabe 46 Köpfe, 8 Pferde, Feld-Eskadronen mit 3 zweiten Rittmeistern 1158 Köpfe, 1017 Pferde, Dépôt-Eskadron 139 Köpfe, 113 Pferde, zusammen 1343 Köpfe, 1138 Pferde; oder die 15 schweren Kavallerie-Regimenter 20,145 Köpfe, 17,070 Pferde. Die Feld-Eskadron eines leichten Kavallerie-Regiments hat 227 M., 200 Pferde. Die Dépôt-Eskadron 172 M., 143 Pferde. Ein leichtes Regiment: vom Stab 57 Köpfe, 10 Pferde, Feld-Eskadronen mit 3 zweiten Rittmeistern 1808 Köpfe, 1596 Pferde, Dépôt-Eskadron 172 Köpfe, 143 Pferde, zusammen 2037 Köpfe, 1749 Pferde; oder die 23 leichten Kavallerie-Regimenter 46,851 Köpfe, 40,227 Pferde. Die gesammten Kavallerie-Regimenter 66,996 Köpfe, 57,297 Pferde.

Artillerie zerfällt in *a*) die Feld-, *b*) die Festungs- und *c*) die technische Artillerie.

Die Feld-Artillerie besteht aus 5 Regimentern und dem Raketeur-Korps. Ein Artillerie-Regiment hat 12 der sechspfündigen, 6 der zwölfpfündigen und 6 Kavallerie-Batterien; ferner ein Reserve-Bataillon und eine Dépôt-Abtheilung (in der Organisazion begriffen). Eine Batterie hat 6 Kanonen und 2 Haubizen = 8 Geschüze. Eine sechspfündige Fuss-Batterie hat 174 Köpfe Bemannung und 114 Pferde, eine zwölfpfündige 200 Köpfe und 130 Pferde, eine sechspfündige Kavallerie-Batterie 187 Köpfe und 158 Pferde. Ein Reserve-Bataillon von 4 Kompagnien auf dem kompleten Stand hat 1134 M. und 372 Reserve-Pferde. Ein Artillerie-Regiment hat sonach: vom Stabe 95 Köpfe, 12 der sechspfündigen Batterien 2088 Köpfe, 6 der zwölfpfündigen Batterien 1200 Köpfe, 6 Kavallerie-Batterien 1122 Köpfe, Reserve-Bataillon 1134, zusammen 5639, oder alle 5 Artillerie-Regimenter 28,195 Köpfe. Die Feld-Artillerie beträgt also 120 Batterien oder 960 Geschüze.

Das Raketeur-Korps besteht aus dem Stab, 15 Batterien, 3 Reserve-Kompagnien und einer Dépôt-Abtheilung (in der Organisirung begriffen). Eine Batterie hat 12 Raketen-Geschüze, 227 Köpfe Bemannung, 185 Pferde. Das Raketeur-Korps zählt demnach: vom Stabe 28 Köpfe, 15 Batterien 3405, Reserve-Division 620, zusammen 4053 Köpfe Bemannung und 180 Geschüze.

Die Festungs-Artillerie besteht aus 8 Bataillonen, 6 zu 6 und 2 zu 5 Kompagnien. Eine Kompagnie hat 232 Köpfe. Die 6 Bataillone zu 6 Kompagnien vom Stab 17 Köpfe, von den Kompagnien 1396, zusammen 1413 Köpfe. Die 2 Bataillone zu 4 Kompagnien: vom Stab 17, von den Kompagnien 938, zusammen 955 Köpfe. Die ganze Festungs-Artillerie annäherungsweise: 10,388 Mann.

Die technische Artillerie zerfällt:

a) in die Zeugs-Artillerie: vom Stab 38, 12 Zeugs-Kompagnien 1980, Stükgiesserei und Bohrerei 94, Konstrukzions- und Uebernahms-Kommission 9, Zeugs-Artillerie zusammen 2121 Köpfe. *b*) In die Raketeur-Anstalt: Stab 8, Raketenzeugs-Kompagnie 248, Zünderzeugs-Kompagnie 234, Raketeur-Anstalt zusammen 490 Köpfe. *c*) Gewehr-Fabrik: Stab 37, Büchsenmacher-Kompagnie 316, zusammen 353 Köpfe. *d*) Die Zeugs-Verwaltung. Diese theilt sich in 14 Distrikte, jeder von einem andern Stande, zusammen 1568 Köpfe. Summe der technischen Artillerie: 4532 Köpfe.

Die gesammte Artillerie beträgt hiernach 47.168 Mann.

Genie-Truppen bestehen aus dem Genie-Stab und zwei Genie-Regimentern. Der Stab zählt 8 Generale, 37 Stabs- und 133 Ober-Offiziere, mit den Offiziersdienern 376 Köpfe. Ein Genie-Regiment besteht aus dem Regiments-Stab 34 Köpfe, 3 Feld-Bataillone mit Stab (14 Köpfe) und 6 Kompagnien zu 220 Köpfen sind 4002, 1 Lehr-Bataillon zu 6 Kompagnien 1334, zusammen 5370 Köpfe. Die Genie-Truppe zählt also 11,116 Mann.

Pionier-Korps: Das Korps besteht aus dem Stab und 24 Kompagnien, welche 5 Bataillone von ungleicher Stärke formiren. Der Korps-Stab zählt 46, ein Bataillons-Stab 4, eine Kompagnie 234 Köpfe, das ganze Korps 5682 M. Eine Brüken-Equipage führt auf 15 Brükenwagen das Materiale zu einer 28° langen Brüke, und wird auch in $^3/_4$, $^1/_2$, $^1/_4$ und $^1/_8$ getheilt. Eine Equipage steht unter Kommando eines Offiziers, 1 Feldwebel, 5 Korporale und 60 Pioniere zur Bedienung. Die Bespannung gibt das Fuhrwesen und beträgt diese für eine Equipage 60 Köpfe und 96 Pferde.

Extra-Korps. *a*) Boten-Jäger: Dem GQMSt. zugetheilt, und für jedes Armee-Korps 1 Stabs-Offizier, 2 Lieuts.

und 26 Mann vom Feldwebel bestimmt, sohin für 13 Armee-Korps 377 Köpfe.

b) Stabs-Dragoner: Für jedes Korps ½ Eskadron, im Ganzen 6½ Eskadron mit 1336 Mann.

c) Sanitäts-Bataillone: 2 zu 5 und 1 zu 4 Kompagnien, für die 1., 2. und 3. Armee bestimmt; jede Kompagnie 4 Offiziere, 241 Mann vom Feldwebel an, sohin die 14 Kompagnien 3457 Köpfe.

d) Militär-Fuhrwesens-Korps: 1 General, 9 Stabs- und 152 Ober-Offiziere mit 43 Bespannungs-Divisionen, welche im Frieden als Stämme zur Ausbildung des Trains für die ganze Armee dienen.

e) Gendarmerie: 16 Regimenter mit ungleicher Stärke, u. z. 522 Köpfe vom Stabe, und 18,125 in den Flügeln, zusammen 18,647 Köpfe, exklusive der Gendarmerie-Inspekzion, wozu auch die in den grösseren Städten befindlichen Militär-Polizeiwach-Korps-Abtheilungen gehören.

Kriegsstärke der Feld-Truppen.

Infanterie, 309 Bataillone	388,758
Kavallerie, 274 Eskadrons	52,800
Feld-Artillerie, 135 Batterien	24,522
Pioniere, 4 Bataillone	5,508
Botenjäger-Korps	377
Stabs-Dragoner, 6½ Eskadron	1,336
Sanitäts-Bataillone 3	3,457

316 Bat. 280½ Esk. 135 Batt. 1140 Geschüze, 476,758 Kombattanten, und mit den Dépôt- und Genie-Truppen (die technische Artillerie, die Stäbe, Fuhrwesen, Garnison- und Polizei-Truppen jedoch nicht eingerechnet) 416 Bataillone 318½ Eskadronen, 135 Batterien, 1140 Geschüze und 592,845 Kombattanten.

Die Armee zählt ferner:

a) Die 2 Bukowiner-Grenz-Kordons-Bataillone in Czernowiz und Sucsawa, jedes mit Offiziere und Soldaten 939 Köpfe stark, und in 4 Kompagnien getheilt, welche auch erforderlichen Falles in das Feld gezogen werden.

b) Die 4 Garnisons-Bataillone in den Pläzen Mantua, Arad, Chioggia und Sebenico; u. z. das 1. zu 6 Kompagnien à 100 Gemeine, das 2. zu 4 Kompagnien à 60 Gemeine, das 3. ebenfalls zu 4 Kompagnien à 100 Gemeine und das 4. zu 6 Kompagnien à 150 Gemeine.

c) Die 6 Disziplinar-Kompagnien zu Komorn, Olmüz, Mantua, Temeswar, Karlsburg, Theresienstadt, jede unter 1 Hauptmann als Kommandanten und 4 subalternen Offizieren aus dem Stande der Infanterie-Regimente kommandirt.

d) Das Gestüt- und Remontirungswesen mit 1 Inspektor (G. d. K. Graf Hardegg), 2 GM., 1 Obersten, 3 Oberstlt., 5 Majore und 85 Hauptleuten und subaltern Offizieren und den Posten zu Schlosshof, Brünn, Nimburg, Drohowyce, Radaucz, Mezöhegyes, Babolna, Stuhlweissenburg, Agram, Dees, Gratz, Piber und Ossiach.

e) Die Montours-Oekonomie-Verwaltung unter einer General-Inspekzion (FML. Baron Karaisl in Wien), mit 1 Oberst, 2 Oberstlte., 7 Majors, 135 Hauptleuten und subaltern Offizieren, der Haupt-Kommission in Stockerau, und den Montours-Kommissionen zu Prag, Brünn, Altofen, Jaroslau, Karlsburg, Gratz, Venedig.

f) Die Invaliden-Häuser in Wien, Prag, Pettau, Padua, Tyrnau; endlich

g) die Bildungs-Anstalten. Diese unterstehen der 4. Sekzion des Armee-Oberkommando und umfassen: 12 Untererziehungs-Häuser jedes für 100 Militär-Kinder vom 7. bis zum 11. Lebensjahre; 12 Obererziehungs-Häuser, jedes für 200 Zöglinge vom 12. bis zum 15. Jahre; die Schul-Kompagnien: u. z. 5 für die Infanterie, jede zu 120, 3 für die Kavallerie jede zu 60, 3 für die Grenz-Truppen jede zu 120, 5 für die Artillerie jede zu 150, 1 für die Genie-Truppen, 1 für das Pionier-Korps jede für 120, 1 für die Flottille für 60, und 1 für die Marine für 15 Zöglinge; diese Schul-Kompagnien haben zweijährigen Lehrkurs, und bilden die Zöglinge für Unter-Offiziere heran, aus welchen die Vorzüglichsten in das Militär-Lehrer und Fecht-Institut nach Wiener-Neustadt, auf 80 Frequentanten bestimmt, übersezt und hier in einem einjährigen Lehrkurse als Lehrer für die Erziehungs-Häuser herangezogen werden. Zur Heranbildung der Offiziere sind 4 Kadetten-Institute in Hainburg, Neucilly, Eisenstadt und Znaim, jedes auf 200 Zöglinge, die Wiener-Neustädter Akademie mit 400, die Artillerie-Akademie zu Olmüz mit 200, jene für das Genie-Korps zu Znaim ebenfalls mit 200 und die Marine-Akademie zu Triest mit 130 Zöglingen; aus der Genie- und Artillerie-Akademie werden 60 Schüler zum höheren Artillerie- und Geniekurs nach Wiener-Neustadt auf 2 Jahre zugezogen; endlich die Kriegsschule in Wien, mit 30 Offizieren, welche für höhere Chargen aller Waffen, insbesondere den General-Stab unterrichtet, nach zweijährigem Kurse als Oberlte. in die Armee treten. Sämmtliche Anstalten fassen 7640 Zöglinge.

B. Eintheilung.

Armee- und Armee-Korps-Kommanden und Gouvernements.

(Der Dienstes-Ressort der bestandenen Militär-Landes-Kommanden bildet gegenwärtig einen unmittelbaren Bestandtheil der Armee-, Armee-Korps-Kommanden und Gouvernements, u. z. bei den 4. Armee-Kommanden, den Gouvernements in Agram, Temesvar und Zara, dann bei dem 1. und 2. Armee-Korps-Kommando. Die Geschäftsführung zerfällt hier in drei Sekzionen: Nr. 1. Adjutantur, Nr. 2. General-Stab und Nr. 3. Administrazion; diese leztere Sekzion ist überdiess in folgende fünf Abtheilungen getheilt, u. z. *a)* stabile Militär-, *b)* Oekonomisch-Politische, *c)* Verpflegs-, *d)* Justiz-Abtheilung mit dem Iudicio delegatum militarii und *e)* Sanität. — Die 3. Sekzion hat bei den Armee-Kommanden in Wien, Verona und Ofen einen eigenen, beim Armee-Kommando in Lemberg, den übrigen Korps-Kommanden und Gouvernements keinen eigenen Chef, und referiren bei diesen lezteren die Vorsteher der 5 Abtheilungen unmittelbar an den kommandirenden General oder seinen ad latus).

I. Armee-Kommando in Wien.

FZM. Eugen Graf Wratislaw; General-Adjutant: Oberst Franz v. Burdina.

1. Korps in Prag: FML. Eduard Graf Clamm-Gallas; Adjutant: Major Graf Leopold Gondrecourt.

Division: *a)* zu Prag: FML. Herzinger; *b)* zu Prag: FML. E. H. Leopold, k. k. Hoheit; *c)* zu Prag: FML. Fürst Liechtenstein, mit den Brigaden: GM. Van der Nüll zu Prag, Graf Waldstein zu Pilsen; GM. Horwath in Prag und Schiller in Theresienstadt; GM. Baron Stankowich in Prag, Graf Török in Königgrätz.

2. Korps in Brünn: G. d. K. Franz Graf v. Schlick; Adjutant: Major August Frhr. Egckh von Hungersbach.

Division: *a)* zu Olmütz: FML. Baron Barco; *b)* zu Brünn: FML. Baron Perglas; mit den Brigaden: GM. Colo zu Olmütz, Graf Thun zu Troppau und Jablonsky zu Josefstadt; GM. Graf Salis, v. Woiciechowsky und Baron Lauingen sämmtliche 3 zu Brünn.

3. Korps in Gratz: FML. Anton Baron Csorich; Adjutant: Major Heinrich v. Schroth.

Division: *a)* zu Linz: FML. Fürst Hohenlohe; *b)* zu Gratz: FML.; Castiglione; *c)* zuInnsbruck: FML. Rossbach mit den Brigaden: GM. v. Burlo in Linz, Lang in

Innsbruck, und Graf Althann in Salzburg; ferner GM. v. Haradauer und Prinz Hessen in Gratz.

9. Korps in Wien: FML. Graf Schaafgotsche; Adjutant: Major Johann v. Suppanchich.

Division a) in Wien: FML.; Fürst Lobkowis; b) in Wien: FML. Graf Paar; mit den Brigaden: GM. E. H. Sigismund, k. k. Hoheit, und Russ, dann Graf Degenfeld, Graf Sternberg, und Baron Cordon sämmtliche in Wien.

II. Armee-Kommando in Verona.

FM. Josef Graf Radetzky de Radetz; General-Adjutant Oberst Eduard Stäger v. Waldburg.

5. Korps in Mailand: FZM. Franz Graf v. Gyulay; Adjutant: Major Ferdinand Kriz.

Division a) in Mailand: FML. Graf Stadion; b) in Mailand: FML. v. Melczer; mit den Brigaden: GM. Lilia daselbst und Berger in Mantua; GM. Marsano und Szeth in Mailand und Singer in Como.

6. Korps in Treviso: FML. Fürst Fried. Liechtenstein; Adjutant: Oberstlt. Josef Langer.

Division a) in Treviso: FML. Baron Reischach, b) in Triest: FML. Baron Stillfried; mit den Brigaden: GM. Fejervary und Baron Merville in Venedig, Graf L. Creneville in Treviso; GM. Heller in Triest, und Baron Handel in Laibach.

7. Korps in Verona: FML. Graf Karl Wallmoden; Adjutant: Oberstlt. Josef Baron Trauttenberg.

Division a) in Brescia: FML. Baron Susan; b) in Verona: FML. Baron August Lederer; mit den Brigaden: GM. Vasquez in Brescia und Schönberger in Verona; GM. Graf Mennsdorf und Signorini in Verona.

8. Korps in Bologna: FML. Aug. Graf Degenfeld. Adjutant: Major Albert Ritter v. Knebel.

Division: a) in Florenz: FML. Fürst Jablonowsky; b) in Bologna: FML. Graf Cavriani; mit den Brigaden: GM. Baron Schneider daselbst und Graf Hoyos in Ancona; GM. Marciani in Bologna, F. Graf Creneville in Livorno und Moriz Baron Lederer in Parma.

III. Armee-Kommando in Ofen.

G. d. K. E. H. Albrecht, k. k. Hoheit; General-Adjutant: Oberst Alois v. Pokorny.

10. Korps in Pest: FML. Erzherzog Karl Ferdinand, k. k. Hoheit Adjutant (unbesezt.)

4*

Division a) in Kaschau: FML. Fiedler; b) in Pesth: FML. Teimer; mit den Brigaden: GM. Khauz in Kaschau und Frischeisen in Peterwardein; GM. Kussewich und Dreihann in Pesth, Laiml in Ofen.

11. Korps in Pesth: FML. Graf Wengersky; Adjutant: Major Johann Morhammer.

Division a) in Pressburg: FML. E. H. Ernst, k. k. Hoheit; b) in Pesth: FML. Baron Bianchi; mit den Brigaden: GM. Cerrini in Pressburg, Graf Nostiz in Komorn; GM. Steininger und Baron Blomberg daselbst, dann Gebler in Debreczin.

12. Korps in Hermannstadt: FML. Karl Fürst Schwarzenberg; Adjutant: Major Johann Schmutz.

Division a) in Temeswar: FML. Baron Simbschen: b) in Hermannstadt: FML. Baron Zobel; mit den Brigaden; GM. Braum daselbst, und Csollich in Szegedin; GM. Kammerer in Hermannstadt, Frank in Klausenburg und Graf Zedwiz in Kronstadt.

1. Kavallerie-Korps in Pesth: FML. Fürst Franz Liechtenstein; Adjutant Major August v. Bujanovits.

Division a) in Pesth: FML. Baron Ottinger; b) in Ofen: FML. Veigl; mit den Brigaden: GM. Baron Minutillo in Pesth, und Graf Montenuovo in Oedenburg; GM. Baron Simbschen in Grosswardein und Baron Siegenthal in Temeswar.

IV. Armee-Kommando in Lemberg.

Mit der Führung betraut: FML. Edmund Fürst Schwarzenberg. General-Adjutant: unbesezt.

4. Korps in Lemberg: FML. Edmund Fürst Schwarzenberg, Adjutant Major Josef Dormus.

Division a) in Lemberg: FML. Karl Baron Lederer; b) in Lemberg: FML. v. Liebler; c) in Krakau: FML. Graf Leiningen; d) in Czernowiz: FML. v. Ulrichsthal; mit den Brigaden: GM. Schanz und Batky dann GM. Herdy und Lilienborn in Lemberg, und Baron Martini in Przemysl; GM. Ripp in Krakau, und Vogel in Tarnow; GM. Mandl in Czernowiz und Baron Puffer in Stanislau.

V. Militär- und Zivil-Gouvernement im Banat und der serbischen Woiwodschaft zu Temeswar.

FML. Johann Graf Coronini; Adjutant Major Albert v. Fellner. Division in Temeswar—: FML. v. Wolff. Brigaden: GM. Sokcsevich in Semlin, Popowich in Karansebes und Baron Augustin in Pancsowa.

VI. Gouvernement in Kroazien und Slavonien, zu Agram.

FZM. Josef Baron Jellachich, Banus; General-Adjutant: Oberstlt. Rudolf Baron Schmidtburg.

Division *a*) zu Agram: FML. v. Macchio; *b*) zu Karlstadt: FML. Graf Deym; *c*) zu Essegg: FML. Ritter v. Kerpan; mit den Brigaden: GM. Baron Jellachich zu Agram, Schwarzl zu Bellowar und Schlechta zu Petrinia. GM. v. Schaarschmidt zu Karlstadt und Baron Koudelka zu Gospich; GM. v. Cordier in Essegg, und Bauer zu Vinkofze.

VII. Gouverneurs-Stellvertreter zu Zara.

FML. Lazar Baron Mamula; Adjutant: Major Adolf Ritter von Mayer; Brigade: GM. v. Derschatta zu Zara, und von Desimon zu Ragusa.

VIII. Militär-Gouvernement in Mainz.

Vize-Gouverneur FML. Karl Frhr. v. Mertens; Brigade zu Mainz: GM. Baron Paumgartten; zu Frankfurt am Main: Ritter v. Schmerling.

IX. Marine Ober-Kommando in Triest. (Siehe Seite 60.)

Jede Infanterie-Brigade besteht: aus 4 Linien, 1 leichten (Grenz- oder Jäger-) Bataillon und 1 sechspfündigen Fuss-Batterie; jede Kavallerie-Brigade aus 2 bis 3 Regimentern und einer sechspfündigen Kavallerie-Batterie; 2 Brigaden formiren eine Division, und 2 bis 3 Divisionen ein Armee-Korps; jedem Armee-Korps ist beigegeben: 1 Geschüz-Reserve von 2 zwölfpfündigen, 1—2 sechspfündigen Kavallerie- und 1—2 Raketten-Batterien, 1 Pionier-Detachement, 1 Sanitäts-Kompagnie, ½ Eskadron Stabs-Dragoner, 1 Boten-Jäger-Detachement, 1 Brüken-Equipagen-, Kriegs-Transports-, 1 Bakofen- und 1 Prozento-Division. Zu jeder der oben ausgewiesenen vier Armeen gehört noch eine Geschüz-Hauptreserve zu 1 sechspfündigen, 2 zwölfpfündigen Fuss-, 1 Kavallerie und 1 Raketten-Batterie.

Jedem Armee-Korps ist ferner eine Reserve oder Disposizions-Brigade (bestehend aus 3—4 Infanterie-Bataillons, 1 Regiment leichte Kavallerie und 1 sechspfündiger Kavallerie-Batterie) beigegeben, und die anderweite Kavallerie in ein Korps (siehe oben) vereinigt.

X. Festungs-Kommanden bestehen in:

Altgradiska, Arad, Brood, Karlsburg, Karlstadt, Cattaro, Komorn, Essegg, Ferrara, Franzensfeste, Josefstadt, Königgrätz, Kufstein, Legnago, Mainz, Mantua, Munkatsch, Ofen, Olmütz, Osoppo, Palmanouva, Peschiera, Peterwardein, Piacenza, Pizzighetone, Prag, Ragusa, Salzburg, Temeswar, Theresienstadt, Venedig, Verona, Zara.

C. Dislokazion.

Linien-Infanterie-Regimenter.

Nr. 1. Kaiser Franz Josef, Ancona. 2. Alexander I. Kaiser v. Russland, Lemberg. 3. Karl Ludwig, Erzh., Mailand. 4. Hoch- und Deutschmeister. Maximilian Josef d'Este, Erzherzog, Komorn. 5. Liechtenstein, Eduard Fürst, Krakau. 6. Coronini-Cronberg, Johann Graf, Tarnow. 7. Prohaska v. Guelphenburg, Franz Frhr., Venedig. 8. Ludwig Josef, Erzh., Grosswardein. 9. Hartmann-Klarstein, Prokop Graf, Maros-Vásarhely. 10. Mazzuchelli, Alois Graf, Como, 11. Prinz Albert v. Sachsen, Mainz, Bundesfestung. 12. Wilhelm, Erzherzog, Lemberg. 13. Wimpffen, Maximilian Frhr., Essegg. 14. Grossherzog Ludwig III. v. Hessen, Gratz. 15. Herzog zu Nassau, Adolf, Kaschau. 16. Zanini, Peter, Brünn. 17. Hohenlohe-Langenburg, Gustav, Prinz, Zara. 18. Constantin, Grossfürst v. Russland, Versetz im Banat. 19. Schwarzenberg, Karl, Fürst, Wien. 20. Prinz Friedrich von Preussen, Pesth. 21. Leiningen-Westerburg, Christian Graf, Bologna. 22. Wimpffen, Franz, Graf, Pressburg. 23. Airoldi, Paul, Ritter v., Josefstadt. 24. Herzog v. Parma, Karl Ludwig, Kezdi Vásarhely. 25. Wocher, Gustav, Verona. 26. Michael, Grossfürst von Russland, Ofen. 27. Leopold I. König der Belgier, Pesth. 28. Benedek, Ludwig, Ritter v., Rastatt, Bundes-Festung. 29. Schönhals, Karl Ritter v., Krakau. 30. Nugent, Lavall, Graf, römischer Fürst, Hermannstadt. 31. Culoz, Karl Frhr., Lemberg. 32. Franz Ferdinand d'Este, EH., Herzog von Modena, Triest. 33. Gyulai v. Maros-Nemeth und Nadaska, Franz Graf, Mailand. 34. Prinz v. Preussen, Olmütz. 35. Khevenhüller-Metsch, Franz, Graf, Pesth. 36. Degenfeld-Schonburg, August Graf, Pesth. 37. Fürst v. Warschau, Paskewitsch von Erivan, Iwan Fedor, Wien. 38. Haugwitz, Eugen Graf, Linz. 39. Don Miguel, Innsbruck. 40. Rossbach, Heinrich Ritter, Wien. 41. Sivkovich, Johann Freiherr v., Clausenburg. 42. Georg V. König von Hannover, Pesth. 43. Geppert, Menrad Frhr. v., Königgrätz. 44. Albrecht, Erzherzog, Prag. 45. Sigismund, Erzherzog, Agram. 46. Jellachich de Buzim, Josef Frhr., Brünn. 47. Kinsky, Anton Graf, Forli, im Römischen. 48. Ernest, Karl, EH., Troppau. 49. Hess, Heinrich Frhr. v., Mailand. 50. Thurn und Taxis, Hannibal Friedrich, Fürst v., Venedig. 51. Karl Ferdinand, EH. Theresienstadt. 52. Franz Karl, EH., Livorno. 53. Leopold Ludwig, EH., Verona. 54. Prinz Emil von Hessen und bei Rhein, Wien. 55. Bianchi, Friedrich Frhr. Duca di Casalanza. Temeswar. 56. Fürstenwärther, Karl Frhr., Mailand. 57. Jablonowsky, Felix, Fürst, Prag; 58. Stefan, EH., Florenz. 59. Rainer Ferdinand, EH. Mailand. 60. Prinz Gustav v. Wasa, Prag. 61. Strassoldo-Grafenberg, Julius Graf, Piacenza. 62. Turzky, Johann Frhr. v., Mantua.

Grenz-Infanterie. 1. Likkaner, Gospich. 2. Ottochaner, Ottochaz. 3. Oguliner, Ogulin. 4. Sluiner, Karlstadt. 5. Warasdiner: Kreuzer, Bellovar. 6. St. Georger, Bellovar. 7. Slavonisches: Brooder, Vinkovze. 8. Gradiskaner, Neu-Gradiska. 9. Peterwardeiner, Mitrowitz. 10. Banal: Erstes Banal, Jellachich de Buzim, Josef Frhr., Glina. 11. Zweites Banal, Jellachich de Buzim, Josef Frhr., Petrinia. 12. Banatisches: Deutschbanater, Panscowa. 13. Romanen-Banater, Caransebes. 14. Illyrisch-Banater. Weisskirchen.

Titler-Grenz-Infanterie-Bataillon, Titel in Ungarn.

Jäger. Tiroler Jäger-Regiment: Kaiser Franz Josef; Innsbruck. 1. und 7. Bataillon Innsbruck; 2. Verona; 3. Parma; 4. Bergamo; 5. Bologna; 6. Mailand.

1. Jäger-Bataillon. Frankfurt a. M.; 2. Prag; 3. Ragusa in Dalmazien; 4. Laxenburg. 5. Krakau; 6. Pesth; 7. Ung. Hradisch in Mähren; 8. Mödling bei Wien; 9. Perugia im Kirchenstaate; 10. Bergamo; 11. Oedenburg in Ungarn; 12. Komorn; 13. zu Leoben in Steiermark; 14. Budweis; 15. zu Cattaro in Dalmazien; 16. zu Schönbrunn bei Wien: 17. Reichenberg in Böhmen; 18. Ketskemet in Ungarn; 19. zu Karthaus bei Brünn; 20. zu Modena; 21. zu Verona; 22. zu Leutschau in Ungarn; 23. zu Lemberg; 24. zu Prag; 25. Szegedin in Ungarn.

1. Sanitäts-Bataillon: zu Wien; 2. zu Verona; 3. zu Pesth.

Kavallerie: 1. Kürassier-Regiment, Kaiser Franz Josef, Stuhlweissenburg. 2. Maximilian Josef II., König von Baiern; Oedenburg. 3. König Friedrich, August von Sachsen; Miskolz. 4. Kaiser Ferdinand; Moor in Ungarn. 5. Nikolaus I. Kaiser von Russland; Wien. 6. Wallmoden-Gimborn, Ludwig Graf, Grosswardein. 7. Hardegg, Heinrich Graf, Wien. 8. Prinz Karl von Preussen; Güns.

Dragoner-Regiment: Nr. 1. Johann, Eerzh., Wessely in Mähren. 2. König Ludwig von Baiern; Brandeis. 3. Kaiser Franz Josef; Prossniz, in Mähren. 4. Leopold II., Grosskreuz v Toskana, Bologna. 5. Savoyen Eugen, Prinz v., Lugos, im Banat. 6. Ficquelmont, Karl Graf, Theresiopel, in Ungarn. 7. Windischgrätz, Alfred Fürst, Saaz, in Böhmen.

Husaren-Regiment: Nr. 1. Kaiser Franz Josef; Lancut, in Galizien. 2. Nikolaus, Grossfürst von Russland; Klattau, Böhmen. 3. Prinz Karl v. Baiern; Brzezan, Galizien. 4. Schlick zu Bassano und Weisskirchen, Franz Graf; Pardubiz, in Böhmen. 5. Radetzky v. Radetz, Josef Graf; Mailand. 6. König von Württemberg, Wilhelm I.; Troppau. 7. Fürst Reuss, Heinrich LXIV.; Vicenza. 8. Friedrich Wilhelm I., Kurfürst von Hessen-Kassel; Wels, in Oberösterreich. 9. Liechtenstein, Franz Fürst; Austerliz. 10. Friedrich Wilhelm IV., König von Preussen; Grodek, in Galizien 11. Württemberg, Alexander Prinz; Zolkiw, in Galizien. 12. Haller v. Hallerkeö, Franz Graf; Brescia.

Uhlanen-Regiment: Nr. 1. Civalart Karl Graf; St. Georgen, bei Pressburg. 2. Schwarzenberg, Karl Fürst; Gyöngyös, in Ungarn. 3. Karl Ludwig. Erzherzog; Baden, bei Wien. 4. Kaiser Franz Josef; Mediasch, in Siebenbürgen. 5. Wallmoden-Gimborn, Karl Graf; Gratz; 6. Kaiser Franz Josef; Fünfkirchen. 7. Karl Ludwig, Erzherzog; Ketskemet, in Ungarn. 8. Ferdinand Maximilian, Erzherzog; Ruma in Slavonien. Liechtenstein, Karl Fürst; Podgorcze, bei Krakau. 10. Clam-Gallas, Eduard Graf, Neuhäusel, in Ungarn. 11. Alexander Cesarevitsch, Grossfürst und Thronfolger von Russland; Wien.

Artillerie: Raketeur-Korps; zu Wiener Neustadt.

1. Feld-Artillerie-Regiment: Kaiser Franz Josef; Prag. 2. Hauslab, Franz Ritter v.; Wien. 3. Augustin, Vinzenz Frhr. v.; Gratz. 4. Stwrtnik, August Frhr. v.; Verona. 5. Bervaldo, Natalis v.; Pesth.

1. Festungs-Artillerie-Bataillon: zu Olmütz; 2. zu Wien; 3. zu Pesth; 4. zu Verona; 5. zu Venedig; 6. zu Triest; 7. zu Zara; 8. zu Mainz.

Genie-Regimenter 1. und 2. zu Krems.

Gensdarmerie-Regimenter: 1. in Wien; 2. zu Prag; 3. zu Brünn; 4. zu Lemberg; 5. zu Kaschau; 6. zu Pesth; 7. zu Grosswardein; 8. zu Hermannstadt; 9. zu Temeswar; 10. zu Agram; 11. zu Laibach; 12. zu Gratz; 13. zu Innsbruck; 14. zu Mailand; 15. zu Padua; 16. zu Zara.

D. Bewaffnung.

Linien- und Grenz-Infanterie. Offiziere: Säbel, Mannschaft: perkussionirte Gewehre mit glattem Laufe und zweischneidiges Bajonnet; 18 M. per Kompagnie Kammer-Büchsen (Delvignescher Art) für Spizkugeln, Haubajonnet; Unter-Offiziere, Grenadiere und Hornisten: Säbel; Jäger Offiziere: Säbel, die Mannschaft im ersten und zweiten Glied Kammer-Büchsen, im dritten Kugel-Stuzen mit Haubajonnet.

Kavallerie. Offiziere und Unter-Offiziere: Säbel und 2 Pistolen, die Gemeinen: Säbel, bei den Dragonern und Husaren ist die Hälfte der berittenen Gemeinen mit Kammer-Karabinern, die andere Hälfte mit Karabinern mit glattem Lauf, überdies mit einer Pistole bewaffnet. Bei den Kürassier- und Uhlanen-Eskadronen sind 16 Mann mit Kammer-Karabinern und einer Pistole, die übrigen berittenen Gemeinen mit 2 Pistolen versehen. Die Uhlanen haben Piken mit seidenen schwarzgelben Fähnlein.

Artillerie: Säbel und Gewehre; Genie und Pioniere: Die beiden ersten Glieder Jäger-Stuzen mit sägeartigem Haubajonnet, das dritte Glied krumme Sägesäbel und keine Feuerwaffen.

E. Ausrüstung.

Infanterie, Artillerie, Husaren, Genie und Pioniere: Czakos; Unter-Offiziere, Grenadiere, Zimmerleute und Schüzen: Achselwülste. Linien-Infanterie, Artillerie und Kavallerie: weisses-, Grenzer, Jäger, Pionniere-, schwarzes Lederzeug. Jäger: Hut à la Corse; Kürassiere und Dragoner: Helme, erstere Kürasse; Uhlanen: Czapkas; ungarische Sättel. — Eiserne Kochgeschirre, 12 Kessel und 12 Kasserolle per Kompagnie; in Italien je zwei Mann ein Kochgeschirr, Feldflasche als Trinkgeschirr; bei der Kavallerie: das Gewicht des Sattels mit Gepäk 50 Pfund.

F. Uniform.

Grundfarbe: weiss. Generalität in Parade: Waffenrok mit scharlachrothem Aufschlag und Futter, gelben gepressten Knöpfen. Pantalon scharlachroth mit Goldborden besezt. Kampagne-Uniform: Waffenrok lichthechtgrau, sonst wie der Parade-Waffenrok, Pantalon russischgrau mit scharlachrothen Lampassen. Hut mit Goldborden und grünen Federn. Generale der ungarischen Kavallerie in Parade: Attila und Beinkleid scharlachroth, Pelz weiss mit Natur-Edelmarder verbrämt, roth gefüttert, Kalpak von Natur-Edelmarder mit 12″ hohem Reiherbusch. Kampagne: Attila hechtgrau mit scharlachrothem Kragen, Aufschlag und

Futter. Pelz hechtgrau, Pantalons wie die übrige Generalität, schwarzer Czako mit grünem Federbusch.

General- und Flügel-Adjutanten: dunkelgrüne Waffenröke und Beinkleider, erstere gelbe Knöpfe und Goldborten, letztere weisse Knöpfe und Silberborten. — In der Kampagne-Uniform tragen die Adjutanten russischgraue Beinkleider.

Linien-Infanterie: weisse Waffenröke mit verschiedenfärbigen Krägen und Aufschlägen, so zwar, dass je 2 deutsche oder 2 ungarische Regimenter gleiche Aufschläge tragen und nur durch weisse oder gelbe Knöpfe unterschieden sind; die ungarische Infanterie und die Grenz-Regimenter haben auf den Aufschlägen Lizen, entweder von Gold oder Silber, nach den Knöpfen, blaue Beinkleider, weiss passepoilirt, (die Mannschaft der ungarischen Regimenter eng anliegende); — Grenz-Infanterie: dunkelbraune Waffenröke, sonst wie die Linie; — Jäger: Waffenrok und Beinkleider lichthechtgrau, grasgrün passepoilirt und aufgeschlagen, gelbe Knöpfe, (Kaiser - Jäger glatt, die Bataillone mit den bezüglichen Nummern); Kavallerie. Kürassiere: weisse Waffenröke mit Paroli am Kragen und Aufschlag von verschiedener Farbe. Knöpfe weiss oder gelb. Pantalon lichtblau. Dragoner wie die Kürassiere, jedoch der ganze Kragen nach der Egalisirungsfarbe des Aufschlages. Husaren: 6 Regimenter licht- und 6 dunkelblaue Atilla und Beinkleider, hievon 3 mit gelben und 3 mit weissen Knöpfen, je 4 Regimenter haben grasgrüne, scharlachrothe oder weisse Czako. Uhlanen: dunkelgrüne Kurtka und Beinkleider, scharlachrothe Aufschläge, weisse oder gelbe Knöpfe, verschiedenfarbige Czapka. Artillerie: dunkelbraune Waffenröke, scharlachrothe Krägen und Aufschläge, gelbe Knöpfe mit der Regiments - Nummer; lichtblaue Pantalons, scharlachroth passepoilirt. — Genie-Truppen: lichtblaue Waffenröke, Aufschläge und Krägen; kirschroth, der Stab graue, die Regimenter lichtblaue Pantalons. — General-Stab: dunkelgrüne Waffenröke, russischgraue Pantalon, Aufschläge und Krägen schwarz. Pioniere wie die Jäger, jedoch weisse Knöpfe. Marine und Flottillen-Korps; dunkelblau, erstere goldene Epauletts.

Gensdarmerie: dunkelgrüne Waffenröke mit rosenrothem Paroli und Pass-poil, gelben Knöpfen mit der Regiments-Nummer, gelben Achselschnüren, lichtgraue Pantalons.

Alle Offiziere tragen das goldene Porte-épée und eine gleiche Säbelkuppel; die Schärpe ist bei der Generalität aus Gold, vom Obersten abwärts aus schwarzgelber Seide. Distinkzionszeichen: Sternchen an den Krägen, u. z. der FZM. oder G. d. K., Oberster, Hauptmann und Feldwebel oder

Wachtmeister drei, der FML., Oberstlt., Oberlt., und Korporal, zwei, der GM., Major, Lieutenant und Gefreiter ein Sternchen.

G. Ergänzung.

Das Alter zur Assentirung ist in allen Provinzen (mit Ausnahme der Militär-Grenze) vom 19. bis 29. Jahr für eine 8jährige Dienstzeit im Frieden und ohne Entlassung im Kriege bestimmt.

Ausser der gewöhnlichen, durch Stellvertretung beschränkten Rekrutirung, findet zugleich die Werbung mit einem bestimmten Handgelde statt, für welchen Zwek die Regimenter ihre bestimmten Werbebezirke haben, wo die Dépôt-Abtheilungen stazionirt sind. Die Stellvertretung durch Soldaten, welche ihre erste Dienstzeit gelöst haben, und im Nothfall auch durch geworbene Freiwillige, wird vermittelst der 5 bis 700 Fl. betragenden Befreiungs-Taxe regulirt. Die Stellvertreter erhalten davon bei der Rekapitulazion (2. Dienstzeit) eine Reengagirungs-Summe und eine lebenslängliche höhere Löhnung etc. Eine 3. Rekapitulazion ist nur dann gestattet, wenn der Rekapitulant unter 48 Jahr ist.

Nach der 8jährigen (oder strafweise länger auferlegten) Dienstzeit tritt, mit Ausnahme der Militär-Grenze, noch die 2jährige Reserve-Verpflichtung ein, welche auch in der Truppe mit deren Auswahl ganz oder theilweis abgelöst werden kann, und von der sowohl die Reengagirten als alle diejenigen, welche die Befreiungstaxe erlegt haben ausgenommen sind.

Regelmässige Waffenübungen finden für die Reserve nicht statt. In Tyrol und Vorarlberg bleiben aber die besonderen Bestimmungen über die Landesvertheidigung und das Schiessstandswesen hiervon unberührt.

Die Reserven stehen nur in Strafsachen unter der Militär-Gerichtsbarkeit. Ihre Aufnahme in die Militär-Spitäler ohne Ansprüche auf Versorgung, wenn die Invalidität nicht vom Dienst herrührt, ist gestattet.

Die Einrükung der Reserve im Fall eines Krieges oder beim Eintritt ausserordentlicher Ereignisse geschieht für die Dauer derselben auf Kaiserlichen Befehl, entweder überhaupt oder in einzelnen Landestheilen grundsäzlich bei dem frühern Truppenkörper, und ist nur im Fall der Entbehrlichlichkeit bei demselben hievon abzuweichen. Die Nichtgestellung zur Einberufung zieht zunächst Disziplinarstrafen und bei dem Ausbleiben über 6 Wochen den Deserzions-Prozess nach sich.

Marine.

Ober-Kommando in Triest: prov. Ober-Kommandant —: FML. Franz Graf Wimpffen; ad latus —: Kontre-Admiral Ritter Bujakowich.

Admiralitäts-Rath —: Fregatten-Kapitän v. Wüllersdorf; Major v. Guggenthal; Linienschiffs-Kapitän Schmidt; Genie-Major Möring; Marine-Arlillerie Oberstlt. v. Libert; Direkzions-Rath v. Cantzler; Major-Auditor v. Haas.

Das Ober-Kommando ist in 8 Departements getheilt, u. z. Präsidial-, Militär, Schiffbau- und Ausrüstungs-, Bau- und Maschinenwesen, Marine-Artillerie, Oekonomische, Rechnungs- und Justiz, dem je ein Referent vorsteht.

Admiralität: Kontre-Admiral Ritter v. Bujakowich, Marine-Truppen-Brigadier und Flotten-Inspektor.

6 Linienschiffs-, 8 Fregatten-, 9 Korvetten-Kapitäne, 21 Linienschiffs-Lieutenante, 17 Fregatten-Lieutenante, 31 Linienschiffs-Fähnriche, 44 Fregatten-Fähnriche.

Matrosen-Korps —: Kommandant Major Brettner.

Marineschiffbau-Korps —: Vorst. Oberst Ljungstedt.

Marine-Artillerie —: Kommandant Oberstlt. von Libert.

Marine-Infanterie-Regiment —: Kommandant Oberst Frhr. v. Buday.

Flottenstand. 6 Fregatten: Schwarzenberg (im Bau) (60 Kanonen), 1 Propeller-Fregatte (im Bau) (31), Bellona (50), Venus (32), Novara (42), Juno (Kaserne); 5 Korvetten: Karolina (24), Diana (24), Leipzig (20), Minerva (14), Titania (12); 7 Briggs, jede zu 16 Kanonen: Hussar, Pylades, Montecuccoli, Pola, Orestes, Triest, Triton; 6 Goeletten: Saida im Bau (6), Elisabeth (12), Phönix (12), Arethusa (8), Artemisia (10) und Sphinx (10); 2 Prame, jede zu 10 Kanonen: Mong bello und Vesuv; 1 Bombardirschiff, Saëtta (10); 34 Penichen, jede von 3 Kanonen: Agile, Andromacha, Amphitrite, Adler, Aspis, Astuta, Bachus, Bocchese, Brenta, Ceres, Diana, Elena, Hecate, Iris, Laibach, Lampreda, Leda, Leggera, Lince, Modesta, Moriacca, Najade, Pallas, Schwalbe, Salona, Schlange, Sibylle, Sirene, Thetis, Volpe, Zaira, Amazone, Furiosa, Palma; 3 Kanonierboote von 5 und 15 von 3 Kanonen: Tremenda, Veruda, Viennese, Calliope, Calypso, Concordia, Corstanza, Danae, Didon, Fulminante, Gelosa, Galateo, Medusa, Merope, Proserpina, Pandore, Stella, Tartara; 1 Schooner-Brigg von 4 und 4 von 2 Kanonen: Drommedar, Delphin, Fidus, Bravo,

Chamäleon; 4 Dampfer von 9, 1 von 7, 4 von 4, 1 von 2 Kanonen: Volta, Lucia, Curtatone, Custozza, Taurus, Achilles, Vulkan, Hentzy, Alnoch, Seemöve, Messaggere. Endlich 9 Trabakel. Die österreichische Kriegsmarine besass am Schlusse des Jahres 1852: 6 Fregatten mit 215 Kanonen, 5 Korvetten mit 92, 7 Briggs mit 112, 6 Goeletten mit 58, 2 Prame mit 20, 1 Bombardirschiff mit 10, 34 Penichen mit 102, 18 Kanonierboote mit 60, 5 Schooner-Briggs mit 12, 11 Dampfer mit 61 Kanonen. 9 Trabakel. Im Ganzen 104 Schiffe mit 742 Kanonen.

Das Flotillen-Korps (dem Pionier-Korps-Kommandanten Obersten Molinari untergeordnet) zählt 5 Kommanden u. z.: auf dem Garda-See, der Donau, dem Po, dem langen See, und auf den Lagunen von Venedig, und ist in den Stab 57 Köpfe und in 7 Feld- und 1 Dépôt-Kompagnie 1200 M. stark eingetheilt. Diese bedienen 10 Dampf- und 50 Schleppschiffe.

Flagge: der Länge nach roth, weiss und roth gestreift, in der Mitte der gekrönte österreichische Schild.

Im April 1852 wurden neuartige Patrontaschen, für alle Truppen mit Ausnahme der Sanitäts-Bataillone eingeführt, welche am 8. Oktober 1852 die A. H. Genehmigung erhielten.

Mit 1. November 1852 trat das neue Reserve-Statut ins Leben. Den Stamm der Reserve bildeten: alle mit Ende Oktober 1851 und 1852 ausgedienten Kapitulanten, und jene Landwehr-Männer, welche nach der A. H. dieses Statut feststellenden Anordnung, in die Reserve fallen.

Die Bildung dieser Reserve ist eine der grossartigsten Institutionen in Oesterreich, und wurde mit dem kais. Patent vom 31. Juli 1852 ins Leben gerufen.

Das Statut lautet:

§. 1. Jeder dem obligaten Mannschaftsstande der k. k. Armee und dem Staatsverbande der österreichischen Monarchie angehörige Soldat, ohne Unterschied der Waffengattung und der Benennung der Truppe oder Branche, hat nach Vollstrekung der achtjährigen oder der ihm etwa in Folge des Gesezes strafweise auferlegten längeren Dienstzeit noch eine zweijährige Reserve-Verpflichtung zu erfüllen.

Diese Verpflichtung erstrekt sich daher insbesondere auch auf die Landes-Gendarmerie, das Militär-Polizeiwachs-Korps, das Matrosen-Korps und die Schiffshandwerker.

Rüksichtlich der Militärgrenze bleibt die in dem Grundgeseze vom 7. Mai 1850 bestimmte Wehrpflicht unverändert.

§. 2. Diese Reserveverpflichtung besteht darin, dass die unter gewöhnlichen Zeitverhältnissen in ihre Heimath entlassene Reservemannschaft verbunden ist, im Falle eines Krieges, oder beim Eintritt ausserordentlicher Ereignisse auf die Dauer dieser Verhältnisse über erfolgte Einberufung zur aktiven Dienstleistung einzurüken.

§. 3. Die in der aktiven Dienstleistung über die obgelegene Dienstzeit freiwillig und stillschweigend zugebrachten Jahre werden bei der Reserve-Verpflichtung zu Gute gerechnet.

§. 4. Die als Freiwillige reengagirten ausgedienten Soldaten unterliegen nach Vollstrekung der neuerdings übernommenen Dienstzeit der ReserverVerpflichtung nicht mehr.

Ebenso wenig unterliegen Diejenigen, welche bis zum Tage der Kundmachung dieses Gesezes, aus dem Zivilstande, gegen die Benefizien eines Freiwilligen eingetreten sind, der Reserve-Verpflichtung.

Dagegen trifft Diejenigen, welche nach der Kundmachung dieses Gesezes entweder gegen die Benefizien eines Freiwilligen oder ohne dieselben eingetreten sind, nach Vollstrekung ihrer Dienstzeit die Reserve-Verpflichtung.

§. 5. Diejenigen, welche bis zum Tage der Publikazion dieses Gesezes die Befreiungstaxe erlegt haben, so wie Diejenigen, welche sie in der Folge erlegen werden, unterliegen der Reserve-Verpflichtung nicht.

§. 6. Nach erfüllter Reserve-Verpflichtung, es möge dieselbe in der Reserve selbst, oder in aktiver Dienstleistung vollstrekt worden sein, hört für den Reserve-Mann jede weitere Wehrpflicht auf.

§. 7. In Tirol und Vorarlberg bleiben die besonderen Bestimmungen über die Landesvertheidigung und das Schiessstandswesen unberührt.

§. 8. Grundsäzlich wird jeder Mann in die Reserve desjenigen Militärkörpers eingereiht, in welchem er seine Dienstzeit beendigt hat.

§. 9. Die Einreihung in die Reserve muss in der Regel ohne hiezu eine spezielle Anordnung abzuwarten, mit Ende Dezember jenen Jahres geschehen, in welchem der Soldat seine Dienstzeit vollstrekt hat.

§. 10. Ueber das Verfahren zum Behufe der Vollziehung der in diesem Statute enthaltenen Bestimmungen, insbesondere zur Vorbereitung der mit Ende Dezember jeden Jahres durchzuführenden Einreihung in die Reserve, über die Ausfertigung der Reserve-Karten und deren Ausfolgung an die Mannschaft, über die Evidenthaltung der in die Reserve eingereihten Leute, dann über das in dieser Beziehung von Seiten der Truppenkörper und Branchen, der Dépôt- und Werbbezirks-Kommanden, so wie auch von Seiten der politischen Behörden und der Gemeinden zu beobachtende Benehmen, ist eine eigene Instrukzions-Vorschrift von dem Kriegs-Minister im Einvernehmen mit dem Minister des Innern zu erlassen.

§. 11. Die Reserve-Mannschaft untersteht in Strafsachen der Militär-Gerichtsbarkeit; in bürgerlichen Rechtssachen aber ausser der Zeit der aktiven Dienstleitung den Zivilgerichten.

Zur Erfolgung des für einen Reserve-Mann bei den Zivilgerichten erliegenden Vermögens und zur Schliessung einer von demselben einzugehenden Ehe, ist die unter den gesezlichen Wirkungen erforderliche Bewilligung jener Militär-Behörde nothwendig, welche ihm dieselbe zu ertheilen gehabt hätte, wenn er in der aktiven Dienstleistung stünde.

Wanderbücher und Reisepässe für Reserve-Männer sind vorher bei dem Werbbezirks-Kommando zur Evidenthaltung vorzumerken, und dass es geschehen sei, ist auf denselben zu bestätigen.

§. 12. Dem Reserve-Manne steht es frei, zur aktiven Dienstleistung einzurüken, wenn er vollkommen feldkriegsdiensttanglich ist.

Der freiwillig eingerükte Reserve-Mann hat jedoch die ganze noch übrige Zeit seiner Reserve-Verpflichtung in der aktiven Dienstleistung zu verbleiben.

§. 13. Der Reserve-Mann kann sich zu jeder Zeit als Freiwilliger reengagiren lassen; in diesem Falle steht ihm die Wahl des Truppenkörpers frei, in soferne er zu demselben nach den diesfalls bestehenden Vorschriften geeignet ist.

§. 14. Im Erkrankungsfalle hat jeder Reserve-Mann Anspruch auf die Militär-Spitalsverpflegung.

§. 15. Wenn der Reserve-Mann in aktiver Dienstleistung steht, in derselben und durch dieselbe realinvalide wird, so hat er, wie jeder andere Soldat, auf die Militär-Versorgung Anspruch.

Dagegen begründen solche Gebrechen, welche den Reserve-Mann ausser der Aktivität befallen haben, wenn gleich sich derselbe deshalb in der Militär-Spitalsverpflegung befinden sollte, keinen Anspruch auf eine Militär-Versorgung.

§. 16. Regelmässige Waffenübungen finden in Ansehung der nicht in aktiver Dienstleistung stehenden Reserve-Mannschaft nicht statt.

§. 17. Die Reserve wird zur aktiven Dienstleistung von Sr. Majestät dem Kaiser ganz oder zum Theile im Bereiche sämmtlicher oder auch einzelner Kronländer einberufen. In solchem Falle hat über Allerhöchsten Befehl das Kriegs-Ministerium, im Einvernehmen mit dem Ministerium des Innern, jedes in seinem Bereiche, die Verfügungen auf das Schleunigste zu treffen.

§. 18. Wenn die Einberufung der Reserve angeordnet ist, so ist von den hierzu instrukzionsmässig berufenen Behörden bekannt zu geben, wo und an welchem Tage sich die Mannschaft mit ihren Reserve-Karten zu stellen hat.

§. 19. Die Vorsteher der Gemeinden haben die betreffenden Reserve-Männer vorzurufen und ihnen in Gegenwart von zwei Zeugen bekannt zu geben, an welchem Tage und Orte sie einrüken müssen, und sind überhaupt zunächst verpflichtet, nöthigenfalls unter Mitwirkung der Landes-Gendarmerie, darüber zu wachen, dass die einberufene Reserve-Mannschaft an dem bestimmten Termine einrüke.

Alle Anstände, welche die die Nichteinrükung einberufener Reserve-Männer zur Folge haben, sind von den Gemeinde-Vorstehern und Bezirks-Behörden, von diesen unter Anschluss der allenfalls beigebrachten legalen Beweis-Dokumente der Kreis-Behörden anzuzeigen, von lezteren aber sogleich den Werbbezirks-Kommanden mitzutheilen, welche die Truppenkörper davon in Kenntniss sezen.

Die Bezirks- und Kreis-Behörden haben übrigens ohne Verzug die von ihren Standpunkten aus zur Beseitigung der Anstände zwekdienlich erachteten Verfügungen zu treffen.

Wenn nach Wiederherstellung der normalen Verhältnisse die Reserve-Mannschaft in die Heimath rükgesendet wird, so ist sie mit Urlaubspässen zu versehen.

§. 20. Der Reserve-Mann, welcher durch eigenes Verschulden den ihm ämtlich bekannt gegebenen Einrükungstermin versäumt, ist nach Massgabe der obwaltenden Umstände im Disziplinarwege zu bestrafen, bei Chargen ist dieser Umstand als erschwerend anzusehen.

Erstrekt sich diese Versäumniss über die Dauer von sechs Wochen, so ist er als Deserteur anzusehen und nach seiner Ergreifung oder Selbstmeldung zu bestrafen, es wäre denn, dass er sein Ausbleiben vollständig zu rechtfertigen vermöchte.

§. 21. Die einrükende Reserve-Mannschaft ist sogleich ärztlich zu visitiren und für jene Dienstleistung zu klassifiziren, zu der sie nach ihrer fisischen Beschaffenheit die Eignung besizt.

Wird der Reserve-Mann zum Dienste anwendbar befunden, so hat dessen Präsentirung in der Regel auf jenen Militärkörper zu erfolgen, zu dessen Reserve er gehört.

§. 22. Im Bedarfsfalle kann jener Theil der Reserve, welcher beim eigenen Körper entbehrlich ist, auch zu einer anderen, der früheren Dienstleistung nach Thunlichkeit analogen Verwendung in Anspruch genommen werden.

Zu einer derartigen Verwendung der Reserve werden jedoch den betreffenden Militär-Behörden allemal spezielle Weisungen zukommen.

§. 23. Der über erfolgte Einberufung eingerükte Reserve-Mann wird in jener Charge präsentirt, welche er beim Uebertritte in die Reserve bekleidete, und bezieht daher auch vom Präsentirungstage an die entsprechende Gebühr.

Die Einbringung der solchergestalt etwa überzählig entfallenden Chargen ist nach Vorschrift zu bewirken.

Derjenige Reserve-Mann, welcher freiwillig zur aktiven Dienstleistung einrükt, muss, falls er eine Charge bekleidet und kein derlei Plaz offen ist, bis zur thunlichen Einbringung in der Gebühr des Gemeinen verbleiben.

§. 24. Im Frieden ist mit Ende Dezember jeden Jahres regelmässig und ohne diesfalls eine spezielle Anordnung abzuwarten, sowohl die in der Reserve, als in der aktiven Dienstleistung befindliche Mannschaft, welche auf die Entlassung gesezlichen Anspruch hat, gegen Ausfertigung des Abschiedes zu entlassen und in Abgang zu bringen.

§. 25. Die ausnahmsweise Entlassung eines Reserve-Mannes vor vollstrekter Reserve-Verpflichtung ist von denselben Bedingungen und Vorschriften abhängig, wie die Entlassung eines in aktiver Dienstleistung stehenden Soldaten.

§. 26. Während des Krieges findet weder eine Uebersezung in die Reserve, noch eine Entlassung aus derselben, oder aus der aktiven Dienstleistung statt.

Wenn die regelmässige Uebersezung zur Reserve und Entlassung der darauf im gesezlichen Anspruche stehenden Mannschaft sistirt, oder nach hergestellten normalen Verhältnissen die Sistirung aufgehoben werden soll, erfolgt hierüber die spezielle Anordnung.

Mit AH. Entschliessung vom 20. November 1852 wurde bestimmt, dass die Pressordnung auch für die k. k. Armee, die Bewohner des Militär-Grenzgebietes, so wie auch für alle anderen der Militär-Gerichtsbarkeit unterstehenden Personen, jedoch mit einigen Abänderungen und Zusäzen zu gelten und mit 1. Dezember d. J. in Wirksamkeit zu treten habe. — Nach dieser Weisung, welche 12 erläuternde §§. enthält, hat in der Militär-Grenze das Militär-Gouvernement dieselben Rechte und Befugnisse, welche in den übrigen Kronländern den Statthaltereien zukommen. Der wichtigste §. (Nr. 3) dieser AH. Entschliessung lautet:

5

„Die Herausgabe oder die Betheiligung an der Redakzion einer kauzionspflichtigen periodischen Drukschrift, so wie die Einschaltung politischer oder solcher Artikel, welche die Disziplin, den Geist oder die Standespflichten des Heeres nachtheilig berühren, in periodischen Drukschriften, ist allen Offizieren, sowohl den aktiven als pensionirten und mit Beibehalt des Charakters ausgetretenen, so wie auch allen andern in Militär-Diensten stehenden oder bei der Verwaltung der Armee angestellten Personen gänzlich untersagt. Dawider Handelnde sind mit Arrest von Einem bis zu drei Monaten zu bestrafen; bei erschwerenden Umständen oder im Wiederholungsfalle ist der Arrest zu verschärfen. Offiziere aber und Beamte so wie unobligate Militär-Parteien sind nebstdem mit Entlassung, Unter-Offiziere mit Degradirung zu bestrafen.“

Die Adjutanten der Regiments-Inhaber erhalten nach der Verordnung vom 8. März 1853 unentgeldliche Quartiere.

Zu den bereits bestehenden 5 Disziplinar-Kompagnien wurde im Dezember 1852 eine sechste mit dem Stand-Quartiere zu Theresienstadt in Böhmen aufgestellt.

Mit AH. Entschliessung vom 19. März 1853 ist die Organisirung des Militär-Medikamenten-Wesens und die damit verbundene Standes- und Gebühr-Regulirung der Militär-Medikamenten-Branche festgestellt worden. Die Militär-Medikamentenregie-Direkzion in Wien ist die Zentralbehörde dieses Verwaltungszweiges, welcher aus stabilen Anstalten im Frieden, und mobilen im Kriege besteht. Zu den ersteren zählt das Militär-Medikamenten-Hauptdépôt in Wien: 10 Provinzial-Medikamenten-Dépôts, u. z. in Graz, Prag, Brünn, Lemberg, Ofen-Pesth, Verona, Zara, Hermannstadt, Temeswar und Agram, und 45 Militär-Apotheken der Garnisons-Spitäler, Garnisonsorte, Festungen und Invalidenhäuser sammt Filialen; bei diesen stehen in der Dienstleistung: 1 Direktor, 1 Vize-Direktor, 4 Provisoren, 48 Senioren, 43 Assistenten; ferner 60 Laboranten, 1 Amtsbote und 1 Regiegebäude-Aufseher. Die mobilen Anstalten im Kriege bestehen aus Armee-Medikamenten-Dépôts, aus bespannten oder unbespannten Feld-Apotheken, welche nach dem eintretenden Bedürfnisse aufgestellt werden, und haben die Dépôts die Bestimmung in der Nähe des Armee-Kommando's, die Feld-Apotheken aber bei den Aufnahms- und Feldspitälern, dann im Hauptquartier der Armee- und Korps-Kommanden, wobei in Bezug der Aufstellung der Grundsaz festzuhalten ist, dass da von den dermalen bestehenden Garnisons-Spitälern im eintretenden Bedarfsfalle in den betreffenden Kronländern sogleich vierzehn bewegliche Aufnahms- und dreissig Feldspitäler aufgestellt werden können, hiernach auf die Feld-Apotheken zu reflektiren kommt. Die Uniform dieser Beamten ist jene für Staatsbeamte überhaupt.

Mit der AH. Entschliessung vom 21. Juni 1853 wurden die bisherigen Gage-Karenz-Vorschriften aufgehoben, und nachfolgende Bestimmungen festgesezt:

1. Die Urlaubs- und Reskripts-Taxen haben ganz aufzuhören.

2. Die einjährige Beförderungs-Gage-Karenz, die Karenz für das Sterb-Quartal und die Karenztaxe sind aufgehoben.

An der Stelle derselben hat in Beförderungsfällen die Dienstes-Taxe zu treten, welche mit einem Drittheile der jedesmaligen Friedens-Gage-Vermehrung zu bemessen, und nach dem allgemeinen Tax-Geseze vom Jahre 1840 in zwölf gleichen Monat-Raten zu berichtigen ist.

3. Die Gagen und Gehalte bis einschliessig Dreihundert Gulden jährlich bleiben taxfrei, und kömmt sonach die Dienstes-Taxe bei ersten Anstellungen blos von demjenigen Betrage in der im zweiten Punkte vorgezeichneten Ausmass einzuheben, um welchen der erlangte Gehalt den Betrag von Dreihundert Gulden übersteigt.

4. Für Titel, welche mit einem taxfreien oder taxpflichtigen Genusse sistemmässig verbunden sind, ist eine Charakters-Taxe nicht zu entrichten.

Die Charakters-Taxe findet blos für die Verleihung von Titeln ad honores statt, und ist mit nachfolgenden ermässigten Beträgen einzuheben, und zwar für den

Oberlieutenants-Titel mit	20 fl.
Hauptmanns- oder Rittmeisters-Titel, mit . .	30 fl.
Majors-Titel, mit	40 fl.
Oberst-Lieutenants-Titel, mit	50 fl.
Oberstens-Titel, mit	100 fl.
General-Majors-Titel, mit	150 fl.
Feldmarschall-Lieutenants-Titel, mit	200 fl.
Feldzeugmeisters-Titel oder jenen eines Generals der Kavallerie, mit	250 fl.
Feldmarschalls-Titel, mit	500 fl.

5. Die Diensttaxe hat fortan in der Art zur allgemeinen Anwendung zu gelangen, dass derselben sämmtliche Offiziers-Chargen und alle übrigen, solcher nicht ohnedies schon unterliegenden Angestellten der Armee — daher selbstverständlich auch die Auditore, Aerzte, Rechnungsführer und sonstiger Militär-Parteien — unter der im dritten Punkte ausgesprochenen

Beschränkung unterworfen sind, ohne Rüksicht darauf, ob eine oder die andere Charge von der Gage-Karenz oder der Entrichtung einer Taxe bisher ausgenommen war, oder nicht.

6. Die vorstehenden Bestimmungen haben vom Tage der AH. Entschliessung, das ist vom 21. Juni 1853 in Wirksamkeit zu treten.

Unterm 19. März 1853 erging die Instrukzion zur Ausführung der den Dépôt-Anstalten der Infanterie-Regimenter, der Jäger und der Kavallerie obliegenden Pflichten, in Bezug auf die Uebung der Urlauber und die Unterhaltung der für diese drei Waffengattungen für den kompleten Stand nöthigen Monturs-, Rüstungs- und Armaturs-Sorten. Die Waffenübung der Urlauber hat Statt zu finden: in der Lombardie, im Venezianischen, im Küstenlande und Dalmazien vom April bis Ende Oktober, in den übrigen Kronländern vom April bis Ende September; sämmtliche vom zweiten Jahre an Beurlaubte, auf den kompleten Stand zählende Gemeine sind zur Waffenübungsperiode monatlich in möglichst gleicher Zahl einzuberufen, und finden diese bei den Dépôts und nur wenn die Feld-Bataillons im Lande der Werbbezirke und in dessen Nähe stehen, haben auch diese daran Theil zu nehmen. Für die zu diesen Waffenübungen einzuberufenden Urlauber haben Se. Majestät einen eigenen, zu keinem andern Gebrauche zu verwendenden Montursvorrath zu kreiren geruht.

Mit AH. Entschliessung vom 12. Dezember 1852 ist das bestandene 5. und 6. Garnisons-Bataillon in ein Bataillon von sechs Kompagnien vereinigt worden, und erhielt dieses neue Bataillon die Bezeichnung „erstes" Garnisons-Bataillon; das „zweite" Bataillon zu Arad wurde auf 4 Kompagnien, das „dritte" ebenfalls auf 4 Kompagnien reduzirt, endlich das „vierte" auf dem ursprünglichen Stand von 6 Kompagnien belassen.

Unterm 6. August 1853 haben Se. Majestät die Abschaffung der Proviantwägen bei der Infanterie und Kavallerie, so wie deren Vereinigung mit dem Transportsfuhrwesen zur Verstärkung der Kolonnen-Verpflegs-Magazine im Felde, behufs der gesicherten Zufuhr der Naturalien zu den Truppen anzuordnen, und die Verwendung von Pakpferden bei der Linien, der Grenz-Infanterie und den Jägern in der Kriegs-Ausrüstung als Transportsmittel für die Bagagen nicht nur der Unterabtheilungen, sondern auch der Oberoffiziere, vom Hauptmann abwärts, im Allgemeinen abzustellen, dagegen zur Fortbringung dieser Bagagen die

E i n f ü h r u n g n e u e r, den Bedürfnissen der Truppe und dem Felddienste vollkommen entsprechender **z w e i s p ä n n i g e r v i e r r ä d i g e r B a g a g e - K a r r e n** zu befehlen, als Ausmass für einen Regiments- oder selbstständigen Bataillons-Stab, so wie für jede Kompagnie der Feldbataillons, endlich auch für jedes Divisions- und Brigade-Kommando im Felde einen solchen Wagen festzusezen geruht, welche jedoch sammt den Bespannungen den kompleten Zuggeschirren und dazu gehörigen Requisiten an die Truppen erst im Falle der wirklichen Kriegs-Ausrüstung zu erfolgen und nach Versezung der Truppe auf den Friedensfuss an die zur Abgabe bezeichneten Dépôts wieder abzuführen sind.

Mit den Bespannungen, bestehend in leichten Zugpferden, hat jedes Bataillon noch zwei Reserve-Pferde zu erhalten, welche, ausser der schon durch die Bezeichnung ausgesprochenen Widmung auch die Bestimmung haben, bei solchen, jedenfalls nur kurze Zeit dauernden Expedizionen, auf denen der Truppe gar keine Fuhrwerke folgen können, als Tragthiere zur Fortbringung der unentbehrlichsten Kochgeschirre verwendet zu werden, zu welchem Zweke den bezeichneten Truppen für die Kriegsausrüstung mit den Wägen und Zuggeschirren auch die nach einem neuen Muster erzeugten Pakpferde-Rüstung in der angedeuteten Ausmass, nämlich zwei derlei Rüstungen pr. Bataillon zu erfolgen sind.

Die **F a h r - G e m e i n e n** zu den Bespannungen sind künftighin nicht mehr vom Militär-Fuhrwesens-Korps zu übernehmen, sondern aus **d e m e i g e n e n M a n n s c h a f t s s t a n d e** der Regimenter und Bataillons zu wählen und über den kompleten Stand zu führen. Sie sind bei den Fusstruppen bloss mit einem Grenadier-Säbel zu bewaffnen, haben zu den Pantalons lederne Strupfen, und statt der Schuhe Stiefel und Sporen nach dem Schnitte und der Form für die deutsche Kavallerie zu erhalten. Denselben ist das Superplus der Gemeinen-Fuhrwesens-Löhnung auf jene der Infanterie zu erfolgen.

Bei der Kavallerie behalten sie ihr gewöhnliches Seitengewehr.

Weiters haben Seine k. k. Apostolische Majestät, um die ärarischen Bagagen und Requisiten der Truppen auf das wirklich Nothwendige zu beschränken, dieses aber in der zwekmässigsten Form, Ausmass und Pakungsweise den Truppen zu sichern, den Bagagetrain zu vermindern und eben dadurch die Schlagfertigkeit und Disponibilität der Truppe zu erhöhen, Nachstehendes Allerhöchst anzuordnen geruht:

a) Die **K a p e l l e n - Z e l t e** sind, so wie die bei der Infanterie und Kavallerie vorhandenen **L a g e r - F ä h n l e i n s**, die Regiments-Kompagnie- oder Divisions-Schnüre an die Monturs-Kommissionen abzuführen, welche dieselben für den Bedarf bei Friedenslagern vorräthig zu halten haben.

Im Falle der Kriegsausrüstung ist aber jedem in's Feld abrükenden Armee-Korps ein Kapellenzelt mit den für den bezüglichen Religionskultus bei der Truppe im Felde nöthigen Paramenten zu erfolgen.

b) Das unter den Requisiten der Truppen vorhandene Fouragier-Zeug ist durchgehends abzuführen und den Truppen erst bei der Versezung auf den Kriegsfuss zu erfolgen.

c) Die Lagerhaken bei der Infanterie in der gegenwärtigen Form sind, als ihrer Bestimmung nicht entsprechend, abzuführen und mit Lagerhaken nach der für die Kavallerie vorgeschriebenen Form in der Ausmass von 4 Stük für jeden Zug zu ersezen, welche von dem Soldaten neben dem Bajonnet mittelst einer besonderen ledernen Vorrichtung zu tragen sind. Die Ausmass für die Kavallerie bleibt unverändert.

d) Das Schanzzeug der Infanterie ist im Felde zwar in der bisherigen Art von der Mannschaft zu tragen; um jedoch einen Wechsel der damit belasteten Mannschaft bewirken zu können, sind weiter noch 13 Tornister bei jeder Kompagnie mit der Vorrichtung zum Tragen des Schanzzeuges zu versehen.

Bei der Kavallerie ist dasselbe nicht vom Manne zu tragen, sondern auf den Stabs-Requisiten-Wägen mitzuführen.

Das Schanzzeug wird bei der Infanterie vermehrt pr. Kompagnie mit:

zwei Stemmeisen,
zwei grossen Holznägeln,
zwei kleinen Bohrern,
zwei eisernen Klammern,
einhundert grösseren } Lattennägeln,
zweihundert kleinen }
einem acht Klafter langen Strike und
fünf kürzeren Striken,

welche Requisiten unter die beiden Kompagnie-Zimmerleute getheilt, von denselben nach Art der Pioniere in einer ledernen Tasche zu tragen sind; auch erhält jede Kompagnie eine Handsäge.

e) Die Mitführung von Monturs-, Rüstungs- und Armaturs-Vorräthen von der Infanterie und Kavallerie im Felde hat ganz zu unterbleiben.

f) Jedem Kavallerie-Regimente wird ein zweiter Stabs-*Requisiten*wagen bewilliget.

g) Endlich sind von den Regimentern keine Marketender mehr für das Feld aufzunehmen, sondern bei den Truppen nur Marketenderinnen ohne Wägen mit einem kleinen Vorrath an Getränken etc. zu halten.

Mit Rüksicht auf diese Vorsorge für den Transport der Bagagen der Ober-Offiziere vom Hauptmanne abwärts und der Parteien bei der Infanterie im Felde, haben weiter nach der AH. Entschliessung für die Ausrüstung derselben mit eigenen Pferden künftig folgende Bestimmungen Plaz zu greifen:

1. Berechtiget und beziehungsweise verpflichtet sind bei der Infanterie, ausser den Regiments- und Bataillons-Kommandanten und deren Adjutanten, nur die im Range ältesten acht Hauptleute eines Regiments und die ältesten zwei Hauptleute eines selbstständigen Bataillons, ferner der Proviant-Offizier einer Brigade, der Proviant-Offizier und der Chefarzt eines Regiments oder selbstständigen Bataillons sich im Felde beritten zu machen.

2. Gestattet ist die Unterhaltung eines Reitpferdes bei der Infanterie im Felde dem Regiments-Kaplane und dem Regiments-Auditor, dagegen haben:

3. alle übrigen Offiziere und Parteien der Infanterie mit der Truppe zu Fuss zu marschiren. Da die Kavallerie, soll deren Schlagfertigkeit nicht leiden, so wenig als möglich mit Fuhrwerken belastet werden darf, für die Fortbringung der Offiziers-Bagagen daher nicht in ähnlicher Art, wie bei der Infanterie gesorgt werden kann, haben Seine k. k. Apostolische Majestät den subalternen Kavallerie - Offizieren im Felde noch eine dritte eigene Fourageporzion als Gebühr mit der Verpflichtung Allergnädigst zu bewilligen geruht, für den Transport ihrer Effekten auf den beihabenden Pferden selbst Sorge zu tragen.

Oldenburg.

Se. k. Hoheit Grossherzog Peter (geb. 1827), k. preuss. GL. und Chef der Brigade.

Adjutant: Major Graf v. Wedel.

Militär-Kommandant der Truppen —: GM. v. Ranzow (leitet alle militärischen Dienst-Angelegenheiten, und sind demselben auch die Kommandanturen der drei Garnisonsorte Oldenburg, Eutin und Birkenfeld untergeordnet).

Oberste Militär - Verwaltungs - Behörde ist das Militär-Kollegium. Vorstand —: Oberstlt. Römer.

Demselben untergeordnet: die Rekrutirungs-, und Montirungs-Kommission, dann die Kasernen-Inspekzion.

Oberste Militär-Justiz-Behörde ist das Militär-Obergericht. Direktor: — Dr. Hayessen.

Bundes-Kontingent. Oldenburg bildet nach der Konvenzion vom 6. Jänner 1834 mit den freien Städten Lübeck, Bremen und Hamburg die 3. Brigade der 2. Division des X. Bundes-Kontingents, und stellt gegen Vermehrung der Infanterie keine Kavallerie, dagegen aber für die ganze Brigade die Artillerie.

Das einfache Kontingent zählt: 4 Feld- und 1 Reserve-Bataillon, 2650 M., 1 Batterie zu 8 Geschüzen, oder 2 Kompagnien mit 314 M. Fuss-Artillerie und die Arsenal-Abtheilung, dann 22 Pionniere zusammen 2986 M.

Durch die Reserve verstärkt: 4 Bataillons-Infanterie, 3563 M., 2 Kompagnien Artillerie 419 M. welche 2 Batterien jede aus 6 sechspfündigen Kanonen, und zwei achtpfündigen Haubizen bestehend, bedienen.

Der Stab zählt: 1 GM., 1 Stabs-Offizier, 4 Offiziere und 56 Beamte, Unter-Offiziere, Spielleute und Gemeine.

Jedes Feld-Bataillon hat 4 Kompagnien worunter 1 Schüzen-Kompagnie; die Reserve-Bataillons: 1 Reserve und 1 Dépôt-Kompagnie. Die Bataillone formiren das 1. und 2. Regiment.

Die Rangirung ist in zwei Gliedern.

A. Bewaffnung und Ausrüstung.

Perkussionirte gezogene Gewehre mit Bajonnet, die Offiziere Degen, die Unter-Offiziere Säbel.

Helme, weisses Lederzeug, Virchowsches Gepäk; die Patrontasche wird vor dem Leibe an einem breiten Ledergurt getragen, an dem zugleich der Tornister vorn durch seine Tragriemen und hinten mittelst eines besondern Riemens befestiget ist.

B. Uniform.

Schwarzblauer Waffenrok und Beinkleider, rothe Krägen, das erste Regiment weisse Knöpfe, silberne Epauletts, Helm mit weissem Beschlage, das 2. diese lezteren gelb und gold; — graue Paletot; die Artillerie wie das 2. Infanterie-Regiment; der Stab trägt Hüte mit weiss und blauer Feder. Feldzeichen blau und roth; Distinkzionen: goldene Sternchen auf den Epauletten; Unter-Offiziere: Tressen von der Farbe der Knöpfe an Aufschlägen und Krägen.

C. Ergänzung.

Durch Stellung nach vollendetem 21. Lebensjahre oder durch freiwilligen Eintritt, mit gestatteter Stellvertretung; die Artillerie ergänzt sich durch Werbung. Dienstzeit 6 Jahre, davon 1½ Jahre unter der Fahne, die übrige Zeit bis auf die Exerzirzeit beurlaubt. Die Mannschaft der Reserve ist nur die ersten 6 Monate ihrer Dienstzeit unter den Waffen.

Das Militär wurde seines auf die Verfassung geleisteten Eides durch nachfolgendes Dekret entbunden:

„Der Artikel 229 des Staats-Grundgesezes vom 18. Februar 1849 bestimmt, dass der Eid auf die Verfassung in den Fahnen-Eid aufgenommen werden solle und ist demzufolge das Militär auf die Verfassung beeidigt. Bei den Verhandlungen über die Revision des Staats-Grundgesezes ist anerkannt, dass das Militär nicht auf die Verfassung beeidigt werden solle und ist deshalb obige Bestimmung in dem Artikel 195 des revidirten Staats-Grundgesezes gestrichen. Im Einklange hiermit und in Erwägung, dass auch der Bundes-Beschluss vom 23. August 1851 von der Unzulässigkeit einer Beibehaltung jenes Eides ausgeht, erklärte ich: Die Meinem Truppen-Korps angehörenden Militärs, welche den Eid auf die Verfassung geleistet, sind dieses ihres Eides enthoben und bestimme: der Eid auf die Verfassung ist künftig nicht mehr in den Fahnen-Eid aufzunehmen und sind bei der Beeidigung des Militärs die anliegenden Formulare zur Anwendung zu bringen. Das Militär-Kommando hat diese Ordre dem Truppen-Korps bekannt zu machen.

Oldenburg, 24. Dezember 1852.

(Gez.) August."

Am 1. Mai 1853 legte das Militär die deutsche Kokarde ab

Preussen.

Se. Majestät Friedrich Wilhelm IV. (geb. 1795), Oberster Chef der Armee.

Adjutantur.

General-Adjutanten Sr. Maj. des Königs (Generals-Uniform mit goldenen Achselschnüren und dem Namenszuge Sr. Majestät im Epaulett): 2 G. d. I. von Natzmer, Chef des 12. Husaren-Regiments; von Luck, schon längere Zeit erkrankt. 2 G. d. K.: Graf v. Nostitz, Chef des 5. Husaren-Regiments, Gesandter in Hannover; Graf von der Gröben, siehe Garde-Korps. 1 G. d. I.: von Neumann, Chef des reitenden Feldjäger-Korps, früher Inspekteur der Jäger und Schüzen, dem diese Waffe ihre jezige Organisazion verdankt. GL. von Wedell, Gouverneur von Luxemburg; GL. von Lindheim, siehe 6. Armee-Korps; GL. von Gerlach, im täglichen Dienst bei der Person Sr. Majestät des Königs.

Generale à la Suite Sr. Maj. des Königs (Generals-Uniform mit silbernen Achselschnüren): GM. von Willisen II., von der Kavallerie: (siehe 8. Kavallerie-Brigade); GM. v. Brauchitsch, von der Infanterie: (siehe 4. Garde-Infanterie-Brigade.

Flügel-Adjutanten Sr. Maj. des Königs (rother Kragen, silberne Lizen und Knöpfe, silberne Achselschnüre; der Kavallerist platte, der Infanterist halbrunde Knöpfe): Oberst Philipp Prinz von Croy (13. Kavallerie-Brigade); Oberst v. Alvensleben; Oberstlt. v. Boddien (Kommandeur des 2. Uhlanen-Regiments); Oberstlt. Graf zu Münster-Meinhövel (Militär-Bevollmächtigter am kaiserl. russischen Hofe); sämmtlich von der Kavallerie. Oberst v. Bonin; Oberst v. Schoeler (Vortragender in persönlichen Militär-Angelegenheiten; Oberst v. Blumenthal (Kommandeur des 1. Garde-Regiments zu Fuss); Oberstlt. Hiller v. Gärtringen, Frhr.; Major v. Schlegell; Hauptmann v. Loën, Frhr.; Rittmeister Graf Bismark-Bohlen; Rittmeister Graf v. d. Gröben (1. Garde-Uhlanen-Regiment).

Kriegs-Ministerium.

A. Uniform.

Dunkelrothe Krägen und Aufschläge mit goldenen Lizen und gelben Knöpfen.

GL. v. Bonin (1849 General en Chef der Schleswig-Holsteinischen Armee, Gefechte v. Kolding und Fridericia), arbeitet direkt mit Sr. Majestät dem Könige. Nur die persönlichen Angelegenheiten, Avancements, Verabschiedungen, Ordens-Verleihungen, werden vom Obersten v. Schoeler, der zugleich Beamter des Kriegs-Ministeriums und Flügel-Adjutant Sr. Majestät des Königs ist, ohne Beisein des Kriegs-Ministers vorgetragen.

Der Kriegs-Minister hat einen persönlichen Adjutanten, und ein Zentral-Bureau mit 1 Oberstlt. und 1 Geheimen Kriegs-Rath unter sich, durch welches die Arbeiten sämmtlicher Abtheilungen des Ministeriums an ihn, und zurückgelangen. Ein Justiziarus und ein Architekt verhandeln in ihren Wirkungskreisen direkt mit dieser Zentral-Abtheilung. Sie beschäftigt 8 Beamte.

Eingetheilt ist das Kriegs-Ministerium:

I. Allgemeines Kriegs-Departement: GM. v. Wangenheim.

(Dieser General vertritt in Abwesenheit des Ministers denselben).

1. Abth. für Armee-Angelegenheiten: 1 Oberstlt., 2 Hauptleute, 1 Geheimer Kriegs-Rath. Verflegungs-Mobilmachungs-Dislokazions- und Ersaz-Angelegenheiten. 5 Beamte.

2. Abth. für die Artillerie-Angelegenheiten: 1 Oberstl., 2 Majors, 2 Hauptleute. Alle Ausrüstungssachen, Waffen, Werkstätten, Dépôts, Pulvermühlen. (Das rein Artilleristische ressortirt zur General-Inspekzion der Artillerie, und wird nicht von dieser Abtheilung bearbeitet). 12 Beamte.

3. Abth. für Ingenieurs-Angelegenheiten: 1 Oberst, 2 Majors, 1 Hauptmann. Von diesen gilt dasselbe wie von dem vorigen, mit Bezug auf die General-Inspekzion der Festungen, Ingenieure und Pioniere. 7 Beamte.

4. Abth. für die Marine-Angelegenheiten: 1 Oberst, 1 Oberstlt., 1 Major, 1 Lieutenant zur See 2 Klasse. 7 Beamte.

5. Abth. für die persönlichen Angelegenheiten: 1 Oberst und 2 Geheime Kriegs-Räthe; diese Abtheilung stand bis zum Jahre 1848 selbstständig neben dem Kriegs-Ministerium und war ganz unabhängig von demselben. Sie führte seit 1816 bis 1848 den Titel „Militär-Kabinet“ und bearbeitet jezt alle Gnadensachen, Versezungen, Beförderungen u. s. w. 5 Beamte.

6. Die geheime Kriegskanzlei: 1 Oberstlt.; Patente, Rang- und Quartiersliste, Personal-Archiv. 7 Beamte.

II. Militär-Oekonomie-Departement. GM. Gueinzius.

1. Abth. für Kassen und Etats-Wesen: 3 Geheime Kriegs-Räthe und 12 Beamte.

2. Abth. für Natural-, Verpflegungs-, Reise- und Vorspann-Angelegenheiten: 2 Geheime Kriegs-Räthe und 21 Beamte.

3. Abth. für die Bekleidungs-, Feld-Equipage- und Train-Angelegenheiten: 1 Oberstlt. und 1 Intendantur-Rath und 6 Beamte.

4. die Abth. für das Service- und Lazareth-Wesen. 2 Geheime Kriegs-Räthe, 10 Beamte.

Ausserdem an selbstständigen Abtheilungen, welche unmittelbar mit dem Kriegs-Minister arbeiten.

a) für das Invaliden-Wesen: 1 Oberst, 1 Hauptmann und 1 Geheimer Kriegs-Rath mit 8 Beamten.

b) für die Remonte-Angelegenheiten: 1 GM. zugleich Remonte-Inspekteur der Kavallerie mit einem Adjutanten (Rittmeister), 1 Geheimen Kriegs-Rath als Direktor der Remonte Dépôts, und 3 Rittmeistern, welche Vorstände der 3 Remonte-Ankaufs-Kommissionen für die östlichen, mittleren und westlichen Provinzen des Staates sind.

c) Die Expedizion, Kontrolle, Geheime Registratur und Journal mit 2 Beamten.

d) Die vereinigte Geheime Kanzlei des Kriegs-Ministeriums mit 16 Beamten und 8 Diätarien.

Vom Kriegs-Ministerium ressortiren ferner unmittelbar:

1. Das General-Auditoriat, dessen Einrichtung schon vom Jahre 1718 datirt. Es ist der oberste Militär-Gerichtshof und zugleich die aufsichtsführende Behörde für alle Militär-Gerichte; der General-Auditeur der Armee hat zugleich die Aufsicht und die Direkzion des gesammten Militär-Justizwesens.

Das General-Auditorat besteht aus 1 General-Auditeur, 3 Ober-Auditeuren, 6 Subaltern-Beamten und einem Kollegium von dazu kommandirten Auditeuren der in den beiden Residenzen stehenden Truppen und Korps.

2. Das Direktorum des grossen Potsdam'schen Militär-Waisen-Hauses. Chef ist der jedesmalige Kriegs-Minister. Drei wirkliche Geheime Kriegs-Räthe aus andern Abtheilungen des Ministeriums besorgen die Geschäfte.

3. Die Ober-Examinazions-Kommission für Intendantur-Beamte, mit 1 GM. und 5 Mitgliedern, sämmtlich von anderen Abtheilungen des Kriegs-Ministeriums kommandirt.

4. Die General-Militär-Kasse (1678 eingerichtet).

1. Abth. mit 2 Vorständen und 14 Beamten.

Eine Unter-Abtheilung mit 2 Beamten regelt das Invalidenwesen und die Militär-Pensions-Kasse.

2. Abth. mit 2 Vorständen und 15 Beamten.

Eine Unter-Abtheilung mit 5 Beamten verwaltet die Militär-Witwen-Kasse.

In unmittelbarem Verkehr mit den Truppen stehen die Inspekzionen und General-Kommando's.

Die Inspekzionen sind einzelnen Waffen-Gattungen, und Dienstzweigen vorgesezte Behörden. Infanterie und Kavallerie hat keine Inspekzionen, dagegen wegen der Eigenthümlichkeit der Waffen und der Beaufsichtigung des Materials:

1. Die General-Inspekzion der Artillerie. GM. Prinz Adalbert von Preussen zugleich Ober-Befehlshaber der Marine, mit einem Chef des General-Stabes dieser Inspekzion, Oberst Pommerencke und einer Adjutantur von 2 Majors und 1 Hauptmann; zugleich ist der Feuerwerksmeister-

Hauptmann der gesammten Artillerie dieser General-Inspekzion zugetheilt.

Unter dieser General-Inspekzion stehen 4 Artillerie-Inspekzionen, und 1 Inspektor der Artillerie-Werkstätten, jede mit 2 Adjutanten.

1. Artillerie-Inspekzion umfasst das 1. und 2. Artillerie-Regiment in Preussen und Pommern. GM. v. Puttkammer.

2. Artillerie-Inspekzion umfasst das Garde. 3. und 4. Artillerie-Regiment in den Marken und Sachsen. GL. v. Strotha (früher Kriegs-Minister).

3. Artillerie-Inspekzion umfasst das 5. und 6. Artillerie-Regiment Posen und Schlesien. GL. v. Ehrhardt.

4. Artillerie-Inspekzion umfasst das 7. und 8. Artillerie-Regiment, so wie die kombinirten Festungs-Artillerie-Abtheilungen in den Bundes-Festungen, in Westphalen und am Rhein. GM. Rhein Encke.

Die Inspekzion der Artillerie-Werkstätten in Danzig Berlin, Neisse, Deutz. Oberst Kunowski mit 2 Adjutanten.

Die General-Inspekzion der Festungen, der Ingenieure und Pionniere.

General-Inspekzion: General-Lieut. Brese mit seinem Stabe, bestehend aus 2 Adjutanten der Ingenieure. Unter dieser General-Inspekzion stehen 3 Ingenieur-Inspekzionen; jede Ingenieur-Inspekzion besteht aus 2 Festungs- und 1 Pionier-Inspekzion; eine Pionier-Inspekzion aus 3 Pionier-Abtheilungen à 2 Kompagnien.

1. Ingenieur-Inspekzion: GM. von Prittwitz mit 2 Adjutanten.

1. Festungs-Inspekzion mit den Festungen Königsberg, Pillau, Danzig, Graudenz, Thorn, Feste Boyen.

2. Festungs-Inspekzion mit den Festungen Posen, Colberg, Stralsund, Stettin, Küstrin, Spandau.

1. Pionier-Inspekzion: Garde, 1., 2. Pionier-Abtheilung.

2. Ingenieur-Inspekzion: GM. From mit 2 Adjutanten.

3. Festungs-Inspekzion mit den Festungen Neisse, Glogau, Schweidnitz, Silberberg, Glatz, Cosel.

4. Festungs-Inspekzion mit den Festungen Magdeburg, Wittenberg, Torgau, Erfurt.

2. Pionier-Inspekzion: 3., 5., 6. Pionier-Abtheilung.

3. Ingenieur-Inspekzion: Oberst Fischer mit 2 Adjutanten.

5. Festungs-Inspekzion mit den Festungen Coblenz, Sarlouis, Mainz, Luxemburg.

6. Festungs-Inspekzion mit den Festungen Köln, Jülich, Wesel, Minden.

3. Pionier-Inspekzion: 4., 7., 8. Pionier-Abtheilung und 2 Reserve-Pionier-Kompagnien, 1 zu Mainz, 1 zu Luxemburg.

Inspekzion der Jäger und Schüzen.

Inspekteur: Oberst von Arnim mit 2 Adjutanten seiner Waffe., Eine bei der Eigenthümlichkeit dieser Waffe im preussischen Heere sehr selbstständige und unabhängige Behörde. Erwähnt muss werden, dass das Garde-Jäger-Bataillon ganz und die andern 8 Jäger-Bataillone theilweis aus gelernten Jägern und Forstleuten bestehen, deren Dienstverpflichtung 20 Jahre dauert, wofür sie dann in Staats-Forstdiensten angestellt werden.

Die General-Kommandos.

Sind Provinzialbehörden der einzelnen Provinzen, deren eigentliche militärische Verwaltung leitend, wozu das Kriegs-Ministerium die Grundsäze aufstellt. Der Geschäftsgang der General-Kommandos ist seit 1828 neu geregelt und für alle übereinstimmend. Es besteht aus dem kommandirenden General (dem Befehlshaber des Armee-Korps) und dem Stabe.

Der Stab des Armee-Korps besteht im Frieden aus einem Stabsoffizier als Chef und 1 Hauptmann, der Adjutantur (1 Major, 1 Hauptmann), der Intendantur, dem Korps-Auditeur, General-Arzt des Korps, und dem Militär-Ober-Prediger.

Alle Geschäfte zerfallen in 4 Sekzionen:

1. Sekzion: Geschäfte des Generalstabes; der älteste Generalstabs-Offizier ist Chef (dunkelrother Kragen mit silbernen Lizen und Knöpfen).

2. Sekzion: Geschäfte der Adjutantur (grüner Kragen mit einer Husaren-Stikerei).

3. Sekzion: Geschäfte des Auditoriats; der Korps-Kommandeur mit dem Korps-Auditeur bildet das Korps-Gericht (dunkelblauer Kragen mit silbernen Lizen und Knöpfen).

4. Sekzion: Geschäfte der Intendantur; mit 1 Intendantur-Rath, 3 Räthe, 1 Assessor, 6 Sekretaire, 1 Registrator, 3—4 Sekretariats-Assistenten, 1 Registratur-Assistent. Künftig aber sollen sein: 1 Intendant, 3 Räthe, 2 Assessoren, 8 Sekretaire, 1 Registrator, 5—6 Sekretariats-Assistenten, 1 Registratur-Assistent.

Die Intendantur leitet den ökonomischen Theil des Korps.

Der Militär-Ober-Prediger leitet kirchliche Angelegenheiten und Schulen des Korps.

Der General-Arzt des Korps leitet alle Sanitäts-Angelegenheiten des Korps.

Alle Truppentheile, Kommandanturen im Bezirk des General-Kommandos sind diesem untergeordnet; die den Inspekzionen untergebenen Truppen aber nur in taktischer Beziehung.

Der Generalstab der Armee.

(Uniform: dunkelrother Kragen mit silbernen Lizen und Knöpfen) Chef: GL. v. Reyher mit 1 Adjutanten. Im Frieden zählt der Generalstab 50 Offiziere aller Grade, und wird in den grossen Generalstab und in die Generalstäbe der Armee-Korps eingetheilt.

Die Plankammer, trigonometrische und topografische Abtheilung, das lithografische Institut stehen unter dem grossen Generalstabe.

Ausser dem Chef gehören zum grossen Generalstabe: 3 Stabsoffiziere als Chefs der drei Kriegstheater (Abtheilungs-Vorsteher); 1 Stabsoffizier für das Archiv und Geschichte des Kriegs-Ministeriums; 3 Stabsoffiziere, 9 Hauptleute oder Lieutenants zu den Kriegstheatern und extra Aufträgen.

Bei den Armee-Korps sind vom Generalstabe angestellt: 9 Stabsoffiziere als Chefs vom Generalstabe; 1 Stabsoffizier als Chef vom Generalstabe; 9 Stabsoffiziere bei den Armee-Korps; 9 Hauptleute oder Lieutenants.

Adjutanten bei den königlichen Prinzen (tragen entweder die Uniform der Regimenter, von denen sie kommandirt sind, ohne weiteres Abzeichen, oder den grünen, goldgestikten Kragen der Adjutantur): 4 Majore, 3 Rittmeister, 2 Hauptleute, 3 Premier-Lieutenants, theils von der Adjutantur, theils von den Regimentern.

Offiziere von der Armee: 2 GL.: v. Peucker; früher Kriegs-Minister der deutschen Zentralgewalt beim Bundestage; v. Rochow, Gesandter in Petersburg. 1 GM.: Graf v. Waldersee, Bevollmächtigter bei der Bundes-Militär-Kommission. 1 Oberst: v. Olberg, beim Gouvernement von Luxemburg. 1 Oberstlt.: v. Twardowski, bei der Bundes-Militär-Kommission.

à la Suite der Armee: 1 G. d. K.: Friedrich Wilhelm Prinz v. Hessen-Kassel. 4 GL.: Karl III., Herzog v. Parma, k. H.; Friedrich Wilhelm, Erb-Grossherzog v. Meklenburg-Strelitz, k. H.: Bernhard, Herzog zu Sachsen-Meiningen-Hildburghausen, k. H.; Heinrich 67., Prinz zu Reuss-Schleitz. 1 GM.: Franz August Wilhelm Prinz zu Sayn-Wittgenstein-Berleburg. 1 Oberst: Adolf Ludwig Albrecht Friedrich Prinz zu Bentheim-Tecklenberg. 1 Major: Adolf, Erbprinz zu Schaumburg-Lippe. 1 Hauptmann: Friedrich, Erbprinz zu Salm-Kyrburg 1 Sekond-

Lieutenant: Ferdinand Fried. Wilh. Prinz zu Solms-Braunfels.

Reitendes Feldjäger-Korps (Uniform: wie das Garde-Jäger-Bataillon; nur statt der rothen Epauletts dergleichen dunkelgrüne). Feldjäger sind Kouriere im Frieden oder Krieg. 4 Offiziere, 77 Mann. Chef: G. d. I. v. Neumann, General-Adjutant Sr. Majestät. Kommandeur: Oberst Schulemann; zugleich Repräsentant der Garnison von Berlin.

Garde-Unteroffizier-Kompagnie (Grenadier-Mützen, blaue Leibröke mit rothem Kragen, weisse Knöpfe und weisse Achselklappen: auf der Brust in Rabattenform 8 breite weisse Borten mit Puscheln). Beaufsichtigung königl. Schlösser, Gärten, Verrichtung des Wachtdienstes bei feierlichen Gelegenheiten im Innern der Schlösser. 70 Mann stark, und zwar: 1 Feldwebel-Lieutenant, 1 Feldwebel (Sergeant), 8 Feldwebel (Unteroffiziere), 60 Unteroffiziere. Kommandeur: Oberst v. Bonin, Flügel-Adjutant Sr. Maj. 3 Lieutenants vom Garde-Korps hierher kommandirt.

Schul-Abtheilung in Potsdam, Kaserne vor dem Jäger-Thor: gewöhnlich die Unteroffiziers-Schule genannt. (Uniform wie die Linien-Infanterie; weisse Achselklappen, ohne Nummer, grüne Eichel im Porte-épée.) Bildet Unteroffiziere für die Armee aus. In 3 Kompagnien getheilt, zählt sie 14 Offiziere, 39 Unteroffiziere, 396 Zöglinge. Dem Garde-Korps zugetheilt.

Invaliden.

Halb-Invaliden, d. h. noch zum Garnisonsdienst fähig, entweder den kombinirten Reserve-Bataillonen überwiesen, oder mit Pension oder mit dem Zivil-Versorgungsschein entlassen.

Ganz-Invaliden, mit Invaliden-Pension oder in ein Invalidenhaus aufgenommen. Leztere sind zu Berlin mit 1 Bataillon zu 8 Kompagnien; 27 Offiziere, 400 M.; zu Stolp mit 4 Offizieren, 80 M.; Zahl der Pensionirten jezt: 3404 Offiziere, 28,580 Unteroffiziere und Gemeine.

Gendarmerie.

(Uniform: grün mit dunkelblauem Kragen, gelbe Knöpfe): 8 Brigaden aus 43 Offizieren, 1921 M., worunter 653 Fuss-Gendarmen. Ihr Kommandeur ist zugleich der der 3. Gendarmerie-Brigade zu Berlin, Oberst v. Beczwarzowsky. Jeder Brigade steht ein Stabsoffizier vor; in jeder Provinz einer.

Das Heer.

A. Stärke.

Infanterie. *a*) Stehendes Heer: 4 Garde-Regimenter (12 Bataillone), 1 Garde-Reserve-Regiment (2 Bataillone), 1 Garde-Jäger-, 1 Garde-Schüzen-Bataillon; 32 Linien-Regimenter (96 Bataillone); 8 (von 33—40) Reserve-Regimenter (16 Bataillone); 8 kombinirte Reserve-Bataillone; 8 Jäger-Bataillone; zusammen 144 Bataillone.

b) Landwehr: 4 Garde-Landwehr-Regimenter 1. Aufgebots (12 Bataillone); 32 Provinzial-Landwehr-Regimenter 1. Aufgebots (96 Bataillone); 8 Landwehr - Bataillon der Reserve-Regimenter 1. Aufgebots (8 Bataillone); ebenso Landwehr 2. Aufgebots (116 Bataillone); zusammen 232 Bataillone.

Linien und Landwehr zusammen: 376 Bataillone.

Jedes Linien-Infanterie-Regiment besteht aus 2 Musketier- (bei der Garde: Grenadiere) und 1 Füsilier - Bataillon. Die Reserve - Regimenter haben nur 2 Bataillone und die Landwehr-Regimenter 3 Musketier- (bei der Garde: Grenadier - Bataillon). Das Bataillon hat 4 Kompagnien. Kriegsstärke eines Bataillons: 1002 M. Von den 376 Bataillonen rüken nur 228 Bataillone in's Feld, da die 8 Reserve-Regimenter mit ihren 8 Landwehr - Bataillonen und 116 Bataillonen 2. Aufgebots zur Besazung der Festungen bestimmt sind.

Mithin zählen ohne Train:

die 228 in's Eeld rükenden Bataillone . . .	228,400 M.
60 in den Provinzen bleibenden Bataillone . .	60,000 M.
2½ Bataillone (10 Ersaz-Komp.) d. Jäger etc.	1200 M.
116 Landwehr-Bataillone 2. Aufg. zu 800 M. .	82,900 M.
Summa . .	372,600 M.

Hiervon sind 42 Bataillone (42,000 M.) mit dem leichten Perkussions-Gewehr, 10 Jäger- und Schüzen-Bataillone (10,000 M.) mit der Jägerbüchse, Summa 52 Bataillone (52,000 M.) mit gezogenen Gewehren bewaffnet.

Kavallerie. *a*) Stehendes Heer: 38 (6 Garde-, 32 Linien-) Kavallerie-Regimenter, und zwar: 10 Kürassier- (das Garde du Corps, Garde-Kürassier, 8 Kürassier-) Regimenter; 5 Dragoner- (Garde-Dragoner, 4 Dragoner-) Regimenter, 10 Uhlanen- (1., 2. Garde-Uhlanen, 8 Uhlanen-) Regimenter; 13 Husaren- (Garde-Husaren, 12 Husaren-) Regimenter.

b) Landwehr: 34 (2 Garde-, 32 Provinzial-) Landwehr-Kavallerie-Regimenter, und zwar: 2 Garde-Landwehr-Kavallerie-Regimenter; 8 schwere Landwehr-Reiter-Regimenter; 4 Landwehr-Dragoner-Regimenter; 12 Landwehr-Husaren-Regi-

6

menter; 8 Landwehr-Uhlanen-Regimenter; 8 Landwehr-Eskadronen, zu den 8 Reserve-Regimentern gehörend.

Jedes Regiment zählt 4 Schwadronen mit einer Kriegsstärke von 741 Mann, 702 Pferden.

Also:

38 Linien-Kavall.-Rgtr. od.	152 Schwadr.	=	26,700	Pferde.
34 Landwehr „ „ „	136 „	=	20,500	„
72 Linien-Kavall.-Rgtr. =	288 Schw.	Sa.	47,200	Pferde

mit 2000 Offizieren.

Die 8 Eskadronen der Landwehr-Kavallerie der 8 Reserve-Infanterie-Regimenter bleiben zur Hälfte zur Besazung der Festungen, (zur Hälfte dienen sie als Stabswachen), zurük, daher hier ausser Berechnung fallend.

Im Kriege werden noch ausserdem gebildet:

55 Ersaz-Schwadronen, so dass in Garnisonen bleiben:

4 Schwadronen Landwehr-Kavallerie . . .	800	Pferde.
55 Ersaz-Schwadronen Landwehr-Kavallerie .	6350	„
59 Schwadronen Summa . .	7150	Pferde.

Rechnet man noch hinzu die 4 Schwadronen Landwehr-Kavallerie (800 Pferde), die zur Stabswache verwendet werden; 104 Schwadronen Landwehr 2. Aufgebots zu 120 Pferden, die gebildet werden können; so beträgt im Kriege die gesammte Kavallerie:

Die in's Feld rükende Kavallerie, incl. der 4 zu Stabswachen verwendeten Schwadr. .	292 Schwadr.	o. 48,860	Pferde.
Die Festungs-Besazungen	4 „	„ 800	„
Die Ersaz-Kavallerie . .	55 „	„ 6350	„
Kavallerie 2. Aufgebots .	104 „	„ 12,500	„
	455 Schwadr.	o. 67,650	Pferde,

welche von 2400 Offizieren befehligt werden.

Artillerie: 9 Regimenter (Garde- und 8 Artillerie-Regimenter), der kombinirten Festungs-Artillerie-Abtheilung, 1 Feuerwerks-Abtheilung von 2 Kompagnien.

Ein Artillerie-Regiment besteht im Frieden aus 2 Fuss-, 1 Festungs-, 1 reitenden Abtheilung und 1 Handwerks-Kompagnie. — Die 1. Fuss-Abtheilung eines jeden Regiments besteht aus 2 zwölfpfündigen und 2 sechspfündigen Batterien. Die 2. Fuss-Abtheilung eines jeden Regiments besteht aus 1 zwölfpfündigen, 1 Haubiz- und 2 sechspfündigen Batterien. Die Festungs-Abtheilung aus 4 Festungs-Kompagnien. Die reitende Abtheilung aus 3 sechspfündigen Batterien. Die kombinirte Festungs-Artillerie-Abtheilung ist aus 5 Festungs-Artillerie-Kompagnien zusammengesezt, von denen eine dem Garde-, eine dem 3., eine dem 4., eine dem 7. und eine dem 8. Regiment angehört.

Im Kriege bleibt diese Eintheilung unverändert, nur dass die Anzahl der Geschüze per Batterie von 4 auf 8 vermehrt und die Mannschaft durch eingezogene Reserven und Landwehr verstärkt wird. Es gibt keine besonders formirte Landwehr-Artillerie.

Die 9 Regimenter zählen demnach im Kriege an Geschüzen: 792 mit 18,981 M. Bedienung.

Jedes Regiment zählt im Kriege an Pferden: 3507; an Mannschaften, d. h. an Unteroffizieren, Bombardieren, Kanonieren: 1374 Mann.

Ingenieur-Korps und Pioniere.

Jede Pionier-Abtheilung — siehe General-Inspekzion der Ingenieur-Akademie — besizt im Frieden 2 Kompagnien, im Kriege wird eine dritte Ersaz-Kompagnie zu 225 Mann aus der Landwehr des zweiten Aufgebots gebildet. Im Frieden zählen die beiden Kompagnien 231 Mann, ohne Offiziere, im Kriege aber 452 Mann.

Zur vollständigen Besazung der Festungen gehören noch 1400 Pioniere zweiten Aufgebots, so dass die Hauptsumme der Kriegsstärke beträgt: 9 Abtheilungen (4068 M.), 9 drei Kompagnien (2025 M.), 2 Reserve-Pionier-Kompagnien (250 M.), zur Besazung der Festungen (1400 M.). Summa 7743 Mann.

Im Frieden zählt die Armee Summa	122,260 M.,	5532 Offz.
Im Kriege „ „ „ „	525,338 M.,	10,000 Offz.

Zu diesen 525,338 Mann kommen noch:

An Offizieren	10,000 Offz.
An Trainsoldaten	45,000 M.
An Feldjäger . . . . An Garde-Unteroffizier-Komp. .	150 M.
Zöglinge der Schulabtheilung . .	396 M.
Summa . . .	580,884 Mann.

Zum deutschen Bundes-Kontingent stellt Preussen das 4., 5., 6. Bundes-Armee-Korps.

Der Train.

Train eines Armee-Korps besteht im Kriege aus:

1. Dem Verpflegungstrain. Kommando des Train mit 1 zweispännigen Registratur-Wagen, 5 Proviant-Kolonnen mit je 31 vierspännigen Wagen und je 1 sechsspännigen Feldschmiede; 1 Feldbäkerei-Kolonne mit 2 vierspännigen Requisitions-Wagen.

2. Dem Pferde-Depot mit 1 zweispännigen Registratur-Wagen mit 75 Vorraths-Pferden.

6*

3. Dem Feldlazareth. 1 Haupt-Feldlazareth mit 3 Abtheilungen für 12—1800 Kranke mit 29 Fahrzeugen und 156 Pferden. 3 leichte Lazarethe je 200 Kranke mit 7 Fahrzeugen und 35 Pferden.

4. Dem Fuhrwesen der Artillerie. 6 Park-Kolonnen zu 29 sechsspännigen und 1 zweispännigen Wagen; 1 Laboratorien-Kolonne mit 6 vierspännigen Wagen; 1 Handwerks-Kolonne mit 5 sechsspännigen und 3 vierspännigen Wagen.

5. Dem Pontontrain. 34 Hakets pr. 6 Pferde, 5 vierspännige Werkzeugs-Wagen, 1 sechsspännige Feldschmiede. Summa 40 Fahrzeuge pr. 1 Brücke von circa 500 Fuss.

6. Dem Train bei den Truppen, und zwar zählt 1 Infanterie-Regiment 13 Fahrzeuge mit 50 Zugpferden, 12 Kompagnie-Packpferde, im Ganzen 63 Trainsoldaten. Zahl der Trainsoldaten eines Armee-Korps etwa 3000 M., und die der ganzen Armee etwa 30,000 Mann.

B. Eintheilung.

Das Oberkommando in den Marken, wurde 1848 errichtet. Unter ihm stehen sämmtliche Truppen zwischen Elbe und Oder, also auch das Garde-Korps. Oberbefehlshaber: G. d. K. von Wrangel, 1 Adjutant.

Das Militär-Gouvernement in der Rheinprovinz und Westphalen, 7. und 8. Armee-Korps und die Besazung der Bundesfestungen. Militär-Gouverneur: G. d. I. Prinz von Preussen, k. H., mit einem Stabe, der aus 3 höheren Generalstabs-Offizieren und den persönlichen Adjutanten des Prinzen von Preussen gebildet ist.

Die Armee wird in 9 Korps, das Garde- und 8 Provinzial-Armee-Korps eingetheilt.

Ein Armee-Korps zerfällt im Frieden in 2 Divisionen; 1 Division in 3 Brigaden (2 Infanterie-, 1 Kavallerie-Brigade); 1 Infanterie-Brigade besteht aus 2 Regimentern (1 Linien- und dem gleichnummerirten Landwehr-Regiment); 1 Kavallerie-Brigade besteht aus 4 Regimentern (2 Linien- und 2 gleichnummerirten Landwehr-Regimentern).

Ausser diesen im Divisions-Verbande stehenden Truppen gehören zu einem Armee-Korps noch: 1 Artillerie-Regiment, 1 Pionier-Abtheilung, 1 Reserve-Infanterie-Regiment, 1 kombinirtes Reserve-Bataillon (seit 1848 fehlt dies bei der Garde), 1 Landwehr-Bataillon des Reserve-Regiments (seit 1848 fehlt dies bei der Garde), 1 Landwehr-Reserve-Schwadron (seit 1848 fehlt dies bei der Garde), 1 Jäger-Bataillon, 1 Invaliden-Kompagnie.

Das 36., 37., 38., 39., 40. Reserve-Regiment bildet die

preussische Besatzung von Mainz und Luxemburg, in 2 Brigaden formirt.

Beim Garde-Korps bestehen zwar 2 Divisionen; im Frieden aber steht die gesammte Infanterie unter dem Kommando der Garde-Infanterie, ebenso die gesammte Kavallerie unter dem Kommando der Garde-Kavallerie.

Die Garde-Infanterie zählt 4 Brigaden; die Garde-Kavallerie 2 Brigaden. Schul-Abtheilung und Garde-Unteroffizier-Kompagnie sind dem Garde-Korps zugetheilt.

Im Frieden zählt 1 Provinzial-Armee-Korps: 29 Infanterie-Bataillons (davon 13 Landwehr-Bataillons), 29 Eskadrons (davon 13 Landwehr-Schwadronen), 1 Artillerie-Regiment mit 48 Geschüzen, 1 Pionier-Abtheilung.

Im Kriege zählt 1 Armee-Korps an Feldtruppen: 25 Bataillons, 32 Eskadrons, 96 Geschüze, 1 Pionier-Abtheilung. An Ersaztruppen: 4¼ Bataillon, 6 Eskadrons, 1 Artillerie-Ersaz-Abtheilung, 1 Pionier-Ersaz-Abtheilung, An Besazungs-Truppen: 15 Bataillons zweiten Aufgebots, 17 Eskadrons, Artillerie, Pioniere.

Die Feldtruppen eines Armee-Korps werden eingetheilt in: 4 Infanterie-Divisionen zu etwa 6—7 Bataillons, 2—4 Schwadronen, 8 Geschüzen; 1 Kavallerie-Division zu 4—6 Regimentern und nöthige reitende Artillerie; der Reserve-Artillerie; etwa 2 reitende und 5 Fuss-Batterien; der Pionier-Abtheilung.

Das Garde-Korps. Kommandeur: G. d. K. v. d. Grüben, General-Adjutant Sr. Majestät des Königs. Chef des Generalstabs: Oberstlt. von Glisczinsky. Kommandeur der Garde-Infanterie: GL. von Möllendorf. Kommandeur der Garde-Kavallerie: GL. Graf von Waldersee.

1. Garde-Division, siehe Kommando der Garde-Infanterie.
   1. Garde-Infanterie-Brigade: GM. Graf v. Schlieffen.
   2. Garde-Infanterie-Brigade: GM. v. Schlichting.
2. Garde-Division, siehe Kommando der Garde-Infanterie.
   3. Garde-Infanterie-Brigade: GM. v. Kropf.
   4. Garde-Infanterie-Brigade: GM. v. Brauchitsch.

1. Garde-Kavallerie-Brigade, siehe Kommando der Garde-Kavallerie. GL. Friedrich August Eberhard Prinz von Würtemberg, k. H.

2. Garde-Kavallerie-Brigade, siehe Kommando der Garde-Kavallerie. GM. v. Schlemüller.

Beim Korps befinden sich: 1 Jäger-, 1 Schüzen-Bataillon; Invaliden-Haus in Berlin, Kommandant: GM. von Maliszewsky; 1 Infanterie-Lehr-Bataillon (jährlich für die Sommermonate aus Abgaben sämmtlicher Infanterie-Regimenter der Armee gebildet); 1 Invaliden-Kompagnie.

I. Armee-Korps. Kommandt.: G.d.K. Graf zu Dohna, Chef des 8. Uhlanen-Regiments (Königsberg).

Chef des Generalstabes: Oberst Dannhauer.

1. Division: GL. v. Winning.

1. Infanterie-Brigade: GM. v. Döring.

2. Infanterie-Brigade: GM. Holfelder.

1. Kavallerie-Brigade: GM. v. Plehwe.

2. Division: GL. v. Stülpnagel.

3. Infanterie-Brigade: GM. v. Manstein.

4. Infanterie-Brigade: GM. Stiehle.

2. Kavallerie-Brigade: GM. v. Willisen.

II. Armee-Korps. G.d.I. v. Grabow, Chef des 5. Infanterie-Regiments (Stettin).

Chef des Generalstabes: Oberstlt. v. Etzel.

3. Division: GL. v. Hirschfeldt.

5. Infanterie-Brigade: GM. v. Goldbeck.

6. Infanterie-Brigade: GM. v. Dankbahr.

3. Kavallerie-Brigade: GM. v. Bonin.

4. Division: GL. Fidler.

7. Infanterie-Brigade: GM. v. Bagensky.

8. Infanterie-Brigade: GM. Ehrhardt.

4. Kavallerie-Brigade: GM. v. Lebbin.

Zum Korps gehört das Invalidenhaus zu Stolp. Kommandant: Major Kausch.

III. Armee-Korps. G.d.K. v. Wrangel, Chef des 3. Kürassier-Regiments; siehe Oberkommando in den Marken. (Berlin).

Chef des Generalstabes: Oberst Vogel v. Falckenstein.

5. Division: GL. v. Wussow.

9. Infanterie-Brigade: GM. v. Bequignolles.

10. Infanterie-Brigade: GM. v. Hobe.

5. Kavallerie-Brigade: Oberst Graf Clairon d'Haussonville.

6. Division: GL. v. Thümen.

11. Infanterie-Brigade: Oberst v. Hann.

12. Infanterie-Brigade: GM. v. Wentzel.

6. Kavallerie-Brigade: GM. v. Barby.

IV. Armee-Korps. GL. Friedrich Wilhelm Paul Nikolaus Fürst Radziwill, (Magdeburg). Chef des 27. Infanterie-Regiments.

Chef des Generalstabes: Oberst Frhr. v. Moltke.

7. Division: GL. v. Hirschfeldt.

13. Infanterie-Brigade: GM. v. Goetze.

14. Infanterie-Brigade: GM. v. Münchow.

7. Kavallerie-Brigade: GM. v. Berg.

8. Division: GL. v. Voss.
15. Infanterie-Brigade: GM. Verlohren.
16. Infanterie-Brigade: GM. v. Schoeler.
8. Kavallerie-Brigade: GM. v. Willisen.
V. Armee-Korps. GL. v. Tietzen u. Hennig. (Posen).
Chef des Generalstabes: Oberstlt. v. Voigts-Rhetz.
9. Division: GL. v. Stoesser.
17. Infanterie-Brigade: vacant.
18. Infanterie-Brigade: GM. Graf v. d. Schulenburg.
9. Kavallerie-Brigade: GM. Frhr. v. Wechmar.
10. Division: GL. v. Brandt.
19. Infanterie-Brigade: GM. v. Fuchs.
20. Infanterie-Brigade: GM. v. Trotha.
10. Kavallerie-Brigade: GM. v. Holleben.
VI. Armee-Korps. GL. von Lindheim, General-Adjutant Sr. Majestät des Königs, (Breslau).
Chef des Generalstabes: Oberst v. Wintzingeroda.
11. Division: GL. v. Koch.
21. Infanterie-Brigade: Oberst v. Mauschwitz.
22. Infanterie-Brigade: GM. Frhr. v. Reitzenstein.
11. Kavallerie-Brigade: GM. v. Bischoffwerder.
12. Division: GL. v. Werder.
23. Infanterie-Brigade: GM. v. Renouard.
24. Infanterie-Brigade: GM. v. Horn.
12. Kavallerie-Brigade: GM. v. Treskow.
VII. Armee-Korps. GL. Frhr. Roth v. Schreckenstein (1848 Kriegsminister), (Münster).
Chef des Generalstabes: Oberst v. Heister.
13. Division: GL. Brunsig Edler v. Brun.
25. Infanterie-Brigade: GM. v. Brandenstein.
26. Infanterie-Brigade: GM. v. Rommel.
13. Kavallerie-Brigade: Oberst Philipp Prinz v. Croy. Flügel-Adjutant Sr. Majestät des Königs.
14. Division: GL. Fürst Karl Anton Friedrich Mainrad von Hohenzollern-Sigmaringen. Chef: des 20. Infanterie-Regiments.
27. Infanterie-Brigade: GM. v. Kusserow.
28. Infanterie-Brigade: GM. Baron v. d. Golz.
14. Kavallerie-Brigade: Oberst v. Arnim.
VIII. Armee-Korps. GL. von Hirschfeldt I. (Koblenz).
Chef des Generalstabes: Oberstlt. Schwarz.
15. Division: GL. v. Schack.
29. Infanterie-Brigade: GM. v. Cranach.
30. Infanterie-Brigade: GM. v. Könneritz.
15. Kavallerie-Brigade: GM. v. Kaphengst.

16. Division: GL. v. Gayl.
31. Infanterie-Brigade: GM. Herwarth v. Bittenfeld.
32. Infanterie-Brigade: GM. v. Hermann.
16. Kavallerie-Brigade: Oberst v. Mutius.
Brigade der Bundesfestung Mainz; Führer: GL. v. Hahn.
Brigade der Bundesfestung Luxemburg; Führer: GM. Kaiser.

Kommandanten der Festungen.

Berlin. GM. v. Borcke. 1. Adjutant: Hauptmann von Neumann vom 2. Garde-Rgt. zu Fuss.
Breslau. GM. v. Roeder.
Coblenz u. Ehrenbreitenstein. 1. Kommandant: GM. von Erierheim; 2. Kommandant: Oberstlt. v. Frobel.
Cöln. GM. Engels.
Colberg. Oberst Frhr. v. Steinaecker.
Cosel. GM. v. Lupinsky.
Cüstein. Oberstlt. Frhr. v. Schleinitz.
Danzig. GM. Linger.
Erfurt und Petersberg. 1. Kommandant ad interim: GL. von Voss (Kommandeur der 8. Division): 2. Kommandant: Oberstlt. v. Münchow.
Glatz. Oberstlt. v. Gersdorf.
Glogau. Oberst Frhr. v. Budenbrock.
Glaudenz. Oberstlt. v. Cosel.
Jülich. Oberstlt. v. Schmidt.
Königsberg. GM. v. Roehl.
Magdeburg. GM. v. Schlegell.
Minden. Oberstlt. v. der Mülbe.
Neisse. Oberstlt. Heinrich Karl Waldemar Prinz zu Schleswig-Holstein-Sonderburg-Augustenburg.
Pillau. Major v. Bornstedt.
Posen. GM. Graf v. Monts.
Potsdam. GM. Graf v. Schliefen (Kommandeur der 1. Garde-Infanterie-Brigade).
Sarlouis. Oberst Laue.
Schweidnitz. Oberstlt. Goslar.
Silberberg. Oberstlt. v. Randow.
Spandau. Oberstlt. Richter.
Stettin. GL. v. Hagen.
Stralsund. Oberstlt. v. Zastrow.
Thorn. Oberstlt. v. Stosch.
Glogau. Oberst v. Studnitz.
Wesel. Oberst v. Forstner.
Wittenberg. Oberst Frhr. v. Helldorff.
Luxemburg. Gouverneur: GL. von Wedell, General-

Adjutant Sr. Maj. des Königs; Kommandant: GM. Kaiser. Mainz. GL. v. Hahn.

Marine.

Nach dem ordentlichen Etat pro 1851 sind vorhanden:
Etablissements, theils fertig, theils in Arbeit:

1. der Flotillen-Hafen auf dem Dänholm bei Stralsund;
2. die Schiffswerfte in Danzig;
3. die Marine-Dépôts in Danzig, Stettin, Stralsund.

Fahrzeuge:

1	Segel-Korvette Amazone	12	Kanonen.
2	Dampfschaufel-Aviso's, Salamander, Nix à 160 Pferdekraft	16	„
1	Dampfschaufel-Transportschiff, Preussische Adler, pr. 310 Pferdekraft	4	„
1	Segel-Transportschiff, Merkur	4	„
36	Kanonen-Schaluppen zu 2 Geschüzen	76	„
6	Kanonen-Jollen pr. 1 Geschüz	6	„
47	Fahrzeuge mit	114	Kanonen.

Amazone und Merkur sind nur Uebungsschiffe, Adler nur Transportschiff.

Personal sind vorhanden: 1 Kommodore — Schroeder. Marine-Offiziere und Matrosen-Korps: 1 Kapitain zur See: Donner; 1. Korvetten-Kapitain: Hyltén-Cavallius; 3. Korvetten-Kapitaine: Sundevall und Indebeton; 4 Lieutenants I. Klasse; 24 Lieutenants II. Klasse; 1 Hilfs-Offizier; 15 Kadeten; beurlaubte See-Offiziere; 13 Hilfs-Offiziere; 5 Dekoffiziere; 66 Unteroffiziere; 435 Matrosen; 100 Schiffsjungen.

Maschinisten-Korps: 11 Maschinisten; 6 Lehrlinge; 21 Heizer.

Marinier-Korps: 2 Kompagnien. 1 Stabsoffizier, Major Burchhardt; 2 Hauptleute; 3 Premier-Lieutenants; 4 Sekond-Lieutenants; 20 Feldwebel oder Unteroffiziere; 10 Spielleute; 300 Gefreite und Mariniers; 1 Büchsenmacher.

Verwaltungs-Personal etc.: 2 Zeug-Kapitains; 12 Zahlmeister; 15 Schreiber, 4 Aerzte; 4 Auditore; 1 Schiffs-Prediger.

Nach einer Mittheilung des Regierungs-Kommissarius der Central-Budget-Kommission sollen im Verlaufe von 10 Jahren einschliesslich der vorhandenen Schiffe beschafft werden: 12 Fregatten à 60 Bomben-Kanonen; 10 Dampf-Korvetten à 8 bis 12 Kanonen; 14 Aviso-Dampfschiffe à 4—8 Kanonen; 5 Schooner à 3—4 Kanonen; 5 Uebungs- und Transportfahrzeuge; 36 Kanonier-Schaluppen und 6 Jollen; überhaupt also 94 Schiffe.

Während der Entwikelungsjahre würde die Marine kosten jährlich circa 3 Millionen, und nach Ablauf derselben jährlich 2 Millionen Thaler.

C. Bewaffnung.

Die preussische Armee hat zwei Arten von Perkussions-Gewehren:

1. die neuen preussischen } Perkussions-Gewehre.
2. die umgeänderten preussischen }

Leztere sind allgemein im Gebrauch der Armee, erstere befinden sich in den Zeughäusern.

Alle Füsilier-Bataillone und die Infanterie-Regimenter der Garde sind mit dem leichten Perkussions-Gewehre (sogenannte Zündnadel-Gewehre), wogegen die Musketiere mit dem umgeänderten Perkussions-Gewehre bewaffnet sind.

Die Jäger sind mit Büchsen nach dem Thouvenin'schen System bewaffnet.

Die Infanterie mit dem Bajonnet auf dem Gewehre; Füsiliere mit dem Faschinenmesser; Musketiere mit Infanterie-Säbeln; Jäger mit dem Hirschfänger, der auf die Büchse aufgesezt wird und dann als Bajonnet dient.

Kavallerie: Karabiner als Schusswaffe zu Pferde beim Flankiren und beim Fussgefecht. Kavalleriebüchse mit gezogenem Laufe und etwas länger als die Karabiner. Pistol. Pistol, Karabiner, Kavalleriebüchse seit 1850 mit Perkussion versehen.

Bei Kürassieren, Uhlanen, Landwehr-Kavallerie erhalten die Flankeurzüge, d. h. pr. Regiment 80 Mann Karabiner, übrige Mannschaften 1 Pistole. Dragoner, Husaren, excl. der mit 1 Pistole bewaffneten Unteroffiziere und Trompeter, 1 Karabiner oder 1 Kavalleriebüchse, und zwar pr. Regiment 200 Büchsen, 416 Karabiner, 86 Pistolen.

Pioniere sind meist mit alten französischen Chasseur-Gewehren, 1850 perkussionirt, versehen.

Kürassiere: Pallasch; Dragoner, Uhlanen, Husaren: gekrümmte Säbel; Pionniere: Faschinenmesser.

Feld-Artillerie: 6-, 12pfündige Kanonen; 7- und 10pfündige Haubizen (6- und 7pfündige sind die leichte; 10- und 12pfündige die schwere).

Belagerungs-Artillerie: ausser den Feldgeschüzen noch 12- und 24pfündige Kanonen, 25pfündige Bomben-Kanonen, 25pfündige Haubizen; 7-, 25-, 50pfündige Mörser und Handmörser.

Festungs-Artillerie: sämmtliche Kaliber.

Reitende Artillerie: Kavallerie-Säbel; Fuss-Artillerie: Infanterie-Säbel.

D. Ausrüstung.

Die Generalität, Kriegs-Ministerium, Flügel-Adjutanten Sr. Majestät, Generalstab, Adjutantur, gesammte Infanterie und Artillerie, Ingenieur-Korps, Dragoner, Kommandanturen, Kadetten-Korps tragen lederne Helme. Ihr Metallbeschlag ist den Knöpfen entsprechend, gelb oder weiss. Nur die Generalität trägt bei Paraden weisse herunterhängende Federbüsche. Herabhängende Haarbüsche tragen das Kriegs-Ministerium, Flügel-Adjutanten Sr. Majestät; Generalstab, Adjutantur von weisser Farbe; Grenadier-Bataillone der Garde-Regimenter haben weisse; die Füsiliere, Jäger und Schüzen-Bataillone schwarze Haarbüsche. Die Hautboisten etc. rothe dergleichen. Messingene Schuppenketten. Das 1. und 2. Garde-Regiment zu Fuss tragen am Helme: den Stern des schwarzen Adler-Ordens; die übrigen Garde-Regimenter: Adler mit dem Gardestern; Linien-Truppen: den sogenannten heraldischen Adler (nur der Adler der Dragoner hat eine etwas abweichende Form). Helm bei gesammter Infanterie — da wo keine Haarbüsche getragen werden — endet in eine Spize; nur die Artillerie hat statt dessen eine runde Kugel. Garde-Artillerie-Regiment führt weisse; die reitende Abtheilung der Linien-Regimenter schwarze Haarbüsche. Seesoldaten mit Helm der Linien-Artillerie. Landwehren haben am Helm das Landwehrkreuz, die der Garde dasselbe in einem Stern und schwarze Haarbüsche.

Kürassiere und Armee-Gendarmen: Helm von weissem Metall mit weissem Beschlag, gelben Adler. Garde-Kürassiere: den Stern des schwarzen Adler-Ordens; statt der Spize kann ein silberner Adler mit ausgebreiteten Flügeln aufgeschraubt werden.

Husaren: Pelzmüzen mit Federbusch, farbigen Kolpak, Vorder- und Hinterschirm.

Uhlanen: niedrige Czapka, weisser hängender Haarbusch, Schuppen-Epauletten.

E. Uniformirung.

Gesammte Infanterie, Artillerie, Ingenieur, Generalität (im gewöhnlichen Dienst), Kriegs-Ministerium, Generalstab, Adjutantur, Kommandantur-Personal, Kadetten-Korps, Gendarmerie. Dragoner, Kürassiere: Waffenrok. — Husaren: Dollmann, Pelze; Offiziere: Attila mit umliegendem Kragen, schwarzweiss silberne Schnüre. — Uhlanen: Kollet mit rothen Rabatten.

Infanterie: Waffenrok dunkelblau, vorne passepoilirt, rothe Patten an dem Kragen, der bei der Garde ganz schliessend, bei den übrigen Truppen abgerundet ist. Rothe Aermelaufschläge; beim 2. Garde-Regiment (nach Analogie des 1.) offen und mit zwei Lizen; bei allen übrigen mit dunkelblauen Patten und 3 Knöpfen.

Ersaz-Wesen.

Dienstpflicht. Jeder Preusse nach vollendetem 20sten Jahre ist zum Kriegsdienst verpflichtet.

Die bewaffnete Macht besteht sowohl nach dem Gesez vom Jahre 1814 als nach der Verfassung: aus dem stehenden Heere, der Landwehr des 1. Aufgebots, der Landwehr des 2. Aufgebots und dem Landsturm.

Das stehende Heer besteht aus: 1. denjenigen, die auf weitere Beförderung sich melden, und deshalb die vorgeschriebene Prüfungen ablegen müssen; 2. aus den Freiwilligen, die sich dem Kriegsdienst widmen aber keine Prüfung bestehen können; 3. aus dem Theil der Nazion von 20 bis 25 Jahre.

Die drei ersten Jahren befinden sich die Mannschaften durchgängig bei den Fahnen; die beiden lezten Jahre werden sie in die Heimath entlassen, und sind im Fall des Krieges zum Ersaz des stehenden Heeres bestimmt. (Kriegs-Reserven.)

Die Landwehr 1. Aufgebots: Im Kriege zur Unterstüzung des stehenden Heeres bestimmt, dient gleich diesem im In- und Auslande, in Frieden ist sie exclusive der sogenannten Stamm-Mannschaften, Feldwebel, Kapitän d'Armee und einigen Gefreite, und exclusive der zur Uebung nöthigen Zeit in die Heimath entlassen. Sie besteht aus:

1. allen jungen Männern von 20—25 Jahren, die nicht im stehenden Heere dienen;

2. aus Mannschaften vom 26. bis zurükgelegten 32. Lebensjahre.

Die Uebungen dieser Landwehr sind zweifach.

a) Zu gewissen Tagen in kleinen Abtheilungen in der Heimath oder 14 Tage im Bataillon;

b) einmal alle zwei Jahre in grösseren Abtheilungen in Verbindung mit Theilen des stehenden Heeres. (Königs-Revue, grosses Herbst-Manöver.)

Nach vollendetem 17. Lebensjahre kann Jeder Soldat werden, tritt dann aber um so viele Jahre früher aus den verschiedenen Verpflichtungen heraus.

Die Landwehr 2. Aufgebots soll im Kriege entweder die Festungs-Garnisonen verstärken oder auch das stehende Heer. Besteht aus allen Männern, die aus dem stehenden

Heere und Landwehr 1. Aufgebots ausgetreten sind, oder aus den Waffenfähigen bis zum zurükgelegten 39. Jahre.

Uebungen derselben haben bis jezt nicht stattgefunden.

Landsturm tritt auf AH. Befehl zusammen, wenn der Feind in das Land einfällt. Besteht:

a) aus allen Männern bis zum 50. Jahre, die nicht im stehenden Heere oder Landwehr eingetheilt sind;

b) aus allen aus der Landwehr herausgetretenen;

c) aus allen rüstigen Jünglingen vom 17. Jahre an. Theilt sich in Bürger-Kompagnien in den grösseren Städten und in die Land-Kompagnien des platten Landes oder kleinen Städten. Für die bestimmte Organisazion dieses Landsturmes ist seit 1815 nichts geschehen.

Die freiwillig eintretenden können sich die Waffen-Gattung und Regiment wählen, die ausgehobenen aber werden vertheilt.

Ausländer ohne bleibenden Wohnsiz — wenn sie sich nicht freiwillig melden — körperlich oder geistig unfähige und die eines entehrenden Verbrechens sich schuldig machende sind unwürdig und unfähig Soldat zu werden.

Jeder Auswanderer muss Erlaubnisschein haben. Jedes Armee-Korps hat seinen eigenen Ergänzungs-Bezirk, der aus bestimmten Regierungs-Departements besteht. Regel ist: jeder dient bei dem Armee-Korps, dem die Provinz zugewiesen ist, zu der er gehört.

Das Garde-Korps jedoch erhält seinen Ersaz aus dem ganzen Staate.

Das Pionier-Korps hat ein Vorrecht auf die zur Knappschaft gehörigen Berg- und Hüttenleute des ganzen Staates.

Die Jäger-Bataillone rekrutiren sich vorzugsweise aus den Söhnen der Forstbedienten und den gelernten Jägern, dann aus ausgehobenen Rekruten.

Aktive Dienstzeit im stehenden Heere ist 3 Jahre, daher in der Regel jährlich $^1/_3$ entlassen, zur Kriegs-Reserve und soviel Rekruten ausgehoben werden.

Zu Gestellung, Prüfung und Auswahl der Ersazmannschaften tritt in jedem Regierungs-Departement eine Departements-Ersaz-Kommission, und in einem jeden Kreise eine Kreis-Ersaz-Kommission alljährlich zusammen. Beiden Kommissionen wird ein Militär-Arzt zugetheilt.

Die Grundlage des Ersaz- und Aushebungs-Geschäfts bilden die in der ganzen Monarchie mit der grössten Genauigkeit aufzunehmenden Stammrollen, die eine zuverlässige Uebersicht der waffenfähigen Mannschaften des Staates geben. Das Loos entscheidet in welcher Reihenfolge jeder Militär-Pflichtige zum Dienst eingestellt werden muss.

Junge Leute aus den gebildeten Ständen können sich als einjährige Freiwillige melden, und so ihre Dienstzeit im stehenden Heere in Zeitraum von einem Jahr abmachen, wenn sie das dazu erforderliche Examen machen und für ihren Anzug und sonstigen Unterhalt selbst sorgen können. Waffen und Lederzeug liefert der Staat. Nach Beendigung ihrer Dienstzeit werden sie geprüft, und nach deren Ausfall mit dem Attest der Qualifikazion zum Landwehr-Offizier oder zum Vize-Feldwebel versehen, dadurch haben sie die Anwartschaft zu solchen Stellen bei der Landwehr von dem Offizier des Landwehr-Bataillons gewählt zu werden.

Remonte der Kavallerie und Artillerie.

Jährliches Remonten-Quantum für jedes Kavallerie-Regiment ist auf 60, für jedes Artillerie-Regiment auf 35 Pferde bestimmt, die Remonte-Kommission kauft die Pferde auf den in den Kreisen angesezten Remonte-Märkten von 3 — 5 Jahren. Die 3jährigen werden bis 5. Jahre in den Remonten-Dépôts gepflegt, dann den Truppen übergeben. Jeder Offizier erhält alle 5 Jahre 1 Chargen-Pferd geliefert.

Ergänzung der Offiziere.

Jeder Unter-Offizier oder Soldat, der nach vollendetem 17. Jahre 6 Monate gedient hat, und nach einem Zeugniss, welches von den Offizieren der Kompagnie- des Bataillons- und Regiments-Kommandos ausgestellt wird, sich zur Beförderung eignet, kann sich zur Ablegung des Porte-épée-Fähnrichs-Examens melden.

Nur vor dem 23. Lebensjahre kann das Fähnrichs-Examen gemacht werden. Jeder Porte-épée-Fähnrich, der 6 Monate in dieser Charge gedient hat, kann sich zum Offizier-Examen melden, das stets in Berlin vor der Ober-Militär-Examinazions-Kommission gemacht werden muss.

Im Kriege kann wegen besonderer Tüchtigkeit vor dem Feinde von jedem Examen abgesehen werden.

Militär-Erziehungs- und Bildungswesen.

General-Inspektor, GL. v. Radowitz, 1 Oberstlt. als Adjutant.

Unter dem General-Inspektor des Militär-Erziehungs- und Bildungswesen steht die

Militär-Studien-Kommission,

welche die spezielle Leitung aller höheren Militär-Unterrichts- und Bildungs-Anstalten hat. Präses: GL. v. Radowitz als

Mitglieder: GM. Bayer vom grossen Generalstabe, 4 Stabs-Offiziere vom grossen Generalstabe.

Die Ober-Militär-Examinazions-Kommission hat ein dreifaches Geschäft. Direktor: GM. Schmidt des grossen Generalstabes; 7 Offiziere der Armee als Examinatoren.

1. Abhaltung sämmtlicher Prüfungen zum Offizier.

2. „ der Fähnrichs „ und zwar:

a) Die Schüler der Prima des Kadetten-Hauses zu Berlin.

b) Der in Berlin und Umgebung ausgebildeten Offiziers-Aspiranten.

c) Obere Leitung der Examinazions - Kommissionen für Porte-épée-Fähnriche bei den Divisonen und an der vereinigten Artillerie- und Ingenieur-Schule in Berlin.

Jedes Armee-Korps hat eine Divisions-Schule unter einem Präses.

Ausserdem gibt es noch eine Prüfungs - Kommission für Artillerie - Premier - Lieutenants und für Ingenieur-Hauptleute 2. Klasse und Premier-Lieutenants.

Kadetten-Korps: Kommandeur Oberst v. Steinmetz mit 1 Adjutant. Es hat den Zwek eine Pflanzschule für die Offiziere der Armee zu sein. Das Korps besteht aus 2 Abtheilungen:

1. Das höhere — Kadettenhaus zu Berlin —

2. das niedere — die Parallel-Anstalten zu Culm, Potsdam, Wahlstadt, Bensberg.

In den Parallel-Anstalten befinden sich die Klasse Sexta Quinta, Quarta, Tertia entsprechend den respektivenKl eines Real-Gymnasiums.

Das Alter der Zöglinge hier ist zwischen 11. u. 15. Jahre. Das Kadettenhaus zu Berlin umfasst die Klassen Sekunda und Prima (entsprechend der Ober- und Untersekunda eines Real-Gymnasiums) und eine Klasse Selekta, in der der kriegswissenschaftliche Unterricht ertheilt wird. Die Eleven stehen zwischen dem 15. und 18. Lebensjahre.

Die Zöglinge aller Anstalten sind entweder königliche Kadetten (etatsmässige) oder Pensionäre.

Divisionsschulen. Es gibt deren 7 (Potsdam, Königsberg, Stettin, Glogau, Neisse, Erfurt, Trier), sollen Porte-épée-Fähnriche der Infanterie und Kavallerie zum Offizier-Examen vorbereiten. Ein Stabs-Offizier als Direktor leitet jede Schule. Kursus beginnt 15. Oktober und endet 15. Juli. Es werden nur gelehrt: Waffenlehre, Taktik, Fortifikazion, Zeichnen, Aufnehmen, Militär-Literatur, Dienst-Instrukzion.

Der Besuch der Schule ist nicht unbedingt geboten, sondern er steht jedem Porte-épée-Fähnrich frei.

Vereinigte Artillerie- und Ingenieur-Schule in Berlin. — Unter den Linden.

1. Kurator GL. Prinz Heinrich Wilhelm Adalbert von Preussen, k. H.

2. Kurator GL. Brese.

Inspektor GM. v. Prittwitz.

Direktor Oberst Lademann.

Die Schule dient zur Bildung von Artillerie- und Ingenieur-Offizieren; jeder Offizier dieser Waffe muss sie besucht haben. Diejenige Leute, die sich dem Fache widmen wollen, treten bei den Truppentheilen ein, legen ihr Fähnrichs-Examen ab, dienen mindestens 1 Jahr bei den Truppen, und werden dann zur Schule einberufen. Kursus dauert 3 Jahre, beginnt Anfang Oktober. Der Unterricht zerfällt in 3 Cöten. Am Ende des 1. Cötus-Jahres wird von den Eleven ein Examen gemacht, welches dem Offizier-Examen der andern Truppen gleich steht.

Am Ende des 2. Cöten-Jahres machen die jezt zum Offizier ernannten Zöglinge eine 6wöchentliche Schiess-Uebung und Labaratorium-Uebung.

Am Ende des 3. Cöten-Jahres findet die Berufungs-Prüfung statt und treten dann die Eleven in die Armee ein.

Allgemeine Kriegsschule — Berlin — Burgstrasse. Direktor: Oberst v. Höpfner à la Suite des General-Stabes.

1 Hauptmann als Adjutant. 1816 in ihrer jezigen Gestalt errichtet. Soll den Offizieren eine höhere und besonders allgemeinere Ausbildung geben als diess in den andern Bildungs-Anstalten hat geschehen können.

Die Aufnahme ist nur solchen Offizieren gestattet, die mindestens 3 Jahre als Offizier bei einem Truppentheil gestanden und von ihrem Chef das Zeugniss eines bei seinem Regimente ausgebildeten Offiziers, eine gute Konduite beibringen und sich dem Examen unterwerfen.

Die Vorträge zerfallen in 3 Cöten.

Am Ende des 1. Kursus gehen die Offiziere zu einer dreimonatlichen Dienstleitung, und zwar die der Infanterie oder Kavallerie zu einem Artillerie-, die der Artillerie zu einem Kavallerie-Regiment.

Am Schluss des 2. Kursus finden Aufnahmen mit dem Messtisch und Kroquir-Uebungen in der Umgebung von Berlin statt, dann wieder ein 3monatliches Kommando zu verschiedenen Truppentheilen: der Offizier der Infanterie zu einem Kavallerie-, die der Kavallerie oder Artillerie zu einem Infanterie-Regiment.

Am Schluss des 3. Kursus gehen die Offiziere zu Terrain-

oder Horizontal-Aufnahmen, nach Freienwalde dann zur praktischen Uebung der Generalstabs-Geschäfte; schliesslich leisten sie Dienste bei den verschiedenen Pionier-Abtheilungen.

Der Vortrag beginnt 15. Oktober und endet 1. Juli jedes Jahres.

Schul-Abtheilung. Potsdam — vor dem Jäger-Thore. Bildet Unter-Offiziere für die Armee aus. Erhält ihren Ersaz aus dem Militär-Waisenhaus zu Potsdam, Militär-Knaben-Institut zu Annaburg und durch Freiwillige, die 17 Jahre alt sein müssen aber noch nicht 20 Jahre alt sind.

Militär-Waisenhäuser. Grosses Militär-Waisenhaus zu Potsdam und Schloss Pretzsch. Direktor Oberstlt. Richter; mit 450 Knaben und 250 Mädchen; Militär-Kinder-Institut zu Annaburg; Direktor: Major v. Brauchitsch; mit 500 Knaben. Zwek dieser Anstalten ist als Wohlthätigkeits-Anstalten für Kinder verdienter Soldaten zu dienen, Potsdam und Pretzsch sollen nur ganz elternlose Kinder vom 6.—12. Lebensjahre aufnehmen.

Zu Annaburg sind Söhne von Soldaten, die auf Invaliden-Wohlthat Anspruch haben, aufzunehmen.

F. Dislokazion, Stiftung, Feldzüge, Uniform der Regimenter.

1. Garde-Regiment zu Fuss, gestiftet 1807 in Graudenz aus Ranzionirten der alten Garde und des Königs-Regiments.

Feldzüge von 1813, 14, 15, Grossgörschen und Pantin (700 Todte und Verwundete), 2. Füsilier-Bataillon Revolte in Berlin 18. März 1848. — Garnison Potsdam in Bürger-Quartieren.

Uniform. Offene Aufschläge mit 2 weisse Lizen, weisse Schulterklappen und Knöpfe: Epaulettes der Offiziere von Silber. Weisser Helm, an dem der Stern des schwarzen Adlers, Grenadier weisse, Füsilier schwarze Haarbüsche — noch die Grenadier-Müzen. Dazu gehört: Lehr-Infanterie-Bataillon, Schul-Abtheilung, Russische Sänger-Kolonie. Chef Se. Majestät der König, Regiments-Kommandeur Oberst Graf v. Blumenthal.

2. Garde-Regiment zu Fuss, gestiftet 1813 aus dem Normal-Infanterie-Bataillon, 1. Bataillon Kolberg'schen Regiments, Füsilier-Bataillon Leib-Regiments. 1813, 14, 15. 18. März 1848 in Berlin. — Garnison: Berlin, Kasernen in der Friedrichs- und Karlstrasse, wo auch das Exerzierhaus des Korps sich befindet.

Uniform. Offene Aufschläge mit 2 weissen (Offiziere goldene) Lizen, rothe Schulterklappen. An Helm Stern des schwarzen Adler-Ordens, Grenadiere weisse, Füsiliere schwarze

7

Haarbüsche. Füsilier-Bataillon den Namen Kolberg und die Zahl 1807 in der Fahne. Kommandeur: Oberst v. Kleist.

Kaiser-Alexander-Grenadier-Regiments. 1814 gestiftet aus dem Leib-Grenadier-Bataillon, 1. u. 2. Ost-Preussisches Grenadier-Bataillon. Die Bataillone haben an den Kriegen von 1806, 1807, 1813, 1814, 1815 Theil genommen. 18. März 1848 in Berlin, 1848 den Feldzug in Schleswig, Füsilier-Bataillon im Treffen von Schleswig und 6—9. Mai 1849 in der Dresdner Revolte. — Garnison: Berlin in Kasernen Alexanderstrasse.

Uniform: blaue Aufschlags-Patten, weisse Schulterklappen mit Namenszug des Kaisers Alexander I. Offiziere zwei gebogene goldene Lizen mit eingestikten Quasten auf dem Kragen. 7., 8. Kompagnie tragen Säbeltroddel von juchtenen Riemen wegen der Schlacht von Cassano 1705 wo die beiden Kompagnien das Grenadier-Bataillons des ehemaligen Grenadier-Bataillon Schöneg mit dem Säbel in der Faust stürmten. Früherer Chef Se. Majestät der Kaiser Alexander von Russland. Das Regiment soll diesen Namen auf immerwährende Zeiten behalten. Regiments-Kommandeur Oberst v. Rauchhaupt,

Kaiser-Franz-Grenadier-Regiment. 1814 aus dem pommerschen, westpreussischen, schlesischen Grenadier-Bataillon. 1806, 1807, 1813, 14, 15, Berliner Revolte vom 18. März 48, 1848 Feldzug in Schleswig, Treffen bei Schleswig. — Garnison, Berlin in Kasernen. Kommandanten- und Neue Friedrichstrasse.

Uniform: blaue Aufschlags-Patten, rothe Schulterklappen mit Namenszug des Kaiser Franz I., Offiziere zwei gebogene goldene Lizen mit eingestikten Quasten auf den Kragen. Chef des Regiments Se. Majestät der Kaiser Franz Josef von Oesterreich, Kommandeur Oberst v. Schlegell. Das Regiment soll seinen Namen auf immerwährende Zeiten behalten.

Garde-Reserve-Infanterie-Regiment. 1826 aus dem seit 1821 bestandenen und aufgelösten Lehr-Garde-Landwehr-Bataillon und aus Mannschaften der Garde- und Grenadier-Regimenter. Uniform: weisse Lizen (Offiziere goldene) und gelbe Achselklappen, Aermelpatten dunkelblau mit gelbem Passepoil. Kommandeur: Oberst Graf Schulenburg. Das Regiment hat nur 2 Grenadier-Bataillons und erst neuerdings ein eigenes Musikchor erhalten.

1. Infanterie-Regiment (I. Armee-Korps). Gestiftet 1619 aus der Garde das Kurfürsten Friedrich Wilh. Feldzüge: 1656 Schlacht bei Warschau; 1647 im Elsass; 1677 gegen Schweden in Pommern und Preussen; 1686 in Ungarn

Belagerung von Ofen; 1689 bei Bonn am Rhein; 1697 Schlacht bei Zenta, spanischer Erbfolgekrieg; 1708 Holland; 1715 vor Stralsund; 1734—35 am Rhein; erster und zweiter schlesischer Krieg; siebenjähriger Krieg; 1778 — 79 stand es bei der Armee des Königs; 1806 und 1807, 1812, 1813, 14, 15. — Garnison: Danzig. Chef: G. F. M. Fürst v. Warschau, Graf Paskewitsch v. Erivan. Kommandeur: Oberst v. Bosse. Uniform: weisse Schulterklappen, Helm: ein Messingblech mit der Jahreszahl 1619 der Stiftung über dem Schirm als Auszeichnung.

2. Infanterie- (Königs-) Regiment (II. Armee-Korps). Gestiftet 1677 aus den in den Marken, Pommern liegenden Garnisonen; beide Grenadier-Kompagnien 1814 an Kaiser Franz Grenadier-Regiment ab. 1689 vor Bonn a. Rh.; 1690—97 in holländ. Sold; spanischer, schlesischer, baierischer Erbfolgekrieg; 1794 in Polen; 1807, 12, 13, 14, 15; am 18. März 1848 Revolte in Berlin; 1848 Feldzug in Schleswig (hier nur 1. und 2. Bataillon des Rgts.) — Garnison: Stettin, Stralsund, Kasernen. Uniform: auf der weissen Schulterklappe statt Nummern den königl. Namenszug mit der Krone, bei den Gemeinen roth, bei den Offizieren Gold. Chef des Regiments: Se. Majestät der König. Kommandeur: Oberst v. Schon.

3. Infanterie-Regiment (I. Armee Korps). Aus alten Regimentern gestiftet 1685; gab 1814 die beiden Grenadier-Bataillone an Kaiser Alexander Grenadier-Rgt. ab. — 1692 bis 93 Niederlande; 1696—97 Ungarn; 1705 Italien; spanischer Erbfolgekrieg; 1715 in Rügen; schlesische Kriege; baierischer Erbfolgekrieg; 1794 in Polen; 1806 in Preussen; 1807, 12, 13, 14, 15. — Garnison: Königsberg, Pillau. Uniform: weisse Schulterklappen. Regiments-Kommandeur: Oberst v. Hoffmann.

4. Infanterie-Regiment (I. Armee-Korps). Gestiftet 1688 in Preussen: 1814 gab es 2 Grenadier-Kompagnien an Kaiser Alexander Grenadier-Regiment ab. 1689 vor Bonn; 1690 Ungarn; 1696 Brabant; 1698 nach Preussen; spanischer Erbfolgekrieg; 1715 Pommern; 1734—35 am Rhein; schlesische Kriege; baierischer Erbfolgekrieg; 1794 in Polen; 1806, 1807, 12, 13, 14. — Garnison: Königsberg, Gumbinnen. Uniform: weisse Schulterklappen. Kommandeur: Oberst Breetz.

5. Infanterie-Regiment (I. Armee-Korps). Gestiftet 1690 aus alten Bataillonen; 1814 die beiden Grenadier-Kompagnien an Kaiser Alexander Grenadier-Regiment. 1703, 1706, 1708, 1709 in den Niederlanden; 1734—35 am Rhein; schlesische Kriege; 1778 in Böhmen; 1794 in Polen; 1806,

7*

1812, 13, 14. — Garnison: Danzig. Uniform: weisse Schulterklappen. Chef: G. d. I. v. Grabow. Kommandeur: Oberst Baron v. Koschkull.

6. Infanterie-Regiment (V. Armee-Korps). Gestiftet 1773 in Preussen theils aus alten Regimentern, theils aus Rekruten; 1814 beide Grenadier-Kompagnien an Kaiser Franz Grenadier-Regiment. 1778—79 in Böhmen; 1794 in Polen; 1806 und 1807 in Preussen; 1812, 13, 14, 15; 1848 in Posen gegen Insurgenten. — Garnison: Posen, Kasernen. Uniform: gelbe Schulterklappen. Kommandeur: Oberst Kappe.

7. Infanterie-Regiment (V. Armee-Korps). Gestiftet 1797 in Preussen; 1814 beide Grenadier-Kompagnien an Kaiser Franz Regiment. 1806, 1807 in Preussen; 1812, 13, 14, 15; 1848 gegen die Insurgenten in Posen. Garnison: Glogau, Schweidnitz, Fraustadt. Uniform: gelbe Achselklappen. Chef: G. d. I. Prinz von Preussen, k. H. Kommandeur: Oberst v. Plonsky.

8. Infanterie- (Leib-Inft. Rgt.) Regiment (III. Armee-Korps). Gestiftet 1808 in Kolberg aus alten Truppen; 1814 das Leib-Grenadier-Bataillon an Kaiser Alexander Regiment ab; 1813 das Füsilier-Bataillon dem 2. Garde-Regiment zu Fuss einverleibt. Feldzüge von 1807, 12, 13, 14 15: 18. März 1848 Berliner Revolte. — Uniform: schwarz. Haarbüsche, rothe Achselklappe. Fahnen mit Inschrift: „Kolberg 1807" (wegen tapferer Vertheidigung dieser Festung). ging 1814 an Kaiser Alexander Regiment über. Erhielt den Namen „Leib-Infanterie-Regiment" wegen Vertheidigung von Kolberg. Garnison: Berlin, Küstrin, Prenzlau. Kommandeur: Oberst v. Sydow.

9. Infanterie-Regiment (Kolberg) (II. Armee-Korps). Aus alten Truppen gestiftet 1808 in Kolberg. Beide Grenadier-Kompagnien dem Leib-Inft.-Rgte. zugetheilt; der Ersaz 2 Grenadier-Komp. des Regiments v. Plötz 1314 dem Kaiser Franz Regiment einverleibt; 1. Bataillon des Regiments dem 2. Garde-Regiment zu Fuss einverleibt 1813. 1806—7 Vertheidigung von Kolberg; 1812, 13, 14, 15. — Garnison: Stettin, Stargardt in Pommern. Fahnen mit Inschrift „Kolberg 1807" (wegen tapferer Vertheidigung von Kolberg). Uniform: weisse Schulterklappen; auf Messingband am Helm Jahreszahl „1807, Kolberg." Kommandeur: Oberst v. Borcke.

10. Infanterie-Regiment (VI. Armee-Korps). Aus alten Regimentern 1807 in Preussen gestiftet. Beide Grenadier-Kompagnien 1814 an Kaiser Franz Regiment ab; 1812, 13, 14, 15, 1849 den 7. Mai Revolte in Breslau. — Garnison

Breslau, Schweidnitz. Uniform: gelbe Schulterklappen, Kommandeur: Oberst v. Kortzfleisch.

11. Infanterie-Regiment (VI. Armee-Korps). Aus alten Regimenter 1809 gestiftet. Beide Grenadier-Kompagnien 1814 an Kaiser Franz Regiment ab. 1812. 13, 14, 15. Theile des Regiments 1848 geg n Insurgenten in Posen und Revolte in Breslau 1849. — Garnison: Posen. Uniform: gelbe Schulterklappen. Chef: Fried. Wilhelm I., Kurfürst von Hessen. Kommandeur: Oberst v. Selasinsky.

12. Infanterie-Regiment (III. Armee-Korps). 1813 gestiftet aus alten Regimentern; Feldzüge von 1813, 14, 15. 1. Bataillon Kampf in Berlin 18. März 1848, ebenso Feldzug in Schleswig 1848, ganzes Regiment 1849 im Schleswiger Feldzug. — Garnison: Frankfurt und Sorau. Uniform: rothe Schulterklappen. Chef: G. d. I. Prinz Fried. Karl Alexander von Preussen, k. H. Kommandeur: Oberst v. Knobloch.

13. Infanterie-Regiment (VII. Armee-Korps). 1813 errichtet aus neuen Truppentheilen; 1813, 14, 15. — Garnison Wesel. Uniform: hellblaue Schulterklappen. Kommandeur: Oberst Graf v. Roedern.

14. Infanterie-Regiment (II. Armee-Korps) 1813 errichtet aus neuen Truppentheilen; 1813, 14, 15, 1848 gegen Insurgenten in Posen. — Garnison: Thorn, Bromberg. Uniform: weisse Schulterklappen. Regiments-Kommandeur: Oberst v. Lübtow.

15. Infanterie-Regiment (VII. Armee-Korps). 1813 errichtet aus neuen Truppentheilen; 1813, 14, 15, 1849 Feldzug in Schleswig und Jütland. — Garnison: Münster und Wesel. Uniform: hellblaue Schulterklappen. Chef: G. d. I. Wilh. Friedrich Karl, Prinz der Niederlande. Regiments-Kommandeur: Oberst Freydank.

16. Infanterie-Regiment (VII. Armee-Korps). 1813 errichtet aus neuen Truppentheilen; 1813, 14, 15, 1849 Elberfelder Revolte ein Theil des Regiments. — Garnison: Minden. Uniform: hellblaue Schulterklappen. Chef: Johann Baptist Erzherzog von Oesterreich, k. k. H. Regiments-Kommandeur: Oberst Effnert.

17. Infanterie-Regiment (VII. Armee-Korps). 1813 aus neuen Truppentheilen errichtet; 1813, 14, 1849 Baierisch Rheinpfalz und Baden. — Garnison: Köln und Düsseldorf. Uniform: hellblaue Schulterklappen. Chef: Ludwig III. Grossherzog von Hessen und bei Rhein k. H. Regiments-Kommandeur: Oberst v. Nolte.

18. Infanterie-Regiment (V. Armee-Korps). 1813 aus neuen Truppentheilen errichtet; 1813, 14, 15, 1848 gegen Insurgenten in Posen. — Garnison: Glogau, Liegnitz.

Uniform: gelbe Schulterklappen. Regiments-Kommandeur Oberst v. Borcke.

19. Infanterie-Regiment (VII. Armee-Korps). 1813 errichtet; 1813, 14, 15, 1848 gegen die Insurgenten in Posen. — Garnison: Breslau und Brieg. Uniform: gelbe Schulterklappen. Chef: GL. Joseph Herzog zu Sachsen k. H. Kommandeur: Oberst Scherbening.

20. Infanterie-Regiment (III. Armee-Korps). 1813 aus neuen Truppentheilen errichtet; 1813, 14, 15. Nur bei Belagerungen thätig; 1848 Feldzug in Schleswig; 1849 Feldzug in Baden. — Garnison: Torgau und Brandenburg. Uniform: rothe Schulterklappen. Regiments-Kommandeur: Oberst v. Panwitz.

21. Infanterie-Regiment (II. Armee-Korps). 1813 aus neuen Truppentheilen errichtet; 1813, 14, 15, 1848 gegen die Insurgenten in Posen. — Garnison: Bromberg, Graudenz und Gnesen. Uniform: weisse Schulterklappen. Regiments-Kommandeur: Oberst v. Rosenberg.

22. Infanterie-Regiment (VI. Armee-Korps). 1813 aus neuen Truppentheilen errichtet; 1813, 14, 15. 2. Bataillon gegen die Insurgenten in Posen und bei der Revolte in Breslau. — Garnison: Glatz, Neisse, Silberberg. Uniform: gelbe Schulterklappen. Regiments-Kommandeur: Oberst von Frobel.

23. Infanterie-Regiment (VI. Armee-Korps). 1813 aus neuen Truppentheilen errichtet; 1813, 14, 15. 2. Bataillon bei der Revolte in Breslau. — Garnison: Neisse, Glaz, Kommando in Ratibor und Kosel. Uniform: gelbe Schulterklappen. Regiments-Kommandeur: Oberst Scheppe.

24. Infanterie-Regiment (III. Armee-Korps). 1813 aus neuen Truppentheilen errichtet; 1813. 14, 15. 1849 in Sachsen; Füsilier-Bataillon in Dresdner und später (17. Mai) in der Iserlohner Revolte. 1849 in der baierischen Rhein-Pfalz, und Baden das ganze Regiment. — Garnison: Spandau, Neu-Ruppin. Uniform: rothe Schulterklappen. Chef: GL. Friedrich Franz, Grossherzog von Mecklenburg-Schwerin. Kommandeur: Oberst Baron v. Rheinbaben.

25. Infanterie-Regiment (VIII. Armee-Korps). 1815 aus Infanterie ehemaliger Lützower Frei-Korps errichtet. Als Lützower Frei-Korps 1813, 14, als 25. Infanterie-Regiment 1815. 1. Füsilier-Bataillon 1849, Rhein-Pfalz und Baden. — Garnison: Koblenz. Uniform: hellblaue Schulterklappen. Chef: Se. Majestät der König von Württemberg Wilhelm I. Regiments-Kommandeur: Oberst v. Othegraven.

26. Infanterie-Regiment (IV. Armee-Korps). 1813 aus ehemaligem Elb-Regiment, das aus Gefangenen, die frei-

willig Dienste nahmen gestiftet und errichtet; 1813 nach dem Waffenstillstande 1814, 15 1. Füsilier-Bataillon 1849, Rhein-Pfalz und Baden. — Garnison: Magdeburg, Wittenberg, Kasernen. — Uniform: rothe Schulterklappen. Chef: GL. Fürst Karl Anton Friedrich Mainrod von Hohenzollern, Sigmaringen, k. H. Kommandeur: Oberst Frhr. von Schenk zu Schweinsberg.

27. Infanterie-Regiment: (IV. Armee-Korps). 1815 aus dem während des Waffenstillstandes errichteten Jäger-Bataillon von Reiche; Infanterie des Frei-Korps von Hellwig, und Elb-Reserve-Bataillon, ein westphälisches Regiment. Die einzelnen Bataillon in den Jahren 1813, 14, 15. Füsilier-Bataillon 1849, Rhein-Pfalz und Baden. — Garnison: Magdeburg, Kasernen. Uniform: rothe Schulterklappen. Chef: GL. Fried. Wilhelm Paul Nikolaus Fürst Radziwill. Kommandeur: Oberst v. Bialcke.

28. Infanterie-Regiment (VIII. Armee-Korps). 1815 aus Bergischen Truppen, 1814, 1815; Rhein-Pfalz, Baden. — Garnison: Achen, Jülich, Ehrenbreitenstein. Uniform: hellblaue Schulterklappen. Kommandeur: Oberst Frhr. v. Boenigk.

29. Infanterie-Regiment (VIII. Armee-Korps). 1815 aus Bergischen Truppen. Füsilier-Bataillon Rhein-Pfalz, Baden 1849. Uniform: hellblaue Schulterklappen. — Garnison: gegenwärtig in Frankfurt a. M., künftig in Trier, Saarlouis. Kommandeur: Oberst v. Kessel.

30. Infanterie-Regiment (VIII. Armee-Korps). Den Stamm als kaiserl. russisch-deutsche Legion 1812 in Russland, zum Theil 1813 in Preussen aus Gefangenen, Ueberläufer und Rheinbundes-Infanterie aus Holländer errichtet. 1814 ging das Regiment an Preussen über, hatte bis 1815 den Namen „Deutsche Legion" und als solche 1813, 14, als 30. Infanterie-Regiment 1815. 1. Füsilier-Bataillon 1849, Rhein-Pfalz, Baden. — Garnison: Köln, Koblenz, Ehrenbreitenstein. Uniform: hellblaue Achselklappen. Regiments-Kommandeur: Oberst Henke.

31. Infanterie-Regiment (IV. Armee-Korps). Als kaiserl. russisch deutsche Legion 1812 in Russland, 1813 in Preussen aus Gefangenen, Ueberläufer der Rheinbundes-Staaten und Holländer, 1814 an Preussen über, 1815 als 31. Infanterie-Regiment 1813, 14, als russisch deutsche Legion 15. als 31. Infanterie-Regiment, 1848 am 18. März Füsilier-Baitaillen in Berlin, den Feldzug in Schleswig, 1. u. 2. Bataillon Revolte in Erfurt 24. November 1848. 1. Infanterie-Bataillon 1849 in Baden. — Garnison: Erfurt, Weissenfels. Uni-

form: rothe Schulterklappen. Regiments-Kommandeur: Oberst Herwarth v. Bittenfeld.

32. Infanterie-Regiment: (IV. Armee-Korps). 1815 aus Landwehr- und Ersazmannschaft errichtet. — Garnison: Erfurt, Halle, Prettin. Uniform: rothe Schulterklappen Regiments-Kommandeur: Oberst Hering.

Die Folgenden sind:

Reserve-Infanterie-Regimenter zu 2 Musketier-Bataillons.

33. Infanterie - Regiment (1. Reserve - Regiment) (I. Armee-Korps). 1816 aus ehemaligen schwedischen Regimenter, Eingebornen von Pommern; und aus Abgaben von verschiedenen Garnison-Bataillonen. 1820 das 1. Bataillon zur Formazion des 34. Infanterie-Regiments dienend. Seine Feldzüge siehe 34. Infanterie - Regiment. — Garnison: Köln. Uniform: Schulterklappen weiss. Kommandeur: Oberst von Roon.

34. Infanterie - Regiment (2. Reserve - Regiment) (II. Armee-Korps). 1820 aus 1. Bataillon 33. Infanterie-Regiments errichtet, so wie aus Rekruten und Garnison-Bataillon. Das 1. Bataillon des 33. Infanterie-Regiments war durchgängig aus Mannschaften des vormaligen schwedischen „Leibregiment der Königin" errichtet worden. Das vormalige Leib-Regiment der Königin hat unter Gustav Adolph den 30jährigen Krieg, die Kriege unter Karl XII. in Norwegen bei Friedrichshall. 1733 ein Bataillon als Reichs-Kontingent gegen die Franzosen. 1730 nach Stralsund in Garnison, 1750—62 Gefechte gegen Preussen. 1788 nach Norwegen, 1789—90 auf Orlogsflotte im Baltischen Meere gegen Russen, 1805 und 1806 Feldzug in Hannover, Lauenburg. 1807 in Stralsund, Kolberg, dann nach Schweden, 1808 auf Gotland, 1809 in Westbothnien, 1810 auf der Scheerenflotte gegen England bei Karlskrona, 1811 besezt die pommerschen Küsten, 1812 das Regiment theils aufgelöst, theils als Gefangene nach Frankreich 1813 neu errichtet, aus den Beurlaubten und Rekruten und in Schlachten von Gross-Beeren, Dennevitz, Leipzig, Dessau, 1814 bei Rendsburg, Friedrichstadt, Jülich, Mastricht. — Garnison: Trier, 1854 in Mainz. Uniform: Schulterklappen weiss. Auf Messing-Bande an Helm die Inschrift „für Auszeichnung". Regiments-Kommandeur: Oberst v. Kropff.

35. Infanterie - Regiment (3. Reserve - Regiment) (III. Armee-Korps). 1820 aus damaligem 34. (2. Reserve-) Regiment neu formirt. Lezteres war aus übernommenen Nassauer Soldaten errichtet und aus Rekruten (hauptsächlich aus der Rhein - Provinz vollzählig gemacht worden. — Garnison:

Luxenburg. Uniform: rothe Schulterklappen. Regiments-Kommandeur: Oberst Graf v. Lüttichau.

36. Infanterie-Regiment (4. Reserve-Regiment) (IV. Armee-Korps). 1820 aus 3 Bataillons damaligen 34. Regiment analog 35. Infanterie-Regiment errichtet. Garnison: Luxenburg. Uniform: rothe Schulterklappen. Regiments-Kommandeur: Oberst Fritze.

37. Infanterie-Regiment (5. Reserve-Regiment) (V. Armee-Korps). Aus 1., 2., Bataillon damaligen 35. Infanterie-Regiments errichtet, 1830. — Garnison: Mainz, Luxenburg. Uniform: gelbe Schulterklappen. Regiments-Kommandeur: Oberst Lignitz.

38. Infanterie-Regiment (6. Reserve-Regiment) (VI. Armee-Korps). 1820 aus 3 Bataillon damaligen 35. Infanterie-Regiment errichtet. 1. Bataillon 18. September 1848 Revolte in Frankfurt a. M., 1849 zum Nekar-Korps des GL. Peuker in Baden. — Garnison: Mainz, 1854 Frankfurt a. M. Uniform: gelbe Schulterklappen. Regiments-Kommandeur: Oberst Graf v. Monts.

39. Infanterie-Regiment (7. Reserve-Regiment) (VII. Armee-Korps). 1820 aus 1., 2. Bataillon damaligen 30. Infanterie-Regiments errichtet. Uniform: hellblaue Schulterklappen. — Garnison: Mainz. Regiments-Kommandeur: Oberst Eder.

40. Infanterie-Regiment (8. Reserve-Regiment) (VIII. Armee-Korps). 1820 aus 3 Bataillon 30. Reserve-Regiments errichtet. — Garnison: Saarlouis. Uniform: hellblaue Schulterklappen. Regiments-Kommandeur: Oberst v. Hülsen.

Jäger.

Garde-Jäger-Bataillon. 1806 aus dem in Gefangenschaft gerathenen Feldjäger-Regiment kamen zwei Kompagnien nach Preussen; aus diesen und Ranzionirten des Regiments das Korps hergestellt, 1809 in zwei Bataillone getheilt, von denen das eine Garde-Jäger-Bataillon wurde. 1807 war das wieder formirte Jäger-Korps in den Festungen und auf der Nehrung, wo es Antheil an den Gefechten hatte. Garde-Jäger-Bataillon 1813, 14, 15 (besonders Gross-Görschen und Bautzen). Uniform: ganz schliessende Kragen, offene Aufschläge, zwei gelbe Lizen an beiden, schwarze Haarbüsche. — Garnison: Potsdam in Bürger-Quartieren. Kommandeur Oberst v. Arnim.

Garde-Schützen-Bataillon. 1814 in Neuenburg durch Angeworbene in der Schweiz gestiftet. Frühere Ergänzung durch Angeworbene aus dem Fürstenthum Neuenburg und

Schweiz die seit 1848 aufgehört. 1848 am 18. März Theil am Kampf gegen Berliner Revolte, 1848 ganze Bataillon im Feldzug in Schleswig. — Garnison: Berlin, Kaserne am schlesischen Thore. Uniform: zwei gelbe Lizen an schwarzen Kragenpatten, schwarze Aermel-Aufschläge, roth pass-poilirte Patten, schwarze Haarbüsche. Kommandeur: Oberstlt. Baron v. Eberstein.

1. Jäger-Bataillon (I. Armee-Korps). 1809 formirt als 1. Jäger-Bataillon, das bis dahin die Schiksale mit dem Garde-Jäger-Bataillon, bis 1812 alle Feldzüge des Garde-Jäger-Bataillon theilte, dann 1813, 14. — Garnison: Braunsberg. Bataillons-Kommandeur: Major v. Wobeser.

2. Jäger-Bataillon (II. Armee-Korps). Errichtung und Feldzüge wie das 1. Jäger-Bataillon. — Garnison: Greifswald. Bataillons-Kommandeur: Major Schulemann.

3. Jäger-Bataillon (III. Armee-Korps). 1815 aus den Jäger-Kompagnien der russisch-deutschen Legion und den sächsischen Jäger-Bataillons, Eingeborne des Herzogthum Sachsen, errichtet. Kampagne russisch deutsche Legion bis 1814, von da die Gefechte dieser Legion theilt 1815. — Garnison: Lübben. Bataillons-Kommandeur: Oberstlt. von Pentz.

4. Jäger-Bataillon (IV. Armee-Korps). Errichtung und Feldzüge siehe 3. Jäger-Bataillon. — Garnison: Sangerhausen. Bataillons-Kommandeur: Major Quednow.

5. Jäger-Bataillon (V. Armee-Korps). Bis 1845 erste Schüzen-Abtheilung, 1809 als schlesisches Schüzen-Bataillon und leichte Infanterie, die 1807 in Schlesien formirt wurde, gebildet. 1813, 14, 15. zwei Kompagnien 1848 gegen die Insurgenten in Posen. Das Bataillon 1849 in Baden. — Garnison: Görlitz. Bataillons-Kommandeur: Major v. Holwede.

6. Jäger-Bataillon (VI. Armee-Korps). Errichtung, Feldzüge, siehe 5. Jäger-Bataillon, bis 1845 zweite Schüzen-Abtheilung. 1848 gegen die Insurgenten in Posen, Revolte in Breslau. — Garnison: Breslau. Bataillons-Kommandeur: Major Baron v. Gillern.

7. Jäger-Bataillon (VII. Armee-Korps). 1815 aus Freiwilligen der aufgelösten Jäger-Detachements alter Provinzen, aus sächsichen, nassauischen und rheinischen Ersaz-Bataillons gebildet, bis 1845 die dritte Schüzen-Abtheilung. 1849 in Schleswig und Jütland. — Garnison: Düsseldorf. Bataillons-Kommandeur: Oberstlt. v. Plonski.

8. Jäger-Bataillon (VIII. Armee-Korps). Errichtung siehe 7. Jäger-Bataillon, Bis 1845 vierte Schüzen-Abtheilung. Ein Theil des Bataillons 1849 in Iserlohn. Das ganze Bataillon

1849 in der Rhein-Pfalz und Baden. — Garnison: Wetzlar. Bataillons-Kommandeur: Major v. Gilsa.

Kombinirte Reserve-Bataillons. Sind nach den vier Kompagnien aus den vier Infanterie-(Linien-) Regimentern eines Korps zusammengesezt, und die Offiziere eben so abgegeben. Bei diesen, nur in Festungen stehenden Bataillonen befinden sich die Straf-Sekzionen für das Armee-Korps, dessen Nummer das Bataillon führt:

Es stehen diese Bataillons. 1. in Graudenz; 2. in Kolberg; 3. in Küstrin; 4. in Magdeburg; 5. in Posen; 6. in Kosel; 7. in Minden und Herford; 8. in Koblenz. Uniform: eben so wie die Regimenter, aus denen die Mannschaften genommen sind. Hervorgegangen sind diese Bataillons 1840 aus den früheren Infanterie-Regiments-Garnison-Kompagnien.

Kürassiere.

Regiment Garde du Korps (Garde-Korps). 1740 in Potsdam aus ausgesuchten Mannschaften der Armee, 2 Schwadronen. 1756 2 Schwadronen aus sächsischen bei Pirna gefangenen Trabanten. 2. u. 3. schlesischer Krieg, baierischer Erbfolgekrieg; 1794 in Polen, 1806, 7, 13, 14, 15. 3. Eskadron 1848, am 18. März in Berlin. — Garnison: Potsdam, Berlin, Charlottenburg, Kasernen. Uniform: In Koller rotheingewirkte Borten, rothen Kragen, Epaulettes der Offiziere Silber. Ausser den gelben noch schwarze Kürasse, Geschenk Kaiser Alexander I. Schabraken roth mit weissem Besaz, Stern des schwarzen Adlerordens. Offiziere ausser Kollets blaue Röke mit rothen Kragen und Aufschlägen mit Lizen; und scharlachrothe Röke mit dunkelblauem Kragen, Aufschlägen, Schossbesaz, 2 Reihen Knöpfe und Lizen. 2 weisse Lizen auf Kragen-Patten und Aermel Aufschlägen. Helm mit dem Stern vom schwarzen Adler-Orden; statt der Spize kann ein silberner Adler mit ausgebreiteten Flügel aufgeschraubt werden. Chef: Se. Majestät der König. Regiments-Kommandeur: Oberst Graf v. Dönhoff.

Garde-Kürassier-Regiment (Garde-Korps). 1815 als Garde-Uhlanen-Regiment aus Garde-Uhlanen- und Garde-Kosaken-Schwadron und der schlesischen Nazional-Kavallerie; Garde-Uhlanen-Schwadron war 1809 aus der in Schlesien 1806 und 7 errichteten Kavallerie-Schwadron formirt worden. Garde-Kosaken-Schwadron war 1813 zu Breslau aus der Garde du Korps, den 3 leichten Garde-Kavallerie-Schwadronen, und anderen Regimentern formirt worden. Schlesische Nazional-Kavallerie-Regiment 1813 in Schlesien von den Ständen errichtet. 1821 das Garde-Uhlanen-Regiment in ein Garde-Kürassier-Regiment formirt; das ehemalige Garde-Uhlanen-Regiment

1813, 14, 15. 1848 Berliner Revolte im März. — Garnison: Berlin. Uniform: Koller mit blauen eingewirkten Borten, kornblaue Kragen, Aufschläge, weisse Knöpfe, Lizen. Offiziere ausser Koller noch blaue Röke mit kornblauen Kragen und Aufschlägen, mit Lizen. Schabrake kornblaue, rothen Besaz, Stern des schwarzen Adlerordens. Kommandeur: Oberst Frhr. v. Lauer-Münchhofen.

1. Kürassier-Regiment (VI. Armee-Korps). 1672 aus den früheren Dragonern als Leib-Dragoner-Regiment, 1718 als Kürassier-Regiment, 1807 alle Mannschaften der in Preussen befindlichen schlesischen Kürassier- und Dragoner-Regimenter diesem Regiment einverleibt, 1675 bei Fehrbellin, 1677 in Polen, 1678 Rügen, 1686 vor Ofen in Ungarn, 1689 vor Bonn am Rhein, spanische Erbfolgekrieg. 1715 nach Pommern, schlesische Kriege, baierische Erbfolgekrieg, 1794 in Polen, 1806, 7, 13, 14, 15. Abtheilung des Regiments 48 gegen die Insurgenten in Posen, Revolte in Breslau. Uniform: schwarze Borten am Koller, schwarze Kragen und Aufschläge. gelbe Knöpfe. — Garnison: Breslau. Chef: G. d. K. Prinz Friedrich Wilh. Ludwig von Preussen, k. H. Regiments-Kommandeur: Oberst v. Gansauge.

2. Kürassier-Regiment (Königin) (II. Armee-Korps) 1717 als Dragoner-Regiment in Halberstadt aus abgegebenen Leuten aller Kürassier- und Dragoner-Regimenter, 1819 in ein Kürassier-Regiment formirt, schlesische Kriege (Schlacht bei Hohenfriedberg 20 Bataillon geworfen, 67 Fahnen, 4 Kanonen) baierische Erbfolgekrieg. 1792 in der Champagne, 1793 und 1794 am Rhein, 1795 in Westphalen, 1806, 7, 13, 14, 15. 1848 in Schleswig. — Garnison: Pasewalk, Ukermünde. Uniform: Karmoisinrothe Kragen, derlei Borten und weisse Knöpfe, Offiziere, Unter-Offiziere gelbe Kürasse, Koller. Am Helme die Aufschrift: Hohenfriedberg; eine Granate auf Kartouche. Regiments-Siegel mit den eroberten Trophäen und Jahreszahl 1745. Kommandeur: Oberstlt. v. Below.

3. Kürassier-Regiment (I. Armee-Korps). 1717 schenkte König August dem Könige Friedr. Wilhelm I. 610 Kürasssiere und Dragoner, daraus wurden 4 Schwadronen gebildet, 1718 mit einer 5. vermehrt und 1725 auf 10 Schwadronen gesezt. 1734, 35 am Rhein, 2. u. 3. schlesischer Krieg. 1778 und 79 baierischer Erbfolgekrieg, und 1794 in Polen, 1806, 7, 13, 14, 15. — Garnison: Königsberg, Wehlau. Uniform: hellblaue Kragen, derlei Borten am Koller, weisse Knöpfe. Chef: G. d. K. v. Wrangel (siehe 3. Armee-Korps). Regiments-Kommandeur: Oberst Oelrichs.

4. Kürassier-Regiment (VII. Armee-Korps). 1807 aus einem alten Dragoner-Regiment, als Dragoner-Regiment

errichtet, 1819 in Kürassier-Regiment umgeformt. 1807, 12, 13, 14, 15. 3 Schwadronen 1848 gegen die Insurgenten in Posen. Ganzes Regiment 1849 in Baden. — Garnison: Münster, Hamm. Uniform: orange Kragen, Borten am Koller, weisse Knöpfe. Chef: Grossherzog v. Oldenburg, k. H. Regiments-Kommandeur: Oberst v. Schöler.

5. Kürassier-Regiment (V. Armee-Korps). 1744 aus dem jezigen 1. Dragoner-Regiment, als Dragoner-Regiment, 1819 in Kürassier umgeformt. 2. u. 3. schlesischer, baierischer Erbfolgekrieg, 1806, 7, 12, 13, 14, 15. — Garnison: Herrnstadt, Guhrau, Wohlau, Winzig. — Uniform: rosenrothe Kragen und Borten am Koller, gelbe Knöpfe. Chef: Nikolaus Nikolajewitsch, Grossfürst von Russland k. H. Regiments-Kommandeur: Oberstlt. v. Tümpling.

6. Kürassier-Regiment (III. Armee-Korps) (Kaiser von Russland). 1807 aus Ranzionirten des ehemaligen Regiment Gensd'armes, und andern alten Kürassier-Regimentern als Kürassier-Regiment formirt. 1813, 14, 15. — Garnison: Brandenburg. Uniform: dunkelblaue Krägen, Borten am Koller, gelbe Knöpfe, rothe Schabraken. Offiziere, Unter-Offiziere gelbe Kürasse. Namenszug des Kaisers auf Schulterklappen. Chef: Se. Majestät der Kaiser von Russland Nikolaus I. Kommandeur: Oberst Graf v. Schlippenbach.

7. Kürassier-Regiment (IV. Armee-Korps). 1815 aus 1., 3., 6. Kürassier-Regiment, als Kürassier-Regiment formirt. 4. Schwadron grösstentheils übernommene sächsische Kürassiere. Feldzüge der Regimenter, aus denen es formirt wurde, 1815 in Frankreich. — Garnison: Halberstadt, Quedlinburg. Uniform: zitrongelbe Kragen und Borten am Koller, weisse Knöpfe. Chef: GL. Ernst II., Herzog zu Sachsen Koburg. Regiments-Kommandeur: Oberstlt. Messerschmidt v. Arnim.

8. Kürassier-Regiment (VIII. Armee-Korps). 1815 aus 1. Dragoner-, 5. Kürassier- und Elb-Nazional-Husaren als 8. Dragoner-Regiment. 1819 in Kürassier umgeformt. Die Schwadronen des 1. Dragoner- oder des 5. Kürassier-Regiments deren Feldzüge, Elb-Nazional-Husaren-Regiment 1814, 1815 in Frankreich. — Garnison: Deutz, Mainz. Uniform: dunkelgrüne Kragen, Borten am Koller, gelbe Knöpfe. Chef: GL. Karl, Grossherzog von Sachsen-Weimar-Eisenach. Regiments-Kommandeur: Oberst v. Derenthall.

Dragoner.

Garde-Dragoner-Regiment (Garde-Korps). 1815 aus dem leichtem Garde-Kavallerie-Regiment, pommerscher Nazional Kavallerie, 2. Kürassier-Regiment. 1. Schwadron 1811 in Potsdam aus verschiedenen Kavallerie-Regimentern der Armee als Normal-Dragoner-Schwadron formirt. 2. und 3. Schwadron Pommersche Nazional-Kavallerie, 1813 auf Kosten der pommerischen Stände. 1813, 14, in ihrem früheren Verhältnisse. die einzelne Bestandtheile, 1815 als Garde-Dragoner-Regiment in Frankreich, 1848 Berliner Revolte. Uniform: weisse Haarbüsche, Gardestern, gelbe Lizen auf Kragen und Aufschläge, rothe Krägen, Aufschläge, Schulterklappen, gelbe Knöpfe. — Garnison: Berlin, Kasernen. Regiments-Kommandeur: Oberst Prinz Friedrich Karl Nikolaus von Preussen, k. H.

1. Dragoner-Regiment (I. Armee-Korps). 1725 aus alten Dragoner-Regimentern und jezigem 3. und 4. Kürassier-Regiment formirt. 1734 Feldzüge am Rhein, schlesischer, baierischer Erbfolgekrieg. 1806, 7 in Preussen, 1812, 13, 14. — Garnison: Insterburg, Tilsit. Uniform: rothe Krägen und Aufschläge, Schulterklappen, gelbe Knöpfe. Chef: G. d. K. Prinz Friedrich Heinrich Albrecht von Preussen, k. H. Regiments-Kommandeur: Oberst v. Trotta, genannt Treyden.

2. Dragoner-Regiment (III. Armee-Korps). 1807 aus Ranzionirten des Kürassier-Regiments Baillotz, des Dragoner-Regiments Prinz Wilhelm neu errichtet, 1812, 13, 14, 15. Theil des Regiments 1848 gegen Insurgenten in Posen. — Garnison: Landsberg, Friedeberg, Woldenberg. Uniform: Schwarze Krägen und Aufschläge, Schulterklappen, gelbe Knöpfe; Krägen und Aufschläge der Offiziere von Sammt. Regiments-Kommandeur: Oberst v. Willich.

3. Dragoner-Regiment (II. Armee-Korps). 1807 aus alten Dragonern und Ranzionirten formirt. 1813, 14, 15, 1848 gegen Insurgenten in Posen. — Garnison: Schneidemühl, Nakel, Inowraclam. Uniform: rosenrothe Krägen, Aufschläge, Schulterklappen, weisse Knöpfe, Ordensstern auf Kartouche. Chef: Ferdinand Maximilian Josef, Erzherzog von Oesterreich, k. k. H. Regiments-Kommandeur: Oberst v. Schenkendorf.

4. Dragoner-Regiment (V. Armee-Korps). 1815 aus dem jezigen 4. Kürassier-Regiment, 2. und 3. Dragoner-Regiment, 1815; 1848 gegen Insurgenten in Posen. — Garnison: Lüben, Haynau, Beuthen, Polkwitz. Uniform: Krägen, Aufschläge, ponceauroth, gelbe Knöpfe. Regiments-Kommandeur: Oberst Nolbek.

Husaren.

Garde-Husaren-Regiment (Garde-Korps). 1815 aus Husaren-Schwadronen der leichten Garde-Kavallerie und der 3. Schwadron des ostpreussischen Nazional-Kavallerie-Regimentes formirt, die 1. Schwadron 1811 durch Abgabe der leichten Kavallerie-Regimenter der Armee als Nazional-Husaren-Schwadronen in Potsdam formirt; ostpreussische Nazional-Kavallerie-Regimenter auf Kosten der Stände 1813 in Preussen; 1813, 14, 15. — Garnison: Potsdam. Uniform: ponceaurothe Dolman, dunkelblaue Pelze mit gelben Schnüren und Knöpfen, dunkelblaue Attila-Pelzmüze mit Gardestern, ponceaurother Kolpak. Regiments-Kommandeur: Oberst Frhr. v. Beverfoede Werries.

1. Husaren (1. Leib-Husaren-Regiment) (I. Armeekorps). 1741 in Mark aus alten Husaren-Regimentern formirt; 1745 ihm das Bosniaken Korps einverleibt, 1771 wieder davon getrennt. 2. und 3. schlesischer Krieg, baierischer Erbfolgekrieg; 1794 in Polen, 1807 in Preussen, 1812, 13, 14. 1807 den Namen „Leib-Husaren-Regiment", Stern des schwarzen Adler Ordens auf Cartouche. Ponceaurothe Kolpak, Todtenkopf, schwarze Pelze, Dolman, weisse Knöpfe, rothe Aufschläge und Krägen; Schärpe roth, Säbeltasche schwarzes Leder mit königl. Namenszug, weisse Schnüre, Kartusche mit Stern des schwarzen Adlerordens, Schabraken: rothen Besaz. — Garnison: Danzig, Riesenburg, Preuss. Stargardt, Rosenberg. Regiments-Kommandeur: Major v. Wrangel.

2. Husaren-Regiment (2. Leib-Husaren-Regiment) (V. Armee-Korps). Aus dem 1. Husaren-Regimente gebildet 1808, wegen 1806, 7 sein Beinamen; bis 1808 gleiches Schicksal wie das 1. Husaren-Regiment, 1812, 13, 14, 15; 1848 gegen die Insurgenten in Posen. — Garnison: Posen, Polnisch-Lissa. Uniform: schwarze Pelze, Dolman, Aufschläge, Krägen, weisse Schnüre, Pelzmüze mit Todtenkopf, Kartousch mit Stern des schwarzen Adlerordens, schwarze Schärpe, Schabraken schwarzen Besaz. Regiments-Kommandeur: Oberst Schimmelpfennig v. d. Oye.

3. Husaren-Regiment (III. Armee-Korps). 1808 aus Ranzionirten alter Husaren-Regimenter formirt, 1813, 14, 15. 3. und 4. Schwadron Feldzug in Schleswig; ganzes Regiment 1849 in Baden. — Garnison: Rathenow, Nauen. Uniform: rothe Dolman, Pelze, weisse Schnüre, ponceaurothe Kolpak, Schabraken rothen Besaz. Chef: S. M. der König von Hannover, Georg V. Regiments-Kommandeur: Oberstlt. v. Griesheim.

4. Husaren-Regiment (VI. Armee-Korps). 1807 nach dem Frieden aus Ranzionirten alter Regimenter, 1812, 13, 14, 15; 1. und 2. Schwadron gegen die Insurgenten in Polen 1848. — Garnison: Oels, Ohlau, Kreuzburg, Strehlen. Uniform: Gelbe Kolpak, dunkelbraunen Pelz und Dolman, gelbe Schnüre, Scherpe gelb, Schabraken gelben Besaz. Chef: Michael Nikolajewitsch, Grossfürst von Russland, k. H. Regiments-Kommandeur: Oberst Frhr. Hiller v. Gärtringen.

5. Husaren-Regiment (Blücher'sche Husaren) (II. Armee-Korps). Nach dem Frieden von 1807 aus Ranzionirten des ehemaligen Blücher'schen Husaren-Regimentes formirt. 1812, 13, 14, 15; 1848 gegen Insurgenten in Posen. — Garnison: Stolpe, Schlawe, Belgard, Cöslin. Uniform: Dunkelrothe Dolman, Pelze, gelbe Schnüre, dunkelrothe Kolpak, Schabraken dunkelblauen Besaz. Chef: G. d. K. Graf v. Nostitz. Regiments-Kommandeur: Oberst v. Pfuhl.

6. Husaren-Regiment (VI. Armee-Korps). 1809 in Schlesien gebildet. Kavallerie-Regiment 1812, 13, 14, 15. — Garnison: Neustadt in Oberschlesien, Münsterberg, Ober-Glogau, Leobschütz. Uniform: Ponceaurother Kolpak, grüne Pelze und Dolman, gelbe Schnüre, rothe Schärpe, gelbe Knöpfe, Schabraken rothen Besaz. Chef: G. d. K. Carl Theodor Maximilian, Prinz von Baiern, k. H. Regiments-Kommandeur: Oberst v. Rudolphi.

7. Husaren-Regiment (VIII. Armee-Korps). 1815 aus 1. Leib-Husaren-Regimente, schlesische Nazional-Kavallerie, Feldzüge die seiner Bestandtheile. 1848 gegen die Insurgenten in Posen. — Garnison: Bonn. Uniform: Ponceaurothe Kolpak, schwarze Pelze und Dolman, gelbe Schnüre, rothe Schärpe, gelbe Knöpfe, Schabraken rothen Besaz. Regiments-Kommandeur: Oberstlt. Graf v. Oriolla.

8. Husaren-Regiment (VII. Armee-Korps). 1815 aus 6. Husaren-Regiment, dessen Feldzüge 1815, 1848 in Jütland. — Garnison: Lippstadt, Neuhaus, Paderborn. Uniform: Hellblaue Kolpak, dunkelblaue Pelze und Dolman, weisse Schnüre, hellblaue Schärpe, weisse Knöpfe, Schabraken hellblauen Besaz. Chef: Se. M. der König von Baiern, Maximilian II. Regiments-Kommandeur: Eugen Wilhelm Erdmann, Herzog von Würtemberg, Hoheit.

9. Husaren-Regiment (VIII. Armee-Korps). 1815 aus 4. und 5. Husaren-Regiment (Lützower-Kavallerie). Feldzüge seiner Bestandtheile, 1815, 1849 Rheinpfalz, Baden) — Garnison: Trier. Uniform: Dunkelgelber Kalpak, kornblaue Pelze, Dolman, gelbe Schnüre, kornblaue Schärpe, gelbe Knöpfe, Schabraken kornblauen Besaz. Chef: Kon-

stantin Nikolajewitsch, Grossfürst von Russland, k. H. Regiments-Kommandeur: Oberst Küntzel.

10. Husaren-Regiment (IV. Armee-Korps). 1813 Schluss des Jahres als Elb-National-Husaren-Regiment auf Kosten der Stände, 1815 den jezigen Namen. — 1814, 15. — Garnison: Aschersleben, Schönbeck. Uniform: Ponpadourrother Kalpak, dunkelgrüne Pelze, Dolman, gelbe Schnüre, hellblaue Schärpe, gelbe Knöpfe, Schabraken hellblauen Besaz. Chef: G. d. K. Wilhelm, Herzog von Braunschweig, Hoheit. Regiments-Kommandeur: Major von Podewils.

11. Husaren-Regiment (VII. Armee-Korps). 1813 aus Rekruten des Herzogthums Berg errichtet, 1815 in Preussischen Dienst übernommen, 1814 als Bergisches-Regiment bei Mainz, 1815, 1849 Feldzüge in Jütland und Schleswig. — Garnison: Düsseldorf, Benrath. Uniform: Ponceaurothen Kalpak, dunkelgrünen Pelz, Dolman, weisse Schnüre, rothe Schärpe, weisse Knöpfe, Schabraken rothen Besaz. Regiments-Kommandeur: Oberst v. Schlichten.

12. Husaren-Regiment (IV. Armee-Korps). 1815 aus sächsischen Distrikten übernommene Mannschaften; 1815, 1849 in Baden. — Garnison: Merseburg, Weissenfels. Uniform: Ponceaurothen Kalpak, kornblaue Pelze und Dolman, weisse Schnüre, kornblaue Schärpe, weisse Knöpfe, Schabraken kornblauen Besaz. Chef: G. d. I. v. Natzmer. Regiments-Kommandeur: Oberstlt. v. Meyerinck.

Uhlanen.

1. Garde-Uhlanen-Regiment (Garde-Korps), 1817 die 3. Schwadron als Posen'sches Garde-Landwehr-Regiment in Posen, 1818 die 2. Schwadron als Lithau'sches Garde-Landwehr-Regiment; 1819 Regiment errichtet aus den Kavallerie-Regimentern der Armee, 1826 den Namen „Garde-Uhlanen-Landwehr-Regiment" erhalten. — Garnison: Potsdam, Kaserne am Brandenburger-Thor. Uniform: Krägen, Aufschläge, Passe-poil scharlachroth; Lizen, Knöpfe, Spiegel der Epaulettes weiss; lezte ohne Garde-Landwehr-Stern; weisse Czapka, mit weissem Adler und Gardestern und weissem Haarbusch. Kommandeur: Oberst Graf v. Pölzig.

2. Garde-Uhlanen-Regiment (Garde-Korps). 1821 aus bisherigen Garde-Landwehr-Kavallerie-Regimentern und aus Abgegebenen des bisherigen Garde-Uhlanen-Regiments; 1826 den Namen 2. Garde-Uhlanen-Landwehr-Regiment. Uniform: Wie die des 1., aber gelbe Lizen, Knöpfe; Spiegel der Epaulettes roth, Czapka ebenfalls mit gelbem Adler und Gardestern und weissem Haarbusch. — Garnison: Berlin, Ka-

8

serne bei Moabit. 1848 gegen Berliner Revolte. Regiments-Kommandeur: Oberstlt. Baron von der Golz.

1. Uhlanen-Regiment (V. Armee-Korps). 1745 wurden die Bosniaken errichtet, der Stamm dieses Regiments, und dem jezigen 1. (damals 5.) Husaren-Regimente einverleibt, 1771 von diesem Regimente getrennt, 1810 durch den kleinen polnischen Adel in Neu-Preussen ergänzt und erhielt den Namen „Towarczys"; als solche die Feldzüge 1806. 1807, dann durch aufgelöste Dragoner-Regimenter neu formirt und bekam den Namen Uhlanen-Regiment. Schlesische Kriege, bairischer Erbfolgekrieg, 1794 in Polen, 1806, 7, 13, 14, 15; 1848 gegen Insurgenten in Posen. Uniform: Weisse Epaulettes, Knöpfe, Czapka. — Garnison: Militsch, Krotoszyn, Zduny, Ostrowo. Regiments-Kommandeur: Oberstlt. v. Westernhagen.

2. Uhlanen-Regiment (VI. Armee-Korps). 1808 durch Theilung der ehemaligen Towarczys und hat deren Feldzüge (siehe 1. Uhlanen-Regiment) 1812, 13, 14, 15. — Garnison: Gleiwitz, Pless, Ratibor, Reuthen. Uniform: Rothe Czapka, Epaulettes, gelbe Knöpfe. Chef: G. d. K. Graf v. d. Groeben. Kommandeur: Oberstlt. v. Boddien, Flügel-Adjutant des Königs.

3. Uhlanen-Regiment (III. Armee-Korps). 1809 neu formirt; 1812 2. Schwadron bei der grossen Napoleon'schen Armee in Russland (Schlacht bei Mosaisk etc.) 1813, 14, 15. — Garnison: Fürstenwalde, Beeskow. Uniform: Gelbe Czapka, Epaulettes, Knöpfe. Chef: Alexander Nikolajewitsch Cesarewitsch, Grossfürst und Thronfolger von Russland, k. H. Regiments-Kommandeur: Oberst v. Sobbe.

4. Uhlanen-Regiment (II. Armee-Korps). 1815 aus ostpreussischer und pomernscher Nazional-Kavallerie 1813, 14, 15; 1848 gegen Insurgenten in Polen. — Garnison: Schneidemühl, Nakel und Inowraclaw. Uniform: Hellblaue Czapka, Epaulettes, gelbe Knöpfe. Regiments-Kommandeur: Oberst v. Berken.

5. Uhlanen-Regiment (VII. Armee-Korps). 1815 aus 2. und 3. Uhlanen-Regiment und aus früher Berg'schen Husaren. — Garnison: Düsseldorf. Uniform: Weisse Czapka, Epaulettes, Knöpfe. Chef: GL. Adolf, Herzog von Nassau. H. Regiments-Kommandeur: Oberst v. Manteuffel, Flügel-Adjutant S. M. des Königs.

6. Uhlanen-Regiment (IV. Armee-Korps). 1815 aus Lützower Frei-Korps, das 1813 bei Ausbruch des Krieges errichtet wurde, 1813, 14, 15, 1849 Rheinpfalz, Baden. — Garnison: Erfurt, Mühlhausen, Langensalza. Uni-

form: Rothe Czapka, Epaulettes, weisse Knöpfe, Regiments-Kommandeur: Oberst Collins.

7. Uhlanen-Regiment (VIII. Armee-Korps). 1815 aus Kavallerie des Frei-Korps von Hellwig und übernommener sächsischer Kavallerie, als Freikorps 1814, dann als Regiment 1815, 1849 in der Rheinpfalz, Baden. — Garnison: Saarbrück, Saarlouis. Uniform: Gelbe Czapka, Epaulettes, weisse Knöpfe. Chef: Friedrich, Prinz-Regent von Baden. Regiments-Kommandeur: Oberst v. Stülpnagel, 2. Stabs-Offizier.

8. Uhlanen-Regiment (I. Armee-Korps). Als 1. und 2. Husaren-Regiment der russischen deutschen Legion 1812 und 13 in Russland; 1815 in preussischen Diensten und als Uhlanen-Regiment formirt; 1813, 14, 15, 1849 Rheinpfalz, Baden. — Garnison: Elbing, Saalfeld, Osterode, Deutsch-Eylau. Uniform: hellblaue Czapka, Epaulettes, weisse Knöpfe. Chef: G. d. K. Graf zu Dohna (siehe 1. Armee-Korps). Regiments-Kommandeur: Oberstlt. Frhr. v. Czettritz und Neuhaus.

Artillerie.

Garde-Artillerie-Regiment (Garde-Korps). 1816 formirt aus der alten Garde- und Linien-Artillerie 1813. 14, 15. Abtheilungen gegen Berliner Revolte 1848; sechspfündige Fuss-Batterien 1848 in Schleswig. — Garnison: Berlin, Küstrin, Schweidnitz, Spandau. Uniform: 2 gelbe Lizen auf Kragenpatten und Aufschläge, weisse Haarbüsche. 4. Festungs-Kompagnie an Helm ein Messingband mit „Kolberg 1807." Kommandeur: Oberst v. Roehl.

1. Regiment (I. Armee-Korps). (Die Uniform der Linien-Artillerie-Regimenter ist blos durch die Nummer auf der Achselklappe verschieden). 1816 aus alten Batterien 1812, 13, 14, 15. Sechspfündige Fuss-Batterie Nr. 4 in Schleswig und Jütland 1849. — Garnison: Königsberg, Danzig, Graudenz, Pillau. Kommandeur: Oberst Slevogt.

2. Regiment (II. Armee-Korps). 1816 aus alten Batterien 1813, 14, 15. Einzelne Geschüze der reitenden Abtheilung 1848 gegen die Insurgenten in Posen. 1., 2. reitende 1. sechspfündiger, 2. zwölfpfündiger, 3. Festungs-Kompagnie am Helm ein Messingbandel mit „Kolberg 1807." — Garnison: Stettin, Garz, Kolberg, Stralsund, Graudenz. Kommandeur: Oberst Schach von Wittenau.

3. Regiment (III. Armee-Korps). 1816 aus alten Batterien, 1813, 14, 15; sechspfündige Fuss-Batterie Nr. 11, reitende Nr. 7, 1848 in Schleswig. Genannte Fuss-Batterien 1849 in der Rhein-Pfalz und Baden. — Garnison: Magdeburg,

Düben und Jüterbogk, Wittenberg. Uniform: 4. sechspfündige Batterie ein Messingband am Helm mit „Kolberg 1807." Kommandeur: Oberst v. Riedel.

4. Regiment (IV. Armee-Korps). 1816 aus alten Batterien. 1813, 14, 15. Einzelne Batterien 1849 in Baden und 1849 in Schleswig, Jüttland. — Garnison: Erfurt, Naumburg, Mühlburg, Torgau, Minden. Kommandeur: Oberst Perle.

5. Regiment (V. Armee-Korps). 1816 aus alten Batterien 1812, 13, 14, 15. Abtheilungen 1848 gegen die Insurgenten in Posen und 1849 in Baden. — Garnison: Posen, Sagan, Glogau, Schweidnitz, Thorn. Kommandeur: Oberst v. Stern-Gwiazdowski.

6. Regiment (VI. Armee-Korps). 1816 aus alten Batterien 1813, 14. Abtheilungen 1848 gegen die Insurgenten in Posen. Revolte in Breslau, 1849 in Baden. — Garnison: Breslau, Grottkau, Neisse, Glatz, Kosel. Kommandeur: Oberst v. Scholten.

7. Regiment (VII. Armee-Korps). 1816 aus alten Batterien. 1815, 14, 15. Abtheilungen 1849 in der Rhein-Pfalz, Baden und 1849 in Schleswig, Jütland. — Garnison: Münster, Wesel, Köln. Jülich. Kommandeur: vacant.

8. Regiment (VIII. Armee-Korps). 1816 aus alten Battrien. 1813, 14, 15. Abtheilungen 1849 in baierischer Rhein-Pfalz, Baden. — Garnison: Koblenz, Trier, Andernach. Köln, Ehrenbreitenstein. Kommandeur: Oberst Schulze.

Kombinirte Festungs-Artillerie-Abtheilung in Mainz, Luxemburg und Saarlouis, erst im vorigen Jahre aus der Reserve-Artillerie-Kompagnie gebildet, und mit Offiziere der entsprechenden Artillerie-Regimenter besezt: 5 Kompagnien. Kommandeur; Oberstlt. v. Prittwitz.

Feuerwerks-Abtheilung in Spandau. Kommandeur: Major Busch.

28 Artillerie-Plaz-Offiziere und 46 Zeug-Offiziere in den Festungen.

Artillerie-Prüfungs-Kommission: Berlin. Präses: GL. v. Strotha (siehe 2. Artillerie-Inspekzion, 48 Kriegs-Minister).

Mitglieder: 4 Obersten; 2 Oberst-Lieutenant; 4 Majors; 5 Hauptleute.

Assistenten: 1 Hauptmann; 4 Premie-Lieutenants; 1 Second-Lieutenant.

Verwaltung der Haupt-Artillerie-Werkstätte. Berlin, Deutz, Neisse, Danzig je 1 Hauptmann als Vorsteher und 1 Lieutenant als Rechnungsführer.

Gewehr-Fabriken: Potsdam; 1 Direktor Major von Linger. Mitglieder: 2 Offiziere, 1 Rechnungsführer.

Saarn bei Düsseldorf. 1 Direktor vacat; — Mitglieder: 1 Hauptmann, 1 Rechnungsführer.

Danzig: 1 Direktor Hauptmann Schneppe. Mitglieder: 1 Premier-Lieutenant, 1 Rechnungsführer.

Gewehr-Revisionen-Kommission: Sömmerda. Präses: Hauptmann v. Stockhausen, 1 Mitglied. Suhl, 1 Premier-Lieutenant; Neisse, 1 Hauptmann.

Pulver-Fabriken. Spandau: Direktor Major Otto; 1 Assistent, 1 Premier-Lieutenant.

Neisse: Direktor Hauptmann Rückforth: 1 Assistent, 1 Premier-Lieutenant.

Geschütz-Giesserei zu Berlin: Militär-Direktor Hauptmann Schür; Direktor-Assistent: 1 Premier-Lieutenant.

Ingenieur-Korps.

Garde-Pionier-Abtheilung (Garde-Korps). 1816 aus brandenburgischen Festungs- und Pionier-Abtheilungen; die brandenburgische Festungs-Abtheilung 1810 aus Neissener, Schweidnitzer Mineur-Kompagnie; 1806, 1807, 13, 14, 15. — Garnison: Berlin, Spandau, Küstrin. Uniform: Rothe Schulterklappen ohne Nummer, weisse Lizen bei Pionieren, schwarze Haarbüsche, Stern auf Helm. Kommandeur: Major Erich.

1. Pionier-Abtheilung (I. Armee-Korps). (Die Uniform der Linien-Pionier-Abtheilung unterscheidet sich nur durch die Nummer auf der Achselklappe). 1816 aus 1. u. 2. preussischen Festungs-Pionior-Korps. Die 1. dieser Kompagnie 1810 aus der Graudenzer Mineur-Kompagnie die seit 1783 bestand; die 2. 1814 aus der 1. preussischen Festungs-Pionier-Kompagnie und aus der schlesischen formirt; 1806, 7 1813. — Garnison: Königsberg, Thorn, Pillau Weichselmünde, Neufähr, Lötzen. Kommandeur Major v. Engelbrecht.

2. Abtheilung (II. Armee-Korps). 1816 aus der 1. Feld- und der pommerischen Festungs-Pionier-Kompagnie; erstere 1812 aus der 1. preussischen Festungs-Pionier-Kompagnie; leztere 1814 aus der schlesichen und brandenburgischen Festungs-Pionier-Kompagnie; 1812, 13, 14. — Garnison: Kolberg, Stralsund, Graudenz, Swinemünde. Kommandeur: Oberstlt. Lenz.

3. Abtheilung (III. Armee-Korps). 1816 aus der 1. und 2. schlesischen Festungs-Pionier-Kompagnie; die 1. 1810 aus der Glatzer Mineur-Kompagnie, und aus ihr 1813 den

Stamm zur 2., 3., 4. schlesischen Festungs-, und zur 6., 7. Feld-Pionier-Kompagnie abgegeben; 1806, 1807, Abtheilungen 1848 und 1849 in Schleswig, Jüttland, Pfalz, Baden. Garnison: Magdeburg. Kommandeur: Hauptmann Klotz I.

4. Abtheilung (IV. Armee-Korps). 1816 aus der 4. u. 6. Feld-Pionier-Kompagnie; erstere 1813 aus der 1. preussischen leztere 1813 aus der 1. schlesischen Festungs-Pionier-Kompagnie; 1813, 14, 15; 1848, 49 Schleswig, Jüttland, Pfalz, Baden. — Garnison: Erfurt, Torgau, Wittenberg. Kommandeur: Hauptmann Schulz II.

5. Abtheilung (V. Armee-Korps). 1816 aus der 3. schlesischen Festungs-, 7. Feld-Pionier-Kompagnie. Beide 1813 aus der 1. schlesischen Festungs-Pionier-Kompagnie 1813, 14, 15. — Garnison: Glogau, Posen, Schweidnitz. Kommandeur: Hauptmann Clausius.

6. Abtheilung (VI. Armee-Korps). 1816 aus der 4. schlesischen Festungs-Pionier-Kompagnie (1813 aus der 1. schlesischen Festungs-Pionier-Kompagnie) und aus dem ehemaligen Mansfeldschen Pionier-Bataillon 1814 formirt). 1814, 15. Neisse, Glatz, Kosel, Silberberg. Kommandeur: Hauptmann v. Kriegsheim.

7. Abtheilung (VII. Armee-Korps). 1816 aus der 3. u. 8. Feld-Pionier-Kompagnie; erstere 1812 aus dem Stamm der 1. schlesischen Festungs-Pionier-Kompagnie; leztere 1815 aus der preussischen, pommerschen, brandenburgischen Festungs-Pionier-Kompagnie; 1812, 13, 15; 1848, 49 Pfalz, Baden, Schleswig, Jüttland. — Garnison: Köln, Wesel, Minden. Kommandeur: Major Moldenhawer.

8. Abtheilung (VIII. Armee-Korps). 1816 aus der 2. u. 5. Feld-Pionier-Kompagnie; erstere 1812 aus dem Stamm der brandenburger Festungs-Pionier-Kompagnie; leztere 1815 aus der schlesischen Festungs-Pionier-Kompagnie; 1812, 13, 14, 15; 1848 in Schleswig, Jüttland, Pfalz Baden. — Garnison: Koblenz, Saarlouis, Jülich. Kommandeur: Hauptmann Bellmann.

2. Reserve-Pionier-Kompagnie in Luxenburg und Mainz.

Landwehr.

Infanterie, Artillerie- und Pioniere.

1. Garde-Landwehr-Regiment (Garde-Korps). Ergänzung: 1. und 2. Armee-Korps-Bezirk; weisse Schulterklappen, schwarze Haarbüsche, Stern mit Landwehrkreuz. — Garnison: Königsberg, 1. Bataillon. 1. Kommandeur: G. d. K. Prinz Albrecht v. Preussen, k. H. Stettin 2. Bataillon 1. Kommandeur: Prinz von Preussen, k. H.

Graudenz 3. Bataillon. 1. Kommandeur: Prinz Alexander von Preussen, k. H.

2. Garde-Landwehr-Regiment (Garde-Korps). Ergänzung: 3., 4. Armee-Korps-Bezirk; rothe Schulterklappen, sonst wie 1. Regiment. — Garnison: 1. Bataillon Berlin. 1849 Feldzug in der Pfalz Baden; 2. Bataillon Magdeburg. 1. Kommandeur: G. d. K. Prinz Friedrich v. Preussen k. H. 1849 Feldzug in der Rhein-Pfalz, Baden; 3. Bataillon Kottbus. 1. Kommandeur: Oberst Prinz Georg von Preussen, k. H.

3. Garde-Landwehr-Regiment (Garde-Korps). Ergänzung 5. und 6. Armee-Korps; gelbe Schulterklappen sonst wie 1. Regiment. — Garnison: 1. Bataillon Görlitz; 2. Bataillon Breslau. 1. Kommandeur: G. d. I. Prinz Karl von Preussen, k. H.; 3. Bataillon Polnisch-Lissa. 1. Kommandeur: Oberst Prinz Friedrich Karl k. H.

4. Garde-Landwehr-Regiment (Garde-Korps). Ergänzung: 7. und 8. Armee-Korps; hellblaue Schulterklappen sonst wie 1. Regiment. — Garnison: 1. Bataillon Hamm; 2. Bataillon Koblenz 1849 in der Rhein-Pfalz, Baden; 3. Bataillon Düsseldorf, 1849 in der Rhein-Pfalz, Baden. 1. Kommandeur: GL. Prinz Adalbert von Preussen, k. H.

1. Landwehr-Regiment (I. Armee-Korps). Weisse Schulterklappen; 1. Bataillon Königsberg, 2. Bataillon Wehlau; 3. Bataillon Tilsit.

2. (II. Armee-Korps). Weisse Schulterklappen; 1. Bataillon Stettin, 2. Bataillon Stralsund; 3. Anclam.

3. (I. Armee-Korps). Weisse Schulterklappen; 1. Bataillon Insterburg, 2. Bataillon Gumbinnen; 3. Bataillon Angerburg.

4. (I. Armee-Korps). Weisse Schulterklappen; 1. Bataillon Osterode; 2. Bataillon Preuss. Hollard; 3. Bataillon Graudenz.

5. (I. Armee-Korps). weisse Schulterklappen; 1. Bataillion Danzig; 2. Bataillon Marienburg; 3. Bataillon preussisch Stargardt.

6. (V. Armee-Korps). gelbe Achselklappen. 1. Bataillon Görlitz; 1848 gegen die Insurgenten in Posen; 2. Bataillon Freystadt; 3. Bataillon Glogau.

7. (V. Armee-Korps). Gelbe Achselklappen; 1. Bataillon Jauer; 1848 gegen die Insurgenten in Posen; 2. Bataillon Hirschberg; 3. Bataillon Löwenberg.

8. (III. Armee-Korps). Rothe Achselklappen; 1. Bataillon Frankfurt; 1849 in Baden; 2. Bataillon Soldin; 3. Bataillon Landsberg.

9. (II. Armee-Korps). Weisse Achselklappen; 1. Bataillon Stargardt in Pommern; 2. Bataillon Köslin; 3. Bataillon Schievelbein.

10. (VI. Armee-Korps). Gelbe Achselklappen; 1. Bataillon Breslau; 2. Bataillon Oels; 3. Bataillon Schweidnitz; 1. und 2. Bataillon 1848 gegen die Insurgenten in Posen.

11. (VI. Armee-Korps). Gelbe Achselklappen; 1. Bataillon Glatz; 2. Bataillen Brieg; 3. Bataillon Münsterberg; 2. Bataillon 1848 gegen die Insurgenten in Posen.

12. (III. Armee-Korps), Rothe Achselklappen; 1. Bataillon Krossen; 2. Bataillon Spremberg; 3. Bataillon Sorau; Regiment 1849 in der Rhein-Pfalz, Baden.

13. (VII. Armee-Korps). Hellblaue Achselklappen; 1. Bataillon Münster; 2. Bataillon Borcken; 3. Bataillon Wahrendorf; 2. Bataillon 1849 in Schleswig, Jütland; 3. Bataillon 1849 in der Rhein-Pfalz, Baden.

14. (II. Armee-Korps). Weisse Achselklappen: 1. Bataillon Gnesen; 2. Bataillon Bromberg; 3. Bataillon Schneidemühl; 1848 gegen die Insurgenten in Posen.

15. (VII. Armee-Korps). Hellblaue Achselklappen; 1. Bataillon Minden; 2. Bataillon Paderborn; 3. Bataillon Bielefeld.

16. (VII. Armee-Korps). Hellblaue Achselklappen; 1. Bataillon Soest; 2. Bataillon Iserlohn; 3. Bataillon Meschede; 2. Bataillon 1849 Rhein-Pfalz, Baden; 3. Bataillon 1849 Schleswig, Jütland.

17. (VII. Armee-Korps). Hellblaue Achselklappen; 1. Bataillon Wesel; 2. Bataillon Düsseldorf; 3. Bataillon Geldern; 1. Bataillon 1849 Schleswig, Jütland.

18. (V. Armee-Korps). Gelbe Achselklappen; 1. Bataillon Posen; 2. Bataillon Samter; 3. Bataillon Unruhestadt; 1848 gegen die Insurgenten in Posen; 1. Bataillon 1849 in Schleswig, Jütland.

19. (V. Armee-Korps). Gelbe Achselklappen; 1. Bataillon polnisch Lissa; 2. Bataillon Schrimm; 3. Bataillon Krotoszin; 1848 gegen die Insurgenten in Posen. 2. und 3. Bataillon 1849 in Schleswig, Jütland.

20. (III. Armee-Korps). Rothe Achselklappen; 1. Bataillon Spandau; 2. Bataillon Treuenbrietzen; 3. Bataillon Königs-Wusterhausen.

21. (II. Armee-Korps). Weisse Achselklappen; 1. Bataillon Conitz; 2. Bataillon Stolpe; 3. Bataillon Neu-Stettin; 1848 gegen die Insurgenten in Posen.

22. (VI. Armee-Korps). Gelbe Achselklappen; 1. Bataillon Gleiwitz; 2. Bataillon Kosel; 3. Ratibor.

23. (VI. Armee-Korps). Gelbe Achselklappen; 1. Bataillon Neisse; 2. Bataillon Gross-Strelitz; 3. Bataillon Oppeln. Chef: GL. Prinz Adolph zu Hohenlohe Ingelfingen.

24. (III. Armee-Korps). Rothe Achselklappen; 1. Bataillon Neu-Ruppin; 2. Bataillon Prenzlau; 3. Bataillon Havelberg.

25. (VIII. Armee-Korps). Helblaue Achselklappen; 1. Bataillon Achen; 2. Bataillon Jülich; 3. Bataillon Malmedy.

26. (IV. Armee-Korps). Rothe Achselklappen; 1. Bataillon Stendal; 2. Bataillon Burg; 3. Bataillon Neuhaldensleben.

27. (IV. Armee-Korps). Rothe Achselklappen; 1. Bataillon Halberstadt; 2. Bataillon Halle; 3. Aschersleben. 2. Bataillon 1849 in der Rhein-Pfalz, Baden; 1. und 3. Bataillon 1849 in Baden. Chef: GL. Graf zu Stolberg Wernigerode.

28. (VIII. Armee-Korps). Hellblaue Achselklappen; 1. Bataillon Köln; 2. Bataillon Brühl; 3. Bataillon Siegburg.

29. (VIII. Armee-Korps). Hellblaue Achselklappen; 1. Bataillon Neuwied; 2. Bataillon Andernach; 3. Bataillon Simmern. Chef: Oberst Fürst zu Wied.

30. (VIII. Armee-Korps). Helblaue Achselklappen; 1 Bataillon Trier; 2. Bataillon Saarlouis; 3. Bataillon Trier.

31. (IV. Armee-Korps). Rothe Achselklappen; 1. Bataillon Erfurt; 2. Bataillon Mühlhausen; 3. Bataillon Sangerhausen; 1849 in Baden.

32. (IV. Armee-Korps). Rothe Achselklappen; 1. Bataillon Merseburg; 2. Bataillon Torgau; 3. Bataillon Naumburg.

Landwehr-Bataillon 33. Infanterie-Regiment (1. Reserve-Regiment) (I. Armee-Korps). Weisse Achselklappen. Bartenstein.

Landwehr-Bataillon 34. Infanterie-Regiment (2. Reserve-Regiment) (II. Armee-Korps). Weisse Achselklappen; Ortelsburg:

Landwehr-Bataillon 35. Infanterie-Regiment (3. Reserve-Regiment) (III. Armee-Korps). Rothe Achselklappen; Wrietzen; 1849 in Baden.

Landwehr-Bataillon 36. Infanterie-Regiment (4. Reserve-Regiment) (IV. Armee-Korps). Rothe Achselklappen; Essen.

Landwehr-Bataillon 37. Infanterie-Regiment (5. Reserve-Regiment) (V. Armee-Korps). Gelbe Achselklappen; Attendorn.

Landwehr-Bataillon 38. Infanterie-Regiment (6. Reserve-Regiment) (VI. Armee-Korps). Gelbe Achselklappen; Wohlau.

Landwehr-Bataillon 39. Infanterie-Regiment (7. Reserve-Regiment) (VII. Armee-Korps). Helblaue Achselklappen; Neuss.

Landwehr-Bataillon 40. Infanterie-Regiment (8. Reserve-Regiment) (VIII. Armee-Korps). Hellblau Achselklappen; Gräfrath.

Kavallerie.

1. Garde-Landwehr-Kavallerie-Regiment. Stamm: Graudenz. Ergänzungs-Bezirk: das 1. und 2. Garde-Landwehr-Regiment.

2. Garde-Landwehr-Kavallerie-Regiment. Stamm: Graudenz. Ergänzungs-Bezirk: das 3. und 4. Garde-Kürassier-Regiment.

1. Schweres Landwehr-Reiter-Regiment. Stamm: Breslau. Ergänzungs-Bezirk: das 10. und 11. Landwehr-Regiment.

2. Schweres Landwehr-Reiter-Regiment. Stamm: Pasewalk, Ukermünde. Ergänzungs-Bezirk: das 2. und 3. Landwehr-Regiment.

3. Schweres Landwehr-Reiter-Regiment. Stamm: Königsberg und Wehlau. Ergänzungs-Bezirk: das 1. und 3. Landwehr-Regiment.

4. Schweres Landwehr-Reiter-Regiment. Stamm: Münster, Ergänzungs-Bezirk: das 13. und 15. Landwehr-Regiment.

5. Schweres Landwehr-Reiter-Regiment. Stamm: Hernstadt, Guhrau, Wohlau, Winzig. Ergänzungs-Bezirk: das 6. und 7. Landwehr-Regiment.

6. Schweres Landwehr-Reiter-Regiment. Stamm: Brandenburg. Ergänzungs-Bezirk: das 20. u. 24. Landwehr-Regiment.

7. Schweres Landwehr-Reiter-Regiment. Stamm: Halberstadt, Quedlingburg. Ergänzungs-Bezirk: das 26. und 27. Landwehr-Regiment.

8. Schweres Landwehr-Reiter-Regiment. Stamm: Deutz, Ergänzungs-Bezirk: das 25. und 28. Landwehr-Regiment.

Dragoner.

1. Landwehr-Dragoner-Regiment. Stamm: Insterburg, Tilsit. Ergänzungs-Bezirk: das 1. u. 3. Landwehr-Regiments.

2. Stamm: Landsberg an der Warthe, Friedeberg, Woldeberg. Ergänzungs-Bezirk: das 8. und 12. Landwehr-Regiment.

3. Stamm: Greifenberg, Treptow an der Rega. Ergänzungs-Bezirk: das 14. und 21. Landwehr-Regiment.

4. Stamm: Haynau, Beuthen, Polkwitz, Lübben. Ergänzungs-Bezirk: das 6. und 7 Landwehr-Regiments.

Husaren.

1. Landwehr-Husaren-Regiment. Stamm: Danzig, Riesenburg, preussisch Stargard, Rossenberg. Ergänzungs-Bezirk: das 4. und 5. Landwehr-Regiment.

2. Stamm: Posen, polnisch Lissa. Ergänzungs-Bezirk: das 18. Landwehr-Regiment.

3. Stamm: Rathenow, Nauen. Ergänzungs-Bezirk: das 24. Landwehr-Regiment.

4. Stamm: Oels, Ohlau, Kreuzburg, Strehlen. Ergänzungs-Bezirk: das 11. Landwehr-Regiment.

5. Stamm: Schlawe, Stolpe, Belgrad, Cöslin. Ergänzungs-Bezirk: das 21. Landwehr-Regiment.

6. Stamm: Münsterberg, Neustadt, Oberglogau, Leobschütz. Ergänzungs-Bezirk; das 23. Landwehr-Regiment.

7. Stamm: Bonn. Ergänzungs-Bezirk: das 28. Landwehr-Regiment.

8. Stamm: Neuhauss, Paderborn. Ergänzungs-Bezirk: das 15. Landwehr-Regiment.

9. Stamm: Trier. Ergänzungs-Bezirk: das 29. Landwehr-Regiment.

10. Stamm: Aschersleben, Schönebeck. Ergänzungs-Bezirk: das 27. Landwehr-Regiment.

11. Stamm: Düsseldorf. Ergänzungs-Bezirk: das 16. Landwehr-Regiment.

12. Stamm: Weissenfels, Merseburg. Ergänzungs-Bezirk: das 32. Landwehr-Regiment.

Uhlanen.

1. Landwehr-Uhlanen-Regiment. Stamm: Krotoszin, Militsch, Zduny, Ostrowo. Ergänzungs-Bezirk: das 19. Landwehr-Regiment.

2. Stamm: Gleiwitz, Pless, Ratibor, Beuthen. Ergänzungs-Bezirk: das 22. Landwehr-Regiment.

3. Stamm: Reeskow, Fürstenwalde. Ergänzungs-Bezirk: das 12. Landwehr-Regiment.

4. Stamm: Inowraclaw, Schneidmühl Nakel. Ergänzungs-Bezirk: das 14. Landwehr-Regiment.

5. Stamm: Düsseldorf. Ergänzungs-Bezirk: das 17. Landwehr-Regiment.

6. Stamm: Mühlhausen, Erfurt, Langensalza. Ergänzungs-Bezirk: das 31. Landwehr-Regiment.

7. Stamm: Saarbrük, Saarlouis. Ergänzungs-Bezirk: das 30. Landwehr-Regiment.

8. Stamm: Elbing, Saalfeld, Osterode, Deutsch-Eylau. Ergänzungs-Bezirk: 4. Landwehr-Regiment,

Generals-Uniform der Armee.

Blaue Röcke, rothe Krägen, runde Aufschläge mit Stikerei in mattem Golde, rothen Schoossbesaz. Auf der linken Schulter ein goldenes Achselband, auf der rechten eine schwarz-weiss-silberne Kantillen-Rundschnur, eine solche goldene als Agraffe am Hut.

Interims-Uniform Waffenrok, silberne Epaulettes mit Bouillons, rothe Krägen ohne Stikerei, rothe Aufschläge, Helm mit Beschlag entsprechend der Farbe der Knöpfe und Federbusch.

Offiziere beim Kriegs-Ministerium.

Blaue Röke, Karmoisin-Krägen, offene Aufschläge mit zwei goldgestikten Lizen auf jeder Seite des Kragens, zwei auf jedem Aufschlage. Karmoisin-Schoossbesaz und Hosenbesaz, blaue Epaulettes, gelbe Knöpfe, Leder-Infantrie-Helm mit weissem Haarbusch.

General-Adjutanten Sr. M. des Königs.

Helme mit gelbem Beschlage, blaue Röke, rothe Krägen, offene Aufschläge, zwei in Gold gestikte Lizen auf jeder Kragenseite und jedem Aufschlage, rothen Schoossbesaz; die General-Adjutanten der Kavallerie von denen der Infanterie durch eine Reihe platte Knöpfe unterschieden. Beide silberne Epaulettes mit Namenszug Sr. M. und einer Krone. Helm entsprechend der Farbe der Knöpfe und Federbusch.

Flügel-Adjutanten Sr. M. des Königs.

Blaue Röke, rothe Krägen, offene Aufschläge, zwei silbergestikte Lizen auf Kragenseite und Aufschlägen, silberne Epaulettes mit Namenszug Sr. M. des Königs und Krone, silbernes Achselband, Helm mit weissem Beschlag. Die der Kavallerie eine Reihe platte Knöpfe und Haarbusch.

General à la Suite Sr. M. des Königs.

Blaue Leibröke mit rothen Krägen und Aufschlägen mit Lizen der General-Adjutanten in Silber; silbernes Achselband, Helme mit weissem Beschlag.

Bei Truppen - Uebungen Waffenröke mit goldenen Lizen auf rother Kragenpatte.

Sämmtliche Generale bei Paraden weisse Federbüsche, sonst aber hängende schwarze Haarbüsche, ausser dem Kriegsminister, Flügel-Adjutanten Sr. M. des Königs, Generalstab, Adjutanten, welche weisse Haarbüsche haben.

Generalstab.

Blaue Waffenröke, karmoisinrothe Krägen und offene Aufschläge; zwei in Silber gestikte Lizen auf jeder Kragenseite und Aufschläge, zwei Reihen weisse Knöpfe, rothe Epaulettes, Helme mit weissem Beschlage und Haarbusch.

Adjutanten.

Blaue Waffenröke, grüne Krägen und Aufschläge mit Einfassung und geschlungener goldener Husaren-Stikerei, gelbe Knöpfe, Helme mit gelbem Beschlage, weissen Haarbusch.

Armee - Uniform der Infanterie und Kavallerie.

Waffenrok der Linien-Infanterie mit runden Aufschlägen ohne Patten; die Kavallerie-Offiziere mit weissem Passe-poil. Helme die der Adjutanten.

Die nicht regimentirten Offiziere tragen auf den grauen Beinkleidern zwei rothe Tuchstreifen.

Infanterie des stehenden Heeres.

Dunkelblauer, vorne roth passe-poilirter Waffenrok, rothe Patten an dem Kragen, der bei der Garde ganz schliesst, bei den übrigen Truppen abgerundet ist. Rothe Aermel - Aufschläge (beim 1. und 2. Garde-Regimente offen und mit zwei Lizen, bei allen übrigen Garde-Regimentern mit dunkelblauen Patten) und drei Knöpfe. Garde - Reserve - Regiment weisse (Offiziere Gold-) Lizen und gelbe Achselklappen. — Je zwei Armeekorps werden durch die Farbe der Schulterklappen unterschieden:

1., 2. weisse Achselklappen, 3., 4. rothe, 5., 6. gelbe, 7. 8. hellblaue.

1., 3., 5., 7. die Aermelpatten mit weissem, die Reserve - Regimenter mit gelbem Passe-poil. Die Regimenter unter sich unterscheiden sich durch Nummern (1 — 40) auf den Schulterklappen.

Helme schwarze lederne mit gelbem Beschlag und sogenanntem heraldischen Adler mit dem königl. Namenszuge; 1. und 2. Garde-Regiment zu Fuss aber mit dem Stern des schwarzen Adlerordens; übrige Regimenter des Gardekorps mit dem Gardestern; Grenadier-Bataillone der Garde weisse, Füsilier, Jäger, Schüzen schwarze Haarbüsche.

Garde-Regimenter auf jeder Seite des Kragens und auf den Aermel-Aufschlägen zwei Lizen.

Hosen grautuchene, weisse leinene Beinkleider ohne Tittlerder.

Jäger und Schüzen.

Alle Jäger-Bataillons grüne, vorne roth passe-poilirte Waffenröke, rothe Krägen, Patten, Aufschläge, Achselklappen, gelbe Knöpfe.

Garde-Jäger-Bataillon: ganz schliessenden Kragen, an diesem und den offenen Aufschlägen, zwei gelbe Lizen (Offiziere goldene); Krägen der übrigen Bataillone abgerundet; Nr 1 bis 8 auf Schulterklappen.

Garde-Schüzen-Bataillon schwarze Krägen, Patten, Aermel- Aufschläge mit zwei gelben Lizen (Offiziere goldene) auf dunkelgrüner, roth passe-poilirter Patte (Offiziere schwarzen Sammt). Schwarze Haarbüsche.

Kürassiere.

Weisse Koller, mit gewirkten Borten eingefasst, darin die unterscheidende Farbe des Regiments.

Metall-Helme bei der Garde gelb, bei den Linien-Regimentern weiss. Zwei Garde-Regimenter weisse Lizen auf Kragen, Patte und Aermel-Aufschlag. Am Helm kann statt der Spize ein silberner Adler mit weit ausgebreiteten Flügeln befestiget werden; Am Helme den Stern des schwarzen Adler-Ordens. Schabrake von der Farbe des Kollerkragens mit weissem oder gelbem Besaz, je nachdem das Regiment weisse oder gelbe Knöpfe hat. Garde gelbe, Linie weisse Kürasse. Graue Reithosen, weisse Schulterklappen.

Dragoner.

Hellblaue, vorne roth passe-poilirte Koller, verschiedenfarbige Krägen. Aufschläge durchgängig hellblau, mit zwei Knöpfen, offenen Aufschlag, Schulterklappen, graue Reithosen, Garde-Dragoner mit einer Lize. Schabraken hellblau mit Besaz von der Farbe des Kollerkragens.

Alle Dragoner-Regimenter lederne Helme mit den Knöpfen entsprechendem Metallbeschlag. Weisse Haarbüsche, Linie mit Adler, Garde mit Gardestern.

Husaren.

Pelze, Dolman schaitschirt nach den verschiedenen Farben der Regimenter, sowohl in der Grundfarbe, als in der Schaitachirung. Schabraken von der Farbe des Pelzes, mit Besaz von der Farbe des Rokkragens der Offiziere. Pelzmüzen mit Federbusch, farbige Kalpak, Vorder und Hinterschirm; Garde mit Gardestern, Offiziere tragen Attila mit umliegenden Krägen und schwarz-weiss-silbernen Schnüren von der Farbe des Dolmans. Graue Tuchhosen; Säbeltasche bei Linien-Regimentern von schwarzem Leder mit dem königl. Namenszuge.

Uhlanen.

Czapka mit weissem hängendem Haarbusche von der Farbe der Achselklappen, Adler, Dunkelblaue Kollets mit rothen Rabatten, Krägen, Aermelaufschlägen und Passe-poil. Um den Leib eine blaue, roth eingefasste Binde, farbige Messing-Schuppen-Epaulettes. Nach der Farbe der Czapka, Epaulettes und Knöpfe unterscheiden sich die Regimenter. Blaue Schabraken mit rothem Besaze, schwarz-weisse Lanzenflaggen, graue Tuch-Beinkleider.

Artillerie.

Dunkelblaue, vorne roth passe-poilirte Waffenröke (auch die Landwehr); schwarze Krägen, Patten und Aufschläge (Offiziere Sammt), beim Garde-Regimente mit zwei gelben Lizen (Offiziere Gold); rothe Schulterklappen, die Linie mit Nummer 1—8. Infanterie-Lederhelme mit gelbem Beschlage, Garde-Regiment weisse, reitende Abtheilung schwarze Haarbüsche. Feuerwerks-Abtheilung Buchstaben F auf den Schulterklappen. Gelbe Knöpfe. Artillerie-Offiziere der Pläze rothe Schulterklappen ohne Nummer. Zeug-Offizier dergleichen schwarze.

Ingenieur-Korps.

Dunkelblaue Waffenröke, vorne roth passe-poilirt (auch bei der Landwehr). Garde weisse Lizen auf den schwarzen Krägen, Patten und Aufschlägen; die Uebrigen solche ohne Lizen, jedoch Nummern 1 — 8 auf rothen Schulterklappen. Offiziere schwarze Sammtkrägen und Aufschläge mit zwei gestikten silbernen Lizen, Helme mit weissem Beschlag, Garde mit Gardestern und schwarze Haarbüsche. Graue Tuchhosen mit rother Biese; alle Fusstruppen ohne Sprungriemen; im Sommer weisse, leinene Hosen.

Marine.

Offiziere: Dunkelblauer Frak mit umgelegtem Kragen und 12 Ankerknöpfen in 2 Reihen; drei Knöpfe unter jeder Taschenpatte und auf jedem Schoosse; runde Aermelaufschläge mit drei grossen Knöpfen, dunkelblaue Zivilhose, bei grosser Tenue mit Goldstreifen; dunkelblauer Ueberrok. Säbel nach englischen Modell, elfenbeinernen Griff, schwarz lakirte Koppel.

Dolch mit metallener Scheide und elfenbeinernem Griff an dunkelblauer Schnur getragen. Epauletten nach englischem Modell; der Kommodore mit Bouillons, in Felde ein silbernen Anker, darüber ein Adler. Kapitän und Korvetten-Kapitän dieselbe Epauletts aber ohne Adler, dagegen respektive mit oder ohne 2 silbernen Sterne; Lieutenants-Epauletts der preussischen Stabs-Offiziere; Auxiliar-Offiziere Epauletts ohne Kandille.

Kadetten I. Klasse: Frak, Ueberrok, Hut, Müze, Knöpfe, Waffen wie die Offiziere; Beinkleider ohne goldenen Streif, aber auf der rechten Schulter ein goldenes Achselband.

Kadetten II. Klasse: dunkelblaue Jaken, Beinkleider.

Unteroffiziere: blautuchene Matrosen-Jake mit umgeschlagenen Kragen; am linken Oberärmel ein Anker in Gold. Beinkleider von blauem Tuch oder weisser Leinwand, blauwollene Streifen, Lederschuhe, blauwollene Müze mit auf Streifen eingenähte Buchstaben „K. M." oder niedriger Matrosenstrohhut mit schwarzseidenem Band, worauf der Name des Fahrzeuges, oder Königliche Marine; blautuchener Ueberzieher Matrosen detto aber ohne Anker.

See-Bataillon: Offiziere dunkelblauer Waffenrok, detto Kragen mit goldener Lize, weisser Vorstoss; dunkelblaue Beinkleider mit weisser Biese; Palletot grau, Epaulettes wie See-Offiziere, im Feld von weissen Tuch mit Anker und Gradabzeichen von Gold. Ausser Dienst dunkelblauer Ueberrok, Helm der Linien-Artillerie, Füsilier Säbel.

See-Soldaten: dunkelblauer Waffenrok wie Offiziere, ohne Lizen, weisse Achselklappe mit gelbgestikten Anker, dunkelblaue Beinkleider mit weisser Biese; dunkelblaue Tuchjake mit stehendem Kragen, detto Achselklappen mit Anker weisser Verstoss. Mantel wie fahrende Artillerie aber dunkelblaue Achselklappen. Helm der Linien-Artillerie.

Invaliden-Kompagnien: Blaue Litewken, rothe Krägen, Schulterklappen von der Farbe des Armee-Korps, Kompagnie-Nummer. Offiziere: Röke mit rothen Krägen, blaue Aufschläge. Berliner Invalidenhaus ein *B* auf blauen Schulterklappen, Stolpener Invalidenhaus ein *S* auf blauen Schulterklappen. Invaliden-Kompagnien: Ponceaurothe Achselklappen mit Nummer 1—6.

Landwehr.

Infanterie: Wie die des stehenden Heeres, nur beim Waffenrok ohne rothen Passe-poil. Garde-Landwehr: 2 gelbe Lizen auf der Kragen-Patte, das 1. Regiment weisse, das 2. rothe, das 3. gelbe, das 4. hellblaue Schulterklappen. Provinzial-Landwehr am Helme das Landwehrkreuz, die Garde dasselbe in einem Stern, und schwarze Haarbüsche. Artillerie und Pioniere haben Waffenröke und rothen Passe-poil.

Kavallerie: Dunkelblaue Waffenröke. Schwere Landwehr-Reiter-Regimenter: Stahlhelme mit heraldischem Adler und Landwehrkreuz; farbige, schwedische Aufschläge mit zwei Knöpfen.

Landwehr-Dragoner: Dunkelblaue schwedische Aufschläge und farbigen Passe-poil; Helme mit Dragoner-Adler und Landwehrkreuz; Koller ohne Passe-poil.

Landwehr-Husaren: Filzmüzen mit Schirm, Schuppen, Regiments-Nummer, Nazional-Abzeichen, Landwehrkreuz; blauer Attila mit weissen Knöpfen, schwarzweissen Schnüren, dunkelblaue spize Aufschläge.

Landwehr-Uhlanen: Bisherige lederne Helme; Kollet, Farbe der Kragen-Patten, Aufschläge, Passe-poils und Knöpfe richtet sich bei schweren Landwehr-Reitern, Landwehr-Dragonern und Uhlanen nach den betreffenden provinziellen Abzeichen, der Farbe des Futters beim Müzenflügel der Landwehr-Husaren. Provinzial-Abzeichen sind:

1.	Armee-Korps	roth	mit	weissen	Knöpfen.
2.	"	weiss	"	gelben	"
3.	"	roth	"	"	"
4.	"	hellblau	"	"	"
5.	"	gelb	"	"	"
6.	"	gelb	"	weissen	"
7.	"	weiss	"	"	"
8.	"	hellblau	"	"	"

Kadetten: Dunkelblauer, vorn roth passe-poilirter Waffenrok, rothe Kragen, Patten und Aufschläge mit gelben Lizen, Schulterklappen beim Berliner und Kulmer Institute weiss, beim Potsdamer roth, beim Wahlstatter gelb, beim Bensberger hellblau. Kadetten zu Berlin, sowie alle Offiziere Infanterie-Helme mit Gardestern und schwarzem Haarbusch; die übrigen blaue Dienst-Müzen mit rothem Streifen.

Militär-Waisenhaus: Blaue Jaken, 6 gelbe Knöpfe, krapprothen Kragen, Aufschläge, blaue Patten, grautuchene und leinene Beinkleider. Die 4 Kompagnien der Potsdamer Anstalt durch weisse, rothe, gelbe, hellblaue Schulterklappen unterschieden.

Reitende Feldjäger: Dunkelgrüne Waffenröke, goldene Lizen, rothe Krägen, Aufschläge, dunkelgrüne Epaulettes, Helme.

Eine k. Kabinets-Ordre vom 14. Oktober 1852 bestimmt: dass der Anspruch auf die für pflichttreue Dienste in der Landwehr gestiftete Auszeichnung durch jede Verurtheilung wegen eines Vergehens, welches, ausser mit einer Freiheits-Strafe, mit Untersagung der Ausübung der bürgerlichen Ehrenrechte bedroht ist, auch in dem Falle verwirkt wird, dass wegen mildernden Umständen nur auf eine Freiheitsstrafe erkannt wurde.

Zur Ausbildung für den Marinedienst und den Schiffahrtsbetrieb sind im November 1852 Präparanden-Anstalten errichtet worden, welche die Bestimmung haben, für den Besuch der Navigationsschulen vorzubereiten.

Das Kriegsministerium hat unterm 21. November 1852 einige Abänderungen über die Verpflegung der Truppen erlassen: Im Felde und in belagerten Festungen wird künftig allen zum Empfange der Viktualienzulage berechtigten Militärpersonen nur ein Soldbeitrag monatlichen 1 Thlr. 7 Gr. 6 Pf. entrichtet; die Brotporzionen werden den Truppen und Militärpersonen fortan nach der wirklichen Tagezahl verabreicht, dagegen wird für den 31. Tag eines Monats nach der alten Gepflogenheit in der Armee vom 1. Jänner 1853 ab, weder ein Löhnungsantheil, noch ein Verpflegungszuschuss extra ordinäre erfolgt, und hierdurch die am 12. Mai 1849 erlassene Ausnahmsbestimmung aufgehoben. Auf Märschen wird aber der 31. Tag gerechnet.

Den aggregirten oder à la Suite zu ernennenden Hauptleuten oder Rittmeistern ist mit A. H. Kabinetsordre vom 2. Oktober 1852 das Gehalt der etatsmässigen Hauptleute oder Rittmeister 3. Kl. nach dem Saze ihrer Waffen angewiesen, und danach auch der Pensionsanspruch und Beitrag derselben bemessen worden.

Mit dem 1. Jänner 1853 trat ein neuer Service-Tarif für sämmtliche Garnisonsstädte ins Leben.

Unterm 13. Oktober 1852 sind vom allgemeinen Kriegs-Departement neue Grundsäze festgestellt worden, nach welchen die in der Armee angestellten Assistenzärzte bei Dienst- und Versezungsreisen, bei Beurlaubungen, Kommandos und auf den Märschen zu behandeln sind.

Durch allerhöchste Kabinetsordre vom 9. Dezember 1852 ist die Einführung neuer Kriegsartikel befohlen und an Stelle der alten getreten. Die neuen unterscheiden sich von den früheren aus dem Jahre 1844 besonders vortheilhaft durch Präcision und Kürze, auch ist ihr Inhalt, obgleich die Zahl der Artikel sich erheblich gegen die früheren verringert hat, reichhaltiger und dem eigentlichen Zweke der Kriegsartikel entsprechender. Dieselben behandeln in 52 Artikeln die Strafen für alle Vergehen und Verbrechen des Soldaten und die Belohnungen für treue Pflichterfüllung. Die körperliche Züchtigung ist in den Kriegsartikeln ganz fortgefallen, wogegen bereits im zweiten Wiederholungsfalle der Desertion im Frieden Baugefangenschaft nicht unter 10 Jahren und Ausstossung aus dem Soldatenstande nach Art. 8 eintritt. Der Nr. 8 des „Militär-Wochenblattes“ vom 19. Februar 1853 ist ein Abdruk der Artikel beigelegt.

Eine A. H. Kabinets-Ordre, am 22. Mai 1853 vom Kriegs-Ministerium publizirt, die Abänderungen des Regulativs vom 6. Januar 1846 und die Etats- und Personal-Verhältnisse der Unteroffiziere und Mannschaften betreffend, bestimmt Folgendes:

1. Die bisherige Theilung der Kompetenzen für die Mannschaften vom Feldwebel und Wachtmeister abwärts: in Gehalts-Verbesserungs-Zulage, Sold- und Viktualien-Zulage. soll fortan nicht mehr stattfinden und sind daher für die Unter-Offizier-Chargen nach den bisherigen Etats, unter Hinzurechnung der vorerwähnten Zulagen, besondere Gehaltsklassen zu bilden.

2. Die Festsezung der §§. 4 und 7 im Regulativ vom 6. Januar 1846, wonach zu Feldwebeln, Wachtmeistern- und Sergeanten nur solche Unteroffiziere ernannt werden können, und in die höheren Gehaltklassen nur solche Unteroffiziere aufrüken dürfen, welche sich zu einer 12jährigen Gesammt-Dienstzeit verpflichtet haben, wird hierdurch aufgehoben.

3. Die Bestimmung des ad 2 bezeichneten Regulativs, §§. 9 und 10, wonach jeder Sergeant den Rang und das für diese Stelle normirte höhere Gehalt verlieren und jeder Unter-Offizier in die niedrigste Gehaltsklasse zurüktreten soll, welcher durch ein Kriegs- oder Standgericht zu einer Strafe von 6 Wochen Militärarrest oder einer höheren Strafe verurtheilt oder wegen desselben Vergehens zum zweiten Male kriegs- oder standrechtlich mit Mittelarrest bestraft wird, wird hierdurch aufgehoben und findet eine solche Zurüksezung im Gehalt fernerhin nicht mehr statt. Dagegen bleibt es bei der im §. 10 festgesezten Anordnung, dass Bestrafungen in dem vorstehend bezeichneten Masse die eingegangene Kapitulation

9*

aufheben, und ist diese leztere Bestimmung auch auf Ober-Feuerwerker, Feldwebel und Wachtmeister anwendbar.

4. Die Charge der Vize-Unteroffiziere wird hierdurch abgeschafft und sind die Funkzionen fehlender Unteroffiziere durch Gefreite zu versehen.

5. Bei der Artillerie sollen die Bombardiere fortan nur eine Gehaltsklasse bilden. Die Bombardiere 2. Klasse fallen somit aus.

6. Bei den Pionieren können künftig Ober-Pioniere, in der Zahl von 9 per Kompagnie ernannt werden. Dieselben sind wie die Bombardiere bei der Artillerie zu den Avancirten zu zählen und erhalten wie jene die Tressen-Abzeichen an den Aermel-Aufschlägen und das entsprechende Troddel am Säbel. Sie zerfallen je nach den Sekzionen, zu denen sie gehören, in Ober-Sappeure, Ober-Mineure und Ober-Pontoniere.

7. Die Charge der Ober-Gefreiten wird abgeschafft.

8. Die Gefreiten und die Kapitulanten sollen künftig ein und dieselbe Gehaltsklasse bilden und deren Zahl zusammengenommen bei den einzelnen Truppen-Theilen wie folgt normirt werden:

bei den Garde- und den auf dem Garde-Etat stehenden Linien-Infanterie-Regimentern	60	per Bataillon,
bei den übrigen Infanterie-Regimentern der Linie	48	per Bataillon,
bei den kombinirten Reserve-Bataillonen.	36	per Bataillon,
bei den Jägern und Schüzen...........	36	per Bataillon,
bei der Kavallerie	80	per Regiment,
bei den Fuss-Batterien......	11	per Batterie,
bei den reitenden Batterien..	8	per Batterie,
bei den Festungs-Kompagnien..........	11	per Kompagnie,
bei den Handwerks-Kompagnien........	6	per Kompagnie,
bei den Festungs-Reserve-Kompagnien...	11	per Kompagnie,
bei der Feuerwerks-Abtheilung.........	12	per Kompagnie,
bei den Pionier-Abtheilungen	18	per Abtheilung,
bei den Reserve-Pionier-Kompagnien	9	per Kompagnie,
bei den besoldeten Stämmen:		
a) der Garde-Landwehr-Infanterie ...	8	per Bataillon,
b) der Garde-Landwehr-Kavallerie ...	8,	
c) der Provinzial-Landwehr-Infanterie	12	per Bataillon,
d) der Hohenzollernschen Landwehr .	2,	
e) der Provinzial-Landwehr-Kavallerie	4	per Regiment,
f) den Reserve-Landwehr-Schwadronen	1	per Schwadron.

An die Ernennung zum Gefreiten ist die Bedingung einer zuvor abgeschlossenen Kapitulazion nicht geknüpft. Die Gefreiten erhalten als Unterscheidungszeichen den bisher den ber-Gefreiten bewilligt gewesenen Knopf mit dem Adler auf den Kragenpatten.

9. Der Etat der Unteroffiziere und der Gemeinen schliesst für die Folge in sich ab, und dürfen somit für fehlende Unteroffiziere bei den Truppen Gemeine über den Etat nicht mehr eingestellt werden.

10. Die bei den Truppen bisher üblich gewesenen sogenannten Strafkassen sollen aufhören.

Charlottenburg, den 21. April 1853.

Mit A. H. Kabinets-Ordre vom 23. Dezember 1852, kundgemacht durch das Kriegs-Ministerium an 1. Februar 1853 werden Aenderungen der im Oktober 1848 ergangenen Bestimmungen über die Ablegung der Porte-épée-Fähnrichs-Prüfungen verfügt.

Diese Prüfung der Unteroffiziere und Soldaten wird künftig vor der Examinazions-Kommission desjenigen Armee-Korps abgelegt, zu welchen der Truppentheil des Examinanden gehört, oder in dessen Bezirk dieser Truppentheil abkommandirt ist.

Die Anmeldungen können nur zu den alljährlich anzusezenden 4 Prüfungs-Terminen und zwar spätestens 14 Tage vor dem Eintritt eines jeden derselben erfolgen.

Für die noch nicht 6 Monate dienenden Examinanden ist das Zeugniss der Reife zum Porte-épée-Fähnrich beizufügen.

Für die in der Porte-épée-Fähnrichs-Prüfung bestandenen Examinanden, welche gleichzeitig eine Dienstzeit von mindestens 6 Monaten zurükgelegt haben, wird von der Ober-Militär-Examinazions-Kommission nach erfolgter Superrevision der Prüfungs-Verhandlungen die Genehmigung zur Ausstellung der Zeugnisse der Reife am Schluss der Monate Februar, Mai, August und November jeden Jahres eingeholt, ohne dass es hierzu besonderer Anträge der Truppen-Kommandos bedarf.

Diejenigen Examinanden, welche in der Porte-épée-Fähnrichs-Prüfung bestanden, aber noch nicht 6 Monate gedient haben, werden unmittelbar nach abgehaltener Prüfung den betreffenden Truppentheilen durch die Examinazions-Kommission für Porte-épée-Fähnriche namhaft gemacht. Auf den Grund dieser Mittheilungen, und nachdem sich die Aspiranten das vorgeschriebene Dienst-Applikazions- und Führungs-Attest erworben haben, tragen die Truppen-Theile durch das Divisions-Kommando bei der Ober-Militär-Examinazions-Kommission auf Ertheilung des Zeugnisses der Reife zum Porte-épée-Fähnrich an.

Seitens der Examinazions-Kommissionen für Porte-épée-Fähnriche sind den Truppentheilen die Auszüge aus den Resultaten der Prüfung für diejenigen Examinanden zu übersenden, welche in der Prüfung nicht bestanden.

Insofern die nichtbestandenen Individuen zur Zeit der Ablegung der Prüfung noch nicht 6 Monate gedient haben, darf Seitens der Examinazions-Kommissonen je nach dem Ausfall der Prüfung nur auf eine nach 9 resp. 15 Monaten abzulegende zweite Prüfung erkannt werden.

Die in der Porte-épée-Fähnrichs-Prüfung bestandenen Unter-Offiziere und Soldaten können, insofern sie bei Eröffnung der Divisionsschule 5 bis 6 Monate gedient haben, zum Besuch derselben zugelassen werden, auch wenn ihre Ernennung zum Porte-épée-Fähnrich noch nicht erfolgt ist.

Diejenigen Unteroffiziere und Soldaten, welche vor ihrem Eintritt in die Armee ihre Universitäts-Studien ganz oder doch grösstentheils vollendet haben und sich darüber sowohl, als über ihre gute Führung durch glaubwürdige Atteste ausweisen, so wie diejenigen, welche ein von einer preussischen Abiturienten-Prüfungs-Kommission ausgestelltes Attest der Universitäts-Reife besizen, sind von der Ablegung des Porte-épée-Fähnrichs-Examens entbunden.

Nachdem dieselben mindestens 6 Monate gedient haben, kann unter Vorlegung der eben erwähnten Zeugnisse auf Ertheilung des Zeugnisses der Reife zum Porté-épée-Fähnrich angetragen werden.

Die in der Verordnung vom 3. und 4. Februar 1844 zugestandenen Begünstigungen für junge Männer, welche ihre Universitäts-Studien ganz oder doch grösstentheils vollendet haben, insofern sie durch Vorstehendes nicht aufgehoben worden sind, bleiben auch ferner in Kraft.

Für die mit dem Charakter als Porte-épée-Fähnrich in die Armee eintretenden Zöglinge des Kadetten-Korps werden, nachdem sie ein Alter von mindestens 17½ Jahren zurükgelegt und zugleich 6 Monate gedient, die Zeugnisse der Reife bei der Ober-Militär-Examinazions-Kommission beantragt. Sodann erst erfolgt die Ernennung und Patentirung als Porte-épée-Fähnrich, und müssen die in Rede stehenden Individuen alsdann noch 6 Monate, wie jeder andere junge Mann, in dieser Charge dienen, bevor sie sich zum Offizier-Examen melden können.

Durch königliche Ordre vom 14. November 1853 ist bestimmt worden, dass die oberste Leitung der Marine-Angelegenheiten, welche bisher provisorisch mit dem

Kriegs-Ministerium verbunden war, nunmehr auf eine neu zu bildende Zentral-Behörde übergehe, welche den Namen „Admiralität“ führen und zugleich Kommando- und Verwaltungs-Behörde sein soll. Die Admiralität soll aus drei Abtheilungen bestehen, von denen die eine die Kommando-, die zweite die technischen, die dritte die allgemeinen und Verwaltungs-Angelegenheiten zu bearbeiten haben wird. Nach dem gleichzeitig entworfenen und genehmigten neuen Organisazions-Statut wird zum Chef der Admiralität ein Minister ernannt, unter dessen oberer Leitung der Ober-Befehlshaber der Marine die spezielle Leitung der Geschäfte führt. Der Chef der Admiralität hat die Marine-Anlegenheiten im Staats-Ministerium und in den Kammern zu vertreten, konkurrirt bei allen, ausser bei rein militärischen Angelegenheiten und kontrasignirt die in Marine-Angelegenheiten ergehenden königlichen Befehle. Ohne seine Zustimmung dürfen keine Beschlüsse der Admiralität ausgefertigt werden, und die Abtheilungs-Direktoren sind ihm verantwortlich. Zum zeitigen Chef der Admiralität hat der König gleichzeitig den Herrn Minister-Präsidenten ernannt. Der Ober-Befehlshaber der Marine verfügt in Kommando-Angelegenheiten selbstständig und ist rüksichtlich derselben dem Könige unmittelbar verantwortlich. Insofern die Funkzionen des Ober-Befehlshabers nicht von einem königlichen Prinzen übernommen sind, muss derselbe ein Flaggen-Offizier sein; er hat die Befugnisse eines kommandirenden Generals und ist General-Inspekteur des gesammten Marinewesens.

Die erste Abtheilung besteht aus dem Chef des Stabes der Marine, welcher allemal ein Seeoffizier sein muss, und den nöthigen Offizieren und Beamten für Kommando-Angelegenheiten. Es sollen in dieser Abtheilung die Befehle über alle maritimen Streitkräfte, die Leitung des gesammten militärischen Dienstes der Marine, endlich die Anstellungen, Beförderungen, Verabschiedungen und Pensionirungen des gesammten Marinepersonales aufwärts bis zum Grade eines Kadetten 1. Klasse etc. etc. und mit Ausschluss der eigentlichen Verwaltungsbeamten bearbeitet werden. Die beiden übrigen Abtheilungen sollen aus je einem Direktor und den erforderlichen Decernenten bestehen. Der Direktor der technischen Abtheilung soll ein Seeoffizier, der der allgemeinen und Verwaltungs-Angelegenheiten ein höherer Verwaltungsbeamter sein. In der Abtheilung für technische Angelegenheiten sollen Schiffsbau, Maschinenbau, die Land- und Wasserbauten für die Marine, die Betakelung, Ausrüstung und Armirung der Schiffe, sowie die Aufbewahrung der verschiedenen Materialien bearbeitet werden. Der Abtheilung für allgemeine und

Verwaltungs-Angelegenheiten sollen endlich die allgemeinen Angelegenheiten, die Etatssachen, die Personalien der Verwaltungsbeamten, Bekleidungs-, Verproviantirungs-, Lazareth-, Servis- und andere ökonomische Angelegenheiten, das gesammte Geld-, Kassen- und Rechnungswesen der Marine, sowie die Intendanturgeschäfte für die Admiralität zufallen.

Reussische Fürstenthümer.

A Aeltere Linie: Greiz. Se. Durchlaucht Fürst Heinrich XX. (geb. 1794).

B. Jüngere Linie: Schleiz-Lobenstein-Ebersdorf. Se. Durchlaucht Fürst Heinrich LXII. (geb. 1785).

Bundes-Kontingent zur Reserve-Division und zur Besazung von Landau bestimmt, zählt 1 Bataillon oder 4 Kompagnien 745 M., und zwar: die ältere Linie eine Linien-Kompagnie mit 190 M., eine Jäger-Abtheilung mit 33 M., die Reserve mit 110 Mann. Die jüngere Linie: 3 Kompagnien von verschiedener Stärke mit 450 M., eine Jäger-Abtheilung mit 72 M., und die Reserve mit 261 M. — Die Scharfschüzen sind im dritten Gliede, können aber auch zu einem selbstständigen Körper formirt werden. — Das Bataillon hat im Stabe: 1 Kommandeur, 1 Adjutanten, 1 Fahnenträger, 1 Tambour, 1 Obersignalisten und 3 Trainsoldaten. Jede Kompagnie: 1 Hauptmann, 2 Lieutenants, 1 Sergeant, 10 Korporals, 4 Gefreite, 3 Tambours, 2 Signalisten (bewaffnet und mitrottirend, wenn sie nicht zum Tirailliren kommandirt sind) und 158 Soldaten. — Die Offiziere sind gemeinschaftliche Diener der beiden Fürsten, avanciren durch das Bataillon und können von einer zur andern Kompagnie versezt werden. — Die Kompagnien garnisoniren in Greiz, Schleiz, Ebersdorf und Gera.

Bewaffnung und Uniform.

Die Füsiliere mit Perkussionsgewehren, Bajonnet und Säbel; die Jäger mit Perkussions-Stuzen und Haubajonnet, die Offiziere Degen.

Weisse Waffenröke, blau aufgeschlagen, graue Beinkleider und Mäntel, Helme, gelbseidene Schärpen, roth und schwarz melirt; auf den Schuppen-Epauletts die Grad-Auszeichnungen durch Sterne bezeichnet.

Ergänzung.

Erfolgt durch Konskripzion, bei der älteren Linie auf 6, bei der jüngeren auf 4 Jahre im Kontingente, und 2 Jahre in der Reserve; Lobenstein-Ebersdorf hat ausserdem eine Landwehr-Kompagnie, in welcher der Soldat nach seiner Reservepflicht noch 2 Jahre zum Dienste verpflichtet ist. — In der älteren Linie kompletiren die nach dem lezten Treffer folgenden Nummern die Reserve.

Die im Jahre 1848 abgeschaffte Stellvertretung wurde im Juli 1853 wieder eingeführt.

Sachsen.

Se. Majestät König Friedrich August (geb. 1797), Chef der Armee.

Adjutantur.

General-Adjutanten: GL. Karl Aug. v. Engel, Ober-Stallmeister, und Ernst Reichard.

Flügel-Adjutanten: Oberst Gust. Wilh. v. Spiegel; Major Dietrich Benno v. Witzleben I., Kommandant der Kadettenschule, und Robert Eduard v. Zeschwiz.

Kriegs-Ministerium.

Kriegs-Minister —: GL. Bernhard Rabenhorst, Staats-Minister. 1. Adjutant. Abtheilungs-Chefs- und Ministerialräthe —: Geheimer-Kabinets-Rath Friedrich Wilh. Richter; Oberst H. Ernst v. Zeschau General-Intendant, Oberstlt. Bernh. v. Schimpff und Kriegsrath Karl Gust. Teucher; 2 Hauptleute als zugetheilt. Dem Kriegs-Ministerium unmittelbar untergeordnet:

Das Oberkriegs-Gericht —: General-Auditor Karl Wilh. Petsch mit 2 ordentlichen und 2 Deputirten-Räthen. — Das Stabskriegs-Gericht —: Auditor Gotth. August Funke mit 1 Aktuar.—

Artillerie-Kommission: zur Leitung der technischen und wissenschaftlichen Fortbildung der Waffe. Vorstand: GM. v. Rouvroy; Mitglieder: 1 Oberst, Törmer, 1 Major Bernhardt, 2 Hauptleute. —

Militär-Oberbauamt —: Direktor Oberst Voigt. 1. Major, Kirsch, 1 Hauptmann, sämmtlich vom General-Stab.

Kasernen-Direkzion: Direktor und Kommandant Oberst v. Wurmb, hat das Kommando sämmtlicher Kasernen, im Lande.

Militär-Reitschule:—Direktor Oberst v. Trotha, 1. Oberlt. als Assistent.

Sanitäts-Direkzion. Direktor: Generalstabs-Arzt Dr. Günther. Mitglieder: Divisions-Stabsarzt Dr. Anschütz, Brigade-Stabsarzt Hardraht, Ober-Rossarzt Trautvetter. Das sämmtliche ärztliche Personal bildet das Sanitäts-Korps, und werden von da die nöthigen Aerzte zu den Bataillons, Kompagnien, Batterien, Schwadronen etc. etc. kommandirt.

Ferner gehört dazu die Sanitäts-Kompagnie; dieselbe wird aus Freiwilligen der Infanterie gebildet und als Kompagnie formirt, trägt die Uniform der betreffenden Bataillons und als Abzeichen eine blutrothe Binde, auf welcher die schwarzen Buchstaben *S. C.* aufgenäht sind um den linken Arm, und ein rothes Pompon auf dem Czako. Jährlich findet eine Zusammenziehung derselben Statt, wo die Unteroffiziere und Mannschaften von den hierzu kommandirten Aerzten Unterricht erhalten und in ihrem Dienste eingeübt werden.

Militär-Vorraths-Anstalt. Direktor: Oberst d. K. v. Kirchbach. Sekzions-Chef: Hauptmann von der Armee Keysselitz, 1. Oberlieutenant.

Diese Anstalt versorgt die Armee mit sämmtlichen Bekleidungs- und Ausrüstungsstüken ausser den Waffen.

Den Militär-Magazinen zu Dresden, Hubertusburg, Leipzig, Freiberg, Zwickau, Bautzen und Festung Königstein stehen Proviantverwalter vor.

Kadetten- und Artillerie Schule zu Dresden. Kommandant der Kadettenschule: Major v. Witzleben I. Direktor der Artillerieschule: Hauptmann Freyberg von der Artillerie. Wirthschafts-Offizier: Hauptmann v. Elterlein I. von der Infanterie, und 6 Offiziere als Militairlehrer, und 1 Arzt.

Gouvernements und Kommandantschaften.

Gouvernement Dresden: GM. v. Sichart, dermalen mit den Geschäften interimistisch beauftragt; Platzmajor: Major der Infanterie Vitzthum von Eckstädt; 1 Gouvernements-Adjutant.

Kommandantschaft der Festung Königstein. Kommandant: GL. v. Rockhausen, Unter-Kommandant: Oberst Gutbier; 1 Adjutant.

Dresdner Garnisons-Hospital. Kommandant Oberstlt. der Infanterie v. Zeschau; Dirigent: Garnisons-Stabsarzt Siegel; Inspektor: Eichelkraut, Lieutenant von der Armee.

Militär-Straf-Anstalt. Kommandant: Oberstlt. v. Zeschau von der Infanterie.

Grosser Stab.

General —: Prinz Johann, Herzog zu Sachsen, k. Hoheit. GLte. —: Karl August Max v. Engel; Bernhard Rabenhorst; Hans Julius Aug. v. Mangoldt, Prinz Albert, k. Hoheit, Ernst Reichard; Moriz Ferdinand Gustav v. Rockhausen. 4 GM., 15 Oberste, 13 Oberstlte., 43 Majore.

General-Stab —: Chef Oberst v. Stiegliz; eingetheilt in die Ingenieur-Abtheilung (2 Stabs-Offiziere und 2 Hauptleute), Taktische Abtheilung (1 Rittmeister. 1 Hauptmann, 4 Oberlts.) und Plankammer (Direktor GM. Oberritt).

Armee.

A. Etat.

16 Infanterie und 4 Jäger-Bataillons zu 4 Kompagnien in 3 Gliedern; bei den Jägern das 3. Glied in 4 Sekzionen pr. Kompagnie oder gesammelt auf den Flügeln des Bataillons.

Jedes Infanterie-Bataillon im Stabe: 1 Major, 1 Adjutant, 1 Fahnenträger, 1 Bataillons-Signalist, ohne den Nicht-Kombattanten, und in den Kompagnien 14 Offiziere, 964 M.; also 978, jedes Jäger-Bataillon im Stabe: wie die Infanterie jedoch ohne Fahnenträger, und in den 4 Kompagnien: 18 Offiziere und 980 M., endlich jeder der 5. Brigade-Stabe: 1 Chef, 1 Brigadier (Oberst oder GM.), 2 Adjutanten, 1 Fourier, 1 Signalist, — also 16 Infanterie-Bataillone 15,732. 4 Jäger-Bataillons 4009. Im Kriege werden als Reserve errichtet: 4 Infanterie-, 1 Jäger-Bataillon 4934. Sohin in 25 Bataillons 24,675 Kombattanten.

4 leichte Kavallerie-Regimenter à 5 Schwadronen, jede Schwadron 158, der Regiments-Stab 5, sohin ein Regiment 795 und die 4 Kavallerie-Regimenter 3180 Kombattanten.

Artillerie: 1 Fuss-Artillerie-Regiment zu 3 Brigaden, 1 zu 4, 2 zu 3 Batterien, 2 Hauptparks, 2 Dépôt-Batterien, dann 1 reitende Artillerie-Brigade zu 2 Batterien. Die Fuss-Artillerie im Stabe 7 Kombattanten, in 6 Batterien (2 zwölfpfündige, 1 sechspfündige zu 8, 3 sechspfündige zu 6 Geschüzen) 979 Kombattanten; die reitende Brigade (2 Batterien, 12 Geschüze), im Stabe 2, in den Batterien 344, sohin die gesammte Artillerie (exklusive Kolonnen, Parks und Dépôts) 8 Batterien oder 50 Geschüze = 1332 Kombattanten.

Pionier- und Pontonier-Abtheilung: 2 Kompagnien (mit der Artillerie vereiniget), erstere 185, leztere 65, im Ganzen 250 Kombattanten.

Sanitäts-Truppe: 1 Kompagnie 247 Kombattanten. Ohne Reserve zählt also die Armee 24,750, und mit der Reserve 29684 Kombattanten.

Zum Bundes-Kontingent stellt Sachsen die 1. Division im 9. Armee-Korps, 12,000 M., und zwar: 9302 M. Infanterie, 1714 M. Kavallerie, 984 M. Artillerie und Pioniers mit 24 Geschützen.

B. Eintheilung.

Die Infanterie in 2 Divisionen oder 4 Linien- und 1 Jäger, die Kavallerie und Artillerie je in 1 Brigade.

Kommandant der Infanterie: GL. Prinz Albert, k. H.

1. Division: Kommandant GM. v. Sichart; 2. Brigade (5. bis 8. Bataillon): Oberst v. Süssmilch; 3. Brigade (9. bis 12. Bataillon): Chef Se. k. Hoheit Prinz Georg, Kommandant: Oberst v. Egidy-Geismar.

2. Division: GM. v. Treitschke. Leib-Brigade (13. bis 16. Bataillon): Chef: Se. Majestät der König; Kommandant: 1. Brigade (1. bis 4. Bataillon): Chef: Se. k. Hoheit GL. Prinz Albert; Kommandant: GM. v. Friederici.

Jäger-Brigade: Oberst v. Hake.

Kavallerie-Brigade: GL. v. Mangoldt.

Artillerie-Korps—: GM. v. Bouvroy.

Kommissariat: 1 Kompagnie, dem Kommando des ärztlichen Korps untergestellt.

C. Dislokazion.

A. der Infanterie. Leib-Brigade: Brigadestab, 13., 14. Bataillon in Dresden; 15., 16. Bataillon in Bautzen. 1. Infanterie-Brigade: Prinz Albert, k. H.; Stand-Quartier in Dresden. 2. Infanterie-Brigade: vakat, Prinz Max, 5., 6., 7. Bataillon in Chemnitz. 8. Bataillon in Schneeberg. 3. Infanterie-Brigade: Prinz Georg, k. H.; Stab, 9., 10., 11. Bataillon in Dresden, 12. Bataillon in Wurzen. Jäger-Brigade: Stab, 1., 2., 4. Bataillon in Leipzig, 3. Bataillon in Dresden.

B. der Reiterei. Garde-(4.) Regiment, 3. und 5. Schwadron und Stab in Dresden; 1. und 2. Schwadron in Grossenhayn, 4. Schwadron in Pirna. 1. Reiter-Regiment: vakat, Prinz Ernst; Stab, 2., 3., 4. Schwadron in Freiburg; 5. in Marienberg, 1. in Stosswein. 2. Reiter-Regiment: Prinz Johann, k. H.; Stab, 3. und 5. Schwadron in Grimma; 1. und 2. in Rochlitz, 4. in Lausigk. 3. Reiter-Regiment: Stab, 1. und 4. Schwadron in Borna; 3. und 5. in Pegau, 2. in Geithayn.

C. der Artillerie. Korps-Stab, Regiments-Stab, das Fuss-Artillerie-Regiment, die Pionier- und Pontonier-Abtheilung und die Kommissariats-Train-Kompagnie in Dresden. Die reitende Artillerie-Brigade in Radeberg.

Bekleidung und Ausrüstung.

Das Feldzeichen der Armee ist weiss und grün. Porte-épée und Hut-Kordons der Offiziere in Silber, mit Füllung von grüner Seide; ebenso die Feldbinden der Generale. Leztere, sowie die Stabs-Offiziere und der General- und Divisions-Stabsarzt tragen das Porte-épée mit starken, die übrigen Offiziere und in Offiziers-Rang stehenden Militär-Beamten mit schwachen Bouillons. Alle Offiziere führen Epauletten in Gold oder Silber. Die Epauletten der Offiziere der berittenen Truppen haben Bänder von geschlagenen Schuppen. Die Epauletten der Generalität haben starke, die der Stabsoffiziere feine Bouillons, die der übrigen Offiziere etc. etc. sind ohne dergleichen. Die Grad-Abzeichnung ist auf den Epauletten, und hat der Lieutenant, Major und GM. 1 Stern — ist das Epaulette von Gold, so ist der Stern von Silber und umgekehrt. — Die Oberlieutenants, Oberstlts. und GL. 2 Sterne, die Hauptleute, Obersten und der wirkliche General 3 Sterne.

Die Offiziere des Kriegs-Ministeriums und des General-Stabes, die Adjutantur, die Adjutanten der Divisions-Stäbe, die Offiziere des Gouvernements, der Kasern-Direktor und Hospital-Kommandant: Achselbänder von Gold oder Silber.

Die Generalität: Dunkelblaue Waffenröke mit einer Reihe goldener Knöpfe, ponceaurothem Kragen und Aufschlägen mit goldener Stikerei; dunkelblaue Pantalons mit rother Seitennaht, silberne und grüne Feldbinde, goldene Epauletten mit starken Bouillons.

Die Adjutantur: Dunkelblaue Waffenröke mit dergleichen Krägen und Aufschlägen und Pantalons mit rothem Vorstoss, Goldstikerei auf dem Kragen.

Der Generalstab: Dunkelblaue Waffenröke mit ponceaurothen Krägen und Aufschlägen, goldene Stikerei auf dem Kragen.

Die technische (Ingenieur-) Abtheilung desselben dunkelgrüne Waffenröke mit ponceaurothen Krägen und Aufschlägen und silbernen Knöpfen etc., schwarze Pantalons.

Die Offiziere der Gouvernements, der Kasern-Direktor, der Hospital-Kommandant dunkelblaue Waffenröke mit carmoisinrothen Krägen und Aufschlägen und dunkelblauen Pantalons, silberne Knöpfe etc.

Das Sanitäts-Korps: Kornblumenblaue Waffenröke mit schwarzem Sammtkragen, silberne Knöpfe etc., schwarze Pantalons.

Auditeure: Dunkelblaue Waffenröke und schwarze Pantalons mit rothem Vorstoss, goldene Knöpfe etc.

Alle nicht regimentirten Offiziere und Militär-Beamten tragen Hüte mit dunkelgrünem Federstuz. Die Generäle mit breiter Gold-Tresse eingefasst.

Infanterie. Linien-Infanterie: Dunkelgrüne Waffenröke mit kornblumenblauen Krägen und Aufschlägen und dergleichen Pantalons mit rothem Vorstoss, gelbe Knöpfe, Epauletten etc., abgestuzte, kegelförmige Czako's. Die Brigaden unterscheiden sich durch die Brigade-Zeichen auf den Czako's, und zwar hat die 1. Brigade blau, die 2. weiss, die 3. orange, die 4. (Leib-) Brigade rothe. Ausserdem ist die Bataillons-Nummer in rother Wolle auf den Achselklappen gestikt.

Die Jäger: Dunkelgrüne Waffenröke mit schwarzen Krägen und Aufschlägen, schwarzen Pantalons, rothem Vorstoss, schwarze Brigade-Zeichen. Die Nummern wie die Linie auf den Achselklappen.

Die Reiterei: Kornblumenblaue Waffenröke und Pantalons; das Garde-Regiment weisse Krägen und dergleichen schwedische Aufschläge; das 1. Regiment scharlachrothe, das 2. dunkelpurpur, das 3. orange Krägen und dergleichen schwedische Aufschläge, weisses Passe-poil, Achselschuppen von Messingblech, Helme von schwarzem Leder mit gelbem Beschlage.

Artillerie-, Pionier- und Pontonier-Abtheilung: Dunkelgrüne Röke mit, die Offiziere ponceaurothen, die Mannschaft krapprothen Krägen, Aufschlägen und Vorstoss, schwarze Pantalons mit rother Seitennath, gelbe Knöpfe etc.; die reitende Artillerie baierische Helme mit schwarzer Raupe, die Fuss-Artillerie etc. Czako's wie die Infanterie, die Artillerie grüne, die Pioniere und Pontoniere rothe Regiments-Zeichen.

Die Kommissariats-Train-Kompagnie: Korblumenblaue Waffenröke und Pantalons mit schwarzen Krägen und Aufschlägen, rothes Passe-poil, gelbe Achselschuppen, Czako's wie die Infanterie.

D. Bewaffnung und Ausrüstung.

Die Linien-Infanterie: Glatte Bajonnet-Gewehre, per Bataillon 8 Unter-Offiziere, und 64 mit gezogenen Jägergewehren; Seitengewehre von jezt noch verschiedener Façon, schwarzes Lederzeug.

Die Jäger: Gezogene Gewehre mit Bajonnet; als Seitengewehr leichte Faschinenmesser, schwarzes Lederzeug.

Die Reiterei: Korbsäbel, die Unteroffiziere 1 Pistole, die Mannschaft 1 Pistol und 1 Karabiner, weisses Lederzeug.

Die reitende Artillerie leichte Schleppsäbel und 1 Pistole, die Unter-Offiziere der Fuss-Artillerie dergleichen Säbel, die Mannschaft schwere Faschinenmesser. Die Pioniere und Pontoniere dieselben Faschinenmesser und leichte kurze Bajonnetgewehre; schwarzes Lederzeug. Die Kommissariats-Train-Kompagnie Korbsäbel, schwarzes Lederzeug, die Unteroffiziere 1 Pistole.

Die sämmtliche Reiterei ungarische Bocksättel; die Artillerie deutsche Sättel. Sämmtliche Feuerwaffen sind perkussionirt.

E. Ergänzung.

Durch Stellung mittelst Losung nach vollendetem 20. Lebensjahre. Stellvertretung. — Dienstpflicht 9 Jahre, hievon 3 Jahre bei der Fahne (aber meist nur 15 Monate präsent), 3 Jahre in der ersten, 3 Jahre in der zweiten Reserve.

Vom 1. November 1852 an erhielten die Adjutanten und subaltern Offiziere der Reiterei Chargen-Pferde.

Vom 1. Jänner 1853 bekamen die bisherigen Schüzen-Bataillone durch gleichmässige Bewaffnung der Infanterie mit gezogenen Gewehren den Namen „Jäger-Bataillon". Bei jedem Infanterie-Bataillon erhielten gleichzeitig 8 Unter-Offiziere und 64 Soldaten — die besten Schüzen — gezogene Gewehre und den Namen „Schüzen".

Eine k. Entschliessuug, im April 1853 ergangen, bestimmt, dass künftig auf die Prinzen des königlichen Hauses, wenn selbige ein Kommando in der Armee übernehmen, wie die übrigen Militärs auf die Kriegsartikel verpflichtet werden sollen.

Das Exerzier-Reglement der Infanterie, einer Revision unterzogen und A. H. Ortes bestätiget, ist im Herbst 1853 bei den praktischen Uebungen in Kraft getreten. Auf Grund des Reglements vom Jahre 1841 abgefasst, ist im Wesentlichen nur auf die thunlichste Vereinfachung und Zeitersparniss Bedacht genommen und blos das hinzugefügt worden, was bei den Jäger-Bataillonen die durchgängige und bei der Linien-Infanterie die theilweise Bewaffnung mit gezogenen Spizkugel-Gewehren erforderlich erscheinen liess. Ebenso ist auch das Reglement der Reiterei, welches bereits seit mehreren Jahren in Folge des Wegfalls der Kompagnie- und dafür eingetretenen Schwadrons-Formirung als Entwurf eingeführt gewesen, mit wenigen Veränderungen allerhöchst genehmigt worden.

Sachsen-Altenburg.

Se. Hoheit Herzog Ernst (geb. 1826).

General-Adjutant —: Oberst a. D. Karl Friedr. Frhr. v Münchhausen.

Ein Militär-Kollegium besorgt die Truppen-Verwaltungs-Angelegenheiten und wird von dem Vorsizenden des Staats-Ministeriums Geheimen-Rath v. Larisch geleitet.

Militär-Kommandant —: Oberst v. Diederichs.

Das Bundes-Kontigent zur Reserve-Division gehörig, zählt 1474 M. inklusive der 492 Mann starken Reserve, welche 1 Linien-Bataillon mit 4 Musketier- und eine Jäger-Kompagnie formiren.

Der Stab besteht aus: 3 Offiziers, 1 Auditor, 1 Arzt, 1 Büchsenmacher, 2 Unter-Offiziere und 14 Spielleute; jede Musketier-Kompagnie: 3 Offiziere, 1 Chirurg, 12 Unter-Offiziere, 4 Spielleute und 182 Gemeine; die Jäger-Kompagnie hat die gleiche Anzahl von Offizieren und Unter-Offizieren, 3 Signalisten und 133 Gemeine, sohin das Bataillon 982 M. Da das Urlauber-System besteht, so sind nur Unter-Offiziere, Spielleute und 95 M. präsent; jeden Herbst wird aber das Kontigent durch 4 Wochen zur Waffenübung zusammengezogen. Die Offiziere werden auf der Divisionsschule zu Erfurt ausgebildet, und müssen sich dem Examen unterwerfen.

Die Uniform besteht aus grünen Waffenröcken mit schwarzen Aufschlägen und grauen Beinkleidern, Helme, Lederzeug bei den Musketieren weiss, bei den Jägern schwarz. Feldzeichen: Grün und Silber.

Die Musketiere führen Perkussions-Gewehre und Säbel; die Jäger gezogene Perkussions-Büchsen mit Hirschfängern. Offiziere den Degen.

Das Kontingent wird durch Losung oder freiwilligen Eintritt ergänzt. Die Stellvertretung ist gestattet. Dienstzeit 6 Jahre, hievon 2 in der Reserve.

Sachsen-Meiningen.

Se. Hoheit Herzog Bernhard (geb. 1800).

Die Militär-Angelegenheiten besorgt das Kriegs-Kollegium; ein integrirender Theil des Staatsministeriums.

Das Bundes-Kontingent zur Reserve-Division gehörig, ist 1150 M, und bildet 1 Linien-Bataillon zu 4 Schüzen und 1 Jäger-Kompagnie.

Der Bataillons-Stab zählt 28 Individuen. Jede Schüzen-Kompagnie: 1 Hauptmann, 2 Lieutenants, 1 Feldwebel, 2 Sergeanten, 7 Korporale, 4 Gefreite, 2 Signalisten, 3 Tambours und 221 Gemeine; die Jäger-Kompagnie: 1 Hauptmann, 2 Lieutenants, 1 Feldwebel, 2 Sergeanten, 6 Korporale, 4 Gefreite, 4 Signalisten, 130 Gemeine. Der Garnisonsstand besteht aus 154 M. von Feldwebel an, welche mit Ausname der Unter-Offiziere alle 4 Monate wechseln.

Nach dem Bundes-Beschlusse vom 10. März 1853 soll Meiningen 1341 M. Haupt-Kontingent, 447 M. Reserve und 224 M. Ersazmannschaft stellen. Der Landtag bewilligte jedoch im April 1853 von der von der Regierung geforderten Summe von 35.000 fl. nur 14.000 fl. zur Erhöhung des Haupt-Kontigentes, und 3.000. fl. für die Reserve.

A. Uniform.

Dunkelgrüne Waffenröke mit schwarzen Aufschlägen, gelben Knöpfen; Pikelhauben. Die Schüzen haben französische Voltigeurs-Gewehre, Säbel, an welche die Bajonnetscheiden angeschnallt sind; die Jäger gezogene Büchsen und Hirschfänger mit der Kartusche nach Vorne; schwarzes Lederzeug; Offiziere: Säbel; Schärpen grün und Silber.

B. Ergänzung.

Durch Loos und freiwilligen Eintritt; Stellvertretung; 6 Jahre Dienstzeit, hievon 1 Jahr in der Reserve.

Seine Hoheit der Herzog hat an seinem Geburtstage, den 17. Dezember (1852) dem Bataillon eine Dienstauszeichnung verliehen. Diese besteht für Offiziere in einem vergoldeten Kreuze, welches auf der Vorderseite den Namenszug des Landesherrn mit der Krone, auf der Rükseite die Zahl XXV. enthält, und wird an einem dunkelgrünen Bande auf der linken Brustseite getragen. Das Kreuz wird nach 25jähriger aktiver Dienstzeit erworben.

Für Unter-Offiziere und Soldaten besteht diese Dienstauszeichnung:

a) für 24jährige Dienstzeit in einer vergoldeten Platte mit dem herzoglichen Namenszuge auf einem grünen Bande mit gelber Einfassung;

b) für 16jährige Dienstzeit eine dergleichen Platte von Silber auf grünem Bande mit weisser Einfassung, und

c) für 8jährige Dienstzeit eine dergleichen Platte von Eisen auf grünem Bande mit schwarzer Einfassung.

Die Platte wird auf der linken Seite der Brust in der Höhe des dritten Knopfes von oben, getragen; im gewöhnlichen Dienst nur das glatt aufgenähte Band.

Im März 1853 wurde ein Gesez erlassen, welches mehrere Bestimmungen des Rekrutirungsgesezes vom 7. November 1849 abändert, resp. wieder aufhebt; namentlich ist in demselben ausgesprochen, dass es jedem Militärpflichtigen frei steht, sich gegen bare Erlegung einer Einstandssumme von 300 Gulden Rhein. und eines Handgeldes von 20 Gulden Rhein. vertreten zu lassen. Der Soldat selbst kann sich aber ausnamsweise blos dann vertreten lassen, wenn er durch seine Beibehaltung in dem Kontingente entweder wichtige Vortheile verliert oder für ihn ein wesentlicher Nachtheil entstehen würde. Auch erhielt das Militär seine eigene Gerichtsbarkeit.

Sachsen-Koburg-Gotha.

Se. Hoheit Herzog Ernst II. (geb. 1818).

General-Adjutant —: Oberst v. Alvensleben; zugleich Oberst-Stallmeister; Flügel-Adjutant —: Major Frhr. Pawell.

Die Militär-Verwaltung bildet die Kriegs-Kommission, eine Abtheilung des Staats-Ministeriums.

Kommandant des Bundes-Kontingents: k. preuss. Major v. Wizleben, à la suite des Regiments.

Festungs-Kommandant in Koburg —: GM. v. Schauroth.

Bundes-Kontigent zur Reserve-Division: 1116 M. in 2 Bataillons, jedes 4 Kompagnien mit einer selbstständigen Jäger-Abtheilung; der Regiments-Stab besteht aus: 1 Kommandanten (Oberst), 1 Adjutanten, 1 Musik-Direktor; der Stab der beiden Bataillone aus: 2 Kommandanten (Majore), 1 Adjutanten, 2 Aerzte, 2 Stabs-Fourieren, 1 Ober-Hautboisten, 1 Regiments-Tambour, 1 Bataillons-Tambour, 23 Hautboisten und 14 Hornisten, Jede Kompagnie: 1 Hauptmann, 2 Lieutenants, 1 Feldwebl, 1 Chirurgen, 2 Sergeanten, 1 Fourier, 6 Korporäle, 4 Gefreite, 2 Signalisten, 2 Sappeur, 2 Tambour und 128 Gemeine. Die zu Offiziers bestimmten Individuen werden auf der k. preuss. Divisions-Schule zu Erfurt ausgebildet und müssen das Offiziers-Examen in Magdeburg ablegen.

In Folge des Bundes-Beschlusses vom 10. März 1853 hat das Herzogthum 2 Bataillone Infanterie von je 620 M. und 310 M. Ersaz und Reserve, im Ganzen 1860 M. zu stellen. Das Füselier-Bataillon ist in Kobung, das Musketier-Bataillon in Gotha garnisonirt.

Uniform, Bewaffnung und Ergänzung wie in Altenburg.

Das Füselier-Bataillon hat auf den Pikelhauben weisse, das Musketier-Bataillon schwarze Büsche. Stellvertretung ist gestattet und besteht eine Militär-Vertretungs-Gesellschaft.

Bei Gelegenheit wo die Pikelhauben eingeführt wurden (21. Juni 1853) wurde auch die deutsche Kokarde beseitiget.

Sachsen-Weimar-Eisenach.

Se. k. Hoheit G. H. Karl (geb. 1818).

General-Adjutant —: Oberst v. Beulwiz; Adjutant —: Oberstl. Graf v. Beust.

Die Militär-Verwaltung besorgt das erste Departement des Staats-Ministeriums, derzeit Dr. jur. v. Watzdorf, Vorsizender des Gesammt-Ministeriums.

Direktor: Staats-Rath Stichling.

Chef des Militärs —: Oberst Ernst Heinrich v. Poyda.

Das Gross-Herzogthum stellt als Bundes-Kontingent zur Reserve-Division 2010 M. Infanterie, u. z.: 2 Linien-Bataillone (eines zu Weimar, das andere zu Eisenach) à 4 Kompagnien Infanterie und 1. Schüzen-Kompagnie, jede Kompagnie: 1 Hauptmann, 2 Lieutenants, 1 Feldwebl, 4 Sergeanten, 9 Korporäle, 2 Signalisten, 2 Tambour und 174 Gemeine. 1 Reserve-Bataillon zu 1000 M. in 5 Kompagnien, von dem nur der dasselbe kommandirende Major und 2 Unter-Offiziere per Kompagnie präsent sind.

Nach dem Bundes-Beschluss vom 10. März 1853 soll das Gross-Herzogthum 2234 M. in erster und 1116 M. in zweiter Aufstellung unterhalten.

Eine Husaren-Abtheilung von 37. M. bildet die Leibwache und Land-Gendarmerie.

Jedem Linien-Bataillon sind 1 Ober-, 4 bis 6 Unter-Offiziere und 48 M. zugetheilt, welche zum Artillerie-Dienste gebildet, die dem Bataillon zugewiesenen 2 sechspfündigen Kanonen bedienen.

A. Bewaffnung.

Bajonnettirte Perkussions-Gewehre und Säbel; die Husaren führen Säbel, Karabiner und Pistolen.

B. Uniform.

Dunkelgrüne Waffenröke, Aufschläge und Krägen, gelbe Knöpfe, schwarzes Lederzeug, graue Beinkleider, preuss. Helme mit schwarzem Haarstuz; — die Husaren rothe Dollmann, blaue Pelze, graue Beinkleider, Csako.

Die Ergänzung erfolgt durch Stellung mittelst Losung oder freiwilligen Eintritt.

Dienstzeit: 4 Jahre im aktiven Dienste, 2 in der Reserve.

Die aufgehobene Stellvertretung ist wieder zur Einführung beantragt, und bis dahin eine Erhöhung der Unteroffiziers-Gehalte nothwendig geworden.

Die Verordnung vom 8. Mai 1849 wornach auch den Militär-Dienstpflichtigen die Erlaubniss zur Auswanderung nicht versagt wurde, wenn sie in ein anderes deutsches Land auswandern und dort ebenfalls dem deutschen Reiche Militär-Dienste leisten, ist bei den veränderten Verhältnissen und Umständen Anfangs Dezember 1852 aufgehoben und die Auswanderungs-Freiheit der Militär-Dienstpflichtigen auf das Gesez von 1823 beschränkt worden.

In Folge des zitirten Bundes-Beschlusses wegen Erhöhung des Kontingentes wurde im Oktober 1853 beschlossen, dass die bisherige Eintheilung in drei Bataillone beizubehalten sei. Eine Jäger-Abtheilung soll nicht errichtet werden. Die Kosten zweier Bataillone mit 2 Jäger-Abtheilungen würden 151,000 Rthlr., mit einer Jäger-Abtheilung 148,000 Rthlr. betragen. Die jezige Formazion, einschliesslich des Husaren-Korps erfordert 146,500 Rthlr., hiebei sind die Vorschriften der Bundes-Geseze zu Grunde gelegt. — Für den Brotbedarf der Mannschaften ist ein besonderer Etat nach dem Durchschnitts-Saze von 15 Rthlr. pr. Kopf entworfen worden.

Der Wegfall der Stellvertretung, welche den gedienten Unteroffizieren früher einen Nebenverdienst gewährte, hat eine Erhöhung der Unteroffiziers-Gehalte als ein dringendes Bedürfniss heraustreten lassen. Das zu diesem Behufe angeregte Mehrpostulat beträgt 3718 Rthlr. 24 Sgr. Es wird jedoch dessen Wegfall zugesagt, wenn die Stellvertretung wieder eingeführt werden sollte, worüber sich das Ministerium nach Befinden weitere Mittheilungen vorbehält. — Das bisherige Husarenkorps soll aus Rüksichten der Ersparniss in seiner jezigen Gestalt aufhören und der dafür berechnete Aufwand von 3075 Rthlr. aus dem Militär-Etat wegfallen. Dafür sollen acht, dem Gensdarmerie-Korps einzuverleibende reitende Ordonnanzen mit einem Aufwande von 2400 Rthlr. kreirt werden.

Schwarzburg-Rudolstadt.

Se. Durchlaucht Fürst Friedrich Günther (geb. 1793).

Das fürstliche Ministerium leitet die Militär-Angelegenheiten.

Bundes-Kontingent, zur Reserve-Division, beträgt 539 M. und 270. M. Reserve. Diese sind in 2 Kompagnien Infanterie, jede 207, und eine Jäger-Abtheilung 125 M. eingetheilt. Beide Kompagnien zählen 8 Offiziere, 8 Sergeanten und 16 Korporale.

Grüne Waffenröke, gelbe Knöpfe, graue Beinkleider, im Sommer weisse, schwarzes Lederzeug, Helme mit Raupen, perkussionirte Gewehre mit Bajonnet und Säbel, die Jäger Büchsen und Hirschfänger.

Das Bundes-Kontingent wird durch Stellung oder freiwilligen Eintritt ergänzt. Dienstzeit in der Aktivität 4, in der Reserve 2 Jahre, vom 20. Lebensjahre angefangen. Die Stellvertretung ist gestattet. Aus der Reserve werden nöthigenfalls, da es lauter exerzirte Leute sind, Ersaz und Ergänzungs-Mannschaften gezogen.

Schwarzburg-Sondershausen.

Sr. Durchlaucht Fürst Günther (geb. 1801).

Die Militär-Angelegenheiten werden vom fürstlichen Ministerium geleitet.

Das Bundes-Kontingent zur Reserve-Division zählt 451 Jäger in 2 Kompagnien; darunter 6 Offiziere, 8 Sergeanten und 16 Korporale, dann eine Reserve von 226 M.

Grüne Waffenröke, rothe Aufschläge und Achselklappen, gelbe Knöpfe, graue Beinkleider, im Sommer weisse, Helme mit Raupen, schwarzes Lederzeug; perkussionirte Bajonnet-Flinten; Feldzeichen: weiss und blau.

Ergänzung wie Rudolstadt.

Eine im November 1852 erlassene Verordnung regelt die Avanzements-Vorschriften. Auf Unteroffizierstellen kann der gemeine Soldat nur dann rechnen, wenn er die erforderliche Ausbildung erlangt und anderweite gute, in dieser Verordnung näher bezeichnete Schulkenntnisse besizt. Wer hingegen Anspruch auf Avanzement zum Offizier erlangen will, hat ausser dem sonstigen Nachweis noch ein Zeugniss eines inländischen Gymnasiums oder der Realschule über seine Reife zum Abgang aus der zweiten Klasse des Gymnasiums, oder aus der ersten Klasse der Realschule beizubringen. Das Offizier-Korps hat sich dann auf Veranlassung des Kommandeurs über die Frage auszusprechen, ob der Aspirant nach Massgabe seiner Führung, seiner Dienstapplikazion, der erworbenen Dienstkenntnisse etc. zum Dienen auf Avanzement würdig sei. Das Militär-Kommando hat nun über den Ausfall der Verhandlungen an den Fürsten zu berichten, und erst, wenn dieser den Antrag des Aspiranten genehmigt, hat das Ministerium wegen Aufnahme desselben in die Divisionsschule zu Erfurt die geeigneten Verfügungen zu treffen. Am Schlusse des dort abzuhaltenden neunmonatlichen Kursus entscheidet eine Vorprüfung über die Befähigung zum Offizier-Examen vor der Ober-Militär-Examinazions-Kommission in Berlin, und erst, nachdem diese Vorprüfung bestanden, kann der Aspirant zum Offizier befördert werden.

Waldek.

Se. Durchlaucht Fürst Georg Viktor (geb. 1831).

Kommandant der herzoglichen Truppen —: Oberst Hermann Prinz zu Waldek.

Die Militär-Angelegenheiten werden durch die 7. Abtheilung der Regierung geleitet. Vorstand derselben —: Regierungsrath Klapp.

Waldek stellt zur Reserve-Division 519 M. als Bundes-Kontingent. Dasselbe formirt in 3 Kompagnien und 1 Jäger-Detachement ein Bataillon, und wird kommandirt vom Major v. Diringshofen. Ausserdem die Bundesmatrikelmässige Reserve und Ersaz von 259 Mann.

Grüne Waffenröke, die Musketiere rothe, die Jäger grüne Aufschläge und Krägen; graue Beinkleider, Helme als Kopfbedekung perkussionirte Gewehre à la Miniée und Säbel; die Jäger: Büchsen und Hirschfänger.

Die Ergänzung geschieht durch Stellung, die Dienstzeit ist 2 Jahr aktiv, 4 Jahre in der Reserve.

Württemberg.

Se. Majestät König Wilhelm I. (geb. 1781), Oberbefehlshaber des Heeres.

Adjutantur: 1. Adjutant —: GM. Freiherr von Elrichshausen. Dienstthuende Adjutanten: — Oberst Julius v. Hardegg; Major Graf Gronsfeld, Hauptmann Franz v. Beulwiz und Rittmeister Cäsar Graf Beroldingen.

Kriegs-Ministerium.

(Führt die oberste Leitung und Beaufsichtigung des Heeres. Demselben ist das Korps-Kommando untergeordnet; nur die Leibgarde und das Landjäger-Korps dependiren unmittelbar von Sr. Majestät dem Könige. Das Kriegs-Ministerium ist in 7 Departements getheilt).

Kriegsminister—: GL. v. Miller. Referenten — Oberstlt. v. Keiniz, Oberstl. Oskar v. Hardegg, zugleich Adjutant; Ober-Kriegsrath v. Heller, Kriegsrath Vischer und Dr. Kapf, Justiziar. Referenten für besondere Geschäftszweige. Medizinal-Wesen —: General-Stabsarzt Dr. Klein. Gesundheitspflege der Pferde—: Ober-Medizinalrath Dr. Haussmann. Bauwesen—: — — — Kanzlei des Kriegs-Ministeriums—: Direktor Oberstl. Oskar v. Hardegg, 10 Beamte. —Kriegs-Ministerialkassa. Kassier —: Kriegsrath v. Schickhardt, 1 Buchhalter. Ober-Kriegsgericht. Vorstand —: Direktor v. Schweizerbart mit 3 Räthen und 3 Kanzlei-Beamten. Medizinal-Kommission. Vorstand —: General-Stabsarzt Dr. Klein, 2 Räthe. — Ober-Rekrutirungsrath (ist dem Ministerium des Innern und des Krieges gemeinschaftlich untergeordnet). Vorstand —: Der Direktor des Ober-Kriegsgerichtes mit 4 Abgeordneten und 2 Kanzlei-Beamten.

Dem Kriegs-Ministerium unterstehen ferner die Kasernen-Verwaltungen zu Stuttgart, Ludwigsburg, Ulm Hohenasperg; die Montirungs-Verwaltung ebendaselbst, und die Offiziers-Uniformirungs-Verwaltung in Ludwigsburg.

Stäbe.

Generalität. GL. Ihre k. Hoheiten Prinz Friedrich und Prinz Karl v. Württemberg: — Georg Graf v. Sontheim; Moriz v. Miller, Ernst v. Baumbach; 10 GM., 20 Oberste, 20 Oberstlt., 22 Majors und 365 Hauptleute und Rittmeister bis einschliesslich der Lieutenante.

Korps-Kommandant. GL. Prinz Friedrich von Württemberg, 1 Adjutant.

General-Quartiermeister-Stab. Prov. Chef —: Oberst v. Wiederhold. Zerfällt in den eigentlichen General-Stab (1 Stabs-Offizier, 6 Hauptleute, 3 Ober-Lieutenants, 1 Lieutenant und 3 kommandirte subalterne Offiziere); das Ingenieur-Korps (Oberst v. Erhardt, Festungsbau-Direktor, 1 Stabs-Offizier und 2 Ober-Lieutenants) und 1 Pionier-Kompagnie (1 Hauptmann als Kommandant, 1 Hauptmann, 2 Ober-Lieutenants).

Artillerie-Kommandant: — GM. Fidel v. Baur, zugleich Gouverneur zu Ludwigsburg.

Infanterie-Divisions-Kommandant —: GL. v. Baumbach, zugleich Gouverneur der Residenzstadt Stuttgart.

Kavallerie-Divisions-Kommandant —: GM. Richard v. Weissenstein.

Ehren-Invaliden-Korps —: Kommandant Oberst v. Klapp.

Leibgarde zu Pferde. — Inspekteur: Se. k. Hoheit GL. Prinz Friedrich v. Württemberg. — Kommandant: Oberst Prinz Hermann zu Sachsen-Weimar.

Landjäger-Korps —: GM. v. Martens.

Plaz-Stabspersonal —: zu Stuttgart und Ludwigsburg s. oben, zu Ulm (s. deutscher Bund); zu Hohenasperg —: Festungs-Kommandant Oberst Sonntag und zu Gmund —: Stadt-Kommandant Oberstlt. v. Seeger.

Armee.

A. Etat.

Infanterie. 8 Regimenter zu 2 Bataillons à 4 Kompagnien, diese zu 2 Zügen in 3 Gliedern, jede Kompagnie 223 Kombattanten, einschliessig von 36 Schüzen (darunter 10 Scharfschüzen, welche in 2 Abtheilungen zu 3 Rotten auf jedem Flügel eines Zuges stehen), der Bataillons-Stab hat 5, der Regimentsstab 3 Kombattanten, sohin 1 Regiment: 1797 und die 8 Regimenter: 14,376 M.

Kavallerie. *a*) Die Leibgarde zu Pferde mit 5 Offizieren und 147 M., *b*) eine Feldjäger-Abtheilung, zur Armee-Polizei, im Frieden 53 M., und *c*) 4 Reiter-Regimenter, jedes zu 2 Divisionen, zu 2 Schwadronen, zu 5 Zügen; (der 5. Zug bildet die Schüzen); das Regiment im Stabe 6, jede Schwadron 170, sohin ein Regiment 686 und die 4 Regimenter 2744 Kombattanten; die gesammte Reitertruppe 2949 Mann.

Artillerie. 1 Regiment (welchem das Arsenal, 1 Garnisons-Artillerie-Kompagnie und der Artillerie-Train beigegeben sind) zu 2 Bataillons. Fahrendes Bataillon zu 4 fahrenden Batterien (jede 4 zwölfpfündige Kanonen, 2 zehnpfündige Haubizen); — reitendes Bataillon zu 3 reitenden Batterien (jede zu 6 sechspfündigen Kanonen und 2 zehnpfündigen Haubizen aus Eisen). Jede Batterie ohne Unterschied zählt als Bemannung 4 Offiziere und 155 M.; der Train ist für eine reitende Batterie: 2 Offiziere, 86 M., für eine Fuss-Batterie: 2 Offiziere, 93 M. — Es zählen demnach die 7 Batterien mit Train 1757 Kombattanten, hierzu der Artillerie-Stab mit 7, sohin diese Waffe 1764 M.

Pioniere. 1 Kompagnie unter den Generalstab gestellt, 4 Offiziere, 171 M.

Gesammtstärke der Armee im Kriege 19,264, im Frieden mit dem 531 K. starken Landjäger-Korps nur 8806 M.

Württemberg stellt zum Bundes-Kontingente die 1. Division des 8. Armee-Korps mit 13.955 M., u. z. Infanterie 10,816, Kavallerie 1,994, und Artillerie u. Pioniere 1,145 M. mit 28 Geschüzen.

B. Eintheilung.

Infanterie-Divisions-Kommando in Stuttgart. Kommandant (s. oben); aggregirt GM. v. Stadlinger; 1 Adjutant.

1. Brigade (3., 5., 6. Regiment) in Stuttgart. Kommandant —: GM. Graf Wilhelm v. Württemberg.

2. Brigade (1., 7., 8. Regiment) in Ulm. Kommandant—: GM. v. Reinhardt.

3. Brigade (2. und 4 Regiment) in Ludwigsburg. Kommandant —: GM. v. Brand.

Kavallerie-Divisions-Kommando in Stuttgart. Kommandant —: (s. oben). 1 Adjutant, 1 Stallmeister. Besteht aus den 4 Reiter-Regimentern.

C. Dislokasion.

Infanterie. 1. Regiment in Ulm und Waiblingen; 2. in Ludwigsburg; 3. in Stuttgart; 4. in Ludwigsburg; 5. und 6. in Stuttgart; 7. und 8. in Ulm. Die Disziplinar-Kompagnie in Hohenasperg.

Kavallerie. 1. Regiment in Ulm, 2. in Stuttgart, 3. und 4. in Ludwigsburg.

Artilleries-Regiment in Ludwigsburg.

D. Bewaffnung.

Infanterie: Unteroff. und Infanteristen französ. Perkussions-Gewehr; die Schüzen ein leichteres mit einem beweglichen Visir in 3 Blättchen; die 10 Scharfschüzen pr. Kompagnie eine 12zügige Büchse, die Hornisten das Artillerie-Gewehr mit Bajonnet über der Schulter; Unteroffiziere und $^1/_3$ Gemeine führen den Säbel, $^1/_3$ Faschinenmesser und $^1/_3$ Beile. — Kavallerie: Lanzen, Korbsäbel, 1 Pistole und kurze Karabiner. Die eingetheilten Schüzen: Korbsäbel und lange Karabiner, Unteroffiziere: Korbsäbel und 1 Pistole. Die Karabiner haben das Infanterie-Kaliber und Visire; die kurzen das Korn auf dem Ring, die langen auf dem Lauf. Artillerie. Unteroffiziere: Reitersäbel und 1 Pistole. Reitende Artilleristen: Reitersäbel am Sattel und den Laffetenwänden befestiget und 2 Pistolen; Fahrende: Bajonnet-Karabiner über der Schulter und Faschinenmesser.

E. Uniformirung und Ausrüstung.

Grundfarbe königsblau. Generalität: Leichte Tschakoms von pulverblauem Tuche, der GM. mit einer breiten Goldborte, der GL. mit einer zweiten, schmalen; Rose von Gold mit dem Namenszug des Königs. Ueberzug von schwarzem Wachstuch mit gothischem W. in der Mitte. Schirmmüze von königsblauem Tuche mit rothem Vorstoss, auf dem Bunde goldene Lorbeerstikerei.

Kleine Uniform: Königsblauer Waffenrok mit rothem Vorstoss, Kragen und Aufschläge wie der Rok; einer Reihe gelber Knöpfe, auf denen sich ein mit einem Kommandostab kreuzendes Schwert befindet. Hosen königsblau mit rothem Vorstoss; Schabraken königsblau mit rothem Vorstoss, in den hintern Eken goldgestikter Stern.

Grosse Uniform: Kragen und Aufschläge roth mit goldener Lorbeerstikerei; Hosen mit goldenem Bortenbesaz längs der Seitennähte; Schabrake mit Einfassung von doppelten goldenen Borten, und in den hintern Eken ein goldgestiktes gothisches W. mit der Königskrone über verschlungenen Lorbeerzweigen. (Reitzeug wie die Offiziere des General-Quartier-Meister-Stabs).

Epauletts von Gold, mit diken Bouillons; auf den vergoldete Schalen mit silbernen Emblemen von sich kreuzendem Schwert- und Kommandostab. -- Porte-épée — gleich allen Offizieren — von Gold, roth und schwarzer Seide an schwarzledernen Riemen mit goldenen Randstreifen. Mantel, gleich dem aller berittener Offiziere, grau mit rothem Kragen. — Säbelkuppel von Goldborten auf rothem Saffianleder mit einfach goldenem Verschlusse. — Schärpe: Nez von Goldfaden, mit rother und schwarzer Seide durchwirkt; an einem Ende des Nezes befinden sich zwei Schnüre von denselben Farben mit Quasten von goldenen Bouillons. Die Schärpe wird ebenso — um den Leib geknüpft — von den Adjutanten des Königs getragen. Ueberhaupt haben solche die gleiche Adjustirung, nur statt Gold: Silber; die gewölbten Knöpfe zeigen eine Krone und der Rok ist mit silberner Achselschnur versehen.

General-Quartiermeister-Stab: leichte Tschakoms von pulverblauem Tuche, die Subaltern-Offiziere mit einer, die Stabs-Offiziere mit doppelter Goldborte; Kokarde von roth und schwarzer Seide; Busch von schwarzen Rosshaaren. Schirmmüze königsblau mit rothem Vorstoss, vergoldetem lateinischen W. vornan, Kokarde auf dem schwarzsammtenen Bund. — Waffenrok und Hosen: königsblau mit rothem Vorstoss, ersterer mit einer Reihe gelber Knöpfe, auf welchen 2 sich kreuzende Schwerter; Kragen und Aufschläge von schwarzem Sammt und goldener Lize. Epaulette von Gold als Gradabzeichen: der Lieutenant mit 1 silbernen Stern, der Oberlt. mit dergleichen 2, der Hauptmann auf der rechten Schulter ein Epaulett mit goldenen Fransen, auf der linken ein Kontre-Epaulett — ohne Sterne, der Major und Oberstlt. 2 Fransen-Epaulette, jener je mit 1, dieser mit 2 silbernen Sternen; der Oberst mit offenen Bouillons ohne Sterne; dieselben Epaulette werden von den Offizieren der Reiterei — von Silber aber und mit goldenen Sternen von den Offizieren der Infanterie, Artillerie- und des Landjäger-Korps getragen. — Schärpe, wie alle Offiziere der Reiterei, Artillerie und des Landjäger-Korps, wie die der Generale, nur statt von Gold, einfachen roth und schwarzer Seide. — Säbelkuppel wie die Generale oder von schwarzem Saffian mit gelbem Beschlag. Schabraken: königsblau mit rothem Vorstoss; Zaum und Riemenwerk schwarz mit gelben Schnallen; Sattel englisch mit Löffel, gelbmetallene Steigbügel.

Die Offiziere der Pionier-Kompagnie gehören zum General-Quartier-Meister-Stab, dessen Uniform sie tragen. Bei ihren speziellen Dienstleistungen haben sie auf Krägen und Aufschlägen des Waffenroks keine Lizen. Kartusche mit schwarzem Riemen und gelbem Beschlag. Mannschaft: pulverblaue Tschakoms mit gelbwollener Borte, Kokarde, Schirmmüze von königsblauem Tuche mit rothem Vorstoss, und schwarzem Rosshaarbusch. Hosen und Waffenrok königsblau mit rothem Vorstoss; Krägen und Aufschläge von schwarzem Tuche, und auf dem rechten Oberarm 2 sich kreuzende Beile mit einem Anker, bei den Unteroffizieren und Pionieren erster Klasse von gelbem Metall, bei den Pionieren zweiter Klasse von rothem Tuch. (Dieselbe Verzierung befindet sich auf der Müze). Gelbe gewölbte Knöpfe, auf welchen ein mit einer Faschinensäge sich kreuzendes Beil. Achselstege von rothem Tuche. Auszeichnung der Unteroffiziere: Rottenmeister, (Ober - Kanoniere) gelbe, weisse Borte auf den Aermel - Aufschlägen; Ober -Männer: goldene, silberne; Wachtmeister, Feldwebel, Fourire: eine dergleichen um den Kragen; Ober-Wachtmeister, Ober-Feldwebel eine solche um Kragen und Aufschläge, — weisses Lederwerk; Mäntel grau, wie bei allen Waffengattungen.

Artillerie: Dieselben leichten Tschakoms, jedoch weisse Borten, und voran 2 gekreuzte Kanonenröhre von weissem Metall über denen eine flammende Granate von gelbem Metall ist. Schirmmüze mit — bei den Offizier silberne, bei der Mannschaft — schwarze Granaten auf rother Unterlage. Offiziere Bund von schwarzem Sammet, Mannschaft detto Tuch. — Waffenrok und Hosen königsblau mit rothem Vorstoss. Ersterer hat Kragen und Aufschläge von schwarzem Tuche, (Offiziere von Sammet), bei der Fuss-Artillerie sind die Achselstege von rothem Tuche, bei der reitenden und dem Train Epaulette von polirtem Eisen und geschuppt; Knöpfe weisse, gewölbte, auf denen sich 2 kreuzende Geschüzröhren und Granate befinden. — Weisses Lederwerk, Reitende-Artillerie und Train schwarzledernen, mit Eisen beschlagenen (Offiziere mit Silber-) Kasten; Reitzeug: Sattel, die Offiziere englisch mit Löffel, die Mannschaft ungarischen Bok; eiserne Steigbügel; Zaum und Riemwerk: schwarz mit schwarzen Schnallen; Schabrake blau mit rothem Vorstoss, auf den hintern Eken eine Granate bei der Mannschaft von schwarzem Tuch, roth unterlegt, bei den Offizieren in Silber gestikt; Mantelsak königsblau mit rothem Vorstoss und derselben Seitenverzierung. —

Reiterei: leichte Tschakoms von scharlachrothem Tuche mit gelbwollener Borte, Kokarde, Busch von schwarzen Rosshaaren, in gelben Oliven. Ueberzüge von schwarzem Wachstuch mit gelber Regiments - Nummer. Schirmmüze: königsblau mit Bund von rothem Tuche, vorne die Regiments-Nummer von demselben Tuche. — Waffenrok und Beinkleider königsblau mit rothem Vorstosse; Aufschläge roth, Kragen hellroth mit Knöpfchen; gelbe gewölbte Knöpfe (eine Reihe) mit Regiments-Nummer; die Schüzen Pfeile von gelbem Metall an rother Schnur, auf der rechten Brust; Epaulette von gelbem Metall, geschuppt. — Weisses Lederwerk; Reitzeug: Mannschaft: ungarischer Bok — Offiziere englisch, mit Löffel; Zaum und Riemwerk: schwarz mit schwarzen Schnallen. Schabrake: königsblau mit rothem Vorstoss, in den Eken der Namenszug des Königs von rothem Tuche. (Offiziere gestikt). Mantelsak detto, mit der Regiments-Nummer von rothem Tuche.

Leibgarde: wie die Reiter-Regimenter, nur statt scharlachrothen Abzeichen solche von amaranthrothem Tuche; gelbe Fang- und Achselschnüre (Offiziere von Gold), Knöpfe ohne Gepräge, auf den Tschakoms-Ueberzügen, Müzen und Schabraken die Königskrone. — Ordonanz-Dienst und Heeres-Polizei versehen eine Anzahl Unter-Offiziere, welche hiezu von den Reiter - Regimentern abkommandirt werden, und eine Feldjäger-Abtheilung bilden. Dieselben tragen die Uniform ihrer Regimenter, haben jedoch als Kopfbedekung Bärenmüzen, und als Auszeichnung gelbe Achselschnüre.

Infanterie: leichte Tschakoms von pulverblauem Tuche mit weisswollener Borte (Offiziere von Silber), Kokarde Buschen: Soldaten von blauer, Schüzen von grüner Wolle, Offiziere von Silber; Ueberzug von Wachstuch mit weisser Regiments-Nummer. Schirmmüze: blau mit rothem Vorstoss, Kokarde und Regiments-Nummer von rothem Tuche, Schüzen darunter ein Hörnchen (Offiziere von Silber), — Waffenrok und Beinkleider: königsblau mit rothem Vorstoss; Kragen und Aufschläge roth; eine Reihe weisser gewölbter Knöpfe mit der Regiments-Nummer; Achselstege von rothem Tuche mit weisser Kompagnie-Nummer; Offiziere: Schärpe von roth und schwarzer Seide mit langen Quasten; — Stiefel, Tornister (wie Fuss - Artillerie, Pioniere, Landjäger) Scharfschüzen: Ladmass an grüner Schnur mit Kuppel an der linken Brustseite, sowie Sprizflasche von Kautschuk; weisses Lederwerk. (Musik und Tamboure rothe Schwalbennester mit silbernen oder weisswollenen Borten; Trompeter bei der Reiterei mit goldenen oder gelbwollenen).

Kriegsschüler: tragen die Uniform ihrer Waffe, jedoch mit gleichen, gelben Abzeichen.

Porte-épée Kadetten: die Uniform ihrer Regimenter, mit Lieutenants-Epauletten ohne Sterne.

Landjäger: Tschakoms wie die Infanterie mit Rosshaarbuschen (schwarzen), Ueberzug mit weissem W., Schirmmüze: dunkelblau mit rothem Vorstoss und rothem W. — Waffenrok und Beinkleider: Dunkelblau mit rothem Vorstoss; Kragen und Aufschläge von schwarzem Tuche (Offiziere Sammet) eine Reihe weisser gewölbter Knöpfe; Stiefel; weisses Lederwerk; rothe Achselstege.

Invaliden: dunkelblaue Adjustirung mit rothen Abzeichen, weissen Knöpfen; leichte Tschakoms ohne Busch; Mannschaft Degen; Offiziere: Säbel. — Offiziere der Infanterie tragen einen grauen Paletot, mit Nummern-Knöpfen und rothem Kragen mit Vorstoss.

Fahnen und Standarten: sind von amaranthrother Seide mit der Namenschiffre des Königs und dem württembergischen Wappen. Die Fransen derselben sind nach den Regimentern verschiedenfärbig — z. B. 3. Infanterie-Regiment orange; 6. Infanterie-Regiment weiss; Leibgarde: Gold — die Regiments-Nummer befindet sich an der Fahnen-Stange.

F. Ergänzung.

Durch Aushebung oder freiwilligen Eintritt vom 20. bis 27. Jahre mit Stellvertretung, auf 6 Jahre. Durch Beurlaubung reduzirt sich die Dienstzeit bei der Infanterie auf 9 Monate, u. z. 6 Monate ununterbrochen bei der Fahne und 3 Monate im nächsten Jahre wieder einberufen; nur die Schüzen haben 1½, Kavallerie und Artillerie 3 bis 3½ Jahre ununterbrochen zu dienen. Die Landwehr in drei Aufgeboten ist bis zum 32. Jahre dienstpflichtig, kann jedoch nur auf besonderen königlichen Befehl zur Einübung einberufen werden, wie diess im Jahre 1851 statt fand.

An Stelle der im Jahre 1848 aufgehobenen Offiziers-Bildungs-Schule in Ludwigsburg, traten Garnisons-Vorbereitungsschulen ins Leben.

Das Gesez vom 7. September 1849 über Quiescirung und Pensionirung der Zivil- und Militärdiener wurde im März 1853 aufgehoben. Indem dieses Gesez den Staat vor einer übergrossen Pensionslast sicher stellen wollte und demgemäss ein Pensions-Maximum von 2000 fl. festsezte, dem entsprechend die übrigen Pensionsbeträge wesentlich vermindert und die Berechtigungen eingeschränkt würden, nahm es die sonderbare Bestimmung auf, dass derjenige, der in eine höhere Besoldungsklasse vorrüke, damit seine bereits erworbenen Pensionsansprüche in soweit verlor, als solche höher als die im neuen Gesez für seine neue Stellung ausgesezten waren. Diess hatte zur natürlichen Folge, dass man bei Erledigung höherer Stellen Mühe hatte, sie mit erfahrenen und passenden Männern zu besezen, was sich insbesondere bei höheren Offiziersstellen, zum grossen Nachtheil fühlbar machte. Sollte z. B. ein Oberst im 44. Dienstjahr zum General befördert werden, so würde er dafür, wenn er zwei Jahre nachher dienstuntüchtig würde, 600 fl. weniger Pension nach diesem Gesez bekommen, als er vorher schon in seiner Eigenschaft als Oberst zu beziehen berechtigt war.

Im Laufe des Monats August 1852 wurden von der Infanterie in den drei Garnisonen Stuttgart, Ludwigsburg und Ulm Schiessversuche mit Gewehrraketen angestellt, über deren Ergebnisse die „A. M. Z.“ Folgendes berichtet: „Die Gewehrraketen, diese Miniaturausgaben der grösseren Feldraketen, sind keine Erfindung der allerneuesten Zeit. Das Geheimniss ihrer Konstrukzion ist schon seit 5 Jahren im Besize des 8. deutschen Armee-Korps, und wurden, so viel wir wissen, bei der badischen Infanterie schon früher Versuche damit angestellt. Bei den württembergischen Truppen besteht eine beständige Kommission, welche den Zwek hat, alle neueren Erfindungen der Feuerwaffentechnik zu prüfen, und nachdem diese die Gewehrraketen durch wiederholte Versuche erprobt und theilweise deren Verbesserung veranlasst hatte, wurden die neuen Geschosse den 8 Infanterie-Regimentern übergeben, um durch ihre Scharfschüzen Versuche im Grossen damit anstellen zu lassen. So wurden aus den nach dem neueren Wild'sehen System konstruirten Büchsen im Ganzen 2160 Schüsse gethan, und nachdem das Resultat durchaus als ein sehr günstiges sich herausgestellt hat, lässt sich mit Recht sagen, dass die Kriegstüchtigkeit der Gewehrraketen ausser Zweifel gestellt ist. — Was zunächst das Laden der Gewehrraketen betrifft, so ging dieses, da die Patrone ungepflastert ist, weit leichter als bei der sonstigen Büchsenmunizion von Statten, in mehreren Fällen sogar so leicht, dass die Rakete bei umgewendeter Büchse aus dem Laufe fiel, so dass auch das Aufschlagen ganz sachte und ohne Erschütterung geschehen musste, um die Rakete nicht von der Pulverladung zu entfernen. Dieser Nachtheil lässt sich natürlich durch Verminderung des Spielraums leicht entfernen. — Zur Erprobung der Trefffähigkeit wurde auf 3 Abstände, 200, 300, 400 Schritte und auf zweierlei Scheiben gefeuert, von denen die eine für die beiden ersten Distanzen von 6' Höhe, 4' Breite, die andere bei gleicher Höhe 8' Breite hatte. Der Schuss mit Gewehrraketen ist ein hoher Elevazionsschuss, wobei auf 200 Schritte 5, bei 400 gar 20 Minuten am Aufsaz zugegeben wurden. Die Treffwahrscheinlichkeit war über Erwarten günstig und zeigte sich sogar auf die grösseren Distanzen der mit gewöhnlicher Büchsenmunizion ziemlich überlegen: sie lieferte auf 200 Schritte 77, auf 300 Schritte 70, auf 400 Schritte 76 Prozent Treffer, und zwar weitaus die meisten in dem oberen Quadrat von 4' Höhe. — Die Zündkraft wurde dadurch erprobt, dass hinter der Scheibe eine hölzerne Blokrahme aufgestellt wurde, deren Zwischenräume mit Hobelspänen ausgefüllt waren. Unter 210 Raketen fanden sich nur 10, die nicht zündeten; bei den übrigen war die Flamme so intensiv und anhaltend, dass meist durch starke Wassergüsse gelöscht werden musste. Dabei äusserte die Kugel eine solche Perkussionskraft, dass sie auf 200 Schritte 3, auf 400 Schritte 2 einzöllige Breter durchdrang. Ein Zerplazen der Rakete, ehe sie die Scheibe erreichte, kam öfter vor, wurde aber ganz vermieden, wenn statt der Normalpulverladung von $1^1/_2$ Quint nur $1^1/_4$ genommen wurde. Auch das Versagen der Büchsen wiederholte sich häufiger als bei gewöhnlicher Munizion, und der Grund erklärte sich einfach durch das Abnehmen der Schwanzschraube, denn hier zeugte sich schon nach mehreren Schüssen in Folge des theilweise verbrannten Raketensazes ein weit stärkerer Rükstand, als man ihn sonst bei Wild'schen Büchsen gewohnt ist. — Jedenfalls war das Gesammt-Resultat ein so günstiges, dass die Brauchbarkeit der Gewehr-Raketen in ihrer Anwendung bei Versammlungen, bei Gebäuden und Munizionswagen sich vollkommen bewähren dürfte, wie sie sich im Grossen schon im Badischen Feldzuge 1849 bewährt haben, denn sie waren es bekanntlich, mittelst deren die Rastatter Insurgenten das Dorf Niederbühl in Brand stekten.

Das Regierungsblatt vom 2. Februar 1853 brachte das Zusazgesez zu dem Geseze über die Verpflichtung zum Kriegsdienste vom 22. Mai 1843, wonach die nach Art. 76 und 78 dieses Gesezes von den Militäreinstehern zu stellende Einstands-Kauzion vollständig in barem Gelde bei der Staatsschuldenzahlungskasse einzulegen sind, und von dieser Kasse zu 4 Perzent verzinst werden. Wähund der Dienstzeit des Einstehers können, so lange die Haftverbindlichkeit desselben besteht, vorbehältlich der Rechte des Einstellers, weder die Kauzion selbst, noch die aus dieser verfallenden Zinsen Gegenstand eines Vertrags oder gerichtlicher Beschlagnahme sein. Dem Kriegsministerium ist gestattet, von dieser Bestimmung eine Ausnahme dann zuzulassen, wenn die Kaution von dem Einsteher zur Erwerbung von Grund-Eigenthum oder anderer Realitäten verwendet werden will. Hiernach ist der Art. 76 lezter Absaz des Kriegsdienstgesezes abgeändert.

Zweite Abtheilung.

Ausserdeutsche Staaten.

11

Belgien.

Se. Majestät König Leopold I. (geb. 1790.)

Adjutantur.

General-Adjutant: GL. A. Frhr. v. Prisse, Chef des k. Militär-Etats.

Flügel-Adjutanten: GL. Graf Goblet d'Alviella; Baron Willmar, a. G. und bevollmächtigter Minister im Haag und in Hannover; Graf v. Cruyckenburg; Brialmont; v. Liem; Anoul; du Pont; Baron Chazal; General Delannoy und GM. Leboutte, lezterer ad honores.

Adjutanten des Herzogs von Brabant: Oberstlieutnant D'Hanins de Moerkerke und Goethals.

Kriegs-Ministerium.

Kriegsminister: GL. V. P. E. Anoul; 2 Adjutanten, 1 Kabinets-Sekretär. 1. Division: Sekretariat. Vorstand: L. N. Donins, umfasst drei Bureaus. 2. Division: Personalien. Direktor: Oberst C. A. Sapin; Unterdirektor: Major L. G. H. Guillaume, mit 4 Bureaus. 3. Division: Artillerie. Direktor: Oberstlt. A. F. Donny; 1 Bureau. 4. Division: Genie. Direktor: Oberstlt. C. L. Leclerço; 1 Bureaus. 5. Division: Generalstab. Direktor: Oberst G. A. Nerenburger, 2 Bureaus, jedes in 2 Sekzionen getheilt. 7. Division: Administration. Direktor: Oberintendant P. N. Servais; Unterintendant: P. H. Heilighen mit fünf Bureaus.

General-Inspektor des Genie- und Festungswesens: GL. Graf Goblet d'Alviella.

General-Artillerie-Inspektor: GL. v. Liem.

Oberster Militär-Gerichtshof: Th. v. Manns, General-Auditor: F. Hoyet; Kommandant der Militär-Schulen: General Chapelie.

Militär-Kommandanten in den Provinzen:

1. Division in Gent: GL. Deys; Kommandant in Ostflandern: GM. Rigano; in Westflandern: GM. Plentinkx;

2. Division in Mons: GL. Brialmont; Kommandant in Hennegau: GM. Crosse; in Namur: —

11*

3. Division in Lüttich: GL. L'Olivier; Kommandant in Lüttich: — in Limburg: — in Luxemburg: Oberst Bosch.

4. Division in Brüssel: GL. Br. Chazal; Kommandant in Brabant: GM. Baron Jolly; in Antwerpen: GM. Rahier.

Generalität.

General-Lieutenante: A. J. Graf v. Goblet; J. N. M. D'Olivier; F. P. de Liem; F. J. Frhr. Prisse; P. C. Baron Willmar; P. E. Annoul; E. F. Baron Chazal; J. B. Deys; M. L. J. Brialmont; L. E. Graf de Fourreaux de Cruquenbourg; A. M. Duroy; P. L. Dupont. — 21. GM. (davon 1. in Reserve.)

Das Heer.

A. Stärke.

Nach den von Sr. Majestät dem König am 8. Juni 1853 bestätigten Gesezentwurfe zerfällt die Generalität der Armee und die Stäbe, so wie die Offiziers-Kadres der Truppen der verschiedenen Waffen, in zwei Sekzionen: in die aktive und in die Reserve-Sekzion, welche auf dem Friedensfuss wie folgt zusammengesezt sind:

Aktive Sekzion.

Generalität: 9 General-Lieutenante, 18 General-Majore.

Generalstab: 3 Obersten, 3 Oberstlieutenante, 6 Majore, 40 Subaltern-Offiziere.

Generalstab der Provinzen: 5 Kommandanten der Provinzen.

Generalstab der Festungen: 3 Kommandanten 1. Klasse, 12 Kommandanten 2. Klasse, 6 Kommandanten 3. Klasse, 35 Adjutanten der Pläze.

Intendanz: 1 Chef-Intendant, 1 Intendant 1. Klasse, 4 Intendanten 2. Klasse, 8 Unterintendanten 1. Klasse, 127 Unterintendanten 2. Klasse, Hauptleute, Quartiermeister, Rechnungsführer, Bekleidungs-Offiziere.

Medizinalwesen: 1 General-Inspektor, 4 Chef-Arzt und Oberärzte, 7 Garnisons-Aerzte, 115 Regiments-Bataillons-Aerzte, 1 Ober-Pharmaceut, 30 Pharmaceuten 1., 2. und 3. Klasse, 1 Veterinair-Inspektor, 27 Thierärzte 1., 2. und 3. Klasse.

Infanterie: 16 Obersten, 16 Oberstlieutenante, 82 Majore, 1298 Subaltern-Offiziere.

Kavallerie: 7 Obersten, 7 Oberstlieutenante, 19 Majore, 277 Subaltern-Offiziere.

Artilleriestab: 4 Obersten, 5 Oberstlieutenante, 5 Majore, 14 Subaltern-Offiziere, 24 Gardes d'artillerie, 9 Artillerie-Offiziere der Pläze. Truppe: 4 Oberste, 4 Oberstlieutenante, 12 Majore, 217 Subaltern-Offiziere.

Geniestab: 3 Oberste, 5 Oberstlieutenante, 5 Majore, 47 Subaltern-Offiziere. Truppe: 1 Oberst, 1 Oberstlieutenant, 2 Majore, 43 Subaltern-Offiziere.

Reserve-Sekzion:

2 General-Lieutenante, 4 General-Majore.

Nach demselben Geseze soll die stehende Armee für den Kriegsfall auf 100,000 M. gebracht werden. Das Gesez vom 31. August 1853 regelt den Friedensstand. Die Stärke des Heeres ist in ersterer Beziehung ohne Reserve und den Depots folgende:

Infanterie: 16 Regimenter u. z.:

	Feldbat.	Komp.	Reservebat.	Komp.
1 Karabinier-Reg.	4	24	2	12
2 Jäger-Reg.	6	36	4	24
1 Grenadier-Reg.	3	18	2	12
12 Linien-Inf.-Reg.	36	216	24	144
16 Regimenter.	49	294	16	196

Die Stärke einer Kompagnie beträgt ohne Offiziere 145, folglich die eines Bataillons 870 M., so dass sich eine Totalsumme von 56,550 M. Infanterie ergibt.

Die Infanterie umfasst ausserdem: 2 Sedentär-Kompagnien von Unter-Offizieren und Füsilieren, 1 Kompagnie enfants de troupe mit einem Kadre von Voltigeurs, 1 Disziplinar-Abtheilung mit einem Kadre von Grenadieren.

Kavallerie. 2 Jäger- und 2 Lanziers-Regimenter, ein Guiden-Regiment und 2 Kürassier-Regimenter.

Die Organisazion der Kavallerie-Regimenter ist folgende:

	Feld-Eskadrons.	Reserve-Eskadrons.
2 Jäger-Regimenter	12	2
2 Lanziers-Regimenter	12	2
2 Kürassier-Regimenter	8	2
1 Guiden-Regiment	6	1
7 Regimenter.	38	7

Eine Eskadron Kürassiere zählt 163 M. und 140 Pferde, eine Eskadron Jäger, Lanziers und Guiden zählt 183 M. und 180 Pferde.

Die Gendarmerie hat eine Stärke von 1408 M. und 1065 Pferden, so dass sich die Stärke der Kavallerie ergibt zu 8202 M. und 7585 Pferde.

Artillerie: 4 Regimenter in nachstehender Zusammensezung:

1. Regiment: 4 reitende Batterien zu 188 M., 128 Zug- und 97 Reitpferde.
6 Festungs-Kompagnien zu 147 M.
1 Depot-Kompagnie.

2., 3. und 4. Regiment, jedes zu 5 Feld-Batterien, à 168 M., 128 Zug- und 19 Reitpferde.
6 Festungs-Kompagnien à 147 M. u.
1 Depot-Kompagnie.

Ohne Sattler, Schmiede und sonstige Handwerker ist die Stärke:

Reitende Batterien	752	6700 M. und 3105 Pferde.
Feld-Batterien	2520	
Festungs-Kompagnien	3428	

Eine 12pfd. Batterie zählt 6—12Pfünder und 2 Haubizen,
„ 6pfd. „ „ 6— 6Pfünder „ 2 „
„ Haubize „ „ . . . . 8 „
in Summa 152 Geschüze.

Zur Artillerie gehören ferner:
4 Kompagnien Artillerie-Train zu 140 M. = 560 M.
1 Kompagnie Pontoniers, ohne die Handwerker 174 M.
1 Kompagnie Handwerker zu 122 M.

Genie. Die Genie-Truppen bestehen aus einem Regiment von 2 Bataillonen zu 5 Kompagnien; eine Kompagnie zählt 169 Köpfe, das gesammte Regiment 1690 M.

Die Gesammtzahl des Heeres ist sohin:

	Mann.	Pferde.	Geschüze.
Infanterie	56550		
Kavallerie u. Gendarm. .	8202	7585	
Artillerie	6700	3105	152
Train	560		
Pontoniers	174		
Handwerker	122		
Genie	1690		
	73998	10690	152

Diese Stärke kann nicht vollständig zur Feld-Armee gerechnet werden, die nach den neuern Annahmen aus 60000 Mann bestehen soll. Der übrige Theil wird mit der Reserve und der Garde-civique zur Besezung der Festungen verwendet.

Der Friedensstand ist durch das erwähnte Gesez vom 31. August 1853 für die Kompagnien der aktiven Bataillone auf 77, der Eskadrons auf 130, der reitenden Batterie auf 137, der bespannten Batterie auf 98, der Festungs-Batterie auf 73, der Train-Kompagnie auf 65, der Genie-Kompagnie auf 78 Mann festgesezt, wornach die Stärke des Heeres im Frieden nur 35,000 M. beträgt.

B. Eintheilung.

Infanterie. 1. Division in Gent: GL. Deys. 1. Brigade in Brügge: GM. Borremans; 2. Brigade in Gent: GM. Coussement.

2. Division in Mons: GL. Brialmont. 1. Brigade in Tournay: GM. La Coste; 2. Brigade in Mons: GM. Greindl.

3. Division in Lüttich: GL. L'Olivier. 1. Brigade in Lüttich: GM. Capiaumont; 2. Brigade in Lüttich: GM. Dens.

4. Division in Brüssel: GL. Chazal. 1. Brigade in Antwerpen: GM. Fleury-Duray; 2. Brigade in Brüssel: GM. Vanderlinden.

Kavallerie. Leichte Division in Löwen: GL. Duroy. 1. Brigade in Tournay: GM. Ducorron; 2. Brigade in Namur: GM. Ablay.

Schwere Division in Brüssel: GM. Lahure ad int. — 1. Brigade daselbst: — 2. Brigade ebenfalls in Brüssel: GM. Lahure.

Artillerie. 1. Brigade in Antwerpen: GM. de Nieulant; 2. Brigade in Lüttich: GM. Frhr. Wittert.

C. Dislokazion.

a) Infanterie. 1. Linien-Regiment in Lüttich, 1. Bat. in Dinant und Namur, 2. und 3. Bat. in Lüttich, 4. Bat. in Hasselt.

2. Stab, 1., 2. und 3. Bat. in Mons, 4. Bat. in Namur.

3. Stab, 1., 2. und 3. Bat. in Mons, 4. Bat. in Huy.

4. Stab in Gent, 1. Bat. in Termond und Alost, 2. und 3. Bat. in Gent, 4. Bat. in Alost.

5. Stab, 1. und 2. Bat. in Gent, 3. Bataillon in Tournay, 4. Bataillon in Antwerpen.

6. Stab, 1., 2. und 3. Bat. in Charleroi, 4. Bat. in Mecheln.

7. Stab und 1. Bataillon in Ostende, 2. Bat. in Brügge und Ostende, 3. Bat. in Ostende, 4. Bat. in Gent.

8. Stab, 1., 2. und 3. Bat. in Namur, 4. Bat. in Lüttich.

9. Stab in Lüttich, 1. Bat. in Diest, 2. Bat. in Lüttich, 3. Bat. in Arlon und Huy, 4. Bat. in Antwerpen.

10. Stab in Antwerpen, 1. Bat. in Antwerpen, St. Bernard, Wilvorde und Hoogstraten, 2. Bat. in Antwerpen, 3. Bat. in Mons, 4. Bat. in Termonde.

11. Stab, 1., 2. und 3. Bat. in Tournay, 4. Bat. in Ath.

12. Stab in Audenarde, 1. Bat. in Nieuport, 2. Bat. in Cortryk und Nieuport, 3. und 4. Bat. in Audenarde.

Karabinier-Regiment: Stab, 1. und 2. Bataillon in Brüssel, 3. Bat. in Antwerpen, 4. Bat. in Brüssel, 5. Bat. in Mecheln.

2. Jäger-Regiment zu Fuss: Stab und 1. Bat. in Antwerpen, 2. Bat. in Löwen, 3. Bat. in Antwerpen, 4. Bataillon in Termonde.

3. Jäger-Regiment zu Fuss: Stab in Antwerpen, 1. Bat. in Antwerpen und in den Forts der Festung, 2. Bataillon in Mecheln, 3. Bat. in Antwerpen, 4. Bat. in Lierre.

Grenadier-Regiment: Stab, 1., 2. und 3. Bat. in Brüssel, 4. Bat. in Löwen.

b) Kavallerie. 1. reitendes Jäger-Regiment: Stab, 1., 2., 3. und 4. Eskadron in Namur, 5. und 6. Eskadron in Audenarde, Depot in Löwen.

2. reitendes Jäger-Regiment: Stab, 1., 2., 3. und 4. Eskadron in Mons, 5. und 6. Eskadron in Tirlemont, Depot in Tournay.

Guiden-Regiment: In Brüssel.

1. Lanzier-Regiment: Stab in Tournay, 1. und 2. Eskadron in Ypres, 3., 4., 5. und 6. Eskadron in Tournay, Depot in Namur.

2. Lanzier-Regiment: Stab in Namur, 1., 2., 3. und 4. Eskadron in Brügge, 5. und 6. Eskadron in Audenarde, Depot in Löwen.

1. Kürassier-Regiment: In Gent.

2. Kürassier-Regiment: In Löwen, Depot in Brügge.

D. Bewaffnung.

Infanterie: Perkussions-Gewehre à la Minié und Säbel, Offiziere Säbel mit Lederscheiden; — Jäger: perkussionirte Stuzen mit Haubajonnet; Kürassiere: lange Pallasch. Lanziers, gekrümmte Säbel. — Das erste Glied der Kürassier-Regimenter, so wie die Lanziere, führen Lanzen.

E. Ausrüstung.

Infanterie: Czakos, die Kommandanten weisse Pompons, Grenadiere: Bärenmüze; Kürassiere: eiserne Helme mit Rossschweifen, derlei doppelte blanke Kürasse, Guiden-Regiment; Helme von Messing.

F. Uniform.

Grundfarbe: Königsblau. Infanterie; Kavallerie und Artillerie derlei Waffenröke mit scharlachrothen Krägen und Aufschlägen, auf den Knöpfen die Regiments-Nummer; graublaue Beinkleider; königsblaue Ueberröke, Sterne von mattem Silber als Distinkzionszeichen. Fangschnüre; Trikolore Schärpe — Jäger: graue Waffenröke und Beinkleider. — Artillerie: schwarze Aufschläge. (Die neue Uniform im September 1852 sankzionirt ist vorläufig nur bei den Offizieren der 12 Linien-Infanterie-Regimenter ins Leben getreten).

G. Ergänzung und Dienstpflicht.

Durch Stellung mittelst Losung oder freiwilligen Eintritt. -- Stellvertretung. — 8 Jahre Dienstzeit davon 4 unter der Fahne.

Marine.

General-Direktor; — Schiffs-Kapitän V. H. L. Lahure; Kapitäns —: F. J. Schokeel, F. J. Eykholt; P. L. N. Petit; J. E. vom Haverbeke; 13 Offiziere; 15 Beamte.

Kriegsschiffe —: Brigg „Herzog von Brabant" 20 Kanonen, Goelette „Louise Maria" 12, 2 Kanonierschaluppen zu 5 Kanonen, nicht ausgerüstet 3 Dampfer.

Flagge —: schwarz- gelb- roth.

Unterm 8. Juni 1853 hat Se. Majestät der König das Gesez über die Ergänzung und das Avanzement der Specialwaffen sankzionirt.

Dasselbe lautet:

Artikel 1. Der Generalstab ergänzt sich aus der Militärschule und aus der Armee. Zwei Drittel der vakanten Kapitänstellen 2. Klasse werden durch Lieutenante des Generalstabes besezt, das lezte Drittel wird durch Kapitäne 2. Klasse und Lieutenante aller Waffen ergänzt, die ein Examen bestanden haben, dessen Programm durch königliches Dekret festgesezt wird. Lieutenante dieser Kategorie können nur zu der Prüfung zugelassen werden, wenn sie mindestens vier Jahre diese Charge bekleiden. Beim Mangel an Konkurrenten unter den Kapitänen 2. Klasse und Lieutenanten der anderen Waffen, können alle vakanten Kapitänsstellen durch Lieutenante des Generalstabes besezt werden.

Die Kapitäne und Lieutenante der Armee, die zum Generalstabe übertreten, erhalten in demselben ihren Rang nach den Kapitänen 2. Klasse in der Ordnung ihrer Anciennetät.

Artikel 2. Die aus der Militärschule hervorgegangenen Offiziere erhalten erst, nachdem sie zu Kapitänen ernannt worden, ihre definitive Anstellung im Generalstabe. Behufs Beförderung zum Kapitän müssen sie eine Prüfung bestanden haben, deren Programm durch königlichen Entschluss genehmigt worden. Die Offiziere, die den Forderungen des Examens nicht genügen, werden zur Infanterie oder Kavallerie versezt. Die gegenwärtig im Generalstabe angestellten Lieutenante und Unter-Lieutenante behalten diese Stellung bei, die Bestimmungen bezüglich des Avanzements finden aber auf sie Anwendung.

2. Jäger-Regiment zu Fuss: Stab und 1. Bat. in Antwerpen, 2. Bat. in Löwen, 3. Bat. in Antwerpen, 4. Bataillon in Termonde.

3. Jäger-Regiment zu Fuss: Stab in Antwerpen, 1. Bat. in Antwerpen und in den Forts der Festung, 2. Bataillon in Mecheln, 3. Bat. in Antwerpen, 4. Bat. in Lierre.

Grenadier-Regiment: Stab, 1., 2. und 3. Bat. in Brüssel, 4. Bat. in Löwen.

b) Kavallerie. 1. reitendes Jäger-Regiment: Stab, 1., 2., 3. und 4. Eskadron in Namur, 5. und 6. Eskadron in Audenarde, Depot in Löwen.

2. reitendes Jäger-Regiment: Stab, 1., 2., 3. und 4. Eskadron in Mons, 5. und 6. Eskadron in Tirlemont, Depot in Tournay.

Guiden-Regiment: In Brüssel.

1. Lanzier-Regiment: Stab in Tournay, 1. und 2. Eskadron in Ypres, 3., 4., 5. und 6. Eskadron in Tournay, Depot in Namur.

2. Lanzier-Regiment: Stab in Namur, 1., 2., 3. und 4. Eskadron in Brügge, 5. und 6. Eskadron in Audenarde, Depot in Löwen.

1. Kürassier-Regiment: In Gent.

2. Kürassier-Regiment: In Löwen, Depot in Brügge.

D. Bewaffnung.

Infanterie: Perkussions-Gewehre à la Minié und Säbel, Offiziere Säbel mit Lederscheiden; — Jäger: perkussionirte Stuzen mit Haubajonnet; Kürassiere: lange Pallasch. Lanziers, gekrümmte Säbel. — Das erste Glied der Kürassier-Regimenter, so wie die Lanziere, führen Lanzen.

E. Ausrüstung.

Infanterie: Czakos, die Kommandanten weisse Pompons, Grenadiere: Bärenmüze; Kürassiere: eiserne Helme mit Rossschweifen, derlei doppelte blanke Kürasse, Guiden-Regiment; Helme von Messing.

F. Uniform.

Grundfarbe: Königsblau. Infanterie; Kavallerie und Artillerie derlei Waffenröke mit scharlachrothen Krägen und Aufschlägen, auf den Knöpfen die Regiments-Nummer; graublaue Beinkleider; königsblaue Ueberröke, Sterne von mattem Silber als Distinkzionszeichen. Fangschnüre; Trikolore Schärpe — Jäger: graue Waffenröke und Beinkleider. — Artillerie: schwarze Aufschläge. (Die neue Uniform im September 1852 sankzionirt ist vorläufig nur bei den Offizieren der 12 Linien-Infanterie-Regimenter ins Leben getreten).

G. Ergänzung und Dienstpflicht.

Durch Stellung mittelst Losung oder freiwilligen Eintritt. -- Stellvertretung. — 8 Jahre Dienstzeit davon 4 unter der Fahne.

Marine.

General-Direktor; — Schiffs-Kapitän V. H. L. Lahure; Kapitäns —: F. J. Schokeel, F. J. Eykholt; P. L. N. Petit; J. E. vom Haverbeke; 13 Offiziere; 15 Beamte.

Kriegsschiffe —: Brigg „Herzog von Brabant“ 20 Kanonen, Goelette „Louise Maria“ 12, 2 Kanonierschaluppen zu 5 Kanonen, nicht ausgerüstet 3 Dampfer.

Flagge —: schwarz- gelb- roth.

Unterm 8. Juni 1853 hat Se. Majestät der König das Gesez über die Ergänzung und das Avanzement der Specialwaffen sankzionirt.

Dasselbe lautet:

Artikel 1. Der Generalstab ergänzt sich aus der Militärschule und aus der Armee. Zwei Drittel der vakanten Kapitänstellen 2. Klasse werden durch Lieutenante des Generalstabes besezt, das lezte Drittel wird durch Kapitäne 2. Klasse und Lieutenante aller Waffen ergänzt, die ein Examen bestanden haben, dessen Programm durch königliches Dekret festgesezt wird. Lieutenante dieser Kategorie können nur zu der Prüfung zugelassen werden, wenn sie mindestens vier Jahre diese Charge bekleiden. Beim Mangel an Konkurrenten unter den Kapitänen 2. Klasse und Lieutenanten der anderen Waffen, können alle vakanten Kapitänsstellen durch Lieutenante des Generalstabes besezt werden.

Die Kapitäne und Lieutenante der Armee, die zum Generalstabe übertreten, erhalten in demselben ihren Rang nach den Kapitänen 2. Klasse in der Ordnung ihrer Anciennetät.

Artikel 2. Die aus der Militärschule hervorgegangenen Offiziere erhalten erst, nachdem sie zu Kapitänen ernannt worden, ihre definitive Anstellung im Generalstabe. Behufs Beförderung zum Kapitän müssen sie eine Prüfung bestanden haben, deren Programm durch königlichen Entschluss genehmigt worden. Die Offiziere, die den Forderungen des Examens nicht genügen, werden zur Infanterie oder Kavallerie versezt. Die gegenwärtig im Generalstabe angestellten Lieutenante und Unter-Lieutenante behalten diese Stellung bei, die Bestimmungen bezüglich des Avanzements finden aber auf sie Anwendung.

Artikel 3. Die vakanten Unter-Lieutenants-Stellen im besonderen Generalstabe des Genie werden ausschliesslich an die Eleven der Militärschule vergeben, die die für die Spezialwaffen vorgeschriebene Prüfung bestanden haben.

Die vakanten Sous-Lieutenants-Stellen bei den Genietruppen werden zu zwei Drittel an Eleven der Militärschule vergeben, die den erwähnten Bedingungen entsprochen haben und zu einem Drittel an Unter-Offiziere des Korps, die durch Ablegung eines Examens ihre Qualifikazion bethätigt haben.

Die Lieutenante und Kapitäne dieser lezten Kategorie können nur zum Generalstabe des Genie übertreten, wenn sie eine neue Prüfung bestanden haben, deren Programm vom Könige genehmigt worden.

Die Grundsäze bezüglich des Uebertrittes der Offiziere des Generalstabes des Genie zu den Truppen dieser Waffe werden durch königliche Anordnung festgesezt werden.

Artikel 4. Unter Aufhebung des Artikels 8 des Gesezes vom 16. Juni 1836 über die Beförderung in der Armee, darf in Zukunft kein Lieutenant in der Artillerie und dem Genie zu dem Range des Kapitäns befördert werden, wenn er vorher nicht durch Ablegung eines Examens den Beweis geführt, dass er alle die zu diesem Grade erforderlichen Kenntnisse besizt. Das Programm dieses Examens wird der Kriegs-Minister feststellen.

Artikel 5. Die Bestimmungen des vorstehenden Artikels finden auf die aus der Militärschule hervorgegangenen Offiziere, die die Prüfung zur Zulassung zu den Waffen der Artillerie und des Genie bestanden haben, eben so wie auf diejenigen keine Anwendung, die Mitglieder der Spezial-Sekzionen der Militärschule gewesen und dem Schluss-Examen genügt haben.

Artikel 6. Die Geseze vom 19. Mai 1845 über die Organisazion der Armee und vom 17. Mai 1846 über das Avanzement der Artillerie- und Genie-Offiziere zum Kapitänsgrade sind aufgehoben.

Die Bestimmung des Artikels 2 des Reglements für die Verwaltung der Armee vom 1. Februar 1819, wonach die **Zahlung des Gehaltes der Offiziere** für einzelne Tage nach dem Saze von $^1/_{365}$ des jährlichen Gehaltes pro Tag erfolgen sollte, ist durch Dekret vom 20. Juni 1853 aufgehoben und durch das nachfolgende ersezt worden:

Der Gehalt der Offiziere wird monatlich in Beträgen von $^1/_{12}$ der Jahresgage ausgezahlt. Wenn in Folge einer Versezung der Gehalt für Theile eines Monats gezahlt werden muss, so geschieht diess nach dem Saze von $^1/_{360}$ des jährlichen Gehaltes pro Tag ohne Rüksicht auf die Zahl der zu dem betreffenden Monate gehörigen Tage. — Die anderen, den Offizieren zustehenden Kompetenzen, wie Zulagen, Büreaugelder gelangen in gleicher Weise zur Zahlung. Die Entschädigungen für Lebensmittel und Fourage, die pro Tag gewährt werden, kommen auch in Zukunft nach der Zahl der wirklichen Tage in Anrechnung.

Durch Dekret vom 14. Februar 1853 wurde die Einführung eines neuen Reglements über die Exerzizien und Evoluzionen der Artillerie, und durch ein anderes Dekret vom 16. März 1853 angeordnet: dass das erste Glied der beiden Kürassier-Regimenter mit der Lanze zu bewaffnen ist.

Der Kriegs-Minister weiset unterm 17. August 1853 auf den in der Armee eingegangenen Gebrauch; wonach sich Offiziere und Unteroffiziere vereinigen, um ihren Chefs ein öffentliches Zeugniss ihrer Sympathie zu geben, und wünscht diesen Gebrauch verschwinden zu sehen.

Im März 1853 wurde unter Vorsiz des Generals Chazal eine Kommission zusammengesezt, welche sämmtliche Festungen und festen Pläze des Landes untersuchen und über deren Bestand Bericht erstatten sollte.

Dänemark.

Se. Majestät König Frederik VII. (geb. 1808) Ober-Befehlshaber der Armee.

Adjutantur.

General-Adjutant für den Land-Etat —: GM. Thomas v. Scholler. Für die Marine —: Kapitän Karl Lud. Ch. Irminger.

Adjutanten —: Oberst à la suite in der Kavallerie v. Bülow; Oberst à la suite in der Artillerie-Brigade v. Fensmark; Major Graf v. Blücher-Altona, Major der Kavallerie v. Sehrstadt, v. Blücher, Major der Infanterie v. Bibow, Kapitän-Ltn. im See-Etat Smidth.

Ober-Kommando der Armee.

Se. Majestät führen das Ober-Kommando. Diesem unterstehen in taktischer, rein militärischer und dienstlicher Beziehung:

a) Die 4 kommandirenden Generale in den Provinzen, u. z.: 1. in Seeland und den Inseln zu Kopenhagen —: S. k. H. General Erbprinz Ferdinand; 2. In Nord-Jütland und Fünen zu Fredericia —: GL. v. Moltke; 3. in Schleswig zu Flensburg —: GL. v. Bülow und 4. in Holstein und Lauenburg zu Kiel — GL. v. Krogh. Jedem der Kommandirenden ist ein General-Stabsoffizier und 1 oder mehrere Adjutanten beigegeben.

b) Der Gouverneur der Residenz und Festung Kopenhagen —: GM. v. Hagemann.

c) Die Brigade-Generale der Kavallerie und Infanterie, von der ersteren: die GM. Wedell und Flindt, von der Infanterie: Oberst Paludan, Schepelern, Räderi, GM. Thesturp und Krabbe.

d) Der dienstthuende General-Adjutant Sr. Majestät.

e) Der Chef des Generalstabes —: Oberst v. Baggesen; das Korps zählt: 5 Stabs-Offiziere, 5 Kapitäne.

f) Der Chef des Ingenieur-Korps —: GM. v. Schlegel; dieses besteht aus 7 Stabs-Offizieren, 18 Kapitäns, 5 Premier-Lieutenants und 1 Lieutenant.

g) Der Kommandeur der Artillerie-Brigade —: GM. de Meza.

Kriegs-Ministerium.

(Mit der Leitung der Oekonomie und Administrazion, so wie des Geld- und Rechnungs-Wesens der Armee beauftragt).

Kriegs-Minister und Mitglied des k. geh. Staatsrathes —: GL. Friedrich v. Hansen. 1 Adjutant, 1 Militär-Sekretär. 1 Direkzion (Personelles) —: Direktor Oberstlt v. Diederichsen, 1 Komptoir-Chef, 7 Angestellte: — 2. (Intendantur) —: General-Intendant: Etats-Rath Wachs; diese Direkzion ist in 3 Expedits-Komtoirs mit 14 Angestellten eingetheilt; 3. (das Materielle der Armee) —; Direktor: Oberst v. Keyper, ebenfalls in 3 Komtoir mit 8 Angestellten; 4. (Revisions-Wesen) — : General-Revisor: Justizrath Christensen mit 6 Angestellten; ferner das Buchhalter-Komtoir (Chef Justizrath Smidt mit 3 Beamten) und das Kassirer- und Archiv-Komtoir (Chef —: Justizrath Ahrenczen).

Königl. militärische Hochschule in Kopenhagen —: Kommandeur: Oberst v. Lonborg.

Königl. Landkadetten-Korps. Kommandeur: Oberst v. Tebiesen.

Königl. militärisches gymnastisches Institut —: Vorsteher: Kapitän v. Grüner.

Königl. militärische Manege —: Direktor: GM. Prinz Christian zu Schleswig-Holstein-Sonderburg-Glüksburg.

Militär-Waaren-Depot und Tuch-Auflag —: Direktor: Oberst v. Coldevin.

Milit. Halle-Kommission in Kopenhagen —: Major v. Amsinck und 2 Mitglieder.

Militär. Einquartirungs-Kommission —: Oberst v. Baggesen vom Generalstab, Oberst v. Lunding vom Ingenieur-Korps und Oberstlt. der Infanterie v. Vogt.

Garnisons-Spital in Kopenhagen —: GM. v. Hagemann; Stabsarzt der Armee, Professor Müller; Oberst Baron v. Haxthausen.

Stabs-Thierarzt der Armee —: G. Ringheim.

Christians-Pflegehaus in Eckernförde —: Direktor Major v. Lachmann.

General-Auditeur der Armee —: Prof. juris C. C. Hall.

Generalität.

Generale: Se. k. Hoheit Erbprinz Frederik Ferdinand, Kommandirender in Seeland, Moen, Falster und Lolland und Landgraf Wilhelm à la suite.

General-Lieutenants: C. F. v. Hansen, Kriegs-Minister; v. Bülow, Kommandirender in Schleswig; von Krogh, Kommandirender in Holstein und Lauenburg; von Moltke, Kommandirender in Nord-Jütland und Fühnen; Prinz Friederich v. Hessen, à la suite.

General-Majore: Baron v. Wedell, Kommandeur der 1. Kavallerie-Brigade; v. Hagemann, Kommandant der Festung Kopenhagen; v. Hedemann, Kommandant in der Zitadelle Frederikshavn; v. Bruhn, Chef der sämmtlichen Bürger-Korps in Kopenhagen; de Meza, Chef der Artillerie-Brigade; v. Flindt, Kommandeur der 2. Kavallerie-Brigade; v. Schöller, General-Adjutant Sr. Majestät des Königs; v. Schlegel, Chef des Ingenieur-Korps; v. Fibiger, Ober-Zeugrath; v. Krabbe, Kommandeur der 5., v. Thestrup, Kommandeur der 4. Infanterie-Brigade; Se. Hoheit Prinz Christian zu Schleswig-Holstein-Sonderburg-Glüksburg, Kommandeur der Garde zu Pferde. Ferner 26 Oberste, 30 Oberstlte., 28 Majore, 139 Kapitäne und Rittmeister, 215 Premier- und 277 Sekonde-Lieutenants; die Offiziere der Kriegs-Reserve nicht eingerechnet.

Armee.

A. Etat.

Infanterie: 23 Bataillone à 4 Kompagnien, u. z. 1 Battaillon Leibgarde zu Fuss, 12 Bataillon Linien-, 5 Bataillon leichte Infanterie und 5 Jäger-Korps; jedes Battaillon zählt in der ganzen Friedensstärke 18 Offiziere und 696 Kombattanten dann 9 Nicht-Kombattanten, sohin das Bataillon 723 Köpfe und die 23 Bataillone 16,629 M. (Eine Kompagnie zählt: 4 Offiziere, 26 Unteroffiziere, 4 Spielleute und 144 Mann).

Kavallerie: 5 Dragoner - Regimenter (das sechste Nr. 1 führend nicht errichtet) à 4 Eskadrons, jedes Regiment 20 Offiziere, 540 Kombattanten und 19 Nicht-Kombattanten, sohin die 5 Regimenter 2895 Köpfe. (Jede Eskadron 4 Offiziere, 20 Unteroffiziere, 3 Trompeter, 112 Dragoner).

Die k. Garde zu Pferde, bestehend aus der Leibgarde-Schwadron und einer Garde-Husaren-Division (2 Schwadronen) in der Stärke von 1 Kommandeur (GM. Prinz Christian zu Schleswig-Holstein) 19 Offiziere und 405 M., sohin die 27 Eskadronen Kavallerie 3320 M.

Artillerie: Eine Brigade aus 2 Regimentern, welche 12 Batterien (2 zwölf- und 10 sechspfündige) à 6 Kanonen und 2 Haubizen-Geschüze bedienen; jede Batterie zählt 4 Offiziere und 208 M., sohin die 12 Batterien 2544 Köpfe; hiezu der Artillerie-Stab: 2 Generale und 12 Stabsoffiziere, gibt 2558 Köpfe exklusive des Zeug-Etats.

Ingenieur-Korps: 2 Kompagnien Genie-Truppen 220 M., 1 Kompagnie Pioniere 110 M. Hierzu 1 General als Chef, 3 Oberste, 4 Majore, 24 Offiziere, zusammen 362 Köpfe.

Sonach die Friedensstärke der Armee 22,869 M.

Die Armee besteht 1. aus dem stehenden Heere, welches in die Linie der obausgewiesenen Friedensstärke und in die Kriegs-Reserve zerfällt, sowie 2. aus einer Verstärkung, welche in die sogenannte Erstmanns-Klasse (1. Aufgebot) und die Reserve-Klasse getheilt ist.

Zur Kriegs-Formazion der Linie werden von der Kriegs-Reserve ungefähr 19,000 Leute einberufen, um die Ingenieur-Truppen der Artillerie zu verstärken, die Eskadronen auf eine Stärke von 180, die Kompagnien auf 200 M. zu bringen, und ausserdem 12 neue Infanterie-Bataillone à 800 M. zu bilden, wodurch sodann das Heer 30,000 M. und die leztgenannten 12 Reserve-Bataillone stark wird. Der Rest der

Kriegs-Reserve und die Festmanns-Klasse der Verstärkung haben die Bestimmung, im Kriege die Mannschaft zu 6 6pfündigen fahrenden Reserve-Batterien, 24 Reserve-Schwadronen und 20 Bataillonen abzugeben. Die Armee würde hierdurch auf eine Stärke von 100,000 M. gebracht werden können, gewiss für den kleinen Staat eine bedeutende Macht.

Für Holstein und Lauenburg werden zum 10. Armee-Korps 3600 M. gestellt, u. z. 140 Jäger, 2651 Linien-Infanterie, 514 Dragoner, 295 Artilleristen, Pioniere und Pontoniere; und für die ganze 2. Division: 1 Ponton-Equipage und 1 Belagerungs-Artillerie von 10 Stük Geschüzen.

B. Eintheilung.

In 4 General-Kommanden, 5 Infanterie-, 2 Kavall.- und 1 Artillerie-Brigade (siehe oben) und sind die Truppen wie folgt vertheilt:

Unter dem General-Kommando auf Seeland: eine Abtheilung des Ingenieur-Korps, 1. Artillerie-Regiment und eine Abtheilung des Zeug-Etats, die Garde-Husaren-Division, 1. Infanterie-Brigade (Oberst Paludan, gebildet aus dem 4., 15., 17. Linien-Infanterie-Bataillon und dem 5. Jäger-Korps), 2. Infanterie-Brigade (Oberst Schepelern, 7. und 16. Linien-, 10. leichtes Bataillon, 1 Jäger-Korps).

Unter dem General-Kommando in Nord-Jütland und Fühnen: diejenigen Theile des Ingenieur-Korps und der Artillerie, welche sich im Distrikte befinden; 1. Kavallerie-Brigade (GM. Wedell, 2. 3. und 5. Dragoner-Regiment); 3. Infanterie-Brigade (Oberst Räderi 11. und 13. Linien-, 12. leichtes Infanterie-Bataillon und 3. Jäger-Korps).

Unter dem General-Kommando im Herzogthum Schleswig: diejenigen Theile des Ingenieur-Korps und der Artillerie welche sich im Distrikte befinden: ein Theil der 2. Kavallerie-Brigade (4. Dragoner-Regiment GM. Flindt); 4. Infanterie-Brigade (GM. Thesturp, 2 leichte, 6. Linien-Bataillons und 4 Jäger-Korps).

Unter dem General-Kommando in den Herzogthümern Holstein und Lauenburg: eine Abtheilung des Ingenieur-Korps; 2. Artillerie-Regiment und eine Abtheilung des Zeug-Etats; ein Theil der 2. Kavallerie-Brigade (6. Dragoner-Regiment); 5. Infanterie-Brigade (GM. Krabbe, 3., 5., 8., 9. Linien-, 1. leichtes Bataillon, 2. Jäger-Korps).

C. Dislokazion.

Infanterie. Leibgarde-Bataillon zu Kopenhagen; 1 leichtes Bataillon zu Rendsburg; 2. zu Husum; 3. Linien-Bataillon zu Altona, 4. zu Kopenhagen, 5. zu Rendsburg, 6. zu

Schleswig, 7. zu Kopenhagen, 8. zu Neu-Münster, 9. zu Altona, 10. leichtes Bataillon zu Kopenhagen; 11. Linien-Bataillon zu Aalborg, 12. leichtes Bataillon zu Fredericia, 13. Linien-Bataillon zu Fredericia, 14. leichtes Bataillon zu Ratzeburg, 15. Linien-Bataillon zu Helsingör, 16. und 17. zu Kopenhagen.

1. Jäger-Korps in der Zitadelle Frederikshaven, 2. Glükstadt, 3. Nyborg, 4. Flensburg und 5. Kopenhagen.

Kavallerie. Leibgarde zu Pferde zu Kopenhagen; 1. Dragoner-Regiment noch nicht errichtet; 2. Odensee, 3. Aarhuus, 4. Schleswig, 5. Randers, 6. Itzehoe.

Artillerie. 1. Regiment in Kopenhagen, das 2. in Rendsburg.

D. Bewaffnung.

Die Generale und Offiziere der Infanterie tragen Degen, die Dragoner und Artillerie-Offiziere Säbel; die Ingenieure unter Gewehr Degen, beim inneren Dienst einen Dolch. Die Linien-Infanterie glatte Perkussions-Bajonnet-Gewehre, die Jäger geriffelte Musketen; bei jeder Kompagnie der Linie 16 M. mit Riffel- oder gezogenen Büchsen. Die Linien-Infanterie Säbel, die Jäger Faschinenmesser. Die Dragoner führen krumme Säbel, die Unteroffiziere 2 Pistolen, die Mannschaft 1 Pistole und 1 Karabiner sämmtlich perkussionirt; die Mannschaft der schliessenden Zugs-Rotten zum Plänkeln bestimmt, ist mit Riffeln, die von hinten geladen werden, bewaffnet. — Artillerie: die Unteroffiziere eiserne Säbel, die reitenden Unteroffiziere 2 Pistolen; die Mannschaft Faschinenmesser, das leztere auch die Pioniere.

E. Ausrüstung.

Die Generale und General-Stabs-Offiziere tragen die Pikelhauben mit weiss rothen Busch, erstere gelb, leztere weiss beschlagen. Sämmtliche Truppen mit Ausnahme der Dragoner Käppis; leztere Helme mit Raupen; die Kavallerie schwarzes, die andern Truppen weisses Lederzeug.

F. Uniform.

Dunkelblaue Waffenröke und Beinkleider, die Generale und Stabs-Offiziere rothe Kragen, Aufschläge und Passe-poils; goldene Stikerei, gelbe Knöpfe, goldene Epauletten; General-Stab: silberne Stikerei auf Kragen und Aufschlägen, weisse Knöpfe, silberne Epauletts. Infanterie: farbige Aufschläge, Epauletts nach den Knöpfen, Kavallerie desgleichen; Artillerie und Genie-Truppen: gelbe Knöpfe, goldene

Epauletts. Jäger: dunkelgrüne Waffenröke und Beinkleider, hochrother Vorstoss am Kragen, weisse Knöpfe. Auf den Epauletten sind die Gradabzeichen durch Sternchen bezeichnet. — Als Dienstzeichen tragen die Offiziere vom Generale ab, Schärpen von rother und gelber Seide.

G. Ergänzung und Dienstpflicht.

Durch Aushebung mittelst Losung vom 22. bis zum 26. Lebensjahre. Im stehenden Heere ist die Dienstzeit 8 Jahre, nämlich 4 Jahre in der Linie (davon 2 beständig im Dienste) und 4 Jahre in der Kriegs-Reserve. Die Artillerie dient jedoch 6 Jahre in der Linie und 2 Jahre in der Reserve. Die Mannschaft geht nach Verlauf dieser 8 Jahre aus dem stehenden Heere auf eben so lange Zeit in die Festmanns-Klasse der Verstärkung über, und ist hier verwendbar als 1. Aufgebot in Kriegszeiten. Hierauf bleibt die Mannschaft bis zum 45. Lebensjahre in der Reserve-Klasse der Verstärkung.

Marine.

Minister und Mitglied des k. geh. Staatsrathes —: Kontre-Admiral Steen Andersen Bille.

Das Ministerium theilt sich in 4 Abtheilungen. 1. (Sekretariat und Kommando-Bureau) —: Chef Kapitänlt. H. O. Lütken, Adjutant des Ministers und Militär-Expedizions-Sekretär, 1 Zivil-Expeditions-Sekretär und 2 Beamte; 2. (Admiralitäts-Bureau) —: Direktor Kommandeur-Kapitän A. H. Polder; Komtoir-Chef Justizrath J. N. Suenson, 5 Beamte; 3. (Kommissariats-Bureau) —: Direktor General-Kriegs-Kommissär N. Wiborg; Komtoir-Chef Justizrath F. C. Esskildsen, 6 Beamte, und 4. (Revisions-Bureau) —: Direktor und General-Revisor, General-Kriegs-Kommissär P. C. Kinch, Revisor, Justizrath H. C. Hansgaard, 9 Beamte.

General-Auditeur der Marine —: Konferenzrath H. J. Koefond.

Admiralität und Offiziere.

Vize-Admiral —: Konrad Emil Mourier.

Kontre-Admiräle —: S. A. Bille, Jens Seidelin.

2 Kommandeure mit und 5 ohne Division, 8 Kommandeur-Kapitäne, 15 Kapitäne, 26 Kapitän-Lieutenante, 41 Premier- und 35 Sekond-Lieutenante.

à La Suite: 2 Kommandeur-Kapitäne, 7 Kapitäne und Kapitän-Lieutenante.

Chef des See-Kadetten-Korps —: Kapitän A. Suenson.

12

Flotte.

Linienschiffe: Valdemar 84 Kanonen; Frederik der 6te 84; Skjold 84; Dannebrog 72; Danmark 66.

Fregatten: Dronning Maria (rasée) 60 Kanonen; Thetis 48; Freia 56; Rota 46; Havfruen 46; Bellona 46; Tordenskjold 44.

Korvetten: Galathea 28 Kanonen; Flora 20; Valkyrien 20.

Barkschiff: Saga 14 Kanonen.

Briggs: St. Thomas 16 Kanonen; Oernen 16; St. Croix 12; Mecurius 12.

Schooner: Elben 8 Kanonen; Delphinen 1; Pilen 1.

Kutter: Neptun, Lustjagd Sr. Majestät des Königs 6 Falconette.

Ruder-Flotille: Bomben-Kanonen-Schaluppen 23 Stk.; Bomben-Kanonen-Jollen 17; Kanonen-Schaluppen 47; im Ganzen 87 Stük.

Dampfschiffe: Holger Danske, 260 Pferdekraft, 1 sechzigpfündige Bombenkanone, 6 dreissigpfündige Kanonen.

Hekla, 200 Pferdekraft, 1 sechzigpfündige Bombenkanone, 4 vierundzwanzigpfündige Kanonen.

Geiser, 160 Pferdekraft, 2 sechzigpfündige Bombenkanonen, 6 achtzehnpfündige Kanonen.

Skirner, 120 Pferdekraft, 2 vierundzwanzigpfündige Kanonen.

Thor, Schraubendampfkorvette, 269 Pferdekraft, 12 dreissigpfündige Kanonen.

Eine Schraubendampf-Kanonen-Schaluppe mit 1 Kanone.

Zu der Flotte und den Werften gehört, ausser den Offizieren, eine feste Mannschaft in 2 Divisionen, bestehend aus einem Artilleriekorps von 315 Mann, einem Matrosenkorps von 245 Mann, Jungen 225 und 1200 Mann vornehmlich Handwerker und Arbeitsleute, in Allem 1975 Köpfe. Beim Ausgange des Jahres 1849 enthielt die Hauptrolle der Seewehrpflichtigen im Königreiche Dänemark eine Anzahl von 19,669, wovon 11,045 zum Orlogsdienste ausgeschrieben werden konnten. Die Anzahl der schleswigschen Einrollirten wird zu 5 à 6000 Mann, der holsteinischen zu 3 à 4000 Mann angegeben.

Die Flagge ist roth, mit einem weissen, sie rechtwinklig durchschneidenden Kreuze, vorne mit zwei Spizen.

Unterm 1. Jänner 1853 ist eine neue Uniformirung für Offiziere à la Suite, so wie für Verabschiedete und Reserve-Offiziere festgesezt worden.

Im Juni 1853 wurden den königlichen Leibgarden, jedem Infanterie-Bataillon und jedem Jägerkorps eine Anzahl neuer Büchsen (tapriffeln) abgegeben, und zwar jedem Bataillon zirka 200 Stük. Diese neuen Gewehre sollen nicht in täglichen Gebrauch genommen, namentlich nicht der Exerzier- und Wachdienst damit gethan werden, sondern es soll aus denselben nur nach der Scheibe geschossen werden. Wird die Armee mobil, so sollen diese Gewehre an die besten Schüzen vertheilt werden.

Das im November 1852 erlassene provisorische Wehrpflichtgesez für Holstein bestimmt, dass alle eingebornen Holsteiner männlichen Geschlechtes, mit Ausnahme der Geistlichen, Schullehrer u. dgl. der Wehrpflicht unterliegen; gleichzeitig wurde auch die Stellvertretung genehmigt.

Am 16. November 1852 wurde im Volksthing beschlossen: die in Dänemark rekrutirten Truppenabtheilungen beim deutschen Bundeskontingente nicht verwenden zu lassen.

Einer im Dezember 1852 gefassten Entscheidung des Kriegsministers zufolge soll denjenigen Unteroffizieren, welche früher in der schleswig-holsteinischen Armee gedient haben und jezt im dänischen Heere stehen, zwar bei ihrer Kapitulazion die Dienstzeit in jener Armee in Anrechnung gebracht werden, dagegen bei dem für jene Klasse vorbehaltenen Anspruch auf Zivilversorgung (Beförderung zu Zivilämtern nach der Verabschiedung) und auf das für wohlgediente Unteroffiziere bestimmte Ehrenzeichen der Zeitraum vom 24. März 1848 bis 26. Oktober 1851 nicht mit zur Berechnung kommen.

Frankreich.

Se. Majestät Kaiser Napoleon III. (geboren 1808.) Befehlshaber der Armee und Flotte (il commande les forces de terre et de mer.)

Militärischer Hofstaat.

Grossmarschall des Palastes: Marschall Vaillant.
General-Adjutant —: Brigade-General Rolin.
Flügel-Adjutanten: Divisions-Generale: Comte Roguet; Certain Canrobert; Vte. de Goyon; de Cotte.

12*

Brigade-Generale: Lannes de Montebello; Le Normand de Lourmel; Espinasse.

Brigade-General ad honores: Vaudrey.

Genie-Oberst: Yvelin de Beville.

Kavallerie-Oberst: Ney und Fleury.

12 Ordonanz-Offiziere, welche aus allen Waffengattungen gewählt, nur Capitäns sind.

Kriegsministerium.

Präsident: Marschall Le Roy de Saint Arnaud.

Flügel-Adjutanten: Chef d'escadron De Place und Capitäne Boyer.

Dieser Zentral-Behörde unterstehen alle Truppen, Territorialbehörden und sonstigen Korps- oder Militär-Etablissements. Sie zerfällt in folgende Abtheilungen:

Kabinet des Ministers: (Eskadronschef Delamorte Charens Franconiére).

1. Direkzion (Personelles) mit 7 Bureaux (Brigade-General Peyssard.)
2. Direkzion (Artillerie) mit 2 Sekzionen (Brigade-General de Bressolles.)
3. Direkzion (Genie) mit 2 Sekzionen (Brigade - General Mengin.)
4. Direkzion (Verwaltung) mit 5 Bureaux (Intendant Darrieau.)
5. Direkzion (Algierische Angelegenheit) mit 4 Bureaux (Divisions-General Daumas.)
6. Direkz. (Kriegs-Dépôt) mit 2 Bureaux (Oberst Blondel.)
7. Direkzion (General-Buchhaltung) mit 6 Bureaux (Staatsrath Petitet.)

Alle Vorschläge und Veränderungen in der Armee werden von folgenden, dem Kriegsministerium beigeordneten, aus Generälen, Stabs-Offizieren und Intendanten etc. etc., bestehenden permanenten Comités und Kommisions durchgesehen und berathen.

Comité consultatif detât-major: Divisionsgeneral Fontaine.
„ „ de l'infanterie: „ Schramm.
„ „ la cavallerie: „ Regnaud de. Saint d'Angely.
„ „ la gendarmerie: „ De la Rue.
„ „ l'artillerie: „ De Ducos.
„ „ des fortifikacions } De Charon.
„ „ de l'Algérie }

Conseil de santé des armées (Medicin Inspekteur Begin.)

Commission d'hygiéne hippique (Div.-Gen. Bougenel.
„ mixte des travaux publies (Staatsrath Bonlay.)
„ supperieurè et consultative des subsistantes militaire. (Diese letztere im November 1853 eingesezt).

Hôtel imperial des invalides.

Durch Dekret vom 21. August 1822 ist den Invaliden der erste Rang in der Armee eingeräumt.

Ehren-Gouverneur: Marschall Prinz Jerome Napoleon, k Hoheit.

Gouverneur —: Divisions-General Vte. Ornano.

Kommandant des Invalidenhofes —: Brigade-General Sauboul.

Generalstab.

Zerfällt in die Marschälle, Generäle, den Generalstab und die Intendantur.

Durch das Gesez vom 4. August 1839 ist die Anzahl der Marschälle in Friedenszeit auf höchstens 6, in Kriegszeit auf 12 festgesezt.

Die gegenwärtigen Marschälle sind: Graf Heinrich Karl Michael Reille (17. September 1847). Se. k. Hoheit Prinz Jérome Bonaparte (1. Januar 1850). Graf Johann Harispe (11. Dezember 1851). Graf Johann Vaillant (11. Dezember 1851). Leroy de Saint Arnaud, Bernand Magnan und Graf de Castellane (alle vom 2. Dezember 1852).

Die Generale (officiers généraux) theilen sich in Hinsicht der Charge in Divisions- und Brigade-Generale, in Bezug des Dienstes aber sind sie in Generäle der 1. Sekzion (aktiven Dienst), der 2. Sektion (Reserve, Dienst im Innern während eines Krieges) und in Beabschiedete (généraux en retraite) eingetheilt.

Die 2. Sekzion (Reserve), im April 1848 abgeschafft, wurde mit Dekret vom 1. Dezember 1852 wieder hergestellt. Hiernach treten die Divisions-Generale nach vollendetem 65., die Brigade-Generale mit 62. Lebensjahre aus dem Stande der Aktivität in die Reserve über, doch bleibt den ersteren, welche einer der Bedingungen der §. 1 und 2 des Artikels I., Gesez vom 4. August 1839, und Artikel VII., Ordonnanz 16. März 1838 entsprechen, das Recht der Vorrükung. Der Gehalt des Generalstabes der 2. Sekzion beträgt $^{2}/_{5}$ des gewöhnlichen ohne Beiträge. Diese Generale können in Kriegszeiten zum wirklichen Dienste im Innern berufen werden. Die Generale, welche Senatoren sind, bleiben in ihrem Dienstrange in der 1. Sekzion, treten sie aber in die 2. Sekzion, können sie auch in Friedenszeiten zum wirklichen Dienste im Innern bestimmt werden. Der General-Kommandant des Invalidenhôtels kann bis zum 68. Lebensjahre diese Stelle begleiten, sonst aber nach Bestimmung des Dekretes vom 4. August 1839 nach dort festgesezten und erlangtem Altersjahre seinen Ruhegehalt ansprechen.

Die Anzahl der Generale (officiers généraux) beträgt:

80	Divisions-Generäle	1. Sekzion.
160	Brigade-Generäle	
71	Divisions-Generäle	2. „
173	Brigade-Generäle	
42	Divisions-Generäle	en retraite.
70	Brigade-Generäle	

Der Stand des General-Stabes ist durch mehrere Ordonnanzen, und schliesslich durch jene vom 23. Februar 1833 sowohl für den Friedens- als Kriegsfuss auf 560 Offiziers normirt worden, und zwar:

30 Oberste, 30 Oberstlt., 100 Chefs d'escadron,*) 300 Hauptleute, 100 Lieutenants.

Der Generalstab, welcher auch die in der Armee nicht bestehende Adjutantur einschliesst, wird in nachstehender Weise verwendet:

1. Bei allen Truppen-Abtheilungen, welche grösser als eine Brigade sind, und steht hier unter einem besondern Chef.
2. Bei den Militär-Divisionen (territoriales.)
3. Bei allen Abtheilungen des Kriegsministeriums.

Hier bildet er noch ausschliesslich eine Direkzion (le depot de la guerre), welche in die beiden Sekzionen zerfällt:

a) Sekzion für Geodosie, Topografie, Zeichnen und Stich.

b) Kriegsgeschichte, Militär-Statistik, Bibliothek, Archiv, Karten und Pläne.

4. In den permanenten berathenden Comités als Sekretäre.
5. Als Adjutanten bei den Generälen, welche keine Spezial-Waffe oder Militär-Etablissements kommandiren.
6. Für Lehrerstellen bei den höheren Militärschulen.
7. Bei Gesandtschaften und zu diplomatischen Sendungen.

Der Generalstab ergänzt sich sowohl aus den Offizieren der höhern Kriegsschule (école d'applicacion d'état major), als direkt aus der Armee.

Militär-Intendenz.

Der Stand des Korps ist durch das Dekret vom 29. Dezember 1851 auf 246 Dienstleistende festgesezt, und zwar:

Militär-Intendanten (Generale) 28.

Unter Militär-Intendanten 1. Klasse (Oberst)	50	140
„ „ „ 2. „ (Oberstlt.)	90	
Adjunkten der Intendanten 1. Klasse (Majors)	52	78
„ „ „ 2. „ (Hauptleute)	26	

*) Diese Chefs d'escadrons sind nicht Eskadrons-Kommandanten, sondern Stabs-Offiziere im Range eines Majors.

Administrazions-Offiziere der Bureaux der Militär-Intendanz*		8
Administrazions-Offiziere	1. Klasse	20
„ „	2. „	20
Administrazions-Adjutanten	en premier	72
„ „	en second	160
	Zusammen	280

Diese leztere Kategorie der Intendanz wurde mit k. Dekret vom 1. November 1853 aus dem bisherigen commis entretenus gebildet und zählt als 4. Sekzion des Personals des Kriegs-Administrationsdienstes.

Die Intendanz bildet ein wirkliches Offiziers-Korps und hat die Leitung und Beaufsichtigung:

1. Des Kassen- und Rechnungswesens der Armee.
2. Des Armee-Trains (mit Ausnahme des Artillerie-Trains).
3. Die Kontrolle des Verwaltungsdienstes mit seinen drei Zweigen:

Verwaltung der Militär-Spitäler.

Verwaltung der Kleidung und Unterkunft, und der Subsistenz.

4. Wird die Intendantur zum Dienste der Auditore, deren es in der französischen Armee nicht gibt, bei den Militär-Gerichtshöfen verwendet.

Im Kriege werden die Intendants als Chefs der Verwaltungsgeschäfte bei den Armeen; die Unter-Intendanten 1. Klasse in gleicher Eigenschaft bei den grossen Divisionen, jene der 2. Klasse und die Adjunkten in den verschiedenen Hauptquartieren oder auch bei den detaschirten Brigaden verwendet.

Im Frieden sind durch sie die bezüglichen Stellen im Kriegsministerium (4. Direkzion), bei den berathenden Comités, und bei den Militär-Divisionen (Division territorial) besezt.

Die Intendants zerfallen so wie die Generäle in 2 Sekzionen. Der Uebertritt aus der 1. in die 2. Sekzion erfolgt gleichfalls mit dem 62. Jahre.

Territorial - Behörden.

Zerfallen in allgemeine, in divisione militaires (territoriales) und in besondere. Erstere stehen in dienstlichen Beziehungen allen übrigen Militär-Behörden vor; leztere haben nur bestimmte Dienstzweige zu erledigen.

Divisions militaires (territorial) bestehen 21, jede unter dem Kommando eines Divisions-Generals und in Uebereinstimmung mit den Landes-Departements in 86 Unter-Divisionen (sub divisions) getheilt.

Die Haupt- und General - Quartiere und Kommandanten sind:

1. Division: Paris, (Marschall Magnan Oberbefehlshaber der Armee von Paris mit den Sub-Divisionen: zu Paris, Versailles, Bauvais, Melun, Troyes, Auxerre, Orléans und Chartres).

2. Rouen, (Divisions-General Graf Goudin, Sub-Divisionen: Rouen, Evreux, Caen, Alençon).

3. Lille, (Divisions- General Grand, Sub-Divisionen: Lille, Arras und Amiens).

4. Chalons-sur-Marne, (Divisions-General Perrot, Sub-Divisionen: Chalons-sur-Marne, Laon, Mézièser.)

5. Metz, (Divisions-General Marcy-Monge, Sub-Divisionen: Metz, Verdun, Nancy, Epinal).

6. Strasburg, (Divisions-General Reibell, Sub-Divisionen: Strasburg, Colmar).

7. Besançon, (Divisions-General Prevost, Sub-Divisionen: Besançon, Lons-le-Saulnier, Dijon, Chaumont, Vesoul).

8. Lyon, (Marschall de Castellane, Ober-Kommandant der Armee von Lyon, Sub-Divisionen: St. Etienne, Châlon-sur-Saône, Bourg, Grenoble, Gap, Valence, Privas).

9. Marseille, (Divisions-General De Rostolan, Sub-Divisionen: Marseille, Toulon, Digne, Avignon).

10. Montpellier, (Divisions-General DeSalles, Sub-Divisionen: Montpellier, Rodez, Mende. Nimes).

11. Perpignan, (Divisions - General Dufourc, Sub-Divisionen: Perpignan, Foix, Carcassonne).

12. Toulouse, (Divisions-General Reveux, Sub-Divisionen: Toulouse, Montauban, Cahors, Albi).

13. Bayonne, (Divisions-General Poinsignon, Sub-Divisionen: Bayonne, Mont de Marsan, Auch, Tarbes).

14. Bordeaux, (Divisions-General De Tartas, Sub-Divisionen: Bordeaux, La Rochelle, Angoulême, Perigueux, Agen).

15. Nantes, (Divisions-General Guillabert, Sub-Divisionen: Nantes, Angers, Niort, Napoléon-Vendée).

16. Rennes, (Divisions-General Guesviller, Sub-Divisionen: Rennes, Vannes, Brest, St. Brieue, Cherbourg, Laval).

17. Bastia, (Divisions-General Talandier, Sub-Divisionen: Bastia, Ajaccio).

18. Tours, (Divisions-General Aulas de Courtigis, Sub-Divisionen: Tours, Le Mans, Blois, Poitiers).

19. Bourges, (Divisions - General De Mortemart, Sub-Divisionen: Bourges, Nevers, Moulins, Chateauroux).

20. Division: Clermont-Ferrand, (Divisions-General Ballon, Sub-Divisionen: Clermont-Ferrand, Le Puy, Aurillac).

21. Limoges, (Divisions-General Corbin, Sub-Divisionen: Limoges, Gueret, Tulle).

Algerien. General-Gouverneur —: Divisions-General Graf Randon.

Chef des Generalstabs —: Brigade-General Rivet.

Kommandant der Artillerie —: Brigade-General Buisson-Darmandi.

Ober-Kommandant des Genie's —: Brigade-General de Chabaud-Latour.

Kommandant der eingeborenen Truppen —: Brigade-General Jusuf.

Ober-Kommandant der Marine —: Kontre-Admiral Larocque de Chanfray.

Division von Algier —: Divisions-General Camou.
„ „ Oran —: Divisions-General Pellissier.
„ „ Konstantine —: Div.-General v. Mac-Mahon.

Speziale Territorial-Behörden und Branchen.

Bestehen aus dem Generalstab für die festen Pläze und deren Material und aus den Administrazions-Zweigen (services administratifs).

Ersterer zerfällt:

a) In den Generalstab der Festungen mit 154 Festungs- und Plaz-Kommandanten; 12 Plaz-Majors; 138 Adjutanten; 24 Divisions-Archivs-Sekretäre; 8 Festungs-Archivs-Sekretäre.

b) Der Artillerie-Generalstab: 7 Divisions-Generäle; 16 Brigade-Generäle; uneingetheilte 89 Stabs-Offiziere, 195 Hauptleute, 1 Lieutenant; eingetheilte 47 Stabs-Offiziere, 147 Hauptleute, 16 Lieutenants. Zusammen 136 Stabs-Offiziere, 342 Hauptleute und 17 Lieutenants.

c) Genie-Generalstab: 5 Divisons-Generäle; 9 Brigade-Generäle; uneingetheilte 151 Stabs-Offiziere, 277 Hauptleute, 3 Lieutenants; eingetheilte 32 Hauptleute. Zusammen 151 Stabs-Offiziere, 309 Hauptleute, 3 Lieutenants.

Die Beamten der Administrazion theilen sich in 3 Klassen. Sie besorgen nebst der Kleidung und Unterkunft des Heeres auch die Militär-Spitäler, und zählen 40 Beamte der 1., 210 der 2. und 417 der 3. Rangstufe.

Truppen.

Die Armee besteht aus stehenden Truppen und Nazional-Garden.

1. **Stehende Truppen** sind entweder troupes actives, oder troupes sédentaires, welch Leztere nicht ins Feld rüken.

Zu den Ersten gehören die **Infanterie**, **Kavallerie**, **Artillerie**, die **Genie-Truppen** und die **Handwerks-Abtheilungen**, **Trains** (troupes de l'administration).

Ausserdem heissen die zum Dienst in Algier permanent bestimmten Truppen-Abtheilungen: **troupes d'Afrique**, und die übrige Hauptmasse der Infanterie und Kavallerie: **troupes de ligne**.

A. Etat.

a) **Infanterie**. 75 Linien-Regimenter, 25 leichte Regimenter, 20 Bataillons der Jäger zu Fuss, 3 Regimenter Zouven, 3 Bataillons der leichten afrikanischen Infanterie, 2 Regimenter der Fremden-Legion, 3 Bataillons Tirailleurs Eingeborne, und 12 Disziplinar-Kompagnien.

Die **Infanterie-Regimenter** bestehen aus 3 Bataillons, wovon eines im Frieden als Bataillon im Dépôt dient. Dieses hat 7, die zwei anderen (mobile oder aktive Bataillons) jedes 8 Kompagnien. Im Kriege erhält jedes Bataillon eine Dépôt-Kompagnie. Zu jedem Regiment gehören im Stabe: 1 Oberst, 1 Oberstl., 3 Bataillons-Chef, 1 Major, 3 Kapitän-Adjutant-Major, 1 Sous-Lieutenant als Fahnenträger und 1 Lieutenant d'etat major, dann als Nicht-Kombattanten 1 Kapitän (Kassaverwalter), 1 Kapitän (Monturs-Verwalter), 1 Unter-Lieutenant als Adjunkt des Kassa-Verwalters, 3 Aerzte, zusammen 11 Kombattanten und 6 Nicht-Kombattanten; — ferner im kleinen Stabe: 20 M. Kombattants, 52 Nicht-Kombattants, zu welch leztern auch die 76 Mann hors rang gehören. Jedes Bataillon hat im Stabe: 8 Kombattants, 1 Nicht-Kombattant; jede Kompagnie 3 Offiziere, 14 Unter-Offiziere, 2 Tambours und 99 Gemeine; sohin das Regiment ohne Dépôt 2745 Kombattants und 134 Nicht-Kombattants, und im Kriege mit den 3 Dépôt-Kompagnien und den Nicht-Kombattants 3233 Köpfe. Die Rangirung ist in 3 Gliedern. Jedes Linien-Regiment hat als Elite-Kompagnie auf dem rechten Flügel eine **Grenadier**-, jedes leichte Regiment eine **Karabinier**-, beide auf dem linken Flügel eine **Voltigeur**- und 5 respektive 6 Kompagnien **du centre** (Füsiliers). Jede Kompagnie hat 1 Enfant de troupe (Soldatenkind), welches gemeinschaftlich erzogen und zum künftigen Dienst als Unter-Offizier gebildet wird.

Das Bataillon formirt 2 Halb-Bataillons (rechtes und linkes) zu 2 Divisions, zu 2 Pelotons oder 2 Kompagnien zu 2 *Sekzions*. Die Rangirung geht bei jeder Kompagnie vom rechten Flügel aus, so dass die 3 grössten Soldaten die erste und die kleinsten die lezte Rotte bilden.

Jäger zu Fuss (chasseurs à pied). Jedes der 20 Bataillone hat 10 Kompagnien ohne Elite, in 2 Gliedern, der Stab: 1 Chef de Bataillon als Kommandeur, 1 Kapitän-Major, 1 Kapitän-Adjutant-Major, 1 Kapitän Schiess-Instrukteur, dann 4 Offiziere und Beamte als Nicht-Kombattants; ferner 3 M. Kombattanten im Stabe und 47 M. hors rang. Jede Kompagnie 3 Offiziere, 14 Unter-Offiziere und mit Einrechnung eines enfant de troupe 105, sohin 123 M., das Bataillon mit den Nicht-Kombattanten 1288 Köpfe. (Die Bataillons Nr. 11 bis 20 wurden mit Dekret vom 22. November 1853 aus der 8. Kompagnie der Dépôt-Bataillons der 100 Linien- und leichten Infanterie-Regimenter aufgestellt.)

Es zählen die 100 Infanterie-Regimenter einschliesslich der 300 Dépôt-Kompagnien 323,300, die 20 Bataillons Jäger 25,760 Mann.

b) Truppen in Afrika.

Zouaven-Regimenter. Das Regiment zu 3 Bataillons, das Bataillon zu 8 Kompagnien und 1 Dépôt-Kompagnie. Aus Franzosen und Eingebornen zusammengesezt und von französischen Offizieren kommandirt. Gesammtstärke 9330 Köpfe.

Leichte Bataillons von Afrika. Das Bataillon zu 8 Kompagnien und 2 Dépôt-Kompagnien, jedoch ohne Eliten. Aus früher häufig bestraften Individuen zusammengesezt. Stärke 3744 Köpfe.

Fremden-Legion. Das Regiment zu 3 Bataillons. Das Bataillon zu 8 Kompagnien, einschliesslich 2 Eliten-Kompagnien. Stärke 6110 Köpfe.

Bataillons der eingebornen Tirailleurs. Das Bataillon zu 8 Kompagnien und 1000 Mann. Stärke 3000 Mann. Bis auf 30 Mann pr. Bataillon Freiwillige.

Stabs-Offiziere und Hauptleute bloss Franzosen. Lieutenants und Unter-Offiziers grossentheils Eingeborne.

Stärke der afrikanischen Infanterie: 21 Bataillons mit 22,184 Köpfe.

Gesammtstärke der Infanterie:

Inländische Infanterie	320	Bataillons	349,060
Afrikanische „	21	„	22,184
		zusammen	371,244

darunter 14,420 Nicht-Kombattanten.

Dislokazion.

Linien-Infanterie.

1 Regiment Lille. 2 Verdun. 3 Rennes. 4 Valenciennes. 5. Charenton, Dépôt Boulogne; 6. Bieetre, Dépôt Evreux; 7. Lyon; 8.' Paris; 9. Versailles; 10. Perpignan; 11. Bordeaux; 13. Saint Denis, Dépôt Laon; 14. Lyon, Dépôt Langres; 15. Nevers; 16. Ivry, Dépôt Condé; 17. Perigueux; 18. Clermont-Ferrand; 19. Paris, Dépôt Lille; 20. Algier, Dépôt Uzés; 21. Lyon, Dépôt Montbrison; 22. Rueil, Dépôt Dieppe; 23. Saint Omer; 24. Rouen; 25. Italien, Dépôt Nimes; 26. Dijon; 27. Orleans; 28. Paris, Dépôt Béthune; 29. Havre; 30. Saint-Brieuc; 31. Vincennes, Dépôt Soissons; 32. Avignon, Dépôt Romans; 33. Nancy; 34. Brest; 35. Bayonne; 36. Marseille, Dépôt Aix; 37. Lorient; 38. Paris, Dépôt Cambrai; 39. Lyon, Dépôt Bourg; 40. Italien, Dépôt Marseille; 41. Caen; 42. Lyon, Dépôt Langres; 43. Maçon, Depot Fontainbleau; 44. Longwy, Dépôt Calais; 45. Marseille; 46. Cahors; 46. Mézières; 48. Amiens; 49. Toulouse, Dépôt Péronne; 50. Algier, Dépôt Arles; 51. Paris, Dépôt Saint-Denis; 52. Grenoble; 53. Courbevoie, Dépôt Auxerre; 54. Algier, Dépôt Avignon; 55. Belfort; 56. Issy, Dépôt Soissons; 57. Lyon, Dépôt Romans; 58. Besançon; 59. Nantes; 60. Algier, Dépôt Toulon; 61. la Rochelle; 62. Strasbourg;; 63. Paris, Dépôt Versailles; 64. Thionville; 65. Montelimart - 66. Versailles, Dépôt Saint Jean Pied de Port; 67. Paris, Dépôt Peronne; 68. Algier, Dépôt Antibes; 69. Cherbourg; 70 Lyon, Dépôt Lons-le-Saulnier; 71. Draguignan; 72. Lyon, Dépôt Saint-Étienne; 73. Lyon, Dépôt Bourg; 74. Briançon, 75. Angoulême.

Leichte Infanterie.

1. Regiment Metz; 2. Napoléon-Vendée; 3. Paris, Dépôt Melun; 4. Perpignan; 5. Montpellier; 6. Nogent sur Marne, Dépôt Avesnes; 7. Algier, Dépôt Salon; 8. Paris, Dépôt Fontainbleau; 9. Sedan; 10. Bastia: 11. Algier, Dépôt Antibes; 12. Romainville, Dépôt Troyes; 13. Nimes; 14. Italien, Dépôt Marseille; 15. Dunkerque; 16. Algier, Dépôt Alais; 17. Strasbourg; 18. Limoges; 19. Paris, Dépôt Orleans; 20. Montpellier; 21. Italien, Dépôt Aix; 22. Algier, Dépôt Narbonne; 23. Tours; 24. Neufbriesach; 25. Algier, Dépôt Cette.

Jäger zu Fuss.

1.	Bataillon	Algier	Dépôt	Grenoble.
2.	„	Marseille	„	Toulouse.
3.	„	Lyon	„	Besançon.
4.	„	Algier	„	Toulouse.

5. Bataillon	Paris	Dépôt	Douai.
6. „	Lyon	„	Grenoble.
7. „	Algier	„	Toulouse.
8. „	Paris	„	Tonai.
9. „	Paris	„	Vincennes.
10. „	Italien	„	Grenoble.

Die neu errichteten 10 Bataillons noch nicht bestimmt.

Zouaven.

1. Regiment Algier; 2. Oran; 3. Philippeville.

Leichte Bataillons von Afrika; in Algier.

Fremden-Legion: Beide Regimenter in Algier.

Bataillons der eingebornen Tirailleurs: in Algier.

Die 12 Disziplinar-Kompagnien, wovon 9 Füsilier- und 3 Pionier-Kompagnien bilden, liegen mit Ausnahme der 3. Füsilier-Kompagnie, welche sich auf der Insel Oléron befindet, sämmtlich in Algier.

Fremden-Legion: 1. und 2. Regiment in Algier.

Veteranen-Kompagnien der Unter-Offiziere und Füsiliere.

1. Kompagnie der Unter-Offiziere zu Dreux; 2. zu Granville; 3. zu Bar le duc.

1. Kompagnie der Füsiliere zu Insel Hyères; 2. zu Saint-Lô. 3. zu Parthenay.

c) Kavallerie.

Die Kavallerie zerfällt in schwere (cavalerie de reserve); Linien (cavalerie de ligne); und leichte Kavallerie (cavalerie legere), und besteht aus:

2	Regimenter	Karabiniers (ältere Kürassier-Regimenter)	12 schwere.
10	„	Kürassier	
12	„	Dragoner	20 Linien.
8	„	Lanziers	
12	„	Jäger zu Pferd.	
9	„	Husaren.	
1	„	Guiden (zum Generalstabs-Dienst verwendet; im Kriege 8 Eskadrons).	
4	„	afrikanische Jäger zu Pferd.	
3	„	Spahis; und der Makhzen Hilfs-Kavallerie.	

Schwere Kavallerie.

Das Regiment zu 6 Eskadrons, diese zu 2 Divisions, zu 2 Pelotons, zu 2 Sekzions, in 2 Gliedern. Ueber jede 2 auf einander folgende Eskadrons, welche aber keinen besondern

Truppen-Körper bilden, ist 1 Chef d'escadrons (Stabs-Offizier) bestimmt, während die Kommandanten der Eskadrons Capitänes commandants heissen. Zum Stabe eines schweren Kavallerie-Regiments gehören an Kombattanten: 1 Oberst, 1 Oberst-Lieutenant, 3 Chef d'Eskadrons, 1 Major, 1 Kapitän Instrukteur, 3 Kapitän-Adjutants-Majors, 1 Sous-Lieutenant als Standartträger, 1 Lieutenant d'Etat-Major, dann 7 Mann an Nicht-Kombattanten, 8 Offiziere (Verwaltungs-Beamte und Aerzte), und 4 Mann, diese mit 64 Pferden, endlich der Peloton hors rang, 53 M., 6 Pferde.

Die Eskadron zählt 8 Offiziers, 27 Unter-Offiziers, 4 Trompeter und 139 Reiter, zusammen 178 Köpfe mit 173 Pferden.

Daher das Regiment zu 6 Eskadronen mit Einschluss der Dépôt-Eskadron und Nicht-Kombattanten 1351 Köpfe und 1282 Pferde.

Linien-Kavallerie.

Wie bei ersterer jedoch die Eskadron zu 149 Reiter und 183 Pferde; folglich das Regiment 1421 Köpfe und 1352 Pferde.

Leichte Kavallerie.

In der gleichen Stärke, aber die Eskadron zu 159 Reiter und 193 Pferde, daher das Regiment 1491 Köpfe und 1422 Pferde.

Guiden.

Wie die leichte Kavallerie, jedoch das Regiment zu 8 Eskadronen 1636 Köpfe und 1545 Pferde.

Nach dieser Norm ergibt sich die gesammte Stärke der Kavallerie auf den Kriegsfuss, mit Einschluss der Dépôts.

	Eskadr.	Komb.	Nichtkomb.	Pferde
12 schwere Regimenter	72	13,044	996	13,308
12 Regimenter Dragoner	72	13,764	996	14,028
8 „ Lanziers	48	9176	664	9352
12 „ Jäger zu Pferd	72	14,484	996	14,748
9 „ Husaren	54	10,863	747	11,061
1 „ Guiden	8	1531	105	1545
Summa ohne Dépôt	326	62,862	4504	64,042

Im Kriege hat jedes Regiment (die Guiden ausgenommen) 1 Dépôt-Eskadron, wonach sich die Gesammtstärke auf 77,579 Köpfe und 73,831 Pferde stellt.

Wegen Pferdemangel dürfte selbst im Kriege jedes Regiment nur 6 Eskadrons, darunter 1 Dépôt, bilden, da bei einer Mobilmachung der ganzen Armee, das Regiment zu 7 Eska-

-drons mit dem Dépôt gerechnet, 25,000 Pferde nothwendig sind, und davon 11,000 vom Auslande bezogen werden mussten.

d) Afrikanische Kavallerie.

Jäger zu Pferd. Die Eskadron wie bei der übrigen Kavallerie, das Regiment zu 6 Eskadrons.

Spahis.

Die Eskadron zu 200 (Konstantine), 180 (Algier), 175 (Oran) Reiter. Das Regiment zu 6 Eskadronen. Die Gemeinen und Unter-Offiziers sind grösstentheils, die Lieutenants und Sous-Lieutenants zur Hälfte, und auch einzelne Rittmeister freiwillig dienende Eingeborne. Stabs-Offiziere aber nur Franzosen.

Die Kriegsstärke der afrikanischen Kavallerie beträgt:
4 Regimenter Jäger zu Pferd, 5141 Köpfe, 4860 Pferde,
3 „ Spahis „ „ 3560 „ 3674 oder in
42 Eskadrons 8701 Köpfe und 8534 Pferde.

Diese Summa mit der Stärke der inländischen Kavallerie zusammengestellt ergibt die Total-Summa von 61 Regimentern, 421 Eskadronen, 86,280 Köpfe und 82,365 Pferde.

B. Dislokazion.

Karabiniers.

1. und 2. Regiment: Versailles, Dépôt Rambouillet.

Kürassiers.

1. Regiment Verdun; 2. Arras; 3. Lyon, Dépôt Èpinal; 4. Haguenau; 5. Lyon, Dépôt Sedan; 6. Versailles, Dépôt Meaux; 7. Versailles, Dépôt Meaux; 8. Moulins; 9. Valenciennes; 10. Abbeville.

Dragoner.

1. Regiment Saint-Étienne, Dépôt Vienne; 2. Belfort; 3. Lunéville, Dépôt Toul.; 4. Lyon, Dépôt Auxonne; 5. Gray; 6. Lunéville, Dépôt Toullons; 7. Melun; 8. Sarreguemines; 9. Mans; 10. Poitiers; 11. Italien, Dépôt Orange; 12. Saint-Germain-en-Laye.

Lanziers.

1. Regiment Libourne; 2. Maubeuge; 3. Cambrai; 4. Thionville; 5. Colmar; 6. Chartres; 7. Paris, Dépôt Joigny; 8. Vesoul.

Guiden in Paris.

Jäger zu Pferd. 1. Regiment Tours; 2. Lunéville, Dépôt Nancy; 3. Saint-Mihiel; 4. Provins; 5. Vendôme; 6.

Auch; 7. Compiegne; 8. Lunéville, Dépôt Nancy; 9. Chalons-sur-Marne; 10. Clermont-Ferrand; 11. Beauvais; 12. Napoléonville.

Husaren.

1. Regiment Niort; 2. Carcassonne; 3. Tarascon; 4. Castres; 5. Limoges; 6. Fontainebleau; 7. Avignon; 8. Lille; 9. Tarbes

Afrikanische Jäger zu Pferd.

1. Regiment Mustapha; 2. Oran; 3. Constantine; 4. Mostaganem.

Spahis.

1. Regiment Blidah; 2. Mascara; 3. Constantine.

e) Artillerie.

14 Regimenter Artillerie; 1 Regiment Pontoniers (das 15. Artillerie-Regiment); 12 Kompagnien Arbeiter (d'ouvriers d'artillerie); 1 Kompagnie Waffenschmiede in Algier (armuriers); 6 Trains Eskadronen der Artillerie-Parks.

Von der Artillerie sind:

4 Regimenter zu 9 fahrende, 3 reitende und 4 Festungs- und Küsten-Batterien; 10 Regimenter zu 10 fahrende, 2 reitende und 4 Festungs- und Küsten-Batterien eingetheilt.

Das Regiment Pontonier besteht aus 12 Kompagnien und 2 Trains Kompagnien.

Die Train Eskadrons zu 8 Kompagnien.

Die reitenden Batterien jedes Regiments werden von einem Stabs-Offizier (Chef d'escadron) kommandirt.

Die Mannschaften der Artillerie-Regimenter sind zur Bedienung der Geschüze und zu Fahrkanoniere ausgebildet.

Die reitende Batterie zählt 4 Offiziers, 30 Unter-Offiziers, 3 Trompeter und 189 Kanoniere oder 226 Köpfe, 268 Pferde mit 16 Geschüze und 20 andern Fahrzeugen.

Die fahrende, so wie erstere, aber nur 179 Kanoniere, 216 Köpfe, 214 Pferde mit 6 Geschüzen und 24 anderen Fahrzeugen.

Die Festungs- und Küsten-Batterie 4 Offiziers, 28 Unter-Offiziers, 2 Trompeter 166 Kanoniere oder 200 Köpfe und 10 Pferde.

Das Regiment zu 9 fahrenden, 3 reitenden und 4 Festungs- und Küsten-Batterien hat daher mit Einschluss des grossen und kleinen Stabes, dann des Dépôts und der Nicht-Kombattanten:

3502 Köpfe, 2820 Pferde und 72 Geschüze.

Jenes von 10 fahrenden, 2 reitenden und 4 Festungs und Küsten-Battrien; 3492 Köpfe, 2766 Pferde mit 72 Geschüzen.

Die Kompagnie der Train - Eskadron zählt 2 Offiziers 14 Unter-Offiziers, 2 Trompeter und 116 Soldaten mit 214 Pferden, daher die Eskadron mit Einschluss der beiden Stäbe und den Nicht-Kombattanten 1112 Köpfe und 1726 Pferde.

Die Stärke der Feld-Artillerie beträgt also:

168 Feld-Batterien mit 37,728 Köpfe, 38,380 Pferde, 1008 Geschüze, 6 Train Eskadronen mit 48 Kompagnien 6672 Köpfe, 10,356 Pferde oder zusammen 168 Feld-Batterien, 48 Kompagnien, 44,600 Köpfe, 48,736 Pferde mit 1008 Geschüze. Die Festungs - Artillerie versieht mit 11,200 Köpfe und 560 Pferde den Dienst bei 56 Batterien, endlich 12 Kompagnien Arbeiter und Waffenschmiede 1452 Köpfe. Die Totalstärke der Artillerie, mit Ausschluss der Dépôts und Pontoniers: 57,052 Köpfe, 49,296 Pferde und 1008 Geschüze.

Pontoniers.

Die Kompagnie auf Kriegsfuss zählt 4 Offiziere, 26 Unter-Offiziere, 2 Hornisten und 102 Pontoniers.

Das Regiment zu 12 Kompagnien und mit Einschluss der beiden Stäbe 1656 Köpfe und 144 Pferde. Hiezu kommt noch die Pontons-Kompagnie, bestehend aus 2 Kompagnien mit 264 Köpfe und 498 Pferde; daher die ganze Stärke der Pontoniers mit Ausschluss der Dépôts 1920 Köpfe und 642 Pferde.

Im Frieden haben die fahrenden Batterien nur Exerzier-Geschüze und können bei der Mobilmachung als schwere oder leichte Batterien verwendet werden. Im Allgemeinen ist das Verhältniss festgesezt, dass $^1/_4$ der Feld - Artillerie schwere Artillerie sein soll.

f) Genie.

3 Genie - Regimenter und 2 Kompagnien Genie - Arbeiter.

Die 2 Bataillons der ersteren bestehen aus 7 Kompagnien Sappeurs; 1 Kompagnie Mineurs und 1 Train - Kompagnie, (sapeurs conducteurs).

Die Sappeur oder Mineur - Kompagnie zählt 4 Offiziere, 18 Unter-Offiziere, 2 Tambour und 124 Gemeine.

Die Train - Kompagnie; die gleiche Anzahl Ober- und Unter-Offiziere, dann 2 Trompeter und 100 Gemeine.

Die Stärke des Regiments beträgt daher mit beiden Stäben und der nicht einrangirten Kompagnie (hors rang) 2607 Köpfe und 210 Pferde; sohin das Genie-Korps mit Einschluss der Nicht-Kombattanten und der beiden Arbeiter-Kompagnien, — 8221 Köpfe und 630 Pferde.

g) Verwaltungs-Truppen.

1 Bataillon zu 7 Kompagnien zum Dienste bei den Verwaltungs-Etablissements, den Lazarethen etc. etc. zu 1783 Köpfen.

Im aktiven Dienste: 5 Eskadrons Fuhrwesen. Die Eskadron im Kriege zu 7 Kompagnien und mit Einschluss des Stabes und des Dépôts 1325 Köpfe.

Die Stärke der Verwaltungs-Truppen beträgt im Ganzen: 5 Parks, 50 Kompagnien und 9322 Köpfe.

Ergänzung und Dienstpflicht.

Stellung nach vollendetem 20. Jahre und Stellvertretung. Die Dienstzeit ist 7 Jahre; aber durch mehrfache Beurlaubung bis auf mehr als 4 Jahre verkürzt. Die bei der Fahne befindlichen Soldaten formiren den 1., die nach 7jähriger Dienstzeit entlassenen Soldaten, nebst einen Theil der nicht einberufenen Rekruten den 2. Ban. und die Nazionalgarde endlich den 3. Ban.

Der Ersaz und das Avanzement der Offiziere bis zum Stabs-Offizier, findet entweder durch Wahl oder nach den Dienstjahren statt; die Beförderung zum Stabs-Offizier wird nach Vorschlag der Regiments-Kommandanten von dem Inspekteur angeordnet. Die Ernennung zu, und das Avanzement in den Generalsstellen geht auf Vorschlag des Kriegsministeriums vom Kaiser aus.

Truppen für den inneren Dienst (troupes sédentaires).

A. Gendarmerie.

Sie dient zu Fuss und zu Pferd und wird aus der aktiven Armee ergänzt.

Sie besteht aus:

25 Legionen (departementales)	19,354	Köpfe.
1 „ in Afrika	606	„
Der Kolonial-Gendarmerie	559	„
2 Bataillons Eliten-Gendarmerie	2436	„
Garde von Paris 2 Bataillons „ „ „ 4 Eskadrons	2441	„

Feuerwehr von Paris (Sapeurs pompiers) 812 Köpfe; und im Ganzen mit Ausschluss der Feuerwehr 129 Kompagnien, 4 Eskadrons, 25,396 Köpfe. Die Gendarmerie wird eigentlich zur aktiven Armee gerechnet und ein Theil derselben, besonders die Elite, dürfte auch ins Feld rüken.

Nazionalgarden.

Die Verpflichtung zur Nazionalgarde besteht für alle als diensttauglich befundenen Franzosen vom 25. bis 50. Jahre.

Ihre Bestimmung ist durch das Gesez vom 11. Jänner 1852 genauer bezeichnet worden, und schliesst den mobilen Dienst im Kriege aus.

Die Nazionalgarde besteht eigentlich nur aus Infanterie. Mit Genehmigung des Ministeriums können aber von den Gemeinden auch besondere Korps errichtet werden.

Die Bewaffnung wird vom Staate geliefert und bleibt dessen Eigenthum.

Obgleich die Organisazion der mobilen Nazionalgarden einem besonderen Geseze vorbehalten wurde, so kann doch mit Grund angenommen werden, dass nöthigen Falls 300 kriegsfähige Nazionalgarden-Bataillons aufgebracht werden können, und die Aufstellung von 100 Bataillons als 4. Bataillons der Linien- und leichten Infanterie-Regimenter bei einem ausbrechenden Kriege keiner Schwierigkeit unterliegen würde.

Totalstärke der Armee.

Bei Zusammenstellung der angegebenen Ziffern zeigt sich, dass die Stärke der französischen Armee in runder Zahl auf 570,000 Mann, darunter 82,000 Nicht-Kombattants, mit 168 Feld-Batterien oder 1008 Geschüzen angenommen werden kann.

Hiezu dürfte noch die zwar bis nun nicht organisirte Reserve, bestehend aus den im 7. Dienstjahre entlassenen Soldaten (60,000 Köpfe), aus den nicht einberufenen Rekruten (140,000 Köpfe) und 100 Nazionalgarden-Bataillon (100,000 Köpfe), zusammen 300,000 Mann zu rechnen sein.

Besondere Branchen.

Militär-Gesundheitspflege.

Die Beamten der militärischen Gesundheitspflege zerfallen in Aerzte und Pharmazeuten. Beide Abtheilungen sind in 4 Klassen (Inspecteurs, Principaux, Majors und Aides-Majors) eingetheilt, und erreichen erstere die Stärke von 1087, leztere jene von 146, also zusammen von 1233 Individuen.

General-Remontirung.

Die Remontirungs-Dépôts zerfallen in 16 Haupt- und 13 Filiale.

Von ersteren befinden sich 10 in Frankreich, und zwar zu Caen, Alençon, Saint-Lô, Guingamp, Villers, Saint-Maxent, Fontenay-le-Comte, Guéret, Tarbes und Merignac und 6 in Afrika zu: Blidah, Oran, Constantine, Mostaganem, Coléah und Alelick.

Veterinairs.

Das Personale dieses Dienstzweiges zerfällt in folgende Klassen: Vetérenaires principaux 3. Vetérenaires (2 Klassen — 101.) Vetérenaires Gehülfen (2 Klassen 148).

Die 2. Klasse der lezteren wird aus der Thierarznei-Schule zu Alfort ergänzt.

Militär-Gerichtspflege.

Sie zerfällt in einen permanenten Kriegsrath, und in einen Rath der permanenten Revision.

Der erstere ist zur Urtheilssprechung bestimmt, und aus 7 bleibend ernannten Offiziere als Richter, und mehreren andern Individuen, welche Offiziere oder Indentantur-Beamte in oder ausser Dienst sein können und das übrige Gerichtsverfahren erledigen, zusammengesezt.

Der zur Revision der Kriegsgerichte bestimmte Conseil de revision besteht aus 5 bleibend ernannten aktiven Offiziers, und einem Gouvernement-Kommissär, welcher Stabs-Offizier oder Intendantur-Beamter in oder ausser Dienst sein kann.

Jede aktive Division hat im Felde zwei permanente Kriegs- und 1 permanentes Revisions-Gericht.

Jede Division territoriale hat im Frieden 2 der ersteren, alle 21 aber nur 12 der lezteren Gerichte.

Militär - Bildungs - Anstalten.

Vorbereitungsschulen.

Die kaiserliche polytechnische Schule zu Paris. Reorganisirt durch das Dekret vom 1. November 1852. Kommandant: Bizot, Genie-Brigade-General.

Die kais. ausschliessliche Militär-Schule zu St. Cyr. Reorganisirt durch das Dekret vom 11. August 1850. Kommandant: Alexandre, Divisions-General.

Das k. Militär-Prytaneum zu la Flèche (früher collége militaire). Kommandant: Maiziere, Brigade-General.

Spezial-Schulen.

Normal - Schiess - Schule zu Vincennes. Kommandant: Regnard, Eskadrons-Chef des Genie-Stabs.

Normal-Schule der Gymnastik bei Vincennes. Kommandant: D'Argy, Bataillons-Chef.

Ferner die Divisions-Schulen für Gymnastik zu: D'Arras, Metz, Strasbourg, Lyon und Montpellier.

Das militärische Gymnasium für Musik zu Paris. Kommandant: Bernier-Maligny, Oberstlt. des Generalstabes.

Die kaiserliche Militär-Schule für Medizin und Pharmazie zu Paris. Direktor: Alquié (Jean-Dominique).

Waffen-Schulen.

Die kaiserliche Kriegsschule des Generalstabs zu Paris. Kommandant: Rolin, Brigade-General.

Die kaiserliche Genie- und Artillerie-Schule zu Metz. Kommandant: Daigremont, Genie-Divisions-General.

Die kaiserliche Kavallerie-Schule zu Saumur. Kommandant: de Rochefort, Brigade-General.

Ausser diesen höchsten und höhern Bildungsanstalten befindet sich bei jedem Infanterie- und Kavallerie-Regimente, dann der Arbeiter-Kompagnie und dem Fuhrwesen-Korps eine Schule für Unter-Offiziere und Gemeine.

Ferner bei jedem Infanterie-Regimente und Jäger-Bataillon eine Schiess-Schule.

12 Artillerie-Schulen für Unter-Offiziere und Soldaten und zwar zu: Besançon, Douai, Lafére, Metz, Rennes, Strasbourg, Toulouse, Vincennes, Lyon, Bourges, Valence und Grenoble.

3 Genie-Regiments-Schulen gleichfalls für Unter-Offiziere und Gemeine, und zwar zu Metz, Arras und Montpellier.

Weiteres bestehen bei allen Waffen Fecht- und theilweise Schwimmschulen. Der gymnastische Unterricht ist bei der Infanterie Dienstzweig; die Kavallerie übt das Voltigiren. Die Infanterie hat auch Gesangschulen und Tanzunterricht.

Uniform, Ausrüstung und Bewaffnung.

Czakos (Käppis) von blauem Tuch, bei der „Linien-Infanterie" am obern Rande mit einer rothen, bei der „leichten Infanterie" mit einer gelben Borte von Wolle eingefasst. Vorne ein bronzenes Schild mit der Regiments-Nummer. Ausser Parade ist diese Kopfbedeknng mit einem Ueberzug von schwarzer Wachsleinwand, auf dem das Nro. des Regiments mit grossen gelben Ziffern, versehen. In Kasernen und im Lager wird eine kleine blaue Feldmüze getragen. — Der Waffenrok (Tunique), dunkelblau und mit einer Reihe gelber Regimentsknöpfe. Der vorne rund ausgeschnittene niedrige Stehkragen ist bei der „leichten Infanterie" hellgelb, bei der „Linien-Infanterie" dunkelblau; von gleicher Farbe sind die Aufschläge. Der Aufschlagkragen und der Vorstoss am Rok sind mit rothem Passe-poils eingefasst. Epaulettes, bei den compagnies du centre aller Regimenter von blauem Tuch mit rothwollener Einfassung. Die Grenadier-Kompagnien rothwollene mit rothen Kragen, die der Voltigeurs-Kompagnien gelbwollene Epauletts mit gelben Kragen. Im kleinen Dienst, ein kurzer blauer Spenzer mit eben solchen Aufschlägen und Kragen wie bei den Tunique. Der Mantel, welcher bis über die Knie reicht, besteht aus starkem hellgrünen Tuch. Die Grenadiers und Voltigeurs tragen darauf auch ihre Epaulettes. — Die weiten bis auf die Knöchel reichenden Pantalons sind bei der Linien- und leichten Infanterie krapproth. Fussbekleidung sind Stiefeln, über welche oft kleine, weisse Kamaschen von Leinwand geknöpft werden. Bei Paraden und auf Wache, trägt jeder Soldat weisse, baumwollene Handschuhe. — Die Grad-Auszeichnungen, wie Korporal, Sergent, und Sergent-Major bestehen in goldenen, und bei der leichten Infanterie in silbernen Tressen auf dem Unterarm, während die lange Dienstzeit an den Chevrons von Tressen auf dem Oberarm erkenntlich ist. — Uniform der Offiziere ist in Schnitt und Farbe jener der Soldaten gleich. Als Auszeichnung und Erkennung der Charge dienen goldene, und bei der leichten Infanterie silberne Epaulettes. Der Sous-Lieutenant hat eine einfache Epaulette auf der rechten, und eine Epaulette mit dünneren Kandillen auf der linken Schulter, während dies beim Lieutenant umgekehrt ist; der Kapitän hat zwei Epaulettes mit dünnen Kandillen, der Kommandant eines Bataillons eine Epaulette ohne Kandillen auf der rechten, und eine mit diken gedrehten Kandillen auf der linken Schulter; umgekehrt ist dies bei dem Lieutenant-Kolonel der Fall. Der Kolonel trägt zwei Epauletten mit gedrehten, diken goldenen Kandillen. Ausserdem unterscheiden sich die Stabs-Offiziere noch durch breite, goldene oder silberne Borten am Czako, und grossen, wehenden Federbusche, statt dessen die andern Offiziere, wie die Mannschaft nur kleine Pompons führen. Die Generale haben nach ihren verschiedenen Chargen reiche, goldgestikte Kragen und Aufschläge und dreiekige Hüte mit breitem Goldrand, und einer Einfassung von weissen Strausfedern. Eben so tragen die Adjutanten dreiekige Hüte, aber ohne Goldrand, mit blau-roth-weissem wehenden Federbusche und goldenen Achselschnüren. — Die Militärärzte tragen statt der Epaulette, goldene Dragoner, je nach ihren Graden, mehr oder minder in Gold gestikte Kragen und Aufschlägen, und einfache schwarze Hüte mit einer dreifarbigen Kokarde.

Uniform der Chasseurs à pied: Tunique der Infanterie mit blauen gelb passe-poilirten Kragen und Aufschlägen, und dunkelgrünen Epauletten mit wollenen Fransen. Czakos wie jener der Infanterie, hat am Rande eine gelbe Borte; die Pantalons von eisengrauer Farbe mit gelben Passe-poil an den Seitennähten. Die Charge-Auszeichnungen, wie bei der Infanterie, nur aus Silber.

Die Zouaven-Regimenter und Bataillons der eingebornen Tirailleurs in Afrika sind maurisch-türkisch mit Turban uniformirt; die Offiziere und Unter-Offiziere führen Husaren Abzeichen.

Die Bewaffnung der Infanterie besteht in einem leichten Gewehre mit glatten Lauf und Perkussionsschloss, mit langem vierschneidigem Bajonnet. Die Bajonnetscheide, und bei allen Unter-Offizieren, Sappeurs, der Musik, der sämmtlichen Leiter der Grenadier- und Voltigeur-Kompagnien — die Soldaten der compagnies du centre führen nur das Bajonnet — das kurze gerade Seitengewehr mit einem Griff von Messing wird, sammt der Patrontasche, an einem Ledergurt um den Leib, der Tornister aus braunem Kalbfell, an zwei Achselriemen ohne Brustriemen getragen. Auf dem Tornister wird in einem Ueberzug von blauer Leinwand der Mantel, oder die Tunique geschnallt. Sämmtlich weisses Lederzeug. — Die Zimmerleute haben Aexte, kurze Karabiner, weisses grosses Schurzfell und weisse Stolpenhandschuhe; Bärenmüze.

Die Chasseurs kurze, gezogene Büchse, (Karabine à tige) mit Aufsaz auf 800 Schritte, und einen kurzen geraden Hirschfänger, der als Haubajonnet auf die Büchse gepflanzt werden kann. — Das Lederzeug ist schwarz lakirt.

Die Offiziere etwas gekrümmte Säbel, der an einer breiten Kuppel von Gold- oder Silberborte um den Leib getragen wird.

Karabiniers: reich verzierte Helme von fast römischer Form mit hoher, rother Helmenraupe; kupferne Kürasse am Rüken geschlossen, und auf der Brust mit einer weiss polirten, glänzenden Sonne, kupferne Schuppenbänder, vorn mit Löwenköpfen, über die Achseln angebracht. Das kurze, mit roth eingefassten Schössen versehene Kollet ist himmelblau, und eben davon die roth passe-poilirten Krägen und Aufschläge. Die rothwollenen Epauletten sind bei den Offizieren von Gold mit Fransen. Die breite Kuppel des Pallasch gelb, die Satteldeke und der Mantelsak himmelblau mit breiten weissen Rändern.

Kürassiere: Helm von Stahl, dessen Schild, Schirm und Kamm, von Messing. Am hintern Theil weht ein langer, schwarzer Rossschweif, der bis über den Rüken herabfällt. Die Offiziere tragen nebstbei noch an der Seite einen hohen, rothen Federbusch. Kürass von Stahl, die geschuppten Achselbänder, ebenfalls vorne mit Löwenköpfen, von Messing. Das Kollet, dunkelblau, Krägen und Aufschläge nach den Regimentern verschieden, nämlich roth, weiss oder gelb mit rothen Passepoils, weisse Knöpfe mit Granate und Nummer. Die Epauletten der Mannschaft und Offiziere, wie die Karabiniers. Im Parade trägt die Mannschaft beider Waffengattungen weisse Stolpenhandschuhe, die bis an den Oberarm reichen.

Bewaffnung: langer gerader Pallasch, der fast nur zum Stich gebraucht wird, mit stählerner Scheide und messingenem Bügelkorb und Pistolen; das Sattelzeug bei beiden Truppengattungen gleichartig.

Dragoner: hohe Helme von Messing, vorne über den Schirm mit Tigerfell verziert, dazu, nebst den schwarzen, langen Rossschweif an der Seite, ein grosser rother Federbusch. Kollet mit langen Schössen, dunkelgrün, Krägen und Aufschläge nach den Regimentern verschieden, gelb, roth, amarantroth, oder grün mit rothen Passe-poil, die Rabatten und Epauletten mit wollenen Fransen, gelb, bei den Offizieren von Gold. Die Kuppel des geraden Pallasch und das Bandelier der Kartouche, so wie des Karabiners sind von schwarzem Leder; Pistolen, Satteldeke und Mantelsak grün mit weisser Einfassung.

Lanziers: niedere, vierekig gesternte Czapka von dunkelrothem Tuch, vorne mit einem blanken Messingschild, auf diesem das französische Wappen; schwarze Rossbüsche und weisse wollene, bei den Offizieren silberne, auf der Brust eingeknöpfte Kordonsschnüre mit Quasten. Kollet mit kurzen Schössen, königsblau, Krägen und Aufschläge blau, roth oder gelb mit Passe-poils; die breiten Rabatten gelb, die Epauletten von weisser Wolle mit Franzen, bei den Offizieren von Silber. Der Leibgurt ist roth und weiss, der Kartouche-Riemen und Säbelkuppel schwarz. Pistolen (wie bei den Dragonern), gerade Pallasch, und lange Lanze, blaue Satteldeke.

Jäger zu Pferd: Czakos mit weissen, bei den Offizieren silbernen Kordonsschnüren mit Quasten, und einen grossen grünen Federbusch. Kollet mit kurzen, breiten Schössen, dunkelgrün, und hat nach den Regimentern verschiedene: rothe, gelbe, amarantrothe, oder grüne Krägen und Aufschläge. Die Epauletten der Mannschaft und Offiziere, wie bei den Lanziers. Der Kartoucheriemen schwarz, die Säbelkuppel weiss. Leicht gekrümmte Säbel mit Korbgriff, (sabre de cavalerie légère) kurze Karabiner, und Pistolen. Mantelsak und Schabrake grün, über den Sattel liegt ein weisses Schaffell.

Gesammte Kavallerie krapprothe Pantalons mit schwarzem, unteren Lederbesaz, nur jene der Karabiniers sind auch mit Lederbesaz gefuttert. Die Mäntel, hellgrau.

Husaren: Czakos von rother, oder hellblauer Farbe mit blankem Schild, schwarzem niederhängenden Rossschweif, und weisswollenen, bei den Offizieren silbernen bequasteten Kordonsschnüren, Pelze und Dolmans, die sehr reich mit weissen oder gelben, bei den Offizieren mit silbernen oder goldenen Schnüren besezt sind, und weisse oder schwarze Pelzeinfassung haben, bestehen in grüner, hell- oder dunkelblauer, rother, brauner, schwarzer, weisser und silbergrauer Farbe. — Das Lederzeug ist weiss, die Säbelkuppel schwarz. Die Pantalons der meisten Regimenter sind himmelblau mit rothen Streifen, doch auch krapproth. Der Mantel lichtgrau. Bewaffnung, Satteldeke und Mantelsak, wie bei den Jäger zu Pferd.

Guiden: Pelzmüzen mit Kolpak von Bärenfell, grüne Dolman, krapprothe Krägen und Aufschläge; krapprothe Pantalons mit gelben Streifen; gelbe Schnüre schwarz und weisser Federbusch, weisses Lederzeug, grüne Säbeltasche mit dem kaiserlichen Wappen. Bewaffnung wie die Husaren.

Die Spahis sind maurisch-türkisch uniformirt, und ausgerüstet, und führen Säbel an der Satteltasche und den Yatagan im Gürtel, dann lange Karabiner über die Schulter.

Berittene Gendarmerie, dunkelblaue Röke, dessen lange Schösse rothgefüttert und aufgeschlagen (Krägen und Aufschläge roth passe-poilirt) sind, enge hellgraue, bei Paraden weisslederne Reithosen, und hohe blanke Kanonenstiefeln, die bis über das Knie reichen. Die Kopfbedekung ist ein quer aufgesezter, grosser dreiekiger Hut von schwarzem Filz mit weisser, breiter Borte besezt. Der sehr lange schwere Kürassier-Pallasch hängt an einem gelbledernen Bandelier; die Epauletten sind weiss, bei den Brigadiers mit Fransen; die Achselschnüre ebenfalls weiss, die Satteldeken, und die Pistolenhalftern von blauem Tuch mit weissen Borten. Ausser Pallasch und Pistolen noch der Karabiner.

Fuss-Gendarmerie wie die Reitende, auch deren Epauletten und Achselschnüre, dann Pantalons. — Czako dunkelblau, weisse Pompons. Säbel und leichtes Gewehr, das breite Bandelier ist ebenfalls gelb, nur mit weissen, eingepressten Seitenrändern. Der Mantel, jener der Armee. — Die Offiziere wie die Mannschaft, nur Epauletten und Achselschnüre von Silber.

Artillerie. Dunkelblaue Röke, Krägen und Aufschläge, vorne auf der Brust, und auf den Aufschlägen, und am Kragen roth passe-poilirt, zwei Reihen gelbe Knöpfe mit der Regiments-Nummer, die Epauletten sind von rother Wolle mit Fransen, jene der Offiziere von Gold. Im kleinen Dienst werden Spenzer mit blauen Achselklappen und rothen Vorstoss am blauen Kragen getragen; die Offiziere haben alsdann einen bis über das Knie reichenden schwarzen Ueberrok mit goldenen Epaulettenhaltern. Die Grad-Anzeichnungen wie bei der Infanterie. An den weiten dunkelblauen Pantalons ist an der Seitennaht ein breiter, rother Streifen, bei der reitenden Artillerie und allen Fahr-Kanonieren unten ein lederner Besaz angebracht. Der Czako ist ebenfalls dunkelblau, am obern Rande wie jener der Infanterie, und an den Seiten mit rother, bei den Offizieren mit goldener Borte eingefasst. In Parade hängt ein rother Ross-Schweif vorne herab, wie auch rothwollene, bei den Offizieren goldene Kordonsschnüre, deren Quasten an Epauletten geheftet werden. Mantel jener der Infanterie bei der zu Fuss, und jener der Kavallerie bei der zu Pferde dienenden Artillerie.

Die Fuss-Artillerie: Haubajonnets in stählerner Scheide, und Stuzen à tige, welcher bei Geschüzbedienung mittelst des Riemens über den Rüken gehängt wird. Fahr-Kanoniere und alle Artilleristen zu Pferde, wie auch die Offiziere Schleppsäbel und Pistolen. Die Bandeliere und Säbelkuppeln sind bei der Mannschaft von weissem, das Bandelier der kleinen Kartouche der Offiziere von schwarzem Glanzleder. Der Mantelsak, und die Satteldeke des Offiziers bestehen aus dunkelblauem Tuche mit rother Einfassung.

Train-Eskadrons: eisengraue Röke und Pantalons, blaue Epauletts mit scharlachrothen Fransen.

Genie. Dunkelblaue Röke, blaue Krägen mit schwarzen, roth passe-poilirten Rabatten und Aufschlagen, und dunkelblauen Pantalons mit rothen, bei den Offizieren goldenen Seitenstreifen. Czako, nur ohne herabhängenden Ross-Schweif, Mantel und Epaulettes, und die Grad-Auszeichnungen mit der Artillerie gleich. Bewaffnung wie die leichte Infanterie. Die Mannschaft Faschinenmesser. — Die Armee hat seit Dezember 1852 an Stelle der gemeinschaftlichen Kochgeschirre (gamelles communes) einzelne (individuelles) erhalten und werden erstere blos im Felde verwendet.

Marine.

Minister - Staats - Sekretär der Marine und Kolonien —: Theodor Ducos. Direktor des Kabinets des Ministers —: Kontre - Admiral Charles Penaud General - Stabschef des Ministers. Direkzionen. Für Personelles —: Layrle; für das Material —: Garnier; für die Kolonien —: Staatsrath Mestro; für die General - Buchführung —: Blanchard. Ober-Almosenier der Flotte —: l'Abbé Coquereau.

Marine-Etat.

2 Admiräle —: Baron Roussin und Baron de Mackau. 12 Vize-Admiräle, 20 Kontre-Admiräle, 110 Schiffs-Kapitäne, 230 Fregatten-Kapitäne, 650 Schiffs-Lieutenante, 550 Schiffsfähnriche, 300 Aspiranten, dann gegen 100,000 Seeleute, 120

Kompagnien Marine-Infanterie mit 483 Offizieren und 11,868 M.; Marine-Artillerie mit 154 Offizieren und 2971 M., Marine-Gendarmen mit 17 Offizieren und 305 M.; Matrosen an Bord 25,600, im Landdienste 1400 M.

Flottenstand.

25 Linienschiffe, und zwar 6 von 120, 4 von 100, 9 von 82 bis 90 und 6 von 80 Kanonen.

37 Fregatten: 12 von 60, 14 von 50 bis 52 und 11 von 40 bis 48 Kanonen.

30 Korvetten, 44 Briggs, 43 kleinere bewaffnete Fahrzeuge, 32 Transportschiffe. Im Ganzen 211 Segelschiffe.

Dampfschiffe: 3 Schrauben-Dampfer; Napoleon mit 90 Kanonen und 1200 Pferdekraft, Charlemagne 80 Kanonen und 500 Pferdekraft und Montebello 120 Kanonen. 1 Linienschiff von 90 Kanonen und 960 Pferdekraft, 20 Fregatten von 450 bis 650, 5 Korvetten von 320 bis 450. 22 Korvetten von 220 bis 300 Pferdekraft, dann 57 kleinere Dampfschiffe; im Ganzen 108 Dampfer.

Im Bau begriffen: 7 Dampfer und 49 Segelschiffe.

Aus einem Berichte des Marine-Ministers an den Kaiser im September 1853 abgefasst, geht hervor: dass zur Stunde zwei Linien-Geschwader, jedes aus 14 Schiffen bestehend, vorhanden sind; an gemischten Schiffen waren 4 fertige und 9 in der Umgestaltung begriffen, auch befinden sich 6 Dampfer nach dem Muster des Napoleon auf den Werften, welche gegen Ende des Jahres 1854 vom Stapel laufen sollen. Die meisten grossen Dampffregatten, die nicht ausgerüstet waren, standen bereit, in See zu stechen.

Flagge. Der Breite nach blau, weiss und roth gestreift.

Reorganisazion der polytechnischen Schule, laut Dekret vom 1. November 1852. Das Dekret enthält 81 Artikel und ist eingetheilt: 1. Zwek der Schule; 2. Art und Bedingungen der Zulassung der Eleven; 3. Personal der Schule; 4. Unterricht; 5. Ordnung, Polizei; Disziplin; 6. Uebertritt von einer Abtheilung zur anderen — und Austritt aus der Schule; 7. Verwaltung und Rechnungswesen; 8. Allgemeine Anwendungen; 9. Transitorische Bestimmungen, dann Gehalt der Beamten. (Der volle Inhalt dieses Dekretes ist in der „Darmstädter Allgemeinen Militär-Zeitung„ Nr. 150 und 151 vom 14. und 16. Dezember 1852 zu finden.)

Der Stand der Unter-Lieutenants, Quartiermeister und Brigadiers im Regimente der Guiden wurde mit Dekret vom 1. Dezember 1852 erhöht.

Mit Dekret vom 3. Jänner 1853 wurde der Stand der Gardes de genie auf 570 normirt; u. z. gardes principaux 100; gardes 1. Klasse 220; 2. Klasse 250. Bis dieser Stand erreicht ist, sollen auf je 3 Vakanzen nur 2 Ernennungen zu gardes 2. Klasse erfolgen, die zwei andern Klassen aber nur nach Massgabe der durch das Aussterben hervorgerufenen Oekonomie kompletirt werden.

Die Militär-Bildungs-Anstalten wurden zu kaiserlichen erhoben. (Dekret vom 1. Jänner 1853).

Der Sold für die Unter-Offiziere der ganzen Armee (Gendarmerie eingeschlossen) wurde mit Dekret vom 17. Februar 1853 um 10 Centimes täglich erhöht.

Bestimmung der Uniform für pensionirte oder ausgetretene Offiziere aller Grade. (Dekret vom 27. Februar 1853).

Den Aspiranten der Medizin und höheren Schulen der Pharmazie wurden für den Fall, als sie sich zum Sanitäts-Korps des Landheeres melden, mit Dekret vom 13. November 1852 ein einjähriges unentgeldliches Studium an der militärischen Spezialschule der Medizin und Pharmazie zu Paris zugestanden; doch müssen sich dieselben legitimiren, dass sie geborne Franzosen, Doktoren der Medizin und Magister der Arzneikunde und felddiensttauglich sind.

Die republikanische Garde von Paris erhielt mit Dekret vom 11. Dezember 1852 den Namen „Garde von Paris" und die beiden Bataillone der mobilen Gendarmerie, den der „Eliten-Gendarmerie."

Ein Dekret vom 24. November 1852 bestimmt die Bedingungen, unter welchen die Ehrenlegion und die Militär-Medaille den Trägern entzogen werden kann, und lautet:

Artikel 1. Jedes Individuum, das die Eigenschaften eines Franzosen verloren hat, wird aus den Listen des Ordens gestrichen auf Veranlassung des Grosskanzlers der Ehrenlegion, nachdem der Ordensrath vorher gehört worden.

Die Streichung findet in gleicher Weise statt, wenn ein richterliches Urtheil ein Mitglied des Ordens zu einer infamirenden Strafe oder zu einer militärischen Degradazion verdammt hat.

Artikel 2. Wenn ein Mitglied des Ordens zeitweise die Rechte eines französischen Bürgers verliert, so lässt der Grosskanzler des Ordens auf den Matrikeln desselben den Vormerk machen, dass das betreffende Mitglied während der gedachten Zeit auch die Prärogativen des Ordens und das Recht auf die mit demselben verbundene Zulage verliert.

Artikel 3. Die Verurtheilung zur Kugelstrafe, zu öffentlichen Arbeiten und zum Gefängniss führt eine Suspension der Rechte und Prärogative, so wie der Zahlung der Zulagen während der Zeit der Strafe mit sich.

Artikel 4. Die Einstellung eines Militärs der Landarmee oder Flotte in eine Disziplinar-Kompagnie ist ebenfalls mit der Suspension der Rechte und Prärogativen, so wie der Zahlung der Zulagen während der Strafzeit verbunden.

Artikel 5. In Folge eines rechtskräftigen Urtheils, das eine der im Artikel 3 genannten Strafen für einen Träger des Ordens ausspricht, kann der Grosskanzler dem Chef des Staates vorschlagen, dass die Rechte und Prärogativen, so wie die Zulagen für den Verurtheilten zum Theil oder ganz ruhen oder dass derselbe gemäss des Artikel 46 des Dekrets vom 16. März 1852 aus dem Orden ausgestossen werde.

Dieselben Massregeln können nach dem Artikel 62 der Ordonnanz vom 26. März 1816 gegen jeden Offizier des Heeres und der Flotte ergriffen werden, der wegen fortdauernder schlechter Führung oder wegen Mangels an Ehrgefühl aus dem Dienste entlassen wird.

Artikel 6. Die Bestimmungen des Artikels 6 des Dekretes vom 16. März 1852 über den Orden der Ehrenlegion, so wie des gegenwärtigen Dekretes finden ihre Anwendung auf die Träger der Militär-Medaille.

Bei einer Degradazion eines Inhabers der Medaille spricht der Präsident des Kriegsgerichts unmittelbar nach der Verkündigung des Urtheils folgende Formel aus: „Sie haben gegen die Geseze der Ehre gefehlt; ich erkläre, dass Sie aufhören, mit der Militär-Medaille dekorirt zu sein."

Artikel 7. Die Suspension der Rechte und Prärogativen eines Mitgliedes der Ehrenlegion oder der Militär-Medaille führt die Suspension des Rechtes mit sich, fremde Ordenszeichen zu tragen.

Die vollständige Absprechung derselben Rechte ist mit dem vollen Verlust des Rechtes, fremde Orden zu tragen, verbunden.

Artikel 8. Der Grosskanzler unterrichtet den Justiz-Minister von jeder Streichung oder Suspension, die in Folge dieses Dekretes in Bezug auf eine Zivilperson ausgesprochen wird und den Kriegs-Minister, wenn es sich dabei um einen Militär oder Marinier handelt.

Artikel 9. Jeder, der die Rechte und Prärogative des Ordens verloren hat und die Ordenszeichen oder irgend einen fremden Orden trägt, wird nach Artikel 259 des Strafkodex verfolgt und bestraft.

An diese Vorschrift knüpft sich das im März 1853 ergangene Dekret, welches den mit der Medaille Dekorirten folgende Vorrechte einräumt: Die Schildwachen müssen vor ihnen still stehen, nicht dekorirte Militärs von keinem höhern Range müssen sie grüssen, zu ihrer Bestattung wird ein Detachement kommandirt und ihre Kassazion kann vom Kriegs-Ministerium allein ausgesprochen werden.

Die Sizung des Komités für den Generalstab, welche bisher 6 Monate dauerte, wurde mit Dekret vom 23. Februar 1853 auf neun Monate, und zwar vom 1. Oktober bis Ende Juni ausgedehnt.

Der Stand der Marine-Infanterie, bisher 120 Kompagnien, wurde im Mai 1853 um 12 Kompagnien vermehrt, aus Anlass der Errichtung der Straf-Kolonien in Cayenne.

Mit Dekret vom 7. April 1853 wurde angeordnet: dass die Unterlts. der Armee die mit den Eleven der Spezial-Militärschule bezüglich der Zulassung zur Applikazions-Schule des Generalstabes konkurirren wollen, alljährlich im Juli in Paris einem Examen unterworfen werden sollen, dessen Ergebniss bei der Klassifikazion zur Zulassung zur Applikazionsschule massgebend ist.

Durch kaiserliches Dekret vom 4. Juli 1853 wurde die Auflösung des Bataillons der Administrazions-Handwerker angeordnet, gleichzeitig aber die Organisazion von 7 Kompagnien Administrazions-Handwerker mit selbstständiger Verwaltung befohlen. Lezteren liegt unter der Leitung der Intendantur-Beamten der Bau der tragbaren Oefen, das Baken des Brotes, die Vertheilung sämmtlicher Lebensmittel, der Fourage, des Brenn- und Erleuchtungsmaterials, der Bekleidungs- und Lagergegenstände ob. Eine der Kompagnien wird im Frieden vorzugsweise mit der Konstrukzion von Feld-Baköfen beschäftigt und darin geübt. Die Kadres jeder Kompagnie der Administrazions-Handwerker zählen: 1 Lieutenant als Kommandeur, 1 Unter-Lieutenant, 1 Adjutant (Unter-Offizier), 1 Sergeant-Major, 1 Fourier, 6 Sergeanten, 4 Korporale erster, und 8 Korporale zweiter Klasse, 1 Hornisten erster, und 1 Hornisten zweiter Klasse, 2 enfans de troupe. Der Etat an Mannschaften wird nach dem Bedürfniss sowohl zur Friedens- als zur Kriegszeit durch den Kriegsminister festgesezt. Die Mannschaften zerfallen in zwei Klassen, zur ersten gehört $^1/_3$, zur zweiten $^2/_3$ derselben.

Die Kompagnien der Administrazions-Handwerker rekrutiren sich aus den verschiedenen Korps der Armee durch Leute, die mindestens ein Jahr Dienstzeit und in einer der folgenden Professionen gearbeitet haben: Bäker, Tischler, Fleischer, Müller, Heubinder, Gögeltreiber, Maurer, Zimmermann, Schlosser.

Die Korporale, Soldaten und Hornisten erster Klasse erhalten die Löhnung der Eliten-Kompagnien, die der zweiten Klasse den Sold der Kompagnien des Zentrums.

Die disziplinarischen und Subordinazions-Beziehungen der Administrazions-Truppen, und zwar dem Personal der Militär-Equipagen und jenem der Militär-Arbeiter der Administrazion der verschiedenen Professionen zu den Militär-Oberen und den Beamten der Militär-Intendanz, wurden mit Dekret vom 11. Juni 1853 proklamirt. (Siehe den auszugsweisen Inhalt: Allgemeine Militär-Zeitung 118 und 119 vom 1. und 4. Oktober 1853).

Ein k. Dekret im November 1853 erlassen, befiehlt in Bezug der Vertheidigung der Kriegshäfen für den besonderen Fall eines plözlichen und unvorhergesehenen Angriffes, dass die See-Präfekten unter ihrer eigenen Verantwortlichkeit die Vertheidigung zu leiten und den Ober-Befehl über die Truppen jeder Waffe zu führen haben; sobald der die Land-Division befehligende General ankömmt, übergibt der See-Präfekt den zeitweilig übernommenen Befehl.

Die Spezial-Militärschule zu St. Cyr hat durch das k. Dekret vom 30. September 1853 (10 Artikel enthaltend) eine wichtige Veränderung erfahren, um der Kavallerie Sous-Lieutenants zuzuführen, die eben so befähiget sind, der Waffe Dienste zu leisten, wie die in die Infanterie eintretenden Eleven. Das Dekret hob die Einführung mit 1. November 1853 auf: dass Zöglinge zur Vollendung ihrer Ausbildung in die Kavallerie-Schule nach Saumur gesendet werden sollen.

Griechenland.

Se. Majestät König Otto I. (geboren 1815.)

Kriegsministerium.

Mit der Leitung beauftragt: Oberst Karl Souzo. (Der Etat des Personals besteht aus: 1 General, 1 Obersten (als General-Sekretär), 1 Hauptmann, 1 Ober-Lieutenant, 2 Intendanten, 1 Stabsarzt, 1 Buchhalter und 24 anderen Individuen.)

Das Kriegsministerium enthält vier Hauptsekzionen. Die Erste, Generalstabs-Sekzion, behandelt das Heer selbst, dessen innere Organisazion, Dislozirung und Ergänzung, — die Ausrüstung der Festungen, — Personelles überhaupt. Die zweite ökonomische Sekzion besorgt die Bekleidung, Verpflegung, Unterkunft und Bewaffnung, die Erhaltung des Materials, und führt die Kontrolle über sämmtliche Rechnungs-Beamte. Die dritte Justiz-Sekzion, hat nebst der Leitung und Revision rein gerichtlicher Verhandlungen, noch die Aufführung, Fähigkeit und Dienstleistung des Militär-Personales zu überwachen. Der vierten, Bau-Sekzion, obliegt die Ausführung und Erhaltung sämmtlicher Militärbauten, so wie die Verfertigung der dazu gehörigen Zeichnungen und Voranschläge; gewöhnlich leitet sie auch die technische Ausführung bei Zivilbauten.

Als besondere Departements, ausser diesen Haupt-Sekzionen, gehören zum Kriegsministerium noch: die Militär-Hauptbuchhaltung, die Kanzlei-Direkzion und die geheime Registratur.

General-Kommandos: Ost-Griechenland: General G. Grivas.

West-Griechenland: General J. Mamuris.

Jedem Kommando beigegeben: 1 Hauptmann vom Generalstab, 1 Ober-Lieutenant, 1 Quartiermeister, 1 Sekretär.

Den General-Kommandos unterstehen 10 Departemental-Inspektoren und zwar: für Attica und Böotien in Athen, für Euböa in Chalcis, für Phthiotis und Phocis in Lamia, für Arkadien in Tripolicza, für Laconien in Sparta, für Achaja und Elis in Patras, für Messenien in Calamai, für Argolis und Corinth in Nauplia, für Cykladen in Syra und für Acarnanien und Antolien in Missolunghi.

General-Stab —: 1 Major, 3 Hauptleute (2 davon bei den General-Kommandos) und 2 Oblts.

Genie-Korps in vier Inspektionen: Athen, Lamia, Missolunghi und Nauplia eingetheilt, zählt: 1 Major, 8 Hauptleute, 8 Oblts., 8 Lieutenants, 8 Kondukteurs.

Zeughaus-Direkzion —: 1 Major und 24 Individuen.

Die Armee besteht:

a) Aus der Phalanx, eine Art Nobelgarde, im Jahre 1835 errichtet, um die vielen nicht angestellten Offiziere unterzubringen und zu beruhigen. Um in die Phalanx aufgenommen zu werden, muss der Betreffende nachweisen, dass er im Befreiungskampfe eine Offizierscharge bekleidet habe, und wird dann, seinem Grade gemäss, als Phalangit eingereiht, oder er erhält eine verhältnissmässige Entschädigung an Kronländereien; wofür er aber erforderlichen Falls sich zur Dienstleistung zu stellen hat.

Sie zählte 1853: 384 Offiziere in der Aktivität.

b) Infanterie. 4 Linien- und 4 leichte Bataillons zu 6 Kompagnien, jedes Bataillon im Solletat 853 M.; dann 1 Jäger-Bataillon zu 4 Kompagnien, 430 M. stark. Sie sind stationirt in Nauplia, Missolunghi, Patras, Rhion, Athen, Piräus, Chalkis, Lamia, Modon, Navarie und Tzimova.

c) 1 Lanciers-Regiment zu 6 Schwadronen, jede 100 Mann, in Argos, Athen und Lamia stationirt.

d) 1 Bataillon Artillerie, zu 4 Kompagnien, welche 8 Batterien bedienen, mit dem Solletat von 700 M. 50 M. gehören zur Bedienung einer Raketen-Batterie. Der Bataillonsstab ist in Nauplia; Artillerie-Detachements in mehreren festen Orten. Eine durch Maulthiere zu transportirende Batterie von Bergkanonen, dann eine Fuhrwesens-Kompagnie, 150 M., gehören ebenfalls zum Artilleriestande. Die Zeughaus-Direkzion und die 2 Handwerker-Kompagnien sind integrirende Theile. — Das Artillerie-Kommando ist in Athen.

e) 2 Pionier-Kompagnien, jede 140 M., sind dem Genie-Korps untergeordnet.

f) Gendarmerie, 1500 M., wovon ein Fünftheil beritten; eine ausgezeichnete Truppe, besteht bloss aus Eingebornen, meistens Kapitanos und Palikaren, welche durch ihre genaue Landes- und Menschenkenntniss die wesentlichsten Dienste leisten.

Ausser diesen regulären Truppen ist noch eine Grenzwache (Ethnophylakes), gegen die Türkei, welche 2416 M. zählt und in drei Korps: Phthiotis, Eurythanien und

14

Akarnanien, in 8 Bataillons und kleinen Abtheilungen von unbestimmter Zahl getheilt ist.

Durch eine allgemeine Volksbewaffnung kann nöthigenfalls auch ein Landsturm zusammengerufen werden.

Im September 1853 war der Stand des Heeres an Linien-Militär, Grenztruppen und Gendarmen 9630, die Phalanx und das Veteranen-Bataillon 893 Köpfe, während der Solletat der ersteren Truppen 13,000 M. betragen müste.

Im Piräus befindet sich eine k. Militärschule, worin die Zöglinge, 100 an der Zahl, theils auf Staatskosten, theils gegen Bezahlung unterrichtet werden, und nach vollendeter Ausbildung Offiziersstellen erhalten, sobald solche erledigt sind. Bis dahin dienen sie als Adjutant-Sousoffizier.

Vorstehende Organisazion datirt vom April 1838, wo das gegenwärtige Konskripzions-Gesez eingeführt wurde. Ehe die Armee ihre jezige Gestaltung erhielt, durchlief sie seit dem Befreiungskriege manche Phase. In der ersten Zeit bildeten die sogenannten Palakaren die Kerntruppe. Tapfere Bergbewohner von freiem, ungebundenem Sinne, der Subordinazion widerstrebend, und nur Kühnheit und männliche Thatkraft als Vorzüge erkennend, hatten sie gleichen Anspruch auf die zu machende Beute, und erstrekten ihre Willkür bis auf die Wahl der Kleidung und Bewaffnung. Sie führten unter der türkischen Oberherrschaft ein räuberisches Kriegerleben; daher man sie wohl auch Klephten (Räuber) nannte. Ihre Befehlshaber wurden von den Untergebenen Kapitanos, von den Türken Armatolen genannt. Schwer hielt es, aus solchen Elementen ein reguläres Heer zu bilden, und die desfallsigen Bemühungen der Philhellenen Fabvier, Graillard, Heidek u. s. w., konnten den beabsichtigten Zwek entweder nur unvollkommen, oder gar nicht erreichen. Im Jahre 1825 wurden durch die Einführung eines neuen Konskripzionsgesezes einige reguläre Bataillons (das taktische Korps) gebildet, und aus Handelsschiffen eine Staatsmarine geschaffen, die 1 Eregatte, 4 Korvetten, 5 Briggs und 6 Goeletten zählte. Die damaligen Zeit- und Partei-Verhältnisse hinderten jedoch das Gedeihen dieser kaum entstandenen Schöpfungen, und gaben Gelegenheit zur verderblichsten Willkür.

Das bei der Ankunft König Otto's etwa 5000 Köpfe zählende Heer, worunter fast 1000 Generale, über 3000 Offiziere und kaum 500 Unter-Offiziere und Gemeine, war desorganisirt. Die aus 3 Briggs, 5 Goeletten und einigen Kanonierbooten bestehende Marine hatte 8 Admiräle und 100 Schiffs-Offiziere mit Kapitänsrang.

Um dieses Chaos zu ordnen, wurde im Jahre 1833 das taktische Korps aufgelöst; dagegen die Errichtung von 10 Bataillons leichter Truppen befohlen, deren Stamm die bisherigen irregulären Truppen bilden sollten. Die entschiedene Abneigung der Palikaren, sich der militärischen Disziplin zu fügen, liess jedoch diesen Versuch, ein nazionales Heer aufzustellen, nicht zur Ausführung kommen. Man begann daher die Werbung von Freiwilligen im Auslande. Von Baiern gingen bei 6000 Freiwillige nach Griechenland. Ihre Dienstzeit waren vier Jahre. Wer nach Verlauf dieses Termins nicht mehr in Griechenland bleiben wollte, hatte die Zusicherung freier Rükfahrt nach Triest, und der Auszahlung eines dreimonatlichen Soldes; die Offiziere einer sechswochentlichen Gage. Die aus Baiern gekommenen Freiwilligen wurden nach den baierischen, die in Griechenland selbst Angeworbenen nach den französischen Militärgesezen behandelt. Das in solcher Weise entstandene Heer zählte im Jahre 1834 acht Infanterie-Bataillons, ein Regiment Lanziers zu Pferde, ein Artillerie- und ein Pionier-Bataillon, drei Handwerker- und eine Fuhrwesens-Kompagnie. — Aber auch diese Einrichtung war nicht von Dauer. Die Hälfte der deutschen Freiwilligen starb in Spitälern, oder am ungewohnten Klima und Strapazen; gegen 200 derselben fielen im Kampfe gegen die Rebellen und Räuber; 500 ungefähr blieben als Handwerker und Kolonisten im Lande, oder erhielten theilweise Anstellungen von der Regierung. In das griechische Heer traten nur etwa 300 Mann über.

Uniformirung, Bewaffnung und Ergänzung.

Die Linien-Infanterie ist europäisch uniformirt und trägt hellblaue Röke und Beinkleider, erstere roth aufgeschlagen, Czako als Kopfbedekung; leichte Infanterie und Jäger: griechisch, mit Fustanella, hellblauen Jaken, rothen Leibbinden, rothem Fess; Lanziers: grün mit rothen Aufschlägen, derlei Czakos mit weissen Rossbüschen; Artillerie: dunkelblau mit karmoisinrothen Aufschlägen. Die Bewaffnung besteht aus perkussionirten Gewehren bei der Infanterie und Jägern aus Lanzen und Säbeln bei der Reiterei.

Die Ergänzung geschieht durch Freiwillige und durch Konskription, auf 4 Jahre vom 18. Lebensjahre an, und wurde das Rekrutirungsgesez im November 1851 so strenge geregelt, dass Repressalien gegen die Eltern der Konskriptionsflüchtigen und Deserteure gestattet sind.

Marine.

Minister —: Admiral Kriezis, zugleich Minister-Präsident.

General-Sekretär —: Athanasius Miauli. Der Siz der See-Präfektur, 10 Mitglieder, ist im Hafen von Poros.

Der Offizierstand soll bestehen aus 429 Köpfe, und zwar: 4 Admirale, 12 Kapitäne, 53 Kommandanten erster, 73 Kommandanten zweiter Klasse, 120 Lieutenants, 123 Kadeten, 23 Quartiermeister, 1 Intendant, 1 Artillerie-Kapitän, 1 Artillerie-Lieutenant.

Im September 1853 waren bei der Marine im Dienste 750, bei den Hafen-Behörden 99 und im Arsenal 135, zusammen 984 M. mit Einschluss der Offiziere.

Flottenstand.

1 Korvette zu 26 Kanonen, 1 Dampfer (Otto) mit 4, K. und 120 Pferdekraft, 2 Goeletten zu 8, 5 zu 4 K., 1 Kutter zu 8 K., 4 Kanonen-Schaluppen zu 3 K., 1 Brigg, 2 Kutter für den Paketbootdienst; 1 königl. Yacht. — Im Ganzen 18 Fahrzeuge mit 86 Kanonen.

Flagge.

Fünf blaue und vier weisse Streifen, die der Länge nach abwechseln, in der untern Eke das Wappen des Königreichs. Die Wipfel sind hellblau mit kleinem weissen Kreuze in der oberen Eke.

Im November 1852 wurde ein Gesez über die Bildung eines Aushilfsfondes für Witwen und Waisen solcher Offiziere erlassen, deren Hinterbliebene keinen Anspruch auf Pension haben.

Ein anderes Gesez vom 30. Oktober 1852 regelte das Marine-Korps.

Im Juli 1853 fand die kriegsgerichtliche Verurtheilung eines Offiziers der Marine statt, welche als die erste in den Jahrbüchern der griechischen Marine bezeichnet wird. Es wurde der Kommandant der Kriegskorvette „Amalia," Kapitän Kriemadis, dessen Schiff in einer Sturmnacht scheiterte und zu Grunde ging, vor das Kriegsgericht gezogen. Am 6. Oktober 1852 hatte er den Auftrag erhalten, von Piräus nach Nauplia zu gehen und unverweilt mit der ihm dort werdenden Ladung zurükzukehren; wenn er das gethan hätte, so würde er einen Tag vor dem Sturme in Piräus angekommen sein; allein er lief in Hydra ein, nahm mehrere Familien an Bord und verlor auf solche Art mehrere Stunden.

Die Anklage war demnach gestellt auf Ungehorsam, Nachlässigkeit im Dienste und Unfähigkeit, in Folge dessen das Schiff zu Grunde ging, dem Aerar ein Schaden von 500,000 Drachmen zugefügt wurde, und überdies zwei Menschenleben verloren gingen. Das Gericht, zusammengesezt aus sieben der ältesten See-Offiziere, verurtheilte den Kommandanten der Kriegskorvette „Amalia" einstimmig zum Verlust seines Ranges, Grades und aller Vortheile und Bezüge, die mit demselben verbunden sind. Das Kriegsgericht nahm nur einen der Anklagepunkte in Berathung, den der Nachlässigkeit und Unfähigkeit, denn würde es die beiden übrigen als Grundlage für sein Urtheil angenommen haben, so würde unfehlbar ein Todesurtheil erfolgt sein.

Grossbritannien.

Ihre Majestät Königin Victoria I. (geb. 1819).

Die Landmacht zerfällt in zwei von einander unabhängige Armeen: in die königliche oder britische Armee (The Royal or British Army) und die Armee der ostindischen Kompagnie (The Indian Army).

I. Königliche Armee.

Diese ist in das stehende Heer (Infanterie und Kavallerie), die Ordnance (Artillerie, Genie und Train), und die Milizen eingetheilt.

Das Kommando und die Verwaltung der Armee wird ausgeübt:

1. durch das Haupt-Quartier (Head quarters) oder Ober-Kommando des stehenden Heeres.
2. Das Ordnance-Departement (Board of Ordnance), das Ober-Kommando der Ordnance.
3. Das Kriegs- und Kolonial-Ministerium (Colonial-Department).
4. Das Kriegs-Verwaltungs-Amt (War Office).
5. Das Ministerium des Innern (Home Department) als Zentral-Behörde für die Milizen.

Provinzial-Behörden.

Militärisch zerfällt das britische Reich in die 3 Haupt-Verwalltungs-Gebiete: Grossbritannien, Irland und die auswärtigen Stazionen (Foreign Stations). Ostindien bildet ein eigenes Militär-Haupt-Gebiet.

Das Inland und ein Theil der auswärtigen Stazionen sind ferner in folgende Bezirke mit den bezüglichen Behörden getheilt.

1. Militär-Distrikte (Districts) und Unter-Distrikte (Counties).

2. Ordnance-Distrikte (Ordnance Establishments).

3. Kasernen-Distrikte (Barrak Establishments), und endlich in Grossbritannien und Irland

4. Werb-Distrikte (Recruiting Districts) und Unter-Distrikte (Counties).

A. Haupt-Quartier.

Unter dem Ober-Befehlshaber der Landmacht (Commander in Chief) Viscount Hardinge stehen:

1. Die Infanterie und Kavallerie.
2. Die Offizier-Stäbe.
3. Das Medizinal-Departement.
4. Die Thierärzte.
5. Die Kommission für Bekleidung des Heeres.
6. Die Militär-Distrikte des Inlandes.
7. Die Werb-Distrikte.
8. Die Militär-Etablissements des stehenden Heeres, z. B. Invaliden-Häuser, Militär-Schulen etc. etc.

Vom Ober-Befehlshaber gehen zwar alle Massregeln zur Landes-Vertheidigung aus; er hat aber keinen Einfluss auf die im Felde stehenden Armeen.

Der Stab des Haupt-Quartiers zerfällt in *a*) Persönlichen Stab. 1 Militär-Sekretär. *b*) Funkzions-Stab. 1 General-Adjutant, 1 General-Quartiermeister, 1 Assistent und 1 Stell-Vertreter, Assistenten (Stabs-Offizier und Capitanies) für jede der oben bezeichneten Stellen; dann 1 Inspekzions-Stabs-Offizier für die Werbung.

Die Personalien werden in 3 Bureaus, die eigentlich militärischen Angelegenheiten in 3 Departements verwaltet.

1. Bureau: Avanzement der Offiziere. Organisazion des Heeres.

2. Bureau: Besoldungs-Angelegenheiten.

3. Bureau: Vertrauliche Korrespondenz des Ober-Befehlshaber (Militär-Sekretariat —: Oberst Richard Airey).

1. Departement: General-Adjutantur, mit 2 Unter-Departements, dem Werbe-Departement und dem Horse-guards-Amte, leitet das Personale, und sind demselben alle Militär-Commandos des stehenden Heeres untergeben. General-Adjutant —: GM. Sir G. Cathcart.

2. Departement: General - Quartiermeister in Verbindung mit einem topografischen Bureau (Military - Depôt mit einem Litographic Branch). Chef — : Oberst Jos. Freeth.

3. Medizinal-Departement. — Direktor Andrew Smith.

Kommando-Stäbe (General Staff).

Generalität. Die englische Armee hat 3 Feldmarschälle (Field-Marshals), Se. Majestät den König der Belgier, Se. k. Hoheit Prinz Albert und Marquis of Anglesey. 51 Generale (Generals), 129 Generallts. (Lieutenant Generals), 160 General-Majors (Major-Generals), die theils im Dienste, theils in Disposizion stehen.

Ausser diesen Generals - Chargen gibt es noch Brigade-Generäle (Brigadier-Generals), deren Rang durch die Funkzion bestimmt ist, die sowohl GM. als Obersten und Oberstlts. bekleiden können.

Offizier-Stäbe (Staff Officers).

Der General-Stab (Staff Appointment) umfasst nicht nur die Offiziers-Stäbe, sondern auch sämmtliche Militär-Beamten der höheren Klasse.

Einen General - Stab oder eine Adjutantur im Sinne wie bei den anderen Armeen gibt es nicht, da die mit der Verrichtung dieser Dienstzweige betrauten Offiziere aus den Regimentern gezogen, und wieder dahin mit ihrem jeweiligen Regiments-Range zurük versezt werden.

Die Offiziers-Stäbe zerfallen in den Funkzions-Stab, welcher zu dem Kommando, und den persönlichen Stab (Personal Staff), der zu dem Kommandeur gehört.

Der Funkzions-Stab besteht aus General-Adjutanten-Offizieren, aus General-Quartiermeister-Stabs-Offizieren und Brigade-Majors (Majors of Brigade).

Diese lezteren sind Truppen - Adjutanten für den innern Dienst der Brigaden im Felde.

Der persönliche Stab besteht aus den persönlichen Adjutanten (Aides de camp) und den Militär-Sekretären. Die kommandirenden Generäle haben 4, die Generäle 3, die GL. 2, die GM. und Brigade - Generäle (im Felde) 1 Aide-de-camp.

Die Militär-Sekretäre versehen die persönliche, nicht in den Bereich des öffentlichen Dienstes fallende Korrespondenz.

Garnisons-Stab (Staff of Garrisons).

Stadt-Majors (Town-Majors), Plaz-Majors (Fort - Majors), Stadt - Adjutanten (Town - Adjutants) und Plaz - Adjutanten (Fort-Adjutants).

Werbe-Stab (Recruiting Staff).

In den Militär-Distrikten und Unter-Distrikten zur Unterstüzung und Kontrolle der Werb-Detaschements.

Der Armee und Armee-Korps im Felde ist noch ein Kommandeur der Artillerie und ein Kommandeur der Ingenieurs beigegeben.

Militär-Distrikte.

England zählt folgende 7 Distrikte: Northern and Midland (Manchester); South West (Portsmouth); Western (Devonport); Monmouth and South Wales (Carmathen); London, Jersey, Guernsey and Alderney, und 25 Unter-Distrikte. Schottland bildet einen Distrikt für sich.

Irland ist unter einen besonderen Kommandeur (GL. Sir Edward Blakeney, Ober-Befehlshaber der Landmacht) gestellt, wird militärisch durch 3 eigene Verwaltungs-Behörden und einem Ordnance-Departement verwaltet; zerfällt in die 5 Distrikte: Belfast, Dublin, Kilkenny, Limerick, Cork, und 32 Unter-Distrikte.

Die Distrikts-Kommandeurs sind in der Regel GM. oder GL. und haben 1 oder 2 Adjutanten.

Werb-Distrikte (Recruiting Districts). England enthält 4 Werb-Distrikte: Bristol, York, Liverpool und London, und 42 Unter-Distrikte. Schottland, 2 Werb-Distrikte: Glasgow und Edinburg. Irland, 3 Werb-Distrikte: Northern (Newry); Centre (Dublin); Southern (Cork) und 33 Unter-Distrikte.

B. Ordnance-Department (Board of Ordnance).

Der Chef des Ordnance-Department ist General-Feldzeugmeister (Master General of the Ordnance) und Mitglied des Kabinets —: FZM. Lord Raglan; General-Inspektor —: Oberst Landerdale Maule; — Protokollist —: Will. Monsell; Sekretär —: Kontre-Admiral Houston Stewart; General-Inspektor der Fortifikazionen —: GL. Sir John Burgoyne.

Dem Ordnance-Department unterstehen an Truppen: 1. Die Artillerie mit ihren verschiedenen Abtheilungen; 2. das Ingenieur-Korps; 3. das Sappeur- und Mineur-Korps; 4. der Feld-Train.

An Militär-Beamten: 1. Das Medizinal-Personale der Ordnance; 2. die Magazins-Verwaltung und Kasernen-Beamten der Ordnance.

Ferner die Ordnance-Distrikte, die Kasernen-Distrikte und die besonderen Militär-Etablissements für Artillerie, Ingenieure, Mineurs und Sappeurs und zwar:

1. das Arsenal zu Woolwich; 2. die Hand-Waffen-Fabrik in Enfield; 3. 2 Hand-Waffen-Inspekzionen zu Birmingham und im Tower zu London; 4. die Pulver-Fabrik in Waltham-

Abbey; 5. die Artillerie- und Ingenieur-Akademie zu Woolwich (Royal Military Academy for Artillery and Engineers) mit einer Kadeten-Kompagnie (Company of Gentlemen Cadets); 6. die Vorbereitungs-Anstalt zu Carshalton; 7. die Sappeur- und Mineur-Schule zu Chatham.

Wirkungskreis, derselbe für die Ordnance-Truppen, wie das Haupt-Quartier für die Truppen des stehenden Heeres.

Ferner die Anordnung jener Verrichtungen, welche insbesondere für die Artillerie und Ingenieurs bestimmt sind.

Sämmtliche Funkzionen werden durch nachstehende Aemter geleitet:

1. Konseil der Ordnance (8 Mitglieder).
2. Fortifikazions-Amt.
3. General-Inspekzions-Amt.
4. Kassen-Verwaltungs-Amt.
5. Sekretariats-Amt.
6. Medizinal-Departement.

In Grossbritannien gibt es folgende 16 Ordnance-Distrikte: Zentral-Distrikt, Devonport-Distrikt, Dover-Distrikt, Hythe, Eastern, Guernsey, Jersey, London, Medwai, Manchester, Northern, North Britain, Portsmouth, Woolwich, Waltham-Abbey, Yorkshire, in Irland 5: Belfast, Cork, Dublin, Kilkenny und Limmerik; dann 44 auswärtige Ordnance-Distrikte.

Kasern-Distrikte und Stazionen: 15 in Grossbritannien, 5 in Irland und 39 auswärtige.

Magazin-Beamte der Ordnance zerfallen in Aufseher (Storekeepers Majors) und Stellvertreter der Aufseher (Dep. Storekeepers Capitains).

Kasern-Beamte.

Da in England die Truppen auf Märschen, und sonst beinahe ohne Ausnahme gesezlich in Kasernen untergebracht werden müssen, so hat dieses Amt eine grössere Bedeutung, als in den meisten andern Staaten. Die Kasern-Beamten (Barrack Masters) sind daher meistens verabschiedete Offiziere (Majors, Kapitäns und Lieutenants).

C. Kriegs- und Kolonial-Ministerium (Colonial-Department).

Der Chef dieses Departements: Ober-Staats-Sekretär für die Kolonien, ist Mitglied des Kabinets, (Principal Secretary of State), hat aber nur mittelbaren Einfluss auf die Armee.

Das britische Reich hat ausser Ostindien (East India) mit den 3 Präsidentschaften: Bengal, Madras, Bombay noch nachstehende 15 auswärtige Stazionen:

1. Jonian Islands; 2. Malta; 3. Gibraltar; 4. North America mit Canada, Nova Scotia mit Nev-Brunswik und Prince

Edwards Island; Island of Vancouver mit Newfoundland und Bermuda; Windward and Leward Islands mit *a)* Barbadoes, Grenada, St. Vincent, Tobago and St. Lucia; *b)* Leeward Islands (Antigua); mit St. Christophers and Anguilla, Dominica, Montserrat, Nevis, Virgin-Islands; *c)* Trinidad; *d)* British Guiana (Demerara); 5. Jamaica, Bahamas and Honduras; 6. China (Hong kong); 7. Cape of Good Hope; 8. Ceylon; 9. Western Coast of Africa mit Sierra Leone, Gambia, Gold Coast; 10. Mauritius; 11. Australian Colonies mit New South Wales, Van Diemens Land, Victoria, Western Australia, South Australia, New Zealand; 12. Saint Helena; 13. Helgoland; 14. Falkland Islands; 15. Island of Labuans.

Die Gouverneure dieser auswärtigen Stazionen vereinigen die Militär- und Zivil-Gewalt in sich, sind meist von einem zahlreichen Stabe umgeben und geniessen ihrer isolirten Lage wegen eine grössere Selbstständigkeit als die Kommandeurs der Militär-Distrikte im Inlande.

Die Unter-Gouverneure der Provinzen-Distrikte und Dependenzien stehen bei gleicher Amtsübung im untergeordneten Verhältnisse zu dem Ober-Gouverneur.

D. Kriegs-Verwaltungs-Amt (War-Office).

Umfasst im Allgemeinen das Finanzielle der Armee in Rüksicht auf die Besoldung, Verpflegung, Bekleidung. Ferner das Militär-Justiz-Wesen und die Militär-Seel-Sorge.

Der Kriegs-Sekretär (Sekretary at War) ist weder Mitglied des Kabinets, noch Offizier.

Der General-Zahlmeister (Paymaster General) zahlt auf königliche Ordre an Regiments-Agenten (Regimental Agency). Diese sind vom Regiments-Inhaber gewählte Banquiers, welche die für das Regiment angewiesenen Gelder erheben, und für dasselbe Lieferungs-Zahlungen u. dgl. leisten.

Kriegs-Kommissariat.

Dasselbe besteht aus 1 General-Kommissär (Brigade-General), 14 Stellvertreter (Major, Oberstlt.), 40 Assistenten (Kapitäns), 110 Stellvertreter (Lieutenants) und eine unbestimmte Anzahl Gehilfen (Clerk, Fähnrichs).

Die Funkzionen des Kriegs-Kommissariats umfassen die Verwaltung der Feld-, Distrikts- oder Stazions-Kassen, das Abschliessen der Kontrakte über Lebensmittel, Fourage u. dgl. m.

E. Ministerium des Innern (Home Departement).

Die Einwirkung desselben auf die englische Wehrkraft erstrekt sich bloss auf die Milizen, u. z. auf 1. die eigentliche,

1852 reorganisirte Miliz (Militia), 2. auf die Organisazion freiwillig dienender Korps (Volunteer-Corps, Yeomanry Cavalry und Dockyard Battailons), und 3. auf die aus verabschiedeten Land- und Marine-Soldaten gebildeten Pensionär-Kompagnien (Pensioner Companies).

Truppen.

Stehende Truppen.

Sie bestehen überhaupt aus inländischen Truppen und Kolonial-Truppen (Troops abroad, Local Corps in the Colonies), deren Stärke durch eine jährlich erneuerte Parlaments-Akte (Mutiny Act) bestimmt wird.

Die inländische Infanterie und Kavallerie zerfällt in Garde- und Linien-Regimenter.

a. Infanterie.

Die Infanterie besteht aus Linien- (schwerer) Infanterie, leichter Infanterie (Light Infantry, Fusiliers) und Schüzen (Riflemen). Sie zählt 3 Garde-, 98 Linien- und Füsilier-Regimenter, 1 Schüzen-Korps (mit 99 aufeinander folgenden Nummern), 1 Schüzen-Brigade und 1 Ersaz-Bataillon.

Die Kolonial-Infanterie besteht aus 7 Linien- oder leichten Regimentern und 1 Invaliden-Dépôt; dann aus dem Korps der Goldküste, und den Newfoundland-Kompagnien.

Linien-Infanterie.

Von der Linien-Infanterie haben das 1. (The Royal) 2 Bataillons zu 10 Kompagnien, 2 Regimenter (12. 91.) 2 Bataillons zu 6 Kompagnien und 82 Regimenter nur 1 Bataillon zu 10 Kompagnien.

Die Stärke der Kompagnien ist aus dem früher angeführten Grunde wechselnd und je nach den Stazionen verschieden. Die Zahl der Offiziere: 1 Kapitän, 1 Lieutenant (in Ostindien 2), 1 Fähnrich (Ensign), bleibt sich gleich. Der Stand der Mannschaft zeigte sich im Jahre 1852—53 zwischen 71 und 95 M.

Der Regiments-Stab besteht aus: 1 Obersten (meist abwesend), 1 oder 2 Oberstlts. (wovon der älteste eigentlicher Regiments-Kommandant), 2 oder 4 Majors, 1 oder 2 Zahlmeisters (Kapitäns), 1 oder 2 Adjutanten, 1 oder 2 Quartiermeister (Lieutenants), 1 oder 2 Regiments-Chirurgen. Ferner 1 oder 2 Regiments-Sergeanten, 1 oder 2 Regiments-Quartier-Meister-Sergeanten, 1 oder 2 Waffen-Sergeanten, 1 oder 2 Schulmeister-Sergeanten, 1 oder 2 Hospital-Sergeanten, 1 oder 2 Zahlmeister-Sergeanten, 1 oder 2 Regiments-Schreiber, 1 oder 2 Regiments-Tambour und 1 Kapellmeister.

Im Jahre 1853 zählten die 27 Regimenter im Inlande 26,656 Köpfe, also eines durchschnittlich 810 Soldaten, während die in Ostindien 950 effektive Soldaten hatten.

Die Stärke der Linien-Infanterie betrug im bezeichneten Jahre 85 Regimenter oder 88 Bataillons und 87,902 Köpfe.

Leichte Infanterie.

Sie zerfällt in Füsiliers, leichte Infanterie und Schüzen. Es gibt 1 (Nr. 23) Füsilier-Regiment zu 2, und 4 Füsilier-Regimenter zu 1 Bataillon; ferner 1 leichtes Infanterie-Regiment (Nr. 71) zu 2 und 7 leichte Infanterie-Regimenter zu 1 Bataillon; dann das Schüzen-Korps (Nr. 60) zu 2, und die Schüzen-Brigade (Rifle Brigade), ebenfalls zu 2 Bataillons.

Die Stärke der Kompagnien, so wie der Etat der Regimenter stimmt mit geringen Abweichungen mit jenen der Linien-Infanterie-Regimenter überein.

Die Stärke der leichten Infanterie betrug 1852—53, 13 Regimenter, 19 Bataillons oder 17,823 Köpfe.

Garde-Infanterie (Foot Guards).

Die Garden sind Haus-Truppen mit höheren Gehalte und Range.

Es gibt 3 Garde-Regimenter, nämlich:

Das Regiment Grenadier (Nr. 1) 3 Bat., jedes zu 10 Komp.
" " Coldstream 2 " " " 8 "
und die schottische Füsilier-Garde 2 " " " 8 "

Mit geringen Abweichungen stimmt die Stärke der Chargen und des Stabes überhaupt mit jenen der übrigen Infanterie überein.

Der Stand der Garde betrug (1852—53) 3 Garde-Infanterie-Regimenter, 7 Bataillons oder 5260 Köpfe.

Kolonial-Infanterie.

Sie besteht aus den 3 Westindischen Regimentern (Nr. 1., 2., 3.) jedes zu 2 Bataillon, zu 6 Kompagnien, im Ganzen 3417 Köpfe, und dem Kolonial-Korps:

1. St. Helena Regiment (5 Komp.); 2. Royal Malta Fencible (Freiwilligen) Regiment (6 Komp.); 3. Ceylon Rifle Regiment, nebst Ceylon Invalids (2 Bataillon); 4. Royal Canadian Rifle Regiment (6 Komp.); 5. Goldküste-Korps (3 Komp.) und 6. den Royal Newfoundland Companies (3 Komp.). Ihre Stärke betrug (1852—53) 7 Regimenter und 6 Kompagnien, oder 11 Bataillon und 6 Kompagnien: 7906 Köpfe.

Die Organisazion dieser Truppen stimmt je mit den inländischen Linien-Regimentern oder mit den inländischen Schüzen-Korps überein.

Sie rekrutiren sich grösstentheils aus Eingebornen; so z. B. besteht das Goldküste-Korps aus Negern, unter englischen Offizieren.

Die Total-Stärke der königlichen Infanterie betrug also (1852—53) 118,891 M.

Bewaffnung. Linien-Infanterie: perkussionirtes Bajonnet-Gewehr mit brünirten Läufen. Füsiliers, leichte Infanterie und Garden: Gewehre nach Minié. Schüzen: zweizügige Büchsen mit vollen Drall-Kugeln mit Gürtel.

Ausrüstung. Die schottischen Regimenter, Füsiliere und Garden: Bärenmüzen. Die übrigen Regimenter Czakos. Alt-Preussisches Gepäk ohne Brustriemen. Tornister von wasserdicht angestrichenem Segeltuch. Der Mantel unter dem Dekel, oder gerollt über den Tornister. Wolle-Epauletts. Leichte Infanterie und Schüzen: Wulste.

b. Kavallerie.

Mit Ausnahme eines Kolonial-Korps, aus lauter inländischen Truppen.

Die inländische Kavallerie besteht aus 13 schweren Regimentern (3 Kürassier-, 1 Karabiners-, 9 schwere Dragoner-) und 13 leichten Regimentern (4 leichte Dragoner-, 5 Husaren-, 4 Uhlanen).

Sie zerfällt ferner in Garde-Kavallerie: 3 Regimenter Haus-Kavallerie (Household Cavalry), u. z. 2 Regimenter Leibgarde, 1 Regiment Grenadier zu Pferde (sämmtlich Kürassiere); dann Linien-Kavallerie: 23 Regimenter, u. z.: 7 Regimenter schwere Dragoner-Garde (Grenadiers); 14 Regimenter Linien-Dragoner, welche zerfallen in: 3 Regimenter schwere Dragoner, 4 Regimenter leichte Dragoner, 4 Regimenter leichte Dragoner (Hussars), 3 Regimenter leichte Dragoner (Lancers), dann 1 Regiment Husaren (Nr. 11) und 1 Regiment Uhlanen (Nr. 12) mit 17 aufeinander folgenden Nummern, unter denen Nr. 5 fehlt.

Ausserdem ist noch das Kavallerie-Depôt zu Maidstone anzuführen, welches sämmtliche auswärtige Stazionen besorgt und mit einer Reitschule für sämmtliche Kavallerie verbunden ist.

Das Kavallerie-Regiment zerfällt organisatorisch in 6 bis 8 Kompagnien (Troops); taktisch in 3 bis 4 Schwadronen (Squadrons).

Die Garde-Regimenter werden niemals, die schweren Dragoner-Regimenter selten zum Dienst nach den auswärtigen Stazionen kommandirt.

Der Stand der Kompagnien (troops) und Regimenter ist eben so wechselnd, wie bei der Infanterie.

Im Jahre 1852—53 betrug die Stärke der Kompagnie bei der Garde: 1 Kapitän, 1 Lieutenant, 1 Kornet (Fähnrich), 5 Sergeants, 1 Trompeter und 42 Mann, 1 Hufschmied (Farrier); bei den Regimentern im Inlande die gleiche Anzahl Chargen und 57—58 Mann, bei den Regimentern in Ostindien um einen Lieutenant mehr und 69—70 Mann.

Der Regimentsstab zählte: 1 Oberst, 1 (das Regiment in Ostindien 2, das 10. Husaren-Regiment 3) Oberst-Lieutenants; 2 Majors, 1 Zahlmeister, 1 Adjutant, 1 Quartiermeister, 1 Regiments-Chirurgen, 1 Regiments-Thierarzt, 1 Regiments-Korporal (in Stelle des Sergeant-Major bei der Infanterie), 1 Regiments-Trompeter (Trumpet Major), 1 Pauker (Kettle Drummer) bloss bei den Garde und 1 schweren Dragoner-Regiment, 1 Waffen-Sergeant, 1 Sattler-Sergeant, 1 Schulmeister-Sergeant, 1 Hospital-Sergeant, 1 Zahlmeister und 1 Regiments-Schreiber.

Mit Berüksichtigung der verschiedenen Stärke der einzelnen Regimenter ergibt sich die Gesammtstärke der Kavallerie für das Jahr 1852/53 zu: 26 Regimenter, 87 Schwadrons oder 180 Troops mit 12,460 Köpfen und 9396 Pferden.

Bewaffnung.

Garde-Regimenter: Etwas gekrümmten Palasch (Sword) mit vollen Korb von Gussstahl. Glatte perkussionirte 24" lange Karabiner.

Schwere und leichte Dragoner und Husaren: lange gekrümmte Säbel (Sabre) mit Bügel-Korb; Schusswaffen wie die Garde-Regimenter.

Uhlanen: Lanzen mit einer bajonnetförmigen Spize, Säbel und 2 Pistolen. Karabiner und Pistolen-Kaliber sind mit jenem der Infanterie-Gewehre übereinstimmend.

Ausrüstung.

Garde-Regimenter: Helme und Kürasse. Die Horse Guards (Grenadier zu Pferd) Koller und hohe Stiefel (Kanonen); schwere Dragoner: Helme und massive Epaulettes; leichte Dragoner: Czakos. Husaren: Müzen von Seehundsfell mit Kolpaks. Uhlanen: Czapkas.

Die ganze Kavallerie hat Radmäntel mit Aermel und Einschnitte für die Arme.

Kolonial-Kavallerie.

Besteht aus den Schüzen zu Pferde vom Cap (Cape Corps of Mounted Riflemen).

Dieses Korps zählt in 12 Kompagnien 1083 Köpfe, und ist so wie die leichte Kavallerie ausgerüstet und bewaffnet, nur sind die Karabiner doppelläufig.

Es ist somit die **Totalstärke der Kavallerie**: 26 Regimenter, 192 Troops, 13,543 Köpfe, 10,296 Pferde.

c. Artillerie.

Die Feld-Artillerie hat folgende Kaliber:

eiserne	18pfündige	Kanonen	10spännig	
bronzene	12	„ „	8 „	
„	9	„ „	8 „	
„ schwere	6	„ „	8 „	
„ leichte	6	„ „	6 „	
„ schwere	3	„ „	6 „	
„ leichte	3	„ „	1 „	leztere auch

2 Maulthiere in der Gabel-Deichsel oder 2 Maulthiere zum Tragen des Geschüzes; ferner einpfündige Amusetten; eiserne 8'' Haubizen, zehnspännig; bronzene vierundzwanzigpfündige oder $5\frac{1}{2}$'' lange Haubizen achtspännig; bronzene zwölfpfündige oder $4\frac{1}{2}$'' lange Haubizen sechsspännig; bronzene $4\frac{2}{5}$'' Haubizen einspännig oder 2 Maulthiere in der Gabel-Deichsel oder 2 Maulthiere zum Tragen des Geschüzes. Zwölfpfündige und sechspfündige Raketen mit vierspännigen Gestellen.

Alle sonstigen Fahrzeuge sechsspännig.

Die Batterien zerfallen in **Fuss- oder fahrende**; **reitende** Batterien; Batterien für den **Kolonial-Dienst** und **Berg-Batterien**.

Ausser der achtzehnpfündigen Feld-Batterie welche aus 3, achtzehnpfündigen Kanonen und einer 8''zölligen Haubize zusammengesezt ist, bestehen alle andern Batterien des Inlandes aus 5 Kanonen und einer Haubize.

Den reitenden Batterien ist noch ein Raketen-Gestell und ein Raketen-Wagen mit sechs und zwölfpfündigen Raketen zugetheilt.

Die **Kolonial-Batterien** bestehen aus dreipfündigen und einpfündigen, mit 4 und 5 Geschüzen.

Die **Berg-Batterien** aus dreipfündigen Zug und dreipfündigen Maulthier-Batterien jede zu 3 Kanonen und einer $4\frac{2}{5}$'' Cöhornschen Haubize.

Die **Artillerie** theilt sich in:

1. Das königliche Regiment der Artillerie (Royal-Regiment of Artillery).
2. Die Artillerie-Brigade zu Pferd (Brigade of Royal Horse Artillery).
3. Die Reitbahn-Kompagnie (Riding House troop).
4. Die Garnisons-Geschüzmeister (Garrison Gunners Master).
5. Die Train-Artillerie (Field Train Departement).

Die Stäbe des Artillerie-Regiments, der Artillerie-Brigade, der Reitbahn-Kompagnie und der Feld-Train befinden sich in

Woolwich, von wo aus die Batterien im Inlande und nach den auswärtigen Stazionen abgesendet werden.

Das königliche Artillerie-Regiment besteht aus 12 Bataillonen zu 8 Kompagnien oder Batterien, dem Detachement in Jamaika (Detachment Royal African Artillery Gunners).

1 Indische Kompagnie (Gun Lascars in China).

1 Kompagnie Invaliden und dem Dépôt für die abkommandirten Batterien.

Aus der bereits angeführten Ursache ist der Stand der Kompagnien oder Batterien wechselnd, kann aber im Durchschnitte zu 5 Offiziers, 14 Unter-Offiziere, 90 Kanoniere und 92 Fahr-Kanoniere angenommen werden.

Stand des Artillerie-Regiments.

Stab: 1 Oberst als Chef (General-Feld-Zeugmeister der Ordnance).

Für das Bataillon. 1 Oberst Kommandant. (General-Lieutenant, oder GM.).

2 Oberste, 4 Oberst-Lieutenants zusammen für 12 Bataillons, 84 Köpfe.

Mit Ausschluss der zum Regimentsstab und den Bataillons-Stäben gehörigen Partheien, besteht der Stand des ganzen Regiments aus 96 Kompagnien mit 448 Offizieren, 1152 Unter-Offizieren und Bombardiers, 192 Spielleuten und 11954 Kanonieren und Fahrern (Gunners and Drivers).

Ferner das Detachement auf Jamaica (1 Kompagnie), 64 Köpfe.

Das Detachement in Hongkong (China) aus 88 Köpfen; die Kompagnie Invaliden aus 145 Köpfen, daher im Ganzen mit Einschluss der oben erwähnten Chargen aus 14,307 Köpfen.

Die Brigade-Artillerie zu Pferd steht gleichfalls unter dem Chef des Artillerie-Regiments, und zerfällt in 7 Kompagnien oder Batterien (Troops), und einer Raketen-Kompagnie (Rocket Troop).

Die Stärke der Kompagnie (Batterie) besteht auf Kriegsfuss aus 6 Offizieren, 20 Unter-Offizieren, 170 Kanonieren, 11 Handwerker und 220 Pferde für die neunpfündige; aus 6 Offiziers, 38 Unter-Offiziers, 149 Kanonieren, 9 Handwerker und 186 Pferde für die sechspfündige Batterie.

Ferner die Raketen-Sekzion für jede Batterie 2 Unter-Offiziere, 10 Kanoniere und 10 Pferde.

Der Stab der Brigade: 1 Oberst Kommandant (General-Lieutenant), 2 Oberste, 4 Oberst-Lieutenant.

Die Stärke der Brigade mit Einschluss der zum Brigade-Stabe gehörigen Partheien: 695 Köpfe und 492 Pferde.

Die Reitbahn-Kompagnie: 3 Offiziere, 6 Unter-Offiziere und 25 Bereiter zusammen 34 Köpfe, 25 Pferde.

Garnisons-Geschüzmeister in den verschiedenen Stazionen des vereinigten Königreiches vertheilt, 71 Köpfe.

Der Feld-Train besteht im Frieden nur als Kadre des Artillerie-Trains.

Eine besondere Festungs-Artillerie gibt es in England nicht. Der Belagerungs-Train wird nach einem durch die Erfahrung begründeten Verhältnisse im Falle des Bedürfnisses zusammengesezt.

Bewaffnung.

Die Fahrer der Fuss-Batterien haben den leichten Kavallerie-Säbel am Sattel hängend, die übrigen Artilleristen dieser Batterien, im Felde: kurze gerade Seitengewehre, im Frieden: Karabiner à tige mit einem Bajonnet in Schwertform in der Scheide. Die reitenden Artilleristen führen den leichten Kavallerie-Säbel und Pistolen in den Halftern deutscher Sättel.

Ausrüstung.

Die Fuss-Artillerie trägt Czakos und ist wie die Infanterie uniformirt, die reitende Artillerie Bärenmützen, Husaren-Tracht und Rad-Mäntel ohne Aermel mit Einschnitten.

d. Ingenieurs.

Zerfallen in das königliche Korps der Ingenieure (Corps of Royal Engineers), und das Korps der Sappeur und Mineurs.

Das erstere besteht bloss aus folgenden Generälen und Offizieren:

1 Colonel-en-Chef (General-Feld-Zeugmeister der Ordnance).

1 General-Inspektor der Fortifikazionen (GL.).

1 Assistent des General-Inspektors der Fortifikazionen (General-Major; Oberst-Lieutenants).

1 Assistent General-Adjutant (Oberst-Lieutenant).

6 Oberst-Kommandanten (General-Lieutenants und General Majors).

12 Oberste, 30 Oberst-Lieutenants, 48 Hauptleute 1. Klasse, 48 Hauptleute 2. Klasse, 96 Ober-Lieutenants, 36 Unter-Lieutenants.

Der Stab des Korps steht in Woolwich. Der eigentliche Kommandant ist der General-Inspektor der Fortifikazionen.

Die Offiziere des Ingenieur-Korps besezen die Offiziers-Stellen bei dem Sappeur- und Mineur-Korps und werden auch zur Landesvermessung verwendet.

15

Das Korps der Sappeur und Mineurs besteht aus 22 Kompagnien, und hat einen bleibenden Stab von einem Brigade-Major (Major), einem Adjutanten (Capitaine) und einem Quartiermeister. Die Stärke desselben beträgt 2185 Köpfe.

Die Mannschaft wird aus in die Verrichtungen des Korps einschlägigen Handwerkern gewählt.

Bewaffnung und Ausrüstung so wie das Artillerie-Regiment im Frieden.

e. Stabs-Korps.

Wird für die mobilen Haupt-Quartiere errichtet, und besteht aus Infanterie und Guiden-Kompagnien.

f. Leib-Garden.

Gehören als Pensionäre des Souveräns eigentlich nicht zur Armee. Sie bestehen aus:

Den Garde-Yeomen (Yeomen of the Guard); den Korps der bewaffneten Edelleute (The honourable Corps of Gentlemen at Arms), und den Militär Ritter von Windsor (Military Knights of Windsor). Erstere 1485, und das zweite 1509 errichtet.

g. Milizen und Pensionär-Kompagnien.

Die eigentliche Miliz (Militia), die seit dem Jahre 1852 in der Reorganisazion begriffen ist, besteht nur aus Infanterie und soll im Jahre 1853 durch Freiwillige und Loosung bis auf 80,000 Mann gebracht werden.

Die Mannschaft unterliegt im Dienste den Kriegs-Artikeln. Der Minister des Innern ernennt die Kommandanten der Regimenter nebst den Individuen des Stabes, und ist überhaupt mit der Organisazion der Miliz beauftragt.

Vor der wie erwähnt im Jahre 1852 erfolgten Reorganisazion derselben bestanden 129 Miliz-Regimenter oder Bataillons.

Berittene Milizen (Yeomanry Cavalry). Freigelooste oder nicht zur Miliz Verpflichtete, die sich im Falle des Kriegs oder bei ausbrechenden inneren Unruhen freiwillig zum Dienste melden, zählen 32 Korps oder 251 Troops, zusammen mit Einschluss der vom höheren oder niedern Adel (Nobility, Gentry) besezten Offiziersstellen, 14,600 Köpfe.

Schiffs-Werften-Bataillons (Dock-Yard-Battalions). Freiwillig eintretende Schiff-Werften-Arbeiter. Es bestehen gegenwärtig 10 Bataillons (Brigaden zu 7 Kompagnien und 2 Boots-Brigaden) zu Portsmouth, Devonport, Breakwater, Sheerness, Chatham, Woolwich, Deptford, Pemproke, das Royal Clarence und Royal William Battalion, zusammen 9200 Mann stark.

Die Pensionär-Kompagnien (Enrolled Pensioners). Alle Pensionäre der Land-Armee und Marine-Truppen sind zu diesem Dienste verpflichtet. Sie zerfallen in Lokal- und Reserve-Kompagnien.

Erstere haben jährliche Uebungen und sind für den Fall eines feindlichen Einfalles bestimmt. Als wirklich dienstfähig dürften 18 bis 20,000 Mann angenommen werden.

Eine besondere Klasse der Pensionär-Kompagnien bilden die: Militär-Kolonisten von Neu-Seeland, welche 6 Kompagnien mit 860 Köpfe stark sind. Die aus dem Stande der Pensionärs bis zu dem Alter von 48 Jahren angenommene Mannschaft ist zu 7jähriger Dienstzeit verpflichtet, erhält aber Haus und Akerland und andere Begünstigungen.

Ausser diesen vorangeführten, nicht zu den stehenden Truppen gehörigen Streitkräften können im dringenden Falle noch die an vielen Orten bestehenden militärisch organisirten Schützen-Korps (Rifle Clubs), und die ganz militärisch organisirte Polizei: die Irländische Polizei 12,456 M., 352 Pferde; die Polizei von London und der City: 6125 Mann; das grösstentheils berittene Korps der Küstenwache (Coast Guard und Mounted Revenue Guard) 5756 Mann stark verwendet werden.

h. Medizinal-Wesen.

Für das stehende Heer wird dieser Dienstzweig versehen durch:

1 dirigirenden General-Inspektor, 5 General-Inspektoren (Hospitäler), 13 stellvertretende General-Inspektoren (Oberst-Lieutenants-Rang), 34 Stabs-Chirurgen 1. Klasse (Majors-Rang), 52 Stabs-Chirurgen 2. Klasse (Kapitäns-Rang), 3 Apotheker, 82 Assistenten-Chirurgen (Lieutenants-Rang).

Ausserdem hat jedes Regiment einen Regiments-Chirurgen (Kapitäns-Rang) und 2 Assistenten-Chirurgen (Lieutenants-Rang).

Das Medizinal-Personale der Ordnance besteht aus: 1 General-Inspektor, 1 stellvertretenden General-Inspektor, 6 Ober-Chirurgen, 13 Chirurgen, 26 Assistenz-Chirurgen.

i. Thier-Aerzte und Remontirung.

Die bei der Kavallerie und der Artillerie angestellten Thierärzte (Veterinary Turgeons) überwachen die Hufschmiede und versehen den Dienst der Rossärzte. Die Remontirung wird durch den Handeinkauf der Regimenter besorgt und ergänzt.

15*

k. Militär-Justizwesen.

An der Spize desselben steht ein von dem Regenten ernannter General-Richter-Advokat (Judge-Advocate General of the United Kingdom). Die in den Militär-Distrikten und auswärtigen Stazionen amtirenden Richter sind Offiziere.

Das militärische Strafverfahren ist theils durch die jährlich der Aufruhrs-Akte (Mutiny act) beigefügten Kriegsartikeln, theils durch königliche Verordnungen geregelt. Es zerfällt in das Disziplinar-Strafverfahren, die Untersuchungsgerichte und Kriegsgerichte.

Das erste wird vom Regiments-Kommandeur ausgeübt. Das zweite besteht aus 3 bis 5 Mitgliedern (Offizieren), die über wichtige Fälle entscheiden; das dritte ist in General-Kriegsgerichte, Distrikts-, Garnisons- und Regiments-Kriegsgerichte und in Detachements-Kriegsgerichte abgetheilt. Sämmtliche Mitglieder der Kriegsgerichte sind Offiziere. Die Objekte der Kriegsgerichte sind: *a*) Verbrechen gegen Gott und die Religion; *b*) gegen den Regenten und seine Regierung; *c*) gegen Rechte und Pflichten, die man seinen Mitmenschen schuldig ist, und *d*) die eigentlichen Militär-Vergehen.

Alle sonstigen Zivil-Vergehen fallen den Zivilgerichten anheim, welchen der Beschuldigte übergeben werden muss.

Dem Regenten allein steht das Begnadigungs- und Milderungsrecht, so wie die Verfügung einer nochmaligen Revision des Kriegsgerichtes zu.

l. Militär-Bildungs-Anstalten.

In jedem Regimente besteht eine Schule für die Söhne und Töchter der Soldaten. An dem nach Bell Lancaster'schen Methode ausgeübten Unterrichte nehmen auch die jungen Unter-Offiziere und Soldaten Theil.

Die Reit-Schule in Maidstone bildet Unter-Offiziere und Gemeine der in Grossbritannien und Irland stazionirten Kavallerie-Regimenter zu Reitlehrern aus.

Die Artillerie-Schule zu Woolwich für Unter-Offiziere und Gemeine der Artillerie.

Sappeur- und Mineur-Schule zu Chatam zu gleichem Zweke.

Ingenieur-Schule zu Chatam. Theoretische und praktische Ausbildung im Pionier-, Pontonier-, Mineur- und Sappeurdienst für die Chargen dieses Korps.

Militär-Waisenhäuser.

Militär-Asyl zu Chelsea für 350 Soldaten-Söhne und einer *Militär*-Pädagogik für 40 Zöglinge; die Irländische Militär-Schule zu Dublin, ein Waisenhaus für 350 Offiziers-Söhne und Töchter.

Höhere Militär-Bildungs-Anstalten.

Das Militär-Kollege zu Sandhurst (Royal Military College). In zwei Abtheilungen: Das Junior-Departement als Vorbildungs-Schule zum Offizier für 180 Offiziers-Söhne. Das Senior-Departement zur Ausbildung von 15 Offiziere für die Kommando-Stäbe. Der Kurs im ersteren 4, im leztern 2 oder auch 1½ Jahr.

Militär-Akademie zu Woolwich. (Royal Military Academy). Für die Artillerie-Kadetten-Kompagnie (Compagny of Gentlemen Cadets) 180 Zöglinge, vierjähriger Kurs.

m. Militär-Etablissements.

Hierher gehören die oben angeführten Erziehungs- und Bildungs-Anstalten und die folgenden Etablissements (Military Establishments).

1. Ordnance-Etablissement zu Woolwich. Zentral-Punkt für Fabrikazion und Aufbewahrung der Geschüze oder sonstigen Waffen- und Train-Materials der Land-Armee und Flotte, Geschüz-Giesserei und Haupt-Laboratorium (Filiale zu Portsmouth und Gosport). Die daselbst fungirenden Behörden sind: Die Direkzion des Laboratoriums; die Inspekzion der Artillerie und Geschüz-Giesserei; das Fahrzeug-Departement; die Modell-Kammer; das Magazins-Verwaltungs-Departement.

2. Die Pulver-Fabrik zu Waltham-Abbey für Geschüz-Pulver.

3. Die Hand-Waffen-Fabrik zu Enfield; liefert jährlich 5—6000 Gewehre durch Maschinen erzeugt. Die beiden lezteren Etablissements dienen mehr als Muster-Anstalten, da ein beträchtlicher Theil der gleichnamigen Artikel von Privaten geliefert wird.

4. Invalidenhaus in Chelsea (Royal Hospital at Chelsea) für 540 ganz invalide Unter-Offiziere und Soldaten (In-Pensioners). Auch die übrigen Pensionäre (Out-Pensioners) werden in die Listen von Chelsea eingezählt, stehen aber sonst in keiner weitern Beziehung zu dem Institute.

5. Das Invalidenhaus zu Kilmainham für 162 Ganz-Invaliden.

6. 18 Militär-Gefängnisse (Military Prisons) in den verschiedenen Distrikten, auswärtigen Stazionen und Garnisonen.

Uniform.

Die ganze Infanterie trägt rothe Röke mit Schösse, dunkelgraue, im Sommer weisse Beinkleider, und unterscheiden sich die Regimenter durch Kragen und Aufschläge; nur jene Korps, die den Namen der „königlichen" führen, haben blaue Aufschläge und Krägen. Die schottischen Regimenter Nr. 42, 78, 79, 92 und 93 tragen ihre Nazionaltracht, kurze buntfärbige Röke (Kilt), ohne Hosen, und Bärenmüzen mit Straussfedern. — Die schwere Reiterei ist roth, die leichte blau gekleidet; Mäntel grau, am Obertheil desselben ein schmaler Kragen.

Die Sorge für die Bekleidung der Soldaten liegt dem Obersten ob, der die Anschaffung durch den Regiments-Agenten einleiten lässt. Die Infanterie erhält jedes Jahr, die Kavallerie alle zwei Jahr, u. z. am 25. Dezember eine vollkommene Leibes-Montur, deren Güte vor der Absendung aus London, wo sie verfertiget werden muss, durch zwei Aufseher geprüft wird. Am 26. Dezember untersuchen die Generäle die Montur am Leibe des Mannes, welche sowohl in Bezug auf Stoff als Schnitt mit dem von der Regierung ertheilten und gesiegelten Muster übereinstimmen muss, und stellen im Falle, wo Alles richtig befunden wird, dem Obersten ein Zeugniss aus, um ihn vor künftigen Anforderungen zu bewahren.

Säbel oder Bajonnet wird um den Leib, die Patrontasche an einem weissen Riemen über der Schulter getragen.

Die Kokarde ist schwarz, als Nazional-Abzeichen, nur die leichte Kavallerie hat gelbe. Die Uniform der Offiziere unterscheidet sich im Schnitte von jener der Mannschaft und ist mit Epauletten von Gold, jene der Miliz von Silber, versehen. Die Kampagne-Uniform besteht in blauem Rok mit seidenen Knöpfen, graumelirten Beinkleidern mit Scharlachstreifen, blauer Müze, bei den Jägern in grünem Rok.

Seit dem Jahre 1852 wurde den Infanterie-Offizieren gestattet, einen blauen Ueberrok von bürgerlichem Schnitte, jedoch mit Stehkragen, ausser Dienst zu tragen.

Generale und Offiziere des Stabes: Hüte als Kopfbedekung, rothe Röke mit goldenen Epauletten, blaumelirte (oxford mixture) Beinkleider, sowohl in Parade, wie im gewöhnlichen Dienst. Die weissen Beinkleider wurden mit Ordre des Ober-Befehlshabers des Heeres vom 27. Juni 1853 abgeschafft.

Stärke der Armee

(im Jahre 1853).

Kavallerie.

2	Regimenter Leibgarde ... }	1308	Mann.
1	„ Horse Guards }		
7	„ Leib-Dragoner	2833	„
3	„ schwere Dragoner }	3519	„
4	„ leichte „ }		
5	„ Husaren	2743	„
4	„ Lanciers	1952	„

Infanterie.

3	„ Grenadier-Garde	5260	„
99	„ Linien-Infanterie	100,043	„
—	Scharfschützen- (Rifle-) Brigade	1961	„
3	westindische Regimenter (West-India-Reg.)	3416	„

Kolonial-Korps.

1	Jäger-Regiment (Ceylon-Rifle-Regiment)	2037	„
	Berittene Jäger auf dem Cap	1083	„
1	Kanada-Jäger-Regiment (Roy.-Canadian-Rifle-Regiment)	1127	„
1	Regiment auf St. Helena	434	„
	New-Foundland-Veteran-Kompagnie	343	„
1	Regiment auf Malta (Roy.-Malta-Fencible Regiment)	639	„
	Das Verproviantirungs- (Provisional-) Bataillon in Chatam	300	„
	Das Kavallerie-Dépôt zu Maidstone	150	„
	Goldcoast-Korps (im Jahre 1851)	339	„
	Invaliden auf Ceylon (1851)	163	„
135	Regimenter Gesammtsumme	129,661	Mann.

Die Truppen waren folgendermassen vertheilt:

in Grossbritannien	32,065	Mann,
„ Irland	20,214	„
„ den Kolonien	38,202	„
„ Indien	26,464	„

Das Feldzeugamt bestand aus:

280 Ingenieur-Offizieren, als: 6 kommandirende Obersten, 12 Obersten, 30 Oberst-Lieutenants, 48 Kapitäne, 48 Stabs-Kapitäne, 96 Premier- und 40 Sek.-Lieutenants.

2185 Sappeurs und Mineurs mit 3 kommission. Offizieren, Stab und 22. Kompagnien.
13,514 Artillerie (mit Einschluss von 518 commissionirten Offizieren): Stab und 12 Bataillonen zu 8 Kompagnien (12,996 Mnnn).
1152 die Brigade reitender Artillerie in 7 Schwadronen (44 Offiziere und 1108 Mann).
145 Invaliden.
152 Afrikaner (1 Kompagnie auf Jamaica, Lascars, Ceylon und Hong-Kong).

17428 M. im Ganzen, wovon an eigentlicher Artillerie: 563 Offiziere, 14,400 Unter-Offiziere und Soldaten, 2410 Pferde und 120 bespannte Geschüze (78 bei den 13 Fussbatterien à 6 Geschüze und 42 Geschüze bei den 7 Kompagnien reitender Artillerie zu 6 Geschüzen).

Marine.

Erster Lord der Admiralität (First Lord of the Admiralty) —: Sir James R. G. Graham, Baronet.

Der Admiralitätsrath befehligt und dirigirt das Seewesen; und besteht:

Aus der Admiralität. Lords-Kommissäre —: Sir James Graham; Vice-Admiral Hyde Parker; Rear-Admiral Fitzhardinge Berkely; Capitän Saunders Dundas, Alex. Milna und W. Fr. Comper. Erster Sekretär: Ralph Bernal Osborne; zweiter Sekretär: Kapitän William Hamilton.

Admiralitäts-Gericht (Admiralty Court).

Richter (Judge) —: Rthon. Stefan Lusington. General-Advokat der Königin (Queens Advocate-General) —: Sir I. D. Harding. Auditor (Judge Advocate) —: R. B. Crowden; General-Advokat der Admiralität: Josef Philimore.

Die Marine theilt sich in drei Geschwader: das rothe, weisse und blaue, daher auch drei verschiedene Flaggen, je nachdem der Admiral von der rothen (ganz rothen), weissen (durch ein rothes Kreuz in vier Viertel getheilt) und blauen (ganz blauen) Flagge ist. In dem obersten und hintersten Viertel einer jeden dieser Flaggen sind im blauen Grunde zwei rothe, weiss eingefasste sich durchschneidende Kreuze, welche das blaue Feld in acht gleiche Theile theilen.

Admirale im Jahre 1853.

Admiral der Flotte —: Sir Thomas Byam Martin (seit 22. Juli 1830).

Admirale der rothen Flagge (Of the Red) —: Thomas Le Marchant-Gosselin; Sir Charles Ogle; Sir John West; Sir Charles Eckins, Sir William Hall Gage; Sir *Graham Eden* Hamond; James Marquis of Thomand.

Admirale der **weissen** Flagge (of the Winte) —: Sir John Acworth **Ommaney**; Sir Edw. Durnford **King**; Sir Georg **Mundy**; James **Carthew**; Thomas of **Dundonald**.

Admirale der blauen Flagge (of the Blue) —: Sir Wm. **Parker**; Sir Howe **Bromley**; John **Dick**; Georg **Elliot**; Lord William **Fitzroy**; Sir Hugh **Pigot**.

Erster und Haupt-Adjutant I. M. der Königin —: Admiral Sir William **Parker**.

Zum **Flottendienst** für 1853 waren bestimmt:

178	Flaggen-Offiziere mit Gefolge: 2 Admirale, 3 Vice-Admirale, 5 Kontre-Admirale, 1 Kommodor 1. Klasse in Kommission, 4 Kommodore 2. Klasse, 11 Flaggen-Lieutenants, 15 Sekretäre, 137 Klerks und Gefolge.
32	Oberbeamte der Dok-Yards: 2 Kontre-Admiräle, 2 Kommodore, 3 Flaggen-Lieutenants, 2 Sekretäre, 23 vom Gefolge.
66	Schiffs-Kapitäns (12 Kapitäne 1. Klasse, 6 Kapitäne 2. Klasse, 18 Kapitäne 3. Klasse, 21 Kapitäne 4. Klasse, 1 Paket-Boots-Kapitän, 12 Wachtschiff-Kapitäne (4 Kapitäns haben Kommodors-Rang und sind dort gerechnet).
99	Kommanders,
431	Lieutenants,
160	Masters (Schiffer),
54	Chapläns.
1020	
25 541	Seeleute (See-Kadetten, Obersteuermänner etc. und Matrosen).
26.561	im Ganzen.
2000	Boys (extra).

In der „Navy List" werden als aktiv mit halbem Gehalte, und als vom Dienste zurükgetreten aufgeführt:

aktiv,	redired.	
1	—	Flotten-Admiral.
30	2	Admirale.
45	3	Vice-Admirale.
75	45	Kontre-Admirale.
519	194	Kapitäne.
825	434	Kommandeurs.
2235	448	Lieutenants.
231	2	Masters.
5	—	Mates.
47	—	Chapläne.
623	243	Wundärzte.
4636	1371	in Summa.

Marine-Truppen: (Korps der Royal-Marine*) im Solletat: 102 Kompagnien See-Soldaten à 105, dann 10 Kompagnien Artillerie à 172 M., zusammen 12,430, wozu noch 70 M. des Generalstabes kommen. Indessen zählte man Anfangs 1853 an See-Soldaten 332 Offiziere aller Grade und 9187 M., dann 1452 Marine-Artilleristen.

Flottenstand 1853:

Schiffe erster Gattung.

1. Ranges:	15 wovon 4 im Bau jedes zu	120	Kanonen
	3 „ 2 „ „ „ „	116	„
	6 .... „	104	„
2. „	4 .... „	92	„
	10 wovon 4 im Bau .... „	90	„
	11 .... „	84	„
	16 wovon 6 im Bau .... „	80	„
3. „	7 .... „	78	„
	17 .... „	72	„
4. „	2 .... „	70	„
	3 im Bau .... „	60	„
	32 wovon 5 im Bau .... „	50	„
5. „	13 .... „	44	„
	22 .... „	42	„
	6 .... „	40	„
	3 .... „	36	„
6. „	2 .... „	28	„
	14 .... „	26	„
	3 .... „	24	„

Schiffe zweiter Gattung.

	2 .... jedes „	22	„
	2 .... „	19	„
	9 .... „	18	„
	8 wovon 1 im Bau .... „	16	„
	10 .... „	14	„
	30 wovon 2 im Bau .... „	12	„
	18 .... „	8	„
	13 .... „	6	„
	9 .... „	3	„
	39 kleinere Schiffe.		

Zusammen 329 Schiffe mit.......... 13,391 Kanonen.

---

*) Organisazion derselben siehe Seite 241.

Dampfer (Steam vessels).

8 Linien-Dampfer, wovon 3 im Bau.
29 Fregatten, wovon 4 im Bau.
64 Sloops, wovon 4 im Bau.
49 Kanonen-Fahrzeuge (Gun vessels) und Tenders oder Lichter.
5 Zugschiffe (Tug vessels).
2 Yachten.
5 Post-Dampfboote (Packet boats) zu Dover.

Hierbei sind nicht mit inbegriffen: die Zollschiffe (receiving-ships), Küstenwächter und Verbrecherschiffe.

Indessen soll Grossbritannien nach einer genauen Berechnung in seinen auswärtigen und heimischen Stazionen im Dezember 1853 im Ganzen 217 Kriegsschiffe im aktiven Dienste gehabt haben, deren Gesammtbemannung, in Folge des grossen Matrosenmangels, der Auswanderungssucht und der zahlreichen im erwähnten Jahre vorgekommenen Deserzionen, 41,000 Seeleute betragen hatte.

II. Ostindische Armee. (The Indian-Army.)

A. Regierung.

In Bengalen: Oberster Rath und General-Gouverneur —: GL. Marq. of Dalhousie.

Ober-Befehlshaber aller Truppen —: GL. Sir William Gomm.; Sekretär für das Militär-Departement —: Oberst J. Stuart.

In Madras: Gouverneur Sir Henry Pottinger; Ober-Befehlshaber der Truppen —: GL. Sir Richard Armstrong; in Bombay —: Gouverneur Viscount Falkland; Ober-Befehlshaber der Truppen: — GL. Lord Fr. Fitzclarence.

Die ostindische Armee zerfällt nach den Haupt-Präsidentschaften des Landes in die 3 Armeen von Bengalen, Madras und Bombay.

Die 4. Präsidentschaft Allahabad oder Agra ist in militärischer Hinsicht Bengalen untergeordnet. Jede dieser Armeen steht unter dem Gouverneur der Präsidentschaft und einem eigenen kommandirenden Generalen. Der Gouverneur von Bengalen ist Gouverneur von ganz Ostindien. Der kommandirende General von Bengalen ist zugleich Kommandeur für alle 3 Armeen. Diese höchsten Stellen werden von dem Direktoren-Hof der Kompagnie (Court of Directors) besezt, und zwar der Kommandeur für Bengalen auf 5 Jahre.

Die Militär-Verwaltung der 3 Armeen findet in jeder Präsidentschaft durch ähnliche wie im Inlande für die Verwaltung bezeichnete Departements statt.

Die Lokal-Behörden zerfallen in Kommandos der Distrikte und in Truppen-Kommandos.

In Bengalen gibt es 11, in Madras 8, in Bombay 7 Distrikte unter Brigadiers 2. Klasse (Oberste oder Oberst-Lieutenants).

Die Truppen-Kommandos erstreken sich über Divisionen (General-Majors oder Brigade-Generäls).

Kontingente und Brigaden (Brigadiers 1. Klasse, jüngere Oberste).

Die Bengal-Armee besteht aus den Divisionen: Meerut, Dinapore, Sirhind, Peshawur, Cawnpore, Lahore und aus der Presidency-Division.

Die Madras-Armee aus den Divisionen von: Mysore, der Mittel, Nord und Süd.

Die Bombay-Armee aus der: Süd-, Poona-, Sind- und Nord-Division.

Endlich besteht gegenwärtig das aus Truppen (2 Divisionen oder 4 Brigaden, jede zu 2 Regimenter) der Bengal- und Madras-Armee zusammengesezte Burmah-Korps.

Die Stäbe der ostindischen Truppen haben die nämliche Organisazion wie im Inlande, nur sind fast durchgehens alle Stellen durch aktive Offiziere besezt.

B. Truppen.

1. Von Europa abkommandirte königliche; 2. von der Kompagnie angeworbene europäische; 3. eingeborne (Sepoys oder Seapoys); 4. Kontingente der unterworfenen eingebornen Fürsten.

I. Europäische königliche Truppen.

Von der k. Armee sind 25 Infanterie-Regimenter und 5 Kavallerie-Regimenter (31,101 M.) nach Ostindien abkommandirt.

Sie werden alle 20 Jahre gewechselt. Die Offiziere geniessen bedeutende Begünstigungen.

II. Europäische Truppen der ostindischen Kompagnie.

Infanterie: 6 Regimenter (4 Regimenter Füsiliers; 2 leichte Infanterie-Regimenter), zusammen 6102 Köpfe.

Artillerie. Die Stärke der Kompagnie Fuss-Artillerie 100; jene der reitenden 116 Köpfe.

Die Bengal-Armee zählt 6 Bataillone oder 24 Kompagnien Fuss-Artillerie, und 3 Brigaden oder 9 Troops reitende Artillerie, zusammen 3471 Köpfe.

Die Madras-Armee: 4 Bataillone oder 16 Kompagnien Fuss-Artillerie; 1 Brigade oder 4 Troops reitende Artillerie, zusammen 2079 Köpfe.

Die Bombay-Armee: 2 Bataillone oder 8 Kompagnien Fuss-Artillerie; 1 Brigade oder 4 Troops reitende Artillerie, zusammen 1273 Köpfe.

Die Stärke der Artillerie beträgt sonach mit Einschluss der Bataillons- oder Brigade-Stäbe (3 Offiziere) 6874 Köpfe.

Ingenieurs. In jeder Präsidentschaft ein Korps, aus Offizieren aller Chargen.

In Bengal 107; Madras 58; Bombay 53; zusammen 218 Köpfe.

Die Stärke der europäischen Truppen der Kompagnie ist also: 13,143 Köpfe.

Organisazion, Bewaffnung und Ausrüstung derselben mit jener der königlichen Truppen übereinstimmend.

Werbung in England (Warley in Essex).

Ergänzung der Offiziers-Stellen aus dem auf Kosten der ostindischen Kompagnie erhaltenen Militär-Seminar zu Addiscombe, und den Vorbereitungs-Anstalten zu Haylebury und Putney in England.

Das Avanzement ohne Kauf nach dem Rangsalter.

Pensionirung entweder aus dem Militärfond oder dem Clive-Fund (Vermächtniss des Lord Clive).

III. Eingeborne Truppen (Seapoys).

Zerfallen in reguläre und irreguläre.

Erstere sind wie die königlichen Truppen formirt.

Infanterie (Linien, leichte Infanterie-Regimenter, Schüzen (Rifle Corps).

Kavallerie (Uhlanen-Regimenter und leichte Dragoner).

Artillerie (Fuss- und reitende), Korps der Sappeurs und Mineurs.

Das Infanterie-Regiment hat im Frieden 6, im Kriege 10 Kompagnien; zu 118 Köpfe.

Das Kavallerie-Regiment 6 Troops; zu 87 Köpfe.

Das Bataillon der Fuss-Artillerie 6 Kompagnien; zu 100 Köpfe.

Der Troops reitende Artillerie 116 Mann.

Die Infanterie-Kompagnie hat 2 oder 3 englische, 2 eingeborne Offiziere.

Die Artillerie-Kompagnie hat 3 englische, 2 eingeborne Offiziere.

Die Sappeur-Kompagnie hat 1—2 englische, 2 eingeborne Offiziere.

Die Kavallerie-Kompagnie (Troop) 3 englische, 2 eingeborne Offiziere.

Die Artillerie-Kompagnie (Troop) 2 englische, 2 eingeborne Offiziere.

Stärke der eingebornen Truppen.

Die Bengal-Armee:	74	Infanterie-Regimenter	88,950	Köpfe	97,511 K.
	10	Kavallerie „	5200	„	
	3	Bat. Fuss-Artillerie	1809	„	
	4	Troops reitende. ...	464	„	
Sappeurs und Mineurs	8	Kompagnien...	1088	„	
Die Madras-Armee:	52	Infanterie-Reg.	61672	Köpfe	68,178 K.
	8	Kavallerie „	4160.	„	
	1	Bat. Fuss-Art. .	603	„	
	2	Troops Fuss-Art.	232	„	
Sappeurs und Mineurs	11	Kompagnien...	1511	„	
Die Bombay-Armee	29	Infanterie-Reg....	34394	Köpfe	37,160
	3	Kavallerie „	1560	„	
	2	Bat. Fuss-Art. ..	1206	„	

Zusammen 202,849 Köpfe.

Sohin die reguläre ostindische Armee mit den europäischen Truppen: 215,992 Köpfe.

IV. Irreguläre Truppen.

Bestehen theils aus Milizen, theils aus wirklichen Regimentern mit bestimmten Nummern aller Waffengattungen. Die Kavallerie ist bloss leichte, eigen uniformirt, und hat in der Fechtart und sonstigen Eigenthümlichkeiten viel Aehnliches mit den Tscherkessen. In Bengalen besteht ein Kameel-Korps. Die Artillerie nur reitend.

Die Lokal-Korps (Milizen) haben lokale Bezeichnungen, z. B. Shekhawatu-Brigade; Kolapore Lokal-Korps u. s. w. Die Stärke der irregulären Truppen beträgt: 33 Infanterie-Regimenter oder Bataillons, 30 Kavallerie-Regimenter, 2 reitende Batterien, 1 Sappeur- und Mineur-Korps; 1 Guiden-Korps; zusammen ungefähr: 48,500 Köpfe. Hiezu drei Polizei-Bataillons in Bengalen und Bombay mit 12,500 Köpfe.

Eintheilung der regulären Truppen.

In Bengalen: *a*) Artillerie: 3 reitende Brigaden, 9 Bataillons Fuss-Artillerie u. z. die erste reitende mit 3 europäischen und 2 eingebornen, die zweite und dritte jede mit 3 europäischen und 1 eingebornen Batterie; von der Fuss-

Artillerie sind 6 europäische Bataillons, jedes 4, und 3 eingeborne, jedes zu 6 Kompagnien.

Blaue Uniform, scharlachrothe Abzeichen. Hauptquartier in Dum-Dum, dem ostindischen Woolwich. Der Etat der Offiziere ist: 12 Obersten, 12 Oberstlts., 12 Majors, 60 Kapitäns, 120 Premier- und 60 Sekonde-Lieutenants. *b*) Ingenieur-Korps: Hauptquartier Fort William. Etat: 4 Obersten, 4 Oberstlts., 4 Majors, 20 Kapitäns, 40 Premier- und 20 Sekonde-Lieutenants. — Uniform: scharlachroth mit Abzeichen von blauem Sammt. *c*) Kavallerie: 1 Lanciers, 9 leichte Dragoner-Regimenter, jedes mit 1 Oberst, 1 Oberstlt., 1 Major, 6 Kapitäns, 8 Lieutenants, 4 Kornets. — Uniform: grau, Nr. 5 schwarze, die andern orange Abzeichen. *d*) Infanterie: 2 europäische Füsilier, 2 eingeborne Grenadier, 4 detto leichte, das Regiment Goorka, 8 Regimenter Freiwillige und 59 Infanterie-Regimenter; jedes europäische Regiment: 2 Obersten, 2 Oberstlts., 2 Majors, 12 Kapitäns, 20 Premier-, 10 Sekonde-Lieutenants; jedes eingeborne dagegen: 1 Oberst, 1 Oberstlt., 1 Major, 6 Kapitäns, 10 Lieutenants, 5 Fähnriche. — Uniform: scharlachroth mit verschiedenfärbigen Abzeichen.

In Madras: *a*) Artillerie: 1 Brigade reitende zu 4 europäischen und 2 eingebornen Batterien, 4 Bataillone europäische Fuss-, jede 4, und 1 Bataillon eingeborne Fuss-Artillerie zu 6 Kompagnien mit 7 Obersten, 7 Oberstlts., 7 Majors, 35 Kapitäns, 70 Premier- und 35 Sekonde-Lieutenants. Hauptquartier: St. Thomas Mount. — Uniform: wie oben. *b*) Ingenieur-Korps: Hauptquartier Fort St. George mit 8 Distrikten und 2 Obersten, 2 Oberstlts., 2 Majors, 10 Kapitäns, 20 Premier- und 10 Sekonde-Lieutenants. — Uniform: blau mit Abzeichen von purpurrothem Sammt. *c*) Kavallerie: 8 leichte Regimenter, jedes mit 1 Oberst, 1 Oberstl., 1 Major, 6 Kapitäns, 8 Lieutenants und 4 Kornets. Uniform: grau mit röthlich gelben Abzeichen. *d*) Infanterie: 1 europäisches Füsilier- und 1 leichtes Regiment; jedes mit 1 Oberst, 2 Oberstlts., 2 Majors, 12 Kapitäns, 20 Lieutenants, und einer unbestimmten Anzahl Fähnriche, dann 52 eingeborne Regimenter (8 Rifle-Korps, 1 Grenadier, 4 leichte und 39 Füsilier), jedes mit 1 Oberst, 1 Oberstlt., 1 Major, 6 Kapitäns, 10 Lieutenants, 5 Fähnriche. Uniform: scharlachroth mit verschiedenfärbigen Abzeichen.

In Bombay: *a*) Artillerie: 1 reitende Brigade mit 4 europäischen Batterien, 2 Bataillone europäische Fuss-Artillerie zu 4, zwei detto eingeborne zu 6 Kompagnien, mit einem Etat von 5 Obersten, 5 Oberstlts., 5 Majors, 25 Kapitäns, 50 Premier- und 25 Sekonde-Lieutenants. Uniform:

wie oben. *b.* **Ingenieur-Korps** zu Bombay, mit 2 Obersten, 2 Oberstlts., 2 Majors, 10 Kapitäns, 20 Lieutenants und 10 Sekonde-Lieutenants. Uniform: wie bei Bengalen. *c)* **Kavallerie**: 3 Lancier-Regimenter, jedes mit 1 Oberst, 1 Oberstlt., 1 Major, 6 Kapitäns, 8 Lieutenants und 4 Kornets. Uniform: grau mit weissen Abzeichen. *d)* **Infanterie**: 1 europäisches Regiment Füsiliere und 1 detto leichtes Regiment, jedes mit 1 Oberst, 2 Oberstlts., 2 Majors, 12 Kapitäns, 20 Premier- und 10 Sekonde-Lieutenants, dann 29 eingeborne Regimenter (2 Grenadier-, 1 Rifle-Korps und 26 Füsiliers); jedes Regiment zählt 1 Oberst, 1 Oberstlt., 1 Major, 6 Kapitäns, 10 Lieutenants und 5 Fähnriche. Uniform: scharlachroth mit verschiedenfärbigen Aufschlägen, nur das 4. Regiment (Rifle-Korps) jägergrüne Uniform mit rothen Abzeichen.

Bewaffnung und Ausrüstung.

Die regulären eingebornen Truppen mit den königlichen Truppen übereinstimmend.

Die irregulären Truppen mit Berücksichtigung des Klimas, der Landestracht und anderer örtlicher Verhältnisse.

Die Fuss-Batterien theils mit Pferden, theils mit Ochsen, eine mit Kameelen bespannt. Elephanten als Tragthiere für Munizion und Belagerungstrain.

Kontingents-Truppen.

Durch besondere, mit den unterworfenen Fürsten abgeschlossene Verträge bestimmt, betragen diese etwa 40,000 M., können aber auf das Dreifache gebracht werden. Sie werden theilweise durch englische Offiziere kommandirt, sind brauchbar, aber in politischer Beziehung unverlässlich.

C. Marine.

Ober-Befehlshaber der indischen Marine —: Kommodore Sir Henry John **Leeke**. Etat der Offiziere —: 8 Kapitäns, 16 Kommandeurs, 68 Lieutenants, 13 Mates, 73 Midshipmen, 14 Zahlmeister (Pursers) und 12 Kapitäns-Clerks.

Flottenstand: 2 Sloopps à 16, 1 grösseres Schiff mit 20, 4 Briggs zu 10, 5, 4 und 2; 2 Schooner zu 3, 2 Kutter zu 2, zwei kleinere Schiffe zu 4, ferner 23 Dampfschiffe mit 90 Kanonen und 1 Kohlenschiff zu Aden.

Ausserdem besteht für die Präsidentschaft Bengalen ein besonderes **Piloten-Korps**, zu den 12 Piloten, 30 Masters, 30 Mates, 24 Sekonde-Mates und 54 Freiwillige (Volunteers) gehören.

Demselben sind zugewiesen: 3 Dampfschiffe und 14 eiserne Schiffe mit 11 Geschüzen. Weiters stehen unter der Aufsicht des Korps 16 Piloten-Fahrzeuge.

Die Royal marines wurden mit Büchsen nach Minié versehen, und erhielten die eingeschifften Detachements auf Schiffen 1. und 2. Klasse 25, dritter Klasse 20, vierter Klasse 17, fünfter Klasse 15, sechster Klasse 10, auf Sloops, auf allen übrigen Schiffen 3 solcher Büchsen beigegeben.

In Ostindien ist dem bei Truppenmärschen bestandenen Uebel, die Verpflegung der Soldaten durch Requisizionen und häufig erzwungener Aneignung begegnet. Durch das weite Reich führen jezt Etappen-Strassen, an den Etappenorten hat die Regierung mit Lieferanten Kontrakte geschlossen, wornach in Zukunft die marschirenden Truppen mit Verpflegung für Mann und Pferd versehen werden können, ohne das Land wie bis nun auszusaugen. Strenge Strafen verhindern überdies das eingewurzelte Erpressen durch die zahllosen Nicht-Kombattanten und Campfollowers, die mit dem Heere in Ostindien wurzeln.

Mit Befehl der Königin vom 5. Oktober 1852 sollen das Westminster-Regiment der Midlesex-Miliz und die West-Midlesexmiliz als leichte Infanterie-Regimenter formirt werden.

Die Vermehrung des Korps der Royal Marines 1500 M. hat durch Befehl vom 14. Januar 1853 stattgefunden; hiernach zählt in Zukunft jede der 102 Kompagnien: 1 Kapitän, 2 Subaltern-Offiziere, 5 Sergeanten, 5 Korporale, 3 Tamboure und 89 Gemeine, in Summa 105 Köpfe; jede der 10 Artillerie-Kompagnien hat ferner einen Etat von: 1 Kapitän, 4 Subaltern-Offizieren, 8 Sergeanten, 7 Korporalen, 4 Bombardieren, 3 Tambouren und 145 Gemeinen, in Summa von 172 Köpfen. Das ganze Korps besteht demnach aus: 102 Divisions-Kompagnien mit 10,710 Köpfen, 10 Artillerie-Kompagnien mit 1720 Köpfen und dem Stabe mit 70 Köpfen, in Summa 12,500 Köpfen.

In Folge der Augmentazion der Artillerie fand am 1. Jänner 1853 ein bedeutendes Avancement in den unteren Chargen dieser Waffe statt, indem der Etat jeder der 8 Kompagnien der 12 Bataillone um 1 Sergeanten und 1 Bombardier erhöht wurde: hiernach erhielten 96 Korporale den Sergeanten-Rang, 96 Bombardiere wurden Unter-Offiziere, 192

16

Vize-Bombardiere wurden wirkliche Bombardiere und 192 Kanoniere wurden Vize-Bombardiere. Die Vermehrung der reitenden Artillerie geschieht durch Hinzufügung von 2 Unter-Offizieren, 16 Kanonieren, 4 Fahrern und 26 Pferden zu jeder der bestehenden 7 Batterien, wodurch dieselben in den Stand gesezt werden, in Zukunft 6 Geschüze statt der bisherigen 4 zu bespannen und zu besezen.

Vom Ober-Befehlshaber des Heeres war eine Kommission, aus mehreren Offizieren und zwei Thierärzten bestehend, ernannt worden, um eine Instrukzion über den Hufbeschlag bei den Kavallerie-Regimentern zu entwerfen. Nachdem diese Kommission ihre Arbeiten beendigt, ist die gedachte Instrukzion unterm 4. Februar 1853 von den Horse Guards veröffentlicht worden. Hiernach soll 1) das Hufeisen abgeschrägt sein, um einen Zwischenraum zu lassen und die Sohle nicht zu drüken; 2) es soll nicht ausgehöhlt sein, aber versenkte Nagellöcher haben; 3) geschärfte Stollen sind nur an der äusseren Seite der Hintereisen anzuwenden; 4) das Gewicht des Eisens muss nach der Gestalt und Grösse des Hufes zwischen 12 und 15 Unzen betragen; 5) als Regel ist anzunehmen, dass die Vordereisen mindestens mit sechs und die Hintereisen mindestens mit sieben Nägeln befestiget sein müssen, ebenso ist darauf zu halten, dass jedes Eisen auf jeder Seite mindestens mit drei Nägeln genagelt wird; 6) bei der Vorbereitung des Hufes zum Beschlage muss möglichst wenig ausgewirkt und dürfen nur die herausgewachsenen Theile der Sohle fortgeschafft werden. Bei Mittheilung dieser Instrukzion spricht General Hardinge aus, dass die verschiedenen Formen der Pferdehufe Abweichungen von den Festsezungen bedingen werden; dennoch soll möglichst an ihnen festgehalten werden, gleichzeitig wird nach drei Monaten ein Bericht über die Vor- und Nachtheile und die etwaigen Bedenken eingefordert.

Das Kriegsministerium hat im Jänner 1853 angeordnet, dass verdiente Unter-Offiziere Offiziersstellen erhalten sollen, und gibt der Staat den Infanterie-Offizieren dieser Gattung 100, den Kavallerie-Offizieren 150 Pf. zu ihrer Equipirung. Zugleich sollen Gemeine und Unter-Offiziere für geleistete gute Dienste eine Jahreszulage von 5, 10 und 15 Pf. erhalten.

Unterm 5. März 1853 wurde vom Ober-Befehlshaber des Heeres angeordnet, dass Kriegsgerichte, die einen Deserteur zum zweiten Male wegen Deserzion zu verurtheilen haben, in dem Falle, wenn derselbe bereits kenntlich mit einem D bezeichnet ist, das Einbrennen dieses Buchstabens nicht zum zweiten Male aussprechen sollen.

Für die Kompagnien der Artillerie wurde ein ähnlicher Turnus für den Kolonialdienst eingeführt, wie es schon seit längerer Zeit für die Infanterie besteht. Die Artillerie-Kompagnien werden zunächst nach Gibraltar oder einer Stazion im mittelländischen Meere auf zwei Jahre gehen, sich dann nach Westindien einschiffen, dort zwei Jahre bleiben, und sofort nach den Besizungen in Nordamerika ebenfalls auf die Dauer von zwei Jahren eingeschifft werden, von wo sie nach Grossbritannien zurükkehren.

Um die Nachtheile zu beseitigen, die dem bisherigen Modus der Anwerbung der Matrosen auf kurze Perioden anheften und dieselben zu veranlassen, sich auf längere Dienstzeit für die königliche Marine zu verpflichten, ist Seitens der Lords der Admiralität unterm 30. Mai 1853 Folgendes bestimmt worden:

Schiffsjungen, die sich zu permanentem Dienste verpflichten, wenn sie ihre Lehrzeit überstanden haben, erhalten zu dem gegenwärtigen Solde der Marine nachstehende Zulagen: als Matrose zweiter Klasse monatlich 2 Schillinge 7 Pence, als Matrose erster Klasse monatlich 5 Schillinge 2 Pence und als Petty officer monatlich 7 Schillinge 9 Pence. Sie sind ausserdem zum Pensionsempfange nach kürzerer Dienstzeit berechtigt, als gegenwärtig festgesezt ist.

Matrosen erhalten die erwähnten Zulagen unter folgenden Bedingungen:

1. wenn sie sich zu einer zehnjährigen ununterbrochenen Dienstzeit verpflichten; — 2. wenn sie zuerst in die Marine für die Zeit eintreten, während welcher sich das Schiff in Kommission befindet, vor Ablösung der Mannschaft sich aber zu einer solchen Dienstzeit verpflichten, dass sie im Ganzen 10 Jahre dienen; sie erhalten die erwähnten Zulagen in diesem Falle erst von dem Momente ihrer Verpflichtung ab; — 3. wenn sie bereits in der Marine gedient haben oder jezt in ihr dienen und sich zu einer ferneren Dienstzeit von noch mindestens 7 Jahren verpflichten; — 4. wenn sie bereits 10 Jahre gedient haben und sich zu noch fernerer Dienstzeit verpflichten, um eine Gesammtdienstzeit von 20 Jahren zu erreichen, vorausgesezt, dass die noch zu leistende Zeit mindestens 5 Jahre beträgt.

Mannschaften, die ihre Verpflichtung unter einer der vorstehenden Bedingungen erfüllt haben und später wieder eintreten, beziehen dann ebenfalls die genannten Zulagen. Pensionen nach 20jähriger Dienstzeit, vom 18. Lebensjahre an gerechnet, werden nur denen ertheilt, die unter den obigen Bedingungen gedient haben. Dennoch kann jeder, der bereits 15 Jahre, vom 20. Lebensjahre an gerechnet, in der Marine gedient hat, die höberen Bezüge empfangen, wenn er sich zu noch mindestens 5 Jahren Dienstzeit verpflichtet; pensionsberechtigt wird er aber erst nach zurükgelegtem 21. Dienstjahre wie bisher. Die Pensionsbeträge, die nach 20 Dienstjahren, vom 18. Lebensjahre an gerechnet, bewilligt werden, sind dieselben, wie diejenigen, die jezt nach 21 Dienstjahren, vom 20. Lebensjahre an gerechnet, ertheilt wurden; um aber die Seeleute zum Empfange der höheren Beträge, die gegenwärtig für die Dienstzeit als Petty officers bestehen, zu berechtigen, ist es erforderlich, dass sie eine Periode von 10 Jahren ununterbrochen gedient haben oder vor Ablauf dieser Zeit durch Wunden oder Gebrechen, die sie im Dienst erhalten, invalide geworden sind.

Bei Ausführung dieses neuen Systems soll alle Leichtigkeit gewährt werden, um von einem Schiffe zum andern überzutreten, so weit diess irgend der Dienst gestattet. Die Genehmigung der befehlführenden Kapitäne bleibt hierbei Erforderniss, eben so wie eine gute Konduite des Betreffenden.

Um die Matrosen zu weiterer Ausbildung anzuregen, wird eine neue Klasse derselben unter dem Namen: Ober-Matrosen (leading-seamen) gebildet, die eine tägliche Zulage von 2 Pence erhalten. Von diesen Ober-Matrosen werden spezielle Kenntnisse gefordert; bei ihrer Ernennung wird aber nicht verlangt, dass sie bereits eine bestimmte Dienstzeit zurükgelegt haben.

Kirchenstaat.

Se. Heiligkeit Papst Pius IX. (geboren 1792).

Kriegsministerium.

Provisorischer Minister des Krieges und Ministerrath —: General Philipp Farina.

Das Kriegsministerium (Consiglio delle armi), die oberste Behörde des Heeres, zerfällt in das Departement fürs Militärische, Oekonomische, Juridische und in jenes für das Rechnungswesen. Dasselbe zählt 93 Individuen von verschiedenen Graden.

Dem Kriegsministerium unterstehen: *a*) Der aktive Generalstab, welcher 1 Brigade-General als Kommandanten (den Kriegsminister), 3 Obersten als Inspekteurs und 1 Kapitän als Adjutant zählt. *b*) Die disponiblen Generale und zwar —: GL. Prinz Gabrieli, Prinz Orsini, Graf Bentivoglio. *c*) Die Militärintendanz. *d*) Das Kriegsauditoriat (15 Köpfe). *e*) Der Generalstab der Pläze (41 Köpfe).

Kommandirender Kapitän der Nobelgarde —: unbesezt. Kapitän —: Fürst Altieri; zweiter Kapitän —: Don Pio Braschi Onosti, Duca di Nemi.

Grosskaplan der Truppen —: Bischof Vinzenz Tizzani.

Revisionsgericht, als oberste Justizbehörde vom Kriegsministerium unabhängig.

Armee.

Kommandant: Der Kriegsminister mit dem aktiven Generalstabe.

2 Schweizer-Regimenter à 2 Bataillons, à 8 Kompagnien, hievon 1 Grenadier- und 1 Voltigeur- mit dem Depot in Macerata, jede Kompagnie 3 Offiziere, 21 Unteroffiziere, 150 Gemeine, 1 Soldatenkind; der Bataillons-Stab: 2 Stabs-, 4 Ober-Offiziere und 10 M.; der Regiments-Stab: 1 Kommandanten, 1 Stabs- und 8 Ober-Offiziere, dann 35 M., zusammen 5724 M. reglement., 1550 effektiv.

2 Linien-Regimenter in derselben Formazion mit dem Depot zu Veletri	5724	3464
1 Jäger-Bataillon zu 6 Kompagnien in der Stärke der Infanterie, mit dem Depot gleichfalls in Veletri	1010	715
1 Dragoner-Regiment zu 4 Schwadrons oder 8 Kompagnien	776	710
1 Artillerie-Regiment zu 8 Kompagnien Kanoniere, 1 Kompagnie-Train, dann die Bespannung der ersten und zweiten aktiven Feld-Batterie, davon jede aus 2 Haubizen und 6 Neunpfünder mit 1 Schmiede besteht,	1044	861
Genietruppen	41	30
Weiters bestehen:		
2 Bataillons Veteranen oder 8 Kompagnien	1651	1312
Die Landes-Gendarmerie .... (eingetheilt in das Regiment Carabinieri und Bersaglieri, erstere zur Sicherheit in der	5038	3909

	M.	reglement.	effektiv.
Hauptstadt und auf dem platten Land, leztere in der Maritima und den Marken).			
6 Kompagnien Doganali (Zollsoldaten).....		1200	1200

Sohin ist die reglementarische Stärke der päpstlichen Truppen 22.208, die wirkliche aber nur 13.751 Mann.

Die Besazungsorte sind die befestigten Pläze: Rom, mit der Engelsburg (zur Zeit durch die Franzosen), Bologna, Ankona und Ferrara (durch die Oesterreicher) besezt, Comachio, Civitavecchia, Perugia, Fermo, Rioti, Civita-Castellana, Ascoli, Rimini und Faenza, auch diese haben zum Theil Besazungstruppen beider Mächte.

Eine Straf-Kompagnie auf 30 Mann festgesezt, zählt 23, und eine Invaliden-Abtheilung auf 21 Mann sistemisiret, 191 Köpfe.

Endlich bestehen noch die Garden, und zwar die Garde du Korps (Nobelgarde), 70 Köpfe, und die Schweizergarde 110 Mann, leztere unter Kommando des Obersten Meyer von Schauensee.

Das Heer hat seit dem Jahre 1849 eine totale Umgestaltung erfahren; das Organisazions-Statut des ehemaligen Kriegsministers General Kalbermatten, dem es nach grossen Anstrengungen gelang, die beiden Schweizer-Regimenter wieder ins Leben zu rufen, wurde beseitiget, und als Grundlage das vom französischen General Levaillant entworfene „Regolamento organico per la Truppa Pontificia," welches im Juni 1852 die Sankzion des heiligen Vaters erhielt, angenommen. Dieses Reglement ist dem französischen nachgebildet, und selbst die bestandene Uniform, welche früher der österrechischen glich, hat zur Zeit der französischen weichen müssen, so wie denn überhaupt die Franzosen auf das päpstliche Heerwesen massgebend einwirken.

Wie ehedem ist die Eintheilung des Heeres nicht nach Brigaden, sondern nach den Territorial-Verhältnissen in 3 Divisionen zu Rom, Ankona und Bologna. Die 1. Division befehliget Oberst Franz v. Elgger; die 2. ad int. Oberst Peter Hieronimus Lanci und die 3. Oberst Vinzenz de Gregoris. Jedem Divisions-Kommandanten ist ein Inspektor für die Oekonomie und ein Kriegsgericht erster Instanz beigegeben.

An den blauen Uniformen der Truppen prangen seit dem 26. Mai 1853 die im Jahre 1849 verlornen Epauletten wieder, welche als Gradabzeichen dienen. Der Brigadegeneral hat 2 Epauletts, jedes mit 2 Sternen, der Oberst *2 volle Epauletts* mit 1 Stern, der Oberst-Lieutenant 1 Epaulett auf der linken, der Major auf der rechten Schulter, der Kapitän 2 Epauletten mit dünnen Fransen, der Lieutenant 1 dergleichen auf der linken, und der Unter-Lieutenant auf der rechten Schulter; sämmtliche Epauletts haben Schuppen von Metall. Auf den Patrontaschen ist das Wort: Pax (Friede) angebracht.

Die Ergänzung der Truppen erfolgt durch freiwilligen Eintritt, gegen Handgeld auf 3 bis 6 Jahre, und wenn dies unzureichend, durch Stellung durch die Lokal-Behörden.

Nachdem der Plan, das Heer bei seiner Neubildung aus allen katholischen Nationen zu rekrutiren, sich als unausführbar dargestellt, ist man im März 1853 in Allem zu dem im vorigen Pontifikat befolgten Sisteme zurükgekehrt.

Die im Jahre 1852 erschienene Vorschrift für die Organisazion der Miliz wurde im März 1853 durch ein neues Gesez von 154 Artikeln in Bezug auf die anzuwerbenden Ausländer ergänzt. Darin wird unter andern bestimmt, dass sich Se. Heiligkeit die Ernennung der Kommandanten, Offiziere und Kapläne in den Fremden-Regimentern vorbehält. Der 18. Artikel schreibt ausdrüklich vor, dass die Rekruten der katholischen Religion angehören müssen. Die Verpflichtung zum Dienste wird auf vier Jahre eingegangen; jeder Rekrut erhält ein Handgeld von 30 Skudi (45 Thlr.) und der Werber für jeden Geworbenen 10 Skudi Belohnung. Die Handhabung der Disziplin bei den Fremden-Regimentern ist dieselbe wie bei den eingebornen Truppen: für beide gilt ein und dasselbe Strafgesezbuch. Doch ist jenen verstattet, die Militärjustiz selber und durchaus unabhängig von Einflüssen des römischen Kriegsministers zu vollziehen. Eine gleichzeitige allerhöchste Entschliessung bestimmt auch, dass die Pensionirung der Militärs der Fremden-Regimenter, welche Se. Heiligkeit früher von den persönlichen Verdiensten jedes Individuums abhängig gemacht hatte, nun nach denselben Grundsäzen erfolgen soll, wie die der Eingebornen.

Marine.

Die Wachtgoelette San Pedro und die Feluke San Pio mit 1 Kapitän, 3 Offizieren und 59 Mann; die Schiffe stationiren im Hafen von Civitavecchia. In der Folge wird keine Marine unterhalten.

Da Se. Heiligkeit in der inneren Einrichtung der Kasernen Manches auszusezen, und namentlich das Marketenderwesen sehr mangelhaft fanden, so wurde im

Juni 1853 verordnet, dass den Militärwirthen, um die Kasernen künftig besser zu versorgen, der Miethzins unter der Bedingung erlassen werde, den Soldaten die möglichst besten Getränke und Speisen für die niedrigsten Preise zu verabreichen, wobei das Civil von den Militärschänken streng ausgeschlossen wird.

Um in dem neugebildeten Heere die Zucht und Religion zu heben, erliess der rosskaplan der Truppen im September 1853 folgende Anordnung: Jeder Kaplan solle sonntäglich nach der Messe seiner Abtheilung, sei's bei den Linientruppen oder Karabinieri, Invaliden oder Finanz-Soldaten, mindestens eine halbe Stunde lang das Evangelium erklären, den Monat Oktober ausgenommen; kein Kaplan darf sich ohne besondere Erlaubniss des Bischofs vertreten lassen; die Kapläne haben die Soldatenkinder sonntäglich zu katechisiren, jeden Abend mit den Soldaten vor dem Schlafengehen zu beten, jeden Donnerstag soll Katechismuslehre für alle Soldaten sein, die kranken und gefangenen Militärs sind von jedem Kaplan wöchentlich einmal zu besuchen, keine Kaserne darf ohne ein Bildniss der heiligen Jungfrau sein, deren Beistand des Morgens von den Soldaten öffentlich anzurufen ist. Jeder Kaplan hat dem Bischof monatlich über seine Wirksamkeit einen genauen Bericht abzustatten.

Bei dem fühlbaren Mangel an tüchtigen Offizieren wurde zur Beseitigung dieses Uebelstandes unterm 24. Oktober 1853 vom Kriegsminister verordnet, dass künftig die erledigten Offiziersstellen nicht allein durch Kadetten und in Betreff der Anciennetät dazu berechtigte Unter-Offiziere, sondern auch durch Sergeanten, Fouriere und Soldaten noch niedrigerer Rangstufen, falls sie nur die erforderliche anständige Bildung haben, ohne Berücksichtigung ihrer Dienstzeit, besezt werden sollen.

Modena.

Se. k. Hoheit Herzog Franz V., Erzherzog von Oesterreich-Este, k. k. FML. (geb. 1819).

General-Adjutant —: Oberst Graf Luigi Forni.

Flügel-Adjutant —: Major Marchese Francesco Paolucci.

Ober-Militär- und General-Kommandant der Truppen —: GM. Agostino Ritter Saccozi; Adjutant —: *Kapitän* Karlo Bononcini.

Chef des Generalstabes —: Oberst Sigismund Ferrari.

Kommandant der Feld- und Garnisons-Artillerie dann der Gewehrfabrik —: Oberst Graf Joh. Querra. Etat der Artillerie —: 2 Kompagnien à 190 M., eine Batterie zu 8 Geschütze vierspännig, nach Art der österreichischen Kavallerie-Batterie.

Genie-Korps-Kommandant: Oberstlt. Anton Araldi (keine Truppe).

Pionier-Korps-Kommandant: Oberstlt. Armadio Cavedoni: 2 Kompagnien in Modena à 190 M.

Dragoner- und Gendarmerie-Kommandant: Major Severus, 4 Kompagnien theils zu Pferd, theils zu Fuss. Jede Kompagnie 190 Mann in den verschiedenen Stazionen detachirt.

Linien-Truppe: Proprietär. Se. königliche Hoheit.

Kommandant des Regiments: Oberst Ignaz Forghiéri; — besteht aus 2 Bataillon Füsiliere und 1 Bataillon Jäger. Im Ganzen 12 Kompagnien; jede 190 M. stark.

Kommandant des 1. Bataillons: Major Vincenz Pifferi; des 2. Bataillons: Major Gaetano Melotti; des 3. Jäger-Bataillons: Oberstlt. Josef Cassoni.

Auch besteht eine herzogliche Nobel-Garde aus 20 Stabs- und Ober-Offiziers, ganz wie die Generäle adjustirt.

Die Gesammtstärke der Truppen ist 3800 Mann. Mit den bestehenden 3 Miliz-Regimentern kann die bewaffnete Macht auf 14,500 Köpfe gebracht werden.

A. Eintheilung und Dislokazion.

Vom 1. Bataillon 2 Kompagnien in Reggio, 2 in Massa. 2. und 3. Bataillon in Modena.

Die bespannte Batterie in Modena, Festungs- oder Garnisons-Artillerie in Brescello; Pioniere und 1 Kompagnie-Dragoner in Modena.

B. Bewaffnung.

Füsiliere: Perkussions-Gewehre mit gewöhnlichen Bajonnet.

Jäger: Perkussions-Gewehre mit Haubajonnet in eisernen Scheiden. Gewehr nach franzöischen Muster, ähnlich den österreichischen Jäger-Kammerbüchsen, schiessen jedoch bis auf 1200 Schritte; Ladstok versorgt am Gewehr.

Dragoner zu Pferd: Karabiner mit glatten Lauf, 2 gezogene Pistolen; Pallasch in eisernen Scheiden.

Dragoner zu Fuss: deutschen Infanterie-Säbel, Karabiner mit Bajonnet.

Artillerie: Husaren-Säbel an weisser Hängekuppel mit Schloss, über den Rok.

Pionier: Karabiner und technische Säbel.

B. Ausrüstung.

Infanterie: Czako nach Art der österreichischen mit weiss und blauer Kokarde, blauer Rose. Ein Bataillon mit lederne, eines mit messingene (Schuppen) Sturmbänder; — weisses Riemenzeug.

Jäger: Hüte à la Corse, schwarze Federbüsche, schwarzes Riemenzeug.

Dragoner: Helme mit Messing montirt, weisses Riemenzeug.

Artillerie: Hüte à la Corse, Federbusch von herabhängenden Federn, weisses Riemenzeug.

Pionier: Czako (schwarz), grüne Federbüsche, schwarzes Riemenzeug.

C. Uniformirung.

Grundfarbe dunkelblau.

General: Waffenrok dunkelblau, Aufschlag hochroth, Pantalon dunkelblau, mit hochrothen Lampassen, dreiekiger Hut mit Goldborden, grüner Federbusch, goldene Epauletts.

Stabs-Offiziere der Füsiliere: Waffenrok blau, hechtgraue Pantalon mit weissem Passe-poil, Hut goldbordirt mit blauem Federbusch.

Stabs-Offizier der Jäger: Waffenrok und Pantalon hechtgrau, grasgrüne Aufschläge, Lampassen, goldbordirten Hut, schwarzen Federbusch.

Stabs-Offiziere der Dragoner: Waffenrok und Pantalon dunkelblau mit kaisergelben Aufschlägen und Lampassen, weisse Goldborden, Helm mit einem silbernen Adler.

Stabs-Offiziere der Artillerie: Waffenrok und Pantalon dunkelblau, hochrothe Aufschläge und Lampassen, Hut mit Goldborden, schwarzen Federbusch.

Stabs-Offiziere der Pioniere: Waffenrok dunkelblau, hechtgraue Pantalon, kirschrothe Aufschläge, Passepoil, Hut, Goldborden, schwarzen Federbusch.

D. Dienstpflicht.

6 Jahre; mit dem 21. Jahr beginnt die Abstellung.

Mit Dekret vom 16. Mai 1852 hat Se. k. Hoheit für Offiziere ein Dienstkreuz gestiftet; das Dekret lautet:

„Indem Wir wollen, dass unsere Offiziere gleichfalls für treue und ununterbrochene, unserm Hause geleistete Dienste eine Auszeichnung des Dienstalters erhalten, so wie sie bereits Unsere Unter-Offiziere und Soldaten in zweiter oder erster Klasse, je nach 12- oder 18jähriger ununterbrochener Dienstleistung besizen, so beschliessen Wir:

1. Die Offiziere aller unserer Truppen, welche mit Inbegriff der von Uns als solche anerkannte Feldzüge bereits das 25. Jahr eines dem Hause Este ununterbrochen geleisteten Dienstes erreicht haben, und so jene, welche nach und nach dahin gelangen, werden als Auszeichnung ihres Dienstalters ein silbernes, mit Gold eingefasstes und mit goldenem Oehr versehenes Kreuz erhalten, welches von einem himmelblauen und weissen Bande an der linken Seite der Brust zu tragen ist. In der Mitte des besagten Kreuzes wird sich in einem kreisrunden Schildchen von himmelblauem Email der von der königlichen Krone bedekte estensische Adler in Silber befinden; auf der Kehrseite werden auf einem goldenen Schilde die 25 Dienstjahre in silbernen, erhabenen Buchstaben bezeichnet sein. 2. Ferner werden jene Offiziere, welche das 50. Jahr des besagten Dienstes erreichen, das Dienstzeichen für 25 Jahre gegen ein weisses Emailkreuz verwechseln, welches mit Gold eingefasst und mit einem goldenen Oehr versehen ist; das Schildchen von himmelblauem Email und der silberne Adler bleiben so wie in dem Kreuze für 25 Jahre. Auf der Kehrseite wird dagegen an die Stelle der Zahl 25 die Zahl 50 gesezt."

Niederlande.

Se. Majestät König Wilhelm III. (geb. 1817), Chef und Armee-Ober-Kommandant.

Adjutantur.

GL. Jonkheer R. A. Klerck, Chef des Militärhauses des Königs. Flügel-Adjutanten—: GM. H. v. Haze Bommet; Oberstlt. Frhr. de Constant-Rebecque; Major Graf v. Lynden, Stallmeister; Rittmeister v. Capellen; Major v. Hemskerk und Kock; Kapitän Schönstedt und Marine-Lieutenant v. Casembrot. 7 Ordonnanz-Offiziere.

Kriegs-Ministerium.

Kriegsminister—: GM. Baron Forstner v. Dambenoy. — General-Sekretär: — Ritter v. Rappard. — Departement für das Personelle—: Chef Oberstlt. J. W. Walther.

für die Artillerie —: Oberst A. W. de Bruye; für Genie —: Major F. v. Heurn; für die Militär-Administrazion —: Ober-Intendant H. Hardenberg.

Inspektor der Infanterie —: GM. A. J. Verhorst.

Inspektor der Kavallerie —: GL. Graf du Monceau.

Inspektor der Artillerie —: GL. M. H. Steenberghe.

Chef des General-Stabes —: GL. Baron Nepveu.

Gouverneur der k. Akademie zu Breda —: GM. Ritter v. Rappard.

Generalstabs-Arzt der Armee —: Dr. J. Snabilié.

Militär-Kommandanten in den Provinzen: In Süd- und Nord-Holland —: GM. J. Storm de Grave; in Friesland, Gröningen und Drenthe —: GM. F. K. Duycker; in Geldern, Oberyssel und Utrecht —: GM. L. J. de Petit; in Brabant —: GM. P. v. Poolsum Booij; in Limburg —: GM. J. A. Hubar; in Seeland —: Oberst G. Menningh, vom 7. Infanterie-Regimente.

Generalität.

FM. Se. k. Hoheit Prinz Friedrich; G. d. I. Baron Fagel; GL. —: S. R. v. Hoff; F. Knozer; Baron Nepveu, Graf du Monceau, H. Steenberghe; 13 GM.

Militär-Gerichtshof —: Präsident P. Ras; Beisizer —: GM. v. Teylingen, v. Hilvarenbeek, J. W. Grunebosh; GL. Knozer mit 4 weitern Beisizern.

Die Armee.

A. Etat.

Generalstab, Plaz- und Lokalstab und Militär-Verwaltung: 1 General, 21 Stabs- und 148 Ober-Offiziere	170 Off.	
1 Regiment Grenadier und Jäger, jedes 2 Bataillon	80 „	3551 M.
8 Linien-Regimenter zu 4 Bataillone, jedes zu 5 Kompagnien nebst einem Dépôt, jedes Regiment 90 Offiziere, 4835 M.	720 „	38680 „
1 Instrukzions- (Lehr-) Bataillon zu 4 Kompagnien	19 „	391 „
Das Disziplinar-Dépôt in 2 Kompagnien	11 „	55 „

Der Stab der Infanterie: 6 Generale und 24 Offiziere .... 30 Off. — M.

Kavallerie: 4 Dragoner-Regimenter, jedes zu 5 Schwadronen, in der Stärke von 36 Offizieren und 907 M. .... 144 „ 3628 „

2 Schwadronen limburgische Jäger ... 16 „ 609 „

2 Kompagnien Marechaussee (Sicherheitswache).

Der Stab der Kavallerie: 1 General und 5 Offiziere .... 6 „ — „

Das Genie-Korps besteht aus dem Stab und 1 Bataillon (3 Kompagnien) Sappeure und Mineure .... 99 „ 649 „

Das Königreich ist in 2 Festungs-Inspekzionen zu Utrecht und Dortrecht getheilt. Die erstere begreift die Provinzen Friesland, Gröningen, Drenthe, Utrecht, Nord- und Südholland, die zweite: Seeland, Nordbrabant, Dortrecht, Geldern bis zur Waal und die Inseln. Der zu Mastricht angestellte Offizier inspizirt die Festungswerke in der Provinz Limburg.

Artillerie:*) Stab 3 Generale, 68 Offiziere, 58 M; 1 Regiment Feld-Artillerie: 75 Offiziere. 2488 M. u. z. 11 Feld- und 1 Dépôt-Kompagnie, welche 11 Batterien zu 8 Geschüzen (6 zwölf- und 5 sechspfündige) bedienen; jede Kompagnie 5 Offiziere und 201 M.; — 3 Regimenter Festungs-Artillerie mit 192 Offizieren und 5160 M. u. z. jedes Regiment aus dem Stabe, 12 Kompagnien und 1 Dépôt-Kompagnie in der Stärke von 64 Offizieren und 1720 M.; — 1 Regiment reitende Artillerie: 29 Offiziere, 716 M., aus 4 Feld- und 1 Dépôt-Kompagnie, welche 4 Batterien zu 8 Geschüzen (2 zwölf- und 2 sechspfündige) bedienen; — Pontonier-Korps: 7 Offiziere, 205 M.; zusammen 9101 Köpfe.

Sobin die Stärke der Armee:

Die Stäbe	277 M.
Grenadier- und Infanterie- mit Lehr-Bataillon und Disziplinar-Dépôt	43507 „
Kavallerie	4397 „
Genie	748 „
Artillerie	9030 „
zusammen	57569 M.

Die Niederlande stellt für Luxemburg als Kontingent zum deutschen Bunde 2555 M. u. z. 1951 M. Infanterie, 365 M.

*) Nach dem k. Gesez vom 8. September 1852. Die nähern Details findet man in der „Allg. Mil. Ztg. Nr. 1 und 2 vom Jahre 1853.“

Kavallerie, 210 Artilleristen und Pioniere mit 4 Kanonen, welche zum 10. Armeekorps zählend, einen Theil der Besazung von Luxemburg bilden.

Die Kolonial-Armee auf Sumatra, Borneo, Java u. dgl. besteht aus mehreren Regimentern Europäern, welche durch inländische Truppen ergänzt werden. Die Mannschaft ist meist aus Sträflingen und verlornen Menschen aus allen Theilen Europas zusammengesezt. Auch bestehen einige aus Malaien gebildete Truppentheile in Indien. Wer als Offizier freiwillig in den Kolonien dient, wird nach acht Jahren zurükberufen und um einen Grad befördert.

B. Eintheilung.

Infanterie: 1. Brigade in Limburg —: GM. Hubar; 2. in Nord-Brabant —: GM. v. Poolsum Booij; 3. in Friesland —: GM. Duyker; 4. in Utrecht —: GM. de Petit; Reserve-Brigade in Süd-Brabant —: GM. Storm.

Kavallerie: 1. und 2. Brigade (unbesezt).

Artillerie: 1. Direkzion in Haag —: GM. W. F. Heydenreich. 2. Direkzion in Breda —: GM. H. W. Riess.

Geniewesen —: 1. Inspekzion in Utrecht —: Oberst Gey v. Pittius; 2. in Dortrecht —: Oberstlt. Merkes v. Gendt.

C. Bewaffnung.

Perkussionirte Bajonnet-Gewehre, die Unter-Offiziere und Spielleute der Infanterie, dann die Grenadiere: Säbel; die Reiterei: Säbel und Pistolen; Fuss-Artillerie: Säbel, keine Gewehre, die reitende Artillerie wie die Dragoner; Genie-Truppen: Faschinenmesser und eine kurze Bajonnetflinte.

Sämmtliche Offiziere tragen den Degen, nur die Artillerie Säbel.

D. Ausrüstung.

Käpplartige Czakos, für die Generale, Generalstab und Adjutantur, erstere mit weissem Busch, leztere mit Granaten, die Infanterie auf der Rose die Regimentsnummer, das 1. Grenadier-Regiment Bärenmüzen mit Federbusch; Dragoner weissmetallene Helme mit reicher Bronzeverzierung; Fuss-Artillerie Czakos; reitende Artillerie schwarze Bärenmüzen mit rothem Sake und gelben Kordons; Genie-Truppen: die Offiziere Helme mit schwarzer Feder; die Mannschaft Czakos mit einem Helm als Embleme, weisses Lederzeug; Kavallerie und reitende Artillerie ungarische Sättel. — Das Gepäk nach französischer Art.

Ausser Dienst tragen die Offiziere den Hut nach österreichischer Façon, der General-Stab, Artillerie und Genie mit schwarzem, die andern mit weissem liegenden Federbusch.

Als Kopfbedekung soll bei sämmtlichen Truppen der Czako vom gebrannten Leder oder lakirten Filz eingeführt werden.

E. Uniform.

Dunkelblaue Waffenröke; die Generalität scharlachrothe Aufschläge, reiche Goldstikerei, in Galla dunkelblaue, sonst graue Beinkleider, eine Reihe gelbe Knöpfe, Epauletts mit diken Bouillons. Infanterie derlei Waffene, weiss aufgeschlagen, Schoosbesaz roth, am Aermelaufschlag weisse Patten, gelbe Knöpfe; Grenadiere: rothe Aufschläge und Kragen, auf lezteren und auf der Brust gelbe Lizen, weisse Achselklappen mit einer Granate; graue, im Sommer weisse Beinkleider, graue Mäntel in Form von Paletots. Dragoner: blau mit gelben Patten und Schoosbesaz, weisse Epauletts, das blaue Beinkleid roth gestreift. Jäger: grüne Kollets, roth passe-poilirt, weisse Knöpfe, hellblaue Pantalons, weisse, die Offiziere silberne Epauletts. Artillerie und Pontoniere zu Fuss: blaue Röke, schwarze Aufschläge, rothe Schoosbesaz und Passe-poil, gelbe Knöpfe mit 2 Kanonenröhren übereinander, gelbe Fransen-Epauletts. Artillerie zu Pferd: blaue Jaken und Beinkleider, gelbe Verschnürung und Passe-poil; die Pontoniere haben einen Anker als Abzeichen. Genie: wie die Fuss-Artillerie, nur dunkelblaue Aufschläge mit gelben Lizen.

Die Distinkzionszeichen sind in der Armee gleich. Sergeant-Major und Ober-Wachtmeister, Sergeant und Wachtmeister haben über dem Aufschlage goldene oder silberne, die Korporale nur wollene, die Kapitulanten eine rothe Borte.

Sämmtliche Offiziere Epauletts. Die Lieutenants mit gewöhnlichen Fransen, Stabs-Offiziere mit dünnen, die Generale mit diken Bouillons, der 2. Lieutenant und Major mit zwei, der 1. Lieutenant und Oberstlt. mit einem langen Streifen, Kapitäne und Obersten ohne Streifen, stets in der entgegengesezten Farbe des Epauletts; der GM. 2, der GL. 3, der G. d. I. 4 silberne Sternchen, der FM. zwei sich kreuzende Kommando-Stäbe auf den Epauletts. Alle Offiziere haben silberne Portepées und orangeseidene Schärpen, die Generale leztere silbern und orangengestreift.

E. Ergänzung und Dienstpflicht.

Die Ergänzung erfolgt durch das Los vom 20. Jahre an; Geistliche, einzige Söhne, Ernährer ihrer Eltern, und die, dessen Brüder schon gedient haben, sind von der Losung befreit. Die Stellvertretung ist erlaubt. Die Dienstzeit dauert fünf Jahre, doch nur vier Jahre wirklich eingestellt; von diesen werden die Gestellten 6 Monate eingeübt, wohnen jährlich vier Wochen im Herbste den Uebungen bei, und sind die übrige Zeit entlassen. Indessen bilden den Stamm des Heeres geworbene Leute, die auch Ausländer sein können und Handgeld erhalten. Sie heissen Vrywilligers (Freiwillige), die Gelossten aber Lotalinge (Nazional-Miliz, Geloste).

In den Gemeinden werden Schutterijen errichtet.

Die Schutters (Schüzen), nach Art der preussischen Landwehr organisirt, werden in den Gemeinden zur Landesvertheidigung in Zeiten der Gefahr und zur Aufrechthaltung der inneren Ruhe errichtet. Alle Staatsbürger vom 25. — 35. Jahre sind zu Schutters verpflichtet, und theilen sich in dienstthuende und ruhende. Zu lezteren gehören alle Bewohner von Gemeinden unter 2500 Menschen. Die Schutterij besteht aus 3 Bannen; zum 1. organisirten gehören alle Unverheirathete, und alle Verheirathete und Wittwer, die keine Kinder haben, zum 2. die, welche, wenn auch mit Kinder belastet, doch ohne bedeutenden Nachtheil Dienste leisten können, zum 3. die übrigen. Wer mit dem ersten Bann in den Krieg ziehen soll, wird durch das Los bestimmt, wobei Nummertausch und Stellvertretung gestattet ist. Die Schutterij bilden im ersten Bann 53, im zweiten 29 Bataillone und formiren nur Infanterie und etwas Artillerie. Im Kriege treten sie, in Regimenter formirt, mit der Linie in Brigaden und Divisionen vereint. Ihre Offiziere rangiren mit jenen der Linie und werden vom Könige ernannt. Nur im Felde besoldet, verpflegen sie sich im Frieden bei Uebungen selbst, und erhalten Waffen und Ausrüstung vom Staate, im Kriege aber auch die Uniform, welche jener der Linie gleicht, nur sind die Röke roth aufgeschlagen. Alljährig werden sie im Sommer durch 14 Tage zu den Waffenübungen einberufen, und im Scheibenschiessen instruirt, und sind im Frieden nur bei Aufständen, Feuersbrünsten u. dergl. zu entbieten.

Marine.

Minister der Marine —: Kontre-Admiral J. Enslie; General-Sekretär —: G. D. Müller; Referenten: J. H. Commijs und J. Modera: Admiral der Flotte —: Se. k. H. Prinz Friedrich; Admiral-Lieutenant und Ober-Befehlshaber —: Se. k. H. Prinz Heinrich.

Vice-Admiral: — E. G. van der Platt. Kontre-Admirale: J. Enslie, H. Fergusson, J. D. Bonnicius, W. J. Jolly, D. Byl de Bron. 32 Fregatten-Kapitäne, 280 Lieutenante, 140 Aspiranten, und 176 Aerzte und Verwaltungsbeamte, dann 6087 See-Soldaten, ohne die 520 See-Mannschaften der indischen Eingebornen.

Die Marine-Infanterie bildet 2 Divisionen, jede unter dem Befehl eines Majors: die erste in Vliessingen, die andere zu Willemsoord; Kommandant dieses Korps —: Oberst Musquetier. Ihre Stärke beträgt 1524 Köpfe.

Der Flottenstand war im Juli 1853:

2 Linienschiffe jedes zu 84 Kanonen; 2 Linienschiffe jedes zu 74; 5 Fregatten 1. Klasse jede zu 54—60; 8 Fregatten 2. Klasse jede zu 38—44; 2 abgetakelte jede zu 28; 12 Korvetten jede zu 18—28; 13 Briggs jede zu 12—18; 21 Goeletten jede zu 6 Kanonen 31 Kriegs-Dampfer; 2 Lastkorvetten; 2 Fregatten; 1 Korvette, leztere beide Hafenschiffe mit 100 Kanonen. Im Ganzen 92 Schiffe mit etwa 2000 Kanonen und 49 Kanonen-Schaluppen mit 174 Kanonen.

Flagge: blau, weiss und roth, der Länge nach gleich breit gestreift.

Von Jänner 1853 ab, ist in Folge k. Beschlusses der Sanitäts-Dienst der Armee und der Flotte getrennt worden.

Mit 1. Oktober 1852 sind in Folge k. Beschlusses vom 13. September folgende Veränderungen in dem Besoldungs-Tarif einiger Offiziers-Grade eingetreten:

Artikel 1. Die Gehalte der Hauptmänner und Rittmeister beim Generalstab, bei der Kavallerie und bei dem Ingenieur-, Mineur- und Sappeur-Korps werden von jezt an festgestellt: für einen Hauptmann (Rittmeister) 1. Klasse auf 2200, 2. Klasse auf 1900 und 3. Klasse auf 1600 Gulden jährlich; für jedes Dienstpferd, welches dieselben zu halten verpflichtet sind, erhöht sich dieser Betrag um 100 fl. jährlich. Artikel 2. Diejenigen Hauptmänner (1. und 2. Klasse) der Infanterie, welche die Dienste von Regiments-Adjutanten versehen, beziehen von nun an für das Halten eines Dienstpferdes eine Besoldungserhöhung von jährlich 100 fl. Artikel 3. Die Gehalte der Plaz-Kommandanten 2. und 3. Klasse werden beziehungsweise um 400 und 200 fl. jährlich erhöht und hiernach also auf 2400 und 1800 fl. festgestellt. Artikel 4. Die Gehalte der Lieutenante 2. Klasse bei der Infanterie, bisher 700 fl. betragend, werden um 100 fl. erhöht und sonach auf 800 fl. festgestellt. Artikel 5. Die unter Artikel 1 genannten Offiziere, welche gegenwärtig einen höheren Gehalt als den beziehen, wie er durch diesen Beschluss festgestellt ist, bleiben im Genusse desselben. Artikel 6. Dieser Beschluss tritt vom 1. Oktober d. J. ab in Wirksamkeit.

Für den Inspekteur der Artillerie ist nachfolgende Instrukzion, 6 Artikeln enthaltend, erlassen worden: Er steht unter den Befehlen des Kriegs-Ministers, und an der Spize des Personals der Artillerie und sind ihm dessfalls die Dienstverrichtungen überwiesen, welche nach dem königlichen Beschluss vom 23. Januar 1841, dem Kommandanten des Personals aufgetragen worden waren. Auch wird ihm die Oberaufsicht über die Artillerie-Dépôts und Konstrukzions-Arsenale, sowie die Inspekzion der Handfeuerwaffen übertragen, insoweit diess das Personal, die Einrichtung der Werkstätten, die Verwendung der Materialien und das Allgemeine der technischen Ausführung der Arbeiten betrifft. Das bei den verschiedenen Korps der Artillerie in Gebrauch befindliche Material steht unter der unmittelbaren Aufsicht des Inspekteurs, dem in der Beziehung die Obliegenheiten zukommen, welche bisher die Direktoren der Artillerie-Direkzionen und der Kommandant des Personals versahen. Die Leitung des übrigen Personellen nebst der des Materiellen und der Geldmittel bei den Kriegs-Magazinen, verbleibt auf dem gegenwärtigen Fuss den Direktoren der Artillerie-Direkzionen. Indessen kann dem Inspekteur auch die Inspekzion über eins oder mehrere Kriegs-Magazine aufgetragen werden.

Parma.

Se. k. Hoheit Herzog Karl III. (geb. 1823), General-Kapitän und Ober-Befehlshaber; k. k. österr. Oberster.

Adjutantur.

General-Adjutant —: GM. Achille Graf de la Roche Pouchin et de Rochefort Saint Louis. In unmittelbarer Dienstleistung —: Brigadier Anton Crotti. — Flügel-Adjutanten 1. Klasse —: Cesar Da Vico und Virgil Masini. Ferner 2 Honorar-Adjutanten 1. und 2. Klasse.

Stäbe.

General-Ober-Befehlshaber—: Se. k. Hoheit der regierende Herzog, General-Kapitän.

General-Kapitän—: Se. k. Hoheit Infant Karl II.

General-Lieutenant—: Cajetan Baron Bianchi-Maldotti, General-Inspektor der Truppen.

General-Major—: Achille Graf de la Roche (wie oben).

Brigadiere im Retraitestande—: Anton Chev. Crotti und Fürst Casimir Meli Lupi di Sovagna, Grosskanzler.

General-Stab—: Chef: Oberst Johann Dominik Godi; Unter-Chef: Emil Pizetti; Offiziere des General-Stabes: Angelo Ritter Gasparotti und Joseph Edler v. Sachini.

General-Kommando—: Chef des Sekretariats—: Eskadrons-Chef Ritter Gasparotti; Archivar—: Hauptmann Leopold Edel.

Intendantur—: Vorstand: Oberstlt. Chev. Albani; Unter-Intendant: Peter Pazzoni.

Präsident des Militär-Gerichtshofes—: Oberstlt. Chev. Ferdinand de Rota; k. Kriegs-Auditor 1. Klasse—: Hauptmann Dr. Scipio Vitali.

Kommandant der Infanterie-Brigade—: Oberst Lucian Curtarelli; Major Karl Guastallo, 1. Adjutant-Major.

Königliches Gendarmerie-Korps—: Inspektor Oberstlt. Ludwig Bassetti; Kommandant: Eskadrons-Chef Peter Villaggi, 1. Adjutant-Major.

Kommandant der Batterie—: Hauptmann Alois Galli; der Garde du Korps—: Oberst Paul Graf Douglas Scotti; der Hellebardiere—: Bataillons-Chef Graf Pennazzi; der Invaliden—: Oberst Gandolfi.

Gouverneur der Citadelle von Parma—: Kommandant—: Oberstlt. Anton Marquis Lalatta de Costerbosa.

Militär-Kommandanten in den Provinzen Parma—: Oberst Chev. Ludwig Bassetti; Piacenza—: Oberstlt. Chev. Paul Bossi; Borgo San Donino—: Bataillons-Chef Johann Marquis Conradi Cervi; Pontremoli—: Kapitän Josef Quadrelli; Borgotaro—: Bataillons-Chef Ferdinand Donati.

17*

Militär-Etat.

	Mann auf dem Friedensf.	Mann auf dem Kriegsfusse.	Pferde d. Offiz. Fr.	Pferde d. Offiz. Kr.	Pferde d. Mannsch. Fr.	Pferde d. Mannsch. Kr.
Ober-Befehl	55	59	7	15	—	—
General-Stab	46	57	10	15	14	22
3 Komp. Garde-du-Corps zu Pf.	55	55	55	55	3	6
Königl. Hellebardiere	62	62	—	—	—	—
Artillerie	532	532	14	14	225	225
Genie-Korps	174	174	1	1	24	24
Gendarmen	600	600	16	16	202	202
Inf.-Brigade. General-Stab	37	49	6	11	5	19
Inf.-Brigade. Musik	72	72	—	—	—	—
Inf.-Brigade. Bataillon kön. Garden	590	1003	5	10	3	9
Inf.-Brigade. 1. Linien-Bataillon	1143	1348	4	8	3	9
Inf.-Brigade. 2. „ „	1143	1348	4	8	3	9
Inf.-Brigade. 3. „ „	104	1348	1	8	—	9
Inf.-Brigade. Jäger-Bataillon	614	1004	4	8	3	10
Korps-Sedentaires	330	330	—	—	—	—
General-Stab der Festungen	105	105	—	—	—	—
Arbeiter-Kompagnie	90	90	—	—	—	—
Militär-Schule	237	237	—	—	—	—
Kommunal-Sprizenleute	79	79	—	—	—	—
Königl. Citadellen-Wache	36	36	—	—	—	—
Straf-Peloton	9	9	—	—	—	—
Krankenwärter - Personal und Fuhrwesens-Korps	—	—	—	—	—	—
Im Ganzen	6113	8597	127	169	485	544

Indessen ist zur Zeit der wirkliche Stand: Ein Garde-Bataillon mit 4 Kompagnien, 2 Kompagnien Grenadiere, 2 Kompagnien Musketiere; zwei Linien-Bataillon jedes 4 Kompagnien, und ein Linien-Bataillon mit den Chargen; lezteres in der Errichtung begriffen. Eine Division Jäger, eine Kompagnie Zappatori, eine Batterie Artillerie, bespannt, Gendarmerie 160 zu Pferd, 243 zu Fuss.

In taktischer Beziehung wird diese Truppe in eine Infanterie-Brigade eingetheilt.

Die Gendarmerie ist in 4 Distrikte getheilt: Parma, Piacenza, Pontremoli und St. Donino. In jedem Distrikte ist 1 Hauptmann, beziehungsweise 1 Rittmeister, Kommandant.

Sämmtliche Truppen, mit Ausnahme einer in St. Donino stazionirten Invaliden-Abtheilung, befinden sich in Parma. In Piacenza ist nur ein parmasanisches Plaz-Kommando und die

Gendarmerie. Plaz-Kommandant ist 1 Oberstlt.; zugetheilt: 1 Major, 2 Hauptleute, 1 Auditor und 1 subalt. Offizier.

Uniformirung, Bewaffnung und Ergänzung.

Generalität: Waffenrok blau, goldgestikte Krägen und Aermelaufschläge, eine Reihe Knöpfe, goldene Achselschnüre, Degen, goldene Feldbinde, goldenes Porte-épée, Pikelhaube goldmontirt mit rothem Federbusch, Hosen blau, etwas lichter als die Uniform, Epauletten mit grossen Gold-Bouillons, Mäntel weiss, nach Art der österr. Kavallerie, Müze weiss, oben sehr breit.

General-Stab: Wie die Generalität, nur die Pikelhaube mit weissen Federn, gestiktem Kragen. Die Chargen durch Lilien auf den Epauletten und durch Goldstreifen an den Aermel-Aufschlägen erkenntlich. Hauptmann 3 Lilien, 3 Borden; Oberlt. 2 Lilien, 2 Borden; Lieutenant 1 Lilie, 1 Borde; die Epauletts sind ohne Quasten.

Artillerie: Uniform und Ausrüstung blau, mit rothem Passe-poil, schwarze Aufschläge, kurzes Seitengewehr, Pikelhaube, einen kurzen Karabiner über der Schulter.

Die Geschüze sind mit Blok-Lafetten, auf Art der piemontesischen. Im Marsch und Manövriren sizt die gesammte Mannschaft auf. Das Riemzeug weiss.

Infanterie: Blaue Waffenröke und Hosen, rothe Aufschläge, Pikelhauben, Nr. des Bataillons auf den Knöpfen, österr. Tornister, kurzes Seitengewehr, meistens sehr breites weisses Riemzeug, blaue lange Mäntel mit stehenden rothen Kragen. Distinkzion der Unter-Offiziere auf dem Arme, nach französischer Art. 1 Offizier trägt die Fahne. Musketen mit Hahnschloss, kurze Bajonnets. Das Garde-Bataillon hat Lizen (preussische) auf den Krägen, die Mannschaft weiss, die Offiziere Gold.

Musketire wie die Linien-Infanterie, nur schwarz lakirtes Riemzeug, die Pikelhauben durchaus gelb montirt, die Offiziere haben in Parade Rossschweife.

Die Offiziere tragen schwarzlederne Tornister; die Distinkzion der Stabs-Offiziere sind Epauletten mit Bouillons, und auf den Aermeln die Streife in Wellen-Linien. Major 1 Streif, Oberstlt. 2, Oberst 3, eben so viele Lilien auf den Epauletts. Die Offiziere der Infanterie-Garde und Jäger tragen Degen mit goldenen Porte-épées.

Jäger: Dunkelgrün mit schwarzen Aufschlägen. Tornister aus Biberfell. Das Seitengewehr an einem Leibriemen, Pikelhaube schwarz, blaue Mäntel, gezogene Gewehre mit einer Art Haubajonnet. (Die schwarzen Pikelhauben, deren auch die Finanz hat, sind sehr zwekmässig.)

Zappatori wie die Linie, nur mit Schaufeln und Krampen ausgerüstet; blaue Aufschläge mit Lizen, die Offiziere silberne Lizen, Mannschaft schwarzes Riemzeug.

Gendarmerie: Blaue Waffenröke mit gelben Aufschlägen, weisse oder blaue Mäntel, je nachdem zu Pferd oder zu Fuss, die Gendarmerie zu Fuss weisses Riemzeug; sämmtliche Pikelhauben, die Sonne als Embleme, darauf das herzogliche Wappen; die Gendarmerie zu Pferd hat Säbel gleich jenen der österr. Kavallerie.

Die Gendarmerie ist mit einem Stuzen und zwei Pistolen bewaffnet.

Die Truppe wird durch Konskripzion ergänzt: Diese findet jährlich einmal und zwar im Frühjahre statt. Die Dienstzeit ist auf 8 Jahre festgesezt.

Portugal.

Se. Majestät König Don Pedro V. (geb. 1837).

Erster General-Adjutant: FM. Herzog von Saldanha.

Kriegs-Ministerium.

Minister des Krieges —: Marschall Herzog v. Saldanha, zugleich Ober-Befehlshaber und General-Kommandant der Armee.

General-Sekretär —: Josef Maria de Barcellos. (Alle auf den Dienst bezüglichen Verordnungen gehen vom Ministerium aus, und werden durch das offizielle Blatt „Orden del Ejercito" veröffentlicht.)

Das Kriegs-Ministerium ist in 4 Direkzionen getheilt.

1. Direkzion (Militärische) —: Chef Oberstlt. Baron von Wiederhold, zugleich Kanzlei-Direktor; 2. Direkzion (Rechnungswesen): Chef Jos. Silvere Gomes; 3. Direkzion (Liquidazion): Johann Lud. Dantos Trigueiros; 4. Direkzion (Sanitätswesen): Chef Ober-Chirurg Joach. Anton dos Santos Teixeira.

General-Kommando der Armee.

General en Chef: Der Herzog v. Saldanha.

Chef des Generalstabes —: GM. Baron de Luz, Staats-Minister.

Chef des Genie-Korps —: GM. Josef da Silva-Costa.

Chef der Artillerie —: GL. Vicomte d'Ovar, Staats-Minister.

Oberster - Militär - Gerichtshof —: Präsident FM. Herzog v. Terceira. — Referent —: Staats-Minister Vicomte da Granja.

General-Feldmarschälle —: Se. Majestät der König Regent Ferdinand.

FM. Herzog v. Terceira, Minister und Staatsrath.

Herzog v. Saldanha (wie oben).

13 General-Lieutenante.

Militär-Divisions-Kommandanten.

1. Lissabon —: GL. da Ponte de Santa Maria.
2. Viseu —: GL. Vicomte de S. Antonio.
3. und 4. Oporto —: GM. Franz Ferreira.
5. Chaves —: GM. Graf v. Vinhaes.
6. Castello-Branco —: GM. Bernh. Jos. d'Abreu.
7. Estremoz —: GL. Baron da Mesquita.
8. Tavira —: Brigadier Baron du Zezere.

Kommandant auf Madeira —: Oberst Jos. Teixeiro-Rebello.

Kommandant auf Terceira —: Baron de Bastos, Kommandant der Azoren-Division.

Kommandant auf St. Michael —: Brigadier Math. Marie Padraõ.

Kommandant für Fayal —: Oberst im Generalstab Karl B. C. da Silva.

Jedem Divisions - Kommandeur ist ein Stabs - Offizier als Chef des Generalstabes, und ein zweiter Offizier dieses Korps, dann 1 Adjutant beigegeben.

Die Armee.

Besteht nach dem k. Gesez vom 9. Jänner 1850 aus:

a) Allgemeiner Generalstab:

Generalität: 1 GFM., 2 FM., 10 GL., 15 GM., 15 Brigadiere, zusammen 43.

Generalstab: (Ein General als Chef), 2 Obersten, 3 Oberstlts, 3 Majors, 20 Hauptleute. Im Kriege werden Offiziere zugetheilt, die aber keine Stelle in der Rangsliste desselben haben, zusammen 28.

Genie-Korps: (Ein General als Chef), 1 Bataillon zu 4 Kompagnien, im Frieden 400, im Kriege 636 M. stark.

Stand der Offiziere: 4 Obersten, 6 Oberstlts., 6 Majors, 20 Hauptleute, 30 Lieutenants, 2 Sekretäre.

Artillerie: (Ein General als Kommandant); besteht aus dem Stabe des Kommandeurs und 3 Regimentern, jedes zu 10 Batterien. Auf dem Kriegsfuss jedes Regiment 2 fahrende, 2 Gebirgs- und 6 unbespannte Batterien. In einem Regimente statt der einen fahrenden eine reitende Batterie. Die Batterie zu 4 Geschüzen jedes mit 6 Maulthieren bespannt.

Die Artillerie zählt im Stabe: 3 Oberste, 4 Oberstlts., 4 Majors, 15 Hauptleute, 10 Ober-Lieutenants, 10 Unter-Lieutenants, 2 Sekretäre, zusammen 48 M., 18 Pferde.

		Mann	Pferde	Zugthiere.
Ein Regiment	im Frieden	887	77	100
	im Kriege	1350	148	328
Zwei Regimenter	im Frieden	1772	46	200
	im Kriege	2700	126	656

Kavallerie besteht aus 8 Regimentern:

2 Lanciers, 6 Regimenter Jäger zu Pferde, jedes 8 Kompagnien.

Der Stab eines Regiments im Frieden 15 M., 15 Pferde, im Kriege 19 M., 21 Pferde, acht Kompagnien im Frieden 421 M., 301 Pferde, im Kriege 545 M., 481 Pferde.

Das allgemeine Reiter-Dépôt, welches die Reitschule und eine Schule für Handhabung der Waffen enthält, besteht im Kriege aus 8 Kompagnien; im Frieden aus periodisch wechselnden Detachements der 8 Regimenter.

Die Stärke des Dépôts ist:

	Mann,	Pferde,		Mann,	Pferde.
Stab: im Frieden	20	8	im Kriege	23	9
acht Kompagnien	—	—	„ „	141	141

Infanterie. 1 Grenadier, 17 Linien-Infanterie-Regimenter und 9 Jäger-Bataillons; jedes Regiment zu 2 Bataillons, dieses zu 4 Feld- und 1 Dépôt-Kompagnie; jedes Linien-Bataillon hat 1 Grenadier, 2 Füsilier- und 1 Schüzen-Kompagnie. Die Jäger-Bataillone, jedes zu 8 Kompagnien, nehmen im Kriege die Benennung Regimenter an.

Jedes Regiment auf dem Friedensfuss	738	M.,	6 Pferde.
„ „ Kriegsfuss	1497	„	12 „
Das Jäger-Bataillon auf dem Friedensfuss	606	„	4 „
„ „ Kriegsfuss	1495	„	8 „

	Gesammtstärke im Frieden,			im Kriege.		
	M.,	Pferde,	Zugth.,	M.,	Pferde,	Zugth.
General-Stab	28	—	—	28		
Genie-Korps	467	4	—	700	4	—
Artillerie	2707	141	300	4098	292	984
Kavallerie mit Dépôt	3508	2536	—	4676	4166	—
Infanterie und Jäger	18,738	144	—	40,401	324	—
Zusammen das Heer	25,448	2825	300	49,903	4786	984

Hierzu das Sedentär-Korps 1610 M., und die Munizipal-Garde 1796 M. mit 227 Pferden.

Die Stärke des Heeres ändert sich nach der jährlichen Abstimmung der Kortes über den Effektivstand; die Cadres bleiben unverändert.

In der Reserve oder 2. Linie stehen 10,399 M. eingetheilt in 14 Infanterie-Bataillonen, 1 Schwadron Kavallerie und 1 Regiment Artillerie.

Armee in den überseeischen Provinzen.

	1. Linie.	2. Linie.
Auf den Inseln des grünen Vorgebirges:		
1 Artillerie-Batterie	534	—
1 detto und 7. Infanterie-Bataillons ..	—	2421
Thomé- und Principe-Inseln:		
2. Artillerie-Batterien....................	160	—
2 Regimenter und 1 Milizen-Bataillon	—	2692
Auf Angola: 1 Sappeur-Kompagnie 103 M.; 1 Schwadron Kavallerie 66 M.; 2 Kompagnien Artillerie 258 M.; 1 Infanterie-Bataillon 719 M.; 10 Infanterie-Kompagnien 832 M............................	1978	—
1 Bataillon Voltigeurs von Loanda, 1 Bataillon detto von Benguela, 1 Jäger-Bataillon, 18 mobile Korps der Distrikte.......	—	3000
Auf Mozambique: 1 Bat.-Inft. 368 M., 8 Infanterie-Kompagnien der Distrikte 731 M.; 1 Veteranen-Korps 29 M.	1128	—
6 Miliz-Bataillone.......................	—	—
In Indien: 1 Genie-Brigade 12 M.; 1 Artillerie-Regiment 654 M.; 2 Infanterie-Bataillone 1278 M.; 2 Jäger-Bataillone 950 M.; 1 Korps Munizipal-Garde 159 M.; 3 Jäger-Kompagnien zu Damaun und Diu 312 M.; 1 Veteranen-Bataillon 405 M.	3770	—
Macao: 1 Artillerie-Brigade	318	—
1 Infanterie-Bataillon Freiwillige..........	—	567
Timor und Solor: 1 Infanterie-Bataillon	317	—
Hilfstruppen	—	12,000
Im Ganzen	8205	20,680.

Bewaffnung, Ausrüstung und Uniform.*)

Die Uniform ist für alle Generale gleich und besteht aus einem langen dunkelblauen Roke (casaca) mit umgeschlagenen Schössen von weissem Tuche, derlei Beinkleider mit Goldborden, Tressenhut mit Goldschnur und schwarzer Feder, Degen, Schärpe von Seide, Porte-épée von Leder, beide karmoisinroth mit Goldfäden. Epauletten und Stikerei von Gold sind die Unterscheidungszeichen. Die Campagne-Uniform ist ein Ueberrok (levita) von gleicher Farbe, der Hut ohne Federbusch.

Grenadiere und Infanterie sind uniformirt: Röke dunkelblau, das Grenadier-Regiment weiss passe-poilirt, Aufschläge und Kragen: amaranthroth, die Infanterie verschiedenfärbige Aufschläge und Krägen, Beinkleider: dunkelgrau, Mäntel: lichtgrau, Czakos: mit mässiger Schweifung, von schwarzem Filz mit lakirtem Dekel, und messingener Kokarde, worauf bei den Grenadieren eine Granate, bei den Füsiliers die erhabene Nummer des Regiments angebracht ist; weiters tragen die Grenadiere Kordons von weisser Wolle. Epauletten aus gewebter Wolle, bei den Grenadieren roth, bei den Füsilieren weiss, bei den Schüzen grün; der wollene Busch von derselben Farbe. Offiziere: goldgewirkte Epauletts, Schärpen wie die Generale, Degen mit ledernen Scheiden an weisser Kuppel, Tornister von schwarz lakirtem Segeltuch; schwarzes Riemzeug; die Bewaffnung: Gewehr und Bajonnet, erstere seit dem März 1852 zum Theil perkussionirt **), die Unter-Offiziere Säbel.

Die Jäger dunkelbraune Spencer mit schwarzen Aufschlägen; Czakos wie jene der Infanterie mit kurzem wollenen grünen Busch; Epauletts von schwarzer Wolle, jene der Offiziere von schwarzseidenen gewebten Schnüren mit Bouillons, Lederzeug schwarz. In entsprechender Jahreszeit tragen Infanterie und Jäger weisse Beinkleider.

Die Uniform der Lanzier-Regimenter ist eine dunkelblaue Kurtka mit karmoisinrothen Krägen und Aufschlägen, gelb passe-poilirt. Epauletts und Knöpfe von Messing; dunkelblaue Beinkleider, Czakos mit Fangschnüren von gelber Wolle, schwarze Haarbüsche. Die Jäger tragen dieselbe Uniform, jedoch weiss passe-poilirt, mit scharlachrothen Krägen und Aufschlägen und 2 Reihen Knöpfe, der Czako

---

*) Die Uniform gründet sich auf die Armee-Befehle vom 25. September 1848 und 10. März 1852.

**) Gegenwärtig werden Versuche in Lissabon angestellt: mit den preussischen Perkussions- und Zündnadelgewehren, mit den belgischen Minié-Büchsen und mit Stift-Büchsen.

hat eine Borde von gelber Wolle, bei den Offizieren von Gold. Schärpe wie die Infanterie, Federbüsche scharlachroth. Die Lanziere führen Säbel, eine Pistole und Lanze mit gelben Fähnlein, die Jäger aber Karabiner, Säbel und Pistole; Schabraken sind bei den ersteren blau, bei den lezteren dunkelgrau. Englische Husarensättel, weisses Lederzeug.

Die Offiziere des Genie-Korps: dunkelblaue Uniform, weiss passe-poilirt, mit schwarzsammtnen Krägen und Aufschlägen, ringsum mit schmaler Goldstikerei; ähnliche Beinkleider, goldene Epauletts, Degen. Die Mannschaft ist wie die Infanterie bewaffnet; nur trägt sie am Czako statt der Nummer ein Kastell. Der Busch ist von weisser Wolle.

Der General-Stab ist eben so uniformirt, nur grünsammtne Krägen und Aufschläge, dann goldene Stikerei. Der weisse Federbusch auf dem Hute ist zunächst dem Stiele mit rothen Federn versehen.

Die Artillerie hat einen langen dunkelblauen Rok, mit scharlachrothen Aufschlägen, Krägen und Passe-poil; in den Enden des Kragens ist eine Granate angebracht; dunkelgraue Beinkleider, rothwollene Epauletts, Czakos mit Reiherbusch von scharlachrother Wolle. Die reitenden und fahrenden Kanoniere tragen Röke mit kurzen Schössen und Säbel, die übrigen: Infanterie-Tornister und Karabiner mit Haubajonnets. Das Lederzeug ist weiss.

Distinkzionszeichen: bei den Unter-Offizieren schrägliegende rothwollene Borden auf dem Vorderarme; bei den Alfero (Fähnrich), Tenente (Lieutenant) und Kapitän: goldene Lizen auf den Aufschlägen, bei den Majors, Oberstlt. und Obersten: Kronen auf den Contre-Epauletten.

Ergänzung.

Die Armee ergänzt sich durch freiwillig Gestellte und durch Rekrutirung. Erstere haben vier Jahre, leztere fünf Jahre zu dienen; dann sind sie von allen anderen Diensten frei. Sämmtliche junge Leute unterliegen vom 18. bis zum 25. Jahre der Losung. Wer gelost, nach erfolgter Einberufung auf den bestimmten Tag nicht einrükt, wird als Deserteur behandelt und hat 8 Jahre zu dienen. Stellvertretung ist gestattet. Die kräftigsten Rekruten kommen zur Reiterei, die denselben zunächst stehenden zur Artillerie, die übrigen zu den Jägern und zur Infanterie.

Die nöthigen Pferde, dann die Maulthiere für die fahrenden Batterien werden durch die Kommissionen eingekauft, und da Portugal die Anzahl nicht liefern kann, durch spanische, englische und deutsche ergänzt.

Marine.

Minister der Marine und der Kolonien —: Vicomte d'Athoguia.

General-Sekretär —: Anton Peter de Carvalho.

Das Ministerium hat 4 Departements. Nr. 1 (Marine). Chef: Anton G. d'Oliveira Lima. Nr. 2 (Kolonien). Chef: Emanuel G. d'Oliveira Lima. Nr. 3 (Rechnungswesen). Chef —: Joachim John Falcao und Nr. 4 (Liquidazion). Chef —: Joach. Dias Terres.

Befehlshaber der Marine —: Kontre-Admiral und Geschwader Kommdant Frhr. de Lazarim.

Admiralität. Admiral ad hon — : Sir Charles Napier, Graf von Napier St. Vincent.

Vize-Admiral — : Vicomte de Santa Cruz.

Kontre Admiräle und Geschwader Kommandanten —: Joh. de Souza, Marine Intendant zu Porto, und Freiherr de Lazarim (wie oben).

Ferner 4 Divisions-Chefs, 10 Linien-Schiffs-Kapitäne, 20 Fregatten-Kapitäne, 30 Kapitän-Lieutenants, 50 Lieutenants, 1. und 100 Lieutenants 2. Klasse.

Flottenstand.

59 Schiffe mit 717 Kanonen; u. z. 1 Linienschiff mit 80; 5 Fregatten; darunter 1 zu 60; 1 zu 54; 1 zu 52 und 2 zu 44 Kanonen; 7 Korvetten: 3 zu 24; 1 zu 22; 2 zu 20 und 1 zu 16 Kanonen; 8 Briggs: 2 zu 20; 3 zu 18 und 2 zu 14; dann 1 zu 12 Kanonen; 1 Briggschooner mit 6, 21 Briggskutter mit 56, 10 kleine Fahrzeuge mit 13, und 6 Dampfschiffe mit 24 Kanonen.

Flagge: weiss mit dem portugiesischen Wappen.

Ueber den Dienst der Veterinär-Aerzte erschien unterm 30. August 1852 ein 19 Artikel enthaltendes Reglement, welches indess nicht so ausgedehnt und strenge ist, als es das Wohl des Dienstes erfordert; zudem tritt der wesentliche Mangel ein, dass jedes Korps kaum einen wissenschaftlich gebildeten Thierarzt besizt, da doch bei der Wichtigkeit des Dienstes zwei dergleichen für jede Abtheilung höchst nothwendig erscheinen.

Mit k. Verordnung vom 21. Dezember 1852 wurde verfügt, den Gesandtschaften zu Madrid, Paris, London, Wien und Petersburg künftig Offiziere in der Eigenschaft als erste Attache's beizugeben. Aus allen Waffengattungen des

Heeres werden diejenigen gewählt, welche durch ihren Eifer und Talente die meisten Hoffnungen erweken; jeder Militär-Attaché bleibt nur zwei Jahre bei ein und derselben Legazion und im Ganzen überhaupt nur 4 Jahre ausser Landes. Alle drei Monate haben sie einen umständlichen Bericht über Alles das einzusenden, was sie in militärischer Beziehung gesehen haben, um von den im Kriegswesen geschehenen Neuerungen geeigneten Gebrauch für das Land machen zu können.

Russland.

Se. Majestät Kaiser Nikolaus I. (geb. 1796). Chef der Land- und Seemacht.

Der grosse Stab des Kaisers.

(Partizipirt im Frieden als direktes Organ an den Funkzionen des Kriegs-Ministeriums.)

Mitglieder des Grossen Stabes.

Kriegs-Minister GL. und General-Adjutant Fürst Dolgorukow I.; General-Inspekteur des Ingenieurwesens: Grossfürst Nikolai, kaiserl. Hoheit; GFZM. Grossfürst Michael, kaiserl. Hoheit; General-Inspekteur der gesammten Infanterie: GFM. Fürst v. Warschau; General-Inspekteur der gesammten Kavallerie: G. d. K. Graf v. d. Pahlen; Inspekteur des Genie-Korps: Ingenieur-General Dehn; Inspekteur des Artilleriewesens: Artillerie-General Korff I.; GQM. der Armee: G. d. I. und General-Adjutant Berg I.; Dujour-General: GM. und General-Adjutant Kateninn; Ober-Kommandant des kaiserlichen Haupt-Quartiers: G. d. K. und General-Adjutant Graf Orloff; Kommandant des kaiserlichen Haupt-Quartiers: GM. Astasieff I.; General-Wagenmeister: GL. Solomka; Ober-Inspekteur des Medizinalwesens der Armee: wirklicher geheimer Rath Baron Willie; Feld-Stallmeister: Oberst Leffler; Ober-Geistlicher: Protobresbyter Baschanoff.

General-Adjutanten.

Grossfürst Thronfolger und Grossfürst Konstantin kaiserliche Hoheiten; GFM. Fürst von Warschau, Graf Passkjewitsch Eriwanski; 12 Generale der Infanterie: Graf Ostermann-Tolstoi, Fürst Woronzoff I., Baron

Jomini, Graf Kisseleff, Graf Kleinmichel, Berg I., Lüders I., Schipoff I., Graf Adlerberg I., Bibikoff I., Graf Sakrewski, Panjutinn I.; 11 G. d. K.: Graf Krassinski, Tschernischeff, Graf v. d. Pahlen, Graf Rüdiger, Graf Orloff, Knorring I., Djakoff I., Osten-Sacken I., Graf Apraxinn, Perowski, Graf Stroganoff I.; 4 Generale der Artillerie: Ssuchosanett I., Gortschakoff II., Ssumarokoff I., Bibikoff II.; 2 Admirale: Fürst Menschikoff, Kolsakoff; 1 Ingenieur-General Schilder; 29 General-Lieutenants; 3 Vize-Admirale; 6 General-Majors.

Zur Suite Sr. Majestät des Kaisers gehören:

Die Grossfürsten Nikolai und Michael, kk. HH. und 4 General-Majors.

Flügel-Adjutanten Sr. Majestät des Kaisers:

26 Obersten, 2 Oberstlts., 2 Majors, 1 Marine-Kapitän 1. Ranges, 1 Marine-Kapitän 2. Ranges, 3 Marine-Kapitän-Lieutenants, 2 Kapitäne, 5 Rittmeister, 2 Stabs-Kapitäne, 3 Stabs-Rittmeister und 1 Kornet.

Bei der Person Sr. Majestät:

G. d. I. Prinz Eugen von Württemberg, k. H. G. d. I. Fürst Schachoffski; G. d. K. Graf Nikitinn; G. d. I. Prinz Peter von Oldenburg, k. H.

Kriegs-Ministerium.

Zerfällt in das innere Bureau des Kriegs-Ministers und in die Departements.

a) Das Innere Bureau besteht aus:

1. Dem Kriegs-Konseil für die Militär-Gesezgebung und Administrazion. Die Mitglieder desselben werden vom Kaiser ernannt, und beschliessen in allen nicht militärischen Beziehungen unabhängig vom Kriegs-Minister. Permanentes Mitglied aus dem kaiserlichen Stabe ist der Chef der Feldkriegs-Kanzelei.

2. Der Kanzlei in 6 Abtheilungen, welche noch in besondere Tafeln zerfallen.

3. Dem General-Auditoriat.

4. Dem wissenschaftlichen Kriegs-Komité.

5. Dem Militär-Zensur-Komité.

6. Dem Medizinal-Komité.

b) Departements.

Es gibt 9, in mehrere Sekzions getheilte Departements, von denen jedes 1 Direktor, 1 Vize-Direktor und 1 Administrazions-Konseil hat.

1. Departement des grossen Generalstabes, unter dem GQM. des kaiserlichen Stabes, zu welchem ausser den gewöhnlichen Generalstabs-Geschäften auch das Militär-Bildungswesen gehört.

2. Departement für die persönlichen Angelegenheiten oder Inspekzions-Departement, unter dem Dujour-General aus dem kaiserlichen Stabe, welchem auch die Rekrutirung, die Militär-Zentral-Drukerei und das Korps der Feld-Jäger zugetheilt ist.

3. Das Artillerie-Departement.

4. Das Ingenieur-Departement.

5. Das Kommissariats-Departement für die Geldverpflegung aller Art, die Adjustirung der Truppen, die Munizions-Lieferung und die Administrazion der Militär-Hospitäler, besezt mit dem General-Kommissär aus dem kaiserlichen Stabe.

6. Das Proviant-Departement unter dem General en chef der Verpflegungs-Angelegenheiten des kaiserlichen Stabes.

7. Das Departement der Militär-Kolonien.

8. Das Medizinal-Departement.

9. Das Auditoriats-Departement.

Unter dem Kriegs-Ministerium fungiren in den verschiedenen Provinzen des Reiches die Truppen-Behörden auf ihren Gebieten in allen militärischen Beziehungen, also hauptsächlich die Kommandos der Infanterie-, Kavallerie- und abgesonderten-Korps, so wie der Militär-Kolonien.

Im Kriege wirken ausser dem Kriegs-Ministerium, in welchem die Stellen aus dem Stabe des Kaisers, wenn die Vorsizenden sich von der Residenz entfernen, anders besezt werden müssen:

Der grosse Stab des Kaisers (siehe oben) und der Stab der aktiven Armee, unter diesem aber endlich die Stäbe der verschiedenen Korps in deren Haupt-Quartieren.

Militär-Gouverneure.'

General-Kriegs-Gouverneure.

St. Petersburg —: G. d. I. Schulguine I.

Moskau —: G. d. I. und General-Adjutant Graf Zakrewsky.

Warschau —: General-Adjutant und G. d. A. Fürst Gortschakoff.

General-Gouverneure.

Neu Russland und Bessarabien: General-Adjutant und G. d. I. Fürst Woronzow, kais. Statthalter (Namiestnik) im Kaukasus. Unter seiner Oberleitung mit den Geschäften als General-Gouverneur beauftragt —: G. d. I. Fedoroff.

Gouvernement Grodno, Minsk und Kowno —: General-Adjutant und G. d. A. Bibikoff II.

Gouvernement Witebsk, Mohilew und Smolensk — : GL. und General-Adjutant Ignatieff.

Gouvernement Podolien und Wolhynien — : General-Adjutant und GM. Fürst Wassiltschikow.

Oestliches Sibirien (Irkutzk und Yenisseisk) —: GL. Mourawieff.

Westliches Sibirien (Tobolsk und Tomsk) —: G. d. I. Hasford.

Liefland, Esthland und Kurland —: General-Adjutant und GL. Fürst Italïski Graf Suworoff-Rymniksky.

Gouvernement Tschernigof, Poltawa und Charkoff —: General-Adjutant und GL. Kokóschkin.

Gouvernement Orenburg und Samara —: General-Adjutant und G. d. K. Perowski.

Finnland —: General-Adjutant und Admial Fürst Menschïkoff — Adjutant GL. Rokassovsky.

Militär-Gouverneure.

Archangelsk — : Vize-Admiral Boyle.

Astrachan —: Vize-Admiral Bassarguin.

Wilna —: General-Adjutant und GL. Bibikoff II.

Wladimir — : GL. Annenkoff III.

Wologda —: GM. Romanus.

Kiew —: General-Adjutant und GM. Fürst Wassiltschikoff.

Jitomir (Wolhynien) —: GM. Sinelnikoff.

Grodno —: GL. Baron von der Howen.

Derbent —: GL. und General-Adjutant Fürst Argutinsky-Dolgorukow, führt auch die Zivil-Verwaltung. Unter seiner Ober-Leitung: GM. v. Minkwitz, Militär-Gouverneur der Stadt Derbent und mit der Zivil-Verwaltung des Gouvernements beauftragt.

Trans-Baikal —: GM. Zapolsky.

Irkutsk —: GM. v. Wenzel I.

Kasan —: GM. Baratynski.

Kaluga — : GM. Graf Tolstoy.

Kamtschatka (Provinz) —: Kapitän 1. Ranges Zawoiko II., mit der Zivil-Verwaltung beauftragt, und Kommandant des Hafens von Petropawlowsk.

Kowno —: GM. Schwarz.

Kostroma —: GM. Boitsckh führt die Geschäfte.

Kutais —: GM. Fürst Gagarin I., mit den Zivil-Geschäften beauftragt.

Nijny-Nowgorod — : GM. Fürst Urusoff.

Orel —: GL. Krusenstern.
Kamienetz-Podolsk —: GM. Fürst Wiazemsky.
Smolensk —: GM. Akhverdoff.
Tiflis —: GL. Fürst Andronikoff, führt auch die Zivil-Geschäfte.
Tula —: GM. Daragan I.
Kherson —: GM. Iljinski.
Tschernigof —: GM. Hesse.
Schemacha —: GM. Tscheliaïeff II., leitet auch die Zivil-Verwaltung.
Erivan —: GM. Nazarow, auch mit den Zivil-Geschäften beauftragt.
Yaroslaw —: GM. Buturlin II.
Kronstadt —: Admiral von Plater.
Nikolajew und Sewastopol —: Admiral Berch.

Ober-Polizeimeister.

St. Petersburg —: General-Adjutant und GM. Galakhoff.
Moskau —: GM. Lujin.

Das Heer.

A. Stärke und Eintheilung.

Das Heer zerfällt in die Haupt-Armee, Reserve und Garnisons-Truppen, Gendarmerie, irreguläre Truppen, Muster und Lehrtruppen.

I. Haupt-Armee.

(Darunter sind die Korps und Truppen verstanden, deren Mannschaft die erste Dienstzeit nicht vollendet haben.)

1. Generalstab.

Zerfällt in den eigentlichen Generalstab und das Korps der Topografen.

Der Kriegs-Minister ist Chef des Generalstabes. Der General-Quartiermeister aus dem kaiserlichen Stabe steht an der Spize der Verwaltung desselben, und unter ihm noch mit einem eigenen Chef das Topografen-Korps.

Die Stärke des eigentlichen Generalstabes ist: 17 Generale, 32 Obersten, 48 Oberst-Lieutenants, 62 Kapitäne, 78 Lieutenants.

Er zerfällt in den Garde-Generalstab mit 2 und in den Armee-Generalstab mit 1 höheren Pas *), ferner in den grossen Generalstab und Truppen-Generalstab.

---

*) Offizier-Chargen: Kornet, Fähnrich, Unter-Lieutenant, Lieutenant, Stabs-Kapitän oder Rittmeister, Major, Oberstlt., Oberst, GM., GL., G. d. I., Kavallerie, Artillerie, GFM.

Der erstere hat 3 Abtheilungen: 9 Generale und 36 Stabs- und Subaltern-Offiziere.

1. Persönliche Angelegenheiten des Generalstabes.

2. Dislokazions-Sachen, inklusive Operazionen und fremde Armeen.

3. Wissenschaftliche Abtheilung, historische Arbeiten.

Die Kanzlei des General-Quartiermeisters für die Verwaltung.

Der Truppen-Generalstab: bei jedem Armee-Korps: Chef des Stabes (1 General), 2 Stabs-, mehrere Subaltern-Offiziere.

Bei jeder Division, auch die Kavallerie- und Artillerie-Divisionen: 2 Offiziere.

Die Militär-Kolonien, Reserve-Truppen, das Korps der inneren Wache haben einen besonderen Generalstab.

Topografen-Korps.

1 General als Chef, 2 Generals, 15 Stabs-Offiziere, 91 Subaltern-Offiziere und 8 Topografen-Kompagnien von verschiedener Stärke, zusammen 456 Mann.

Die Offiziere rangiren mit den Generalstabs-Offizieren.

Das Topografen-Korps zerfällt in das topografische Dépôt, die Topografen-Kompagnien und die topografischen Offiziere bei den Armee-Stäben.

Das erstere ist unter dem General-Quartiermeister mit dem grossen Generalstabe vereinigt und zur Erledigung aller auf die Reichsaufnahmen, die Karten-Fabrikazion, Asservirung und den Verkauf bezüglichen Geschäfte bestimmt.

Es besteht in 6 Sekzionen:

1. die Kanzlei; 2. die topografische; 3. die astronomische; 4. die Sekzion der Graveure und Druker; 5. die mechanische Sekzion und 6. das Archiv.

In Bezug des Avanzements ist folgende Norm:

Die Garde (auch der Garde-Generalstab) hat durchgängig keine Majors und Oberstlts. Die Artillerie, Ingenieure und der Generalstab der Linie haben keine Majors, also die Garde direkte Beförderung vom Rittmeister oder Kapitän zum Obersten und die Artillerie, Ingenieure und Generalstab der Linie zum Oberstlt.

Jeder Kapitän der Garde ist folglich dem Range nach Oberstlt. in der Armee und jeder Kapitän der Artillerie der Ingenieure und des Generalstabes der Linie, Major in der Armee.

Das Avanzement geht in den Regimentern bis zum Kapitän-Rang, in den Armee-Korps bis zum Major oder bei der Garde bis zum Oberst, oder bei der Linien-Artillerie, Ingenieur und Generalstab bis zum Oberstlt.; von da ab in der ganzen Armee.

Ausserdem gehört zu dem topografischen Dépôt 1 aus Handwerkern aller Art zusammengesezte Topografen-Kompagnie (1 Offizier, 120 M.) und 1 Topographen-Schule.

Die bei den Reichsaufnahmen beschäftigten Kompagnien sind ebenfalls dem topografischen Dépôt untergeben.

Das Offizier-Korps des topografischen Dépôt, exklusive der Topografen-Kompagnie, ist stark: 1 General als Chef, 15 Stabs-, 22 Subaltern-Offiziere.

Topografen-Kompagnien sind 8; einige bei den Reichsaufnahmen beschäftigt, 1 zum topografischen Dépôt gehörig und die übrigen bei den Armee- und Korps-Stäben in ganzen oder halben Kompagnien vertheilt.

Die Kompagnien bestehen aus Unter-Offizieren und Gemeinen, und erhalten ihren Ersaz durch fähige 15jährige Kantonisten (Soldatensöhne).

Ausser den topografischen Kompagnien sind nach dem Bedürfniss noch Offiziere des topografischen Korps den Armee-Stäben zugetheilt.

2. Adjutantur.

Bildet kein eigentliches Korps und zerfällt in die Adjutantur des Kaisers (wie oben), und die Adjutantur der Generäle.

Die Adjutantur des Kaisers besteht aus:

General-Adjutanten. Mehr Auszeichnung als Dienst, welcher nur von den in der Residenz anwesenden Generälen gethan wird. Recht der direkten Eingaben und Vorträge an den Kaiser.

Generäle à la Suite: Generäle, die vom Flügel-Adjutanten nicht General-Adjutanten geworden sind und zur Disposizion des Kaisers, bei den Gesandtschaften etc. stehen.

Flügel-Adjutanten: Offiziere aller Grade, exklusive der Generäle, im Verhältniss wie die General-Adjutanten.

Die Adjutanten der Generäle unterscheiden sich in ältere und persönliche Adjutanten.

Erstere werden vom Kaiser ernannt, gehören zur Truppe und versehen den Dienst, die persönlichen Adjutanten sind von den Generälen gewählt und verbleiben ihnen auch bei den Versezungen.

Sämmtliche Adjutanten sind nur aus den Truppen abkommandirt.

Die Armee-Stäbe haben unter dem Dujour-General, welcher dem Chef des Stabes untergeordnet ist, 5 ältere, 6—11 persönliche Adjutanten, die Korpsstäbe unter dem Dujour-Stabs-Offizier, mit gleicher Unterordnung unter den Chef des Stabes,

2 ältere, 3 — 4 persönliche Adjutanten, die Divisionsstäbe 2 älteren, 2 persönliche Adjutanten, die Brigadestäbe 1 persönlichen Adjutant.

3. Infanterie.

Diese besteht aus: Linien, leichte Infanterie und Scharfschüzen. Erstere heissen in Russland Grenzwachen. Sie zählt 12 Garde-, 8 Grenadier-, 4 Karabinier-, 42 Linien-Infanterie-, 42 Jäger-Regimenter, 1 Leibgarde Scharf-Schüzen (Finnländisches), 1 Grenadier- und 7 Schüzen-Bataillone.

Nummer, Namen und Chefs derselben sind: *a)* Garde-Infanterie-Regimenter: 1. Preobraschensk, 2. Semionoff, 3. Ismailoff, 4. Garde-Jäger-Regiment, 5. Moskau, 6. Garde-Grenadier-Regiment, 7. Pawlow, 8. finnländisches, 9. lithauisches, 10. Grenadier-Regiment Kaiser Franz, 11. Grenadier-Regiment König Friedrich Wilhelm III., 12. volhynisches Regiment (Grossfürst Nikolaus Konstantinowitsch); *b)* Grenadier-Regimenter: 1. Pernau (König von Preussen), 2. Nostoffsk (Prinz Friedrich der Niederlande), 3. Samogit (E. H. Franz Karl), 4. Kiew (Prinz von Oranien), 5. Taurisches (Prinz Eugen von Württemberg), 6. Jekaterinoslaw (Grossfürst Thronfolger), 7. sibirisches (Grossfürst Michael Pawlowitsch), 8. kleinrussisches (FM. Graf Rumjanzoff-Sadunaiski), 9. fanagorisches (Fürst Suworoff), 10. grusinisches (Grossfürst Konstantin Nikolajewitsch); *c)* Karabinier-Regimenter: 1. FM. Fürst Barklai de Toilli, 2. astrakhanisches (Grossherzog von Meklenburg-Schwerin), 3. Moskau, 4. Erivan (Grossfürst Alexander Cäsarewitsch), *d)* Linien-Infanterie: 1. Newa-See-Regiment (König beider Sizilien), 2. Sofieskisches See-Regiment, 3. Kaluga (Prinz von Preussen), 4. Libau (Prinz Karl von Preussen), 5. Alt-Ingermanland, 6. Neu-Ingermanland, 7. Bielosersk (Fürst Wolchonsky), 8. Olonesk, 9. Arkhangel (Grossfürst Wladimir Alexandrowitsch), 10. Wologd, 11. Murom, 12. Nischegorod, 13. Smolensk (E. H. Ludwig Karl), 14. Mohileff, 15. Tschernigoff (Graf Diebitsch Sabalkanski), 16. Poltawa, 17. Jeletzk, 18. Sseffsk, 19. Jekaterinenburg, 20. Tobolks, 21. Selengin, 22. Jakut, 23. Asow, 24. Dnieprowsk, 25. Breszsch, 26. Bialystok, 27. Volhynien, 28. Minsk, 29. Modlin, 30. Praga, 31. Wladimir, 32. Susdalsk, 33. Moskau, 34. Butirsk, 35. Rjaesann, 36. Rjaschk, 37. Tenginsk, 38. Nawoginsk, 39. Apscheron, 40. Dagesthan, 41. Schirwan, 42. Ssamursk; *e)* Jäger-Regimenter: 1. Narva, 2. Koporsk, 3. Reval, 4. Esthland, 5. Pskow (Fürst Kutusow-Smolenski), 6. Welikolutzk, 7. Schlüsselburg, 8. Ladoga, 9. Kostrom, 10. Galitsch, 11. Nisow, 12. Sibirks, 13. Witepsk, 14. Polotzk, 15. Alexopolsk,

16. Krementschuk, 17. Brjansk, 18. ~~Orloff~~ Orel (Fürst von Warschau), 19. Tomsk, 20. Koliwan, 21. Ochotzk, 22. Kamtschatka, 23. Ukrain, 24. Odessa, 25. Lithau, 26. Wilna 27. Podol, 28. Schimstir, 29. Lublin, 30. Samoszk, 31. Uglitzk, 32. Kasan (Grossfürst Michael Pawlowitsch), 33. Borodinsk (Grossfürst Thronfolger), 34. Tarutin, 35. Beleffsk, 36. Tula, 37. Staropol, 38. Kuban, 39. Kabardin (Fürst Tschernitschew), 40. Kurinsk (Fürst Woronzoff), 41. Tiflis, 42. Mingrel.

Die Infanterie formirt das Garde-, Grenadier-, 6 Infanterie-Korps und 6 abgesonderte Infanterie-Divisionen, welche mit Einschluss der Infanterie-Korps von Nr. 1 bis 24 rangiren; mit Ausnahme des Garde-Korps sind den Grenadier- und allen Infanterie-Korps 1 leichte Kavallerie-Division, 1 Artillerie-Division und 1 Sappeur-Bataillon einverleibt.

Die Korps-Formation ist folgende:

a) Garde-Korps: 3 Garde-Infanterie-Divisionen, jede zu 2 Brigaden (Nr. 1 bis 6) diese zu zwei Regimenter, sohin 12 Regimenter, dann 1 Train-Bataillon. Die 3 Garde-Jäger-Regimenter gehören zur 2., 4. und 6. Brigade. Ausserdem sind zugetheilt: der 1. Division das Garde-Sappeur-Bataillon; der 2. das Garde-Equipagen-Bataillon (Matrosen, die im Sommer auf den Dampfschiffen des kais. Hofes und im Winter wie die Sappeurs Infanterie-Dienste thun), und der 3. das Scharf-Schüzen-Bataillon.

b) Grenadier-Korps: 3 Grenadier-Infanterie-Divisionen in derselben Eintheilung, wie das Garde-Korps; die 3 Karabinier-Regimenter gehören zur 2., 4. und 6. Brigade; ferner zur 1. Division 1 Grenadier-Sappeur-Bataillon, zur 2. und 3. 1 Grenadier- und 1 Reserve-Scharf-Schüzen-Bataillon. Die Reserve-Grenadier-Brigade ist dem kaukasischen Korps zugetheilt.

c) Die 6 Infanterie-Korps: Jedes 3 Divisionen zu 1 Infanterie- und 1 Jäger-Brigade à 2 Regimenter, 1 Train- und 1 Scharf-Schüzen-Bataillon (Nr. 1 bis 6).

d) Das kaukasische Korps: 19., 20., 21. Infanterie-Division, jede 1 Infanterie- und 1 Jäger-Brigade zu 2 Regimentern, dann 1 Train-Bataillon; ferner die Reserve-Grenadier-Brigade (1 Grenadier-, 1 Karabinier-Regiment und 1 Train-Halb-Bataillon), endlich 47 Linien-Bataillons, nämlich: 16 tschernomorische, 13 kaukasische, 18 grusinische mit angehörigen Korrekzions-Bataillons und 1 kaukasisches Scharf-Schüzen-Bataillon (Nr. 7).

e) Das abgesonderte finnische Korps: Division Nr. 22, zu 2 Brigaden, zu 6 finnländischen Linien-Bataillons (Nr. 1 bis 12).

f) Das abgesonderte orenburgische Korps: Infanterie-Division Nr. 23 zu 2 Brigaden, zu 5 orenburgischen Linien-Bataillons (Nr. 1 bis 10).

g) Das abgesonderte sibirische Korps: Infanterie-Division Nr. 24 zu 3 Brigaden, zu 5 sibirischen Linien-Bataillons (Nr. 1 bis 15). 5 Bataillons haben ein jedes 2 Geschüze.

Die Formazion des Bataillons ist zu 4 Kompagnien, zu 2 Zügen (pelotons), zu 2 Halbzügen, in 3 Gliedern rangirt. Bei jedem Bataillon ist die 1. Kompagnie eine Eliten-Kompagnie und heisst bei der schweren Infanterie: Grenadier-, bei der leichten: Karabinier-Kompagnie, während die übrigen bei der schweren, der Garde und den Grenadiers den Namen: Füsiliere, bei den Linien-Bataillons: Musketiere und bei der leichten Infanterie überhaupt: Jäger führen. Die Grenadier- oder Karabinier-Kompagnie zerfällt in den 1. Grenadier- oder Karabinier- und 8. Schüzenzug, welche auf beiden Flügeln des Bataillons stehen; während die andern 3 Komgagnien in der Reihe rangiren; 2 auf einander folgende Züge heissen Division, die 4 vom Flügel auf einander folgenden Züge Halb-Bataillon. Jede Kompagnie hat 24 wirkliche, 24 Vorraths-Tirailleurs, 6 wirkliche, 6 ausgebildete Stuzenschüzen; die wirklichen Tirailleurs und Stuzen-Schüzen im 3. Gliede.

Der Kriegs-Etat der Kompagnie besteht ohne Unterschied in 4 Offizieren, 20 Unter-Offizieren, 8 Spielleuten, die Linien-Kompagnien haben 230, die Garde und Grenadiere 236 Gemeine.

Zum Bataillons-Stab gehören: 1 Kommandant, 1 Stabs-Offizier, 1 Adjutant, 1 Porte-épée-Fähnrich, 1 Unter-Fähnrich, 1 Bataillons-Tambour, 1 Bataillons-Hornist (die Scharf-Schüzen-Bataillons haben 1 Quartier- und 1 Zahlmeister, dagegen keinen 2. Stabs-Offizier und keinen Bataillons-Tambour). Sohin ein Linien-Bataillon zu 4 Kompagnien 1048, ein Garde- und Grenadier-Bataillon 1072 Kombattanten.

Die Regimenter formiren bei den Linien-Infanterie-Korps 4 Bataillons (dann 1 Reserve- und 1 Dépôt- (Sapasni) Bataillon), bei dem Grenadier-Korps und der Grenadier-Reserve-Brigade: 3 Bataillons (1 Reserve- und 1 Dépôt-) und beim Garde-Korps 3 Bat., (dann 1 Reserve-Bataillon). Zu jedem Regimente gehört eine Train-Kompagnie, Niestrogäwie rott (Unrangirte) genannt, welche den Train mit den zugehörigen Mannschaften, d. h. die Professionisten, mit Ausnahme der Schuhmacher und Schneider, die Krankenwärter, Offizier-Burschen (Dentschiks etc.) enthält und bei einem Linien-Regiment 1 Offizier, 7 Unter-Offiziere, 280 M., 280 Pferde, 71 Wagen und Karren stark ist. Diese Train-

Kompagnien bilden die Train-Bataillons der Divisionen, und jedes selbstständige Bataillon hat ebenfalls 1 Train-Kompagnie oder Sekzion.

Der Stab eines Linien-Regiments zählt: 1 Kommandeur, 1 Adjutant, 1 Quartier-, 1 Zahlmeister (beide Offiziere), 1 Kapellmeister, 40 Musiker, 1 Regiments-Tambour, 1 Regiments-Hornist, — die Garde- und Grenadier-Regimenter haben ausser dem Kommandeur (GM.) 1 Oberst und 50 Musiker, sohin ein Linien-Regiment zu 4 Bataillon 4267, ein Garde- oder Grenadier-Regiment zu 3 Bataillon 3294 Kombattanten.

Totalstärke der Infanterie, die Reserve und Dépôt-Bataillons nicht gerechnet:

Garde-Korps 37 Bataillone	40607
Grenadier-Korps 37 Bataillone	40607
6 Infanterie-Korps 294 Bataillone	313554
Kaukasisches Korps, 3 Divisionen, 49 Bataillone	52259
Reserve-Grenadiere 6 Bataillone	6588
Linien-Bataillone 47	49585
Finnländische Bataillone 12	12660
Orenburgisches Bataillone 10	10550
Sibirische Bataillone 15	15825
Zusammen 507 Bataillone mit	542235 Komb.

4. Kavallerie.

Besteht aus schwerer (12 Kürassier-), leichter (16 Husaren-, 20 Uhlanen- und 2 Kosaken), dann aus Dragoner- (11) Regimenter.

Nummer, Namen und Chef derselben:

a) Kürassier-Regimenter: die Chevalier-Garde, Garde zu Pferde, Garde-Regiment Kaiser, Garde-Regiment Grossfürst Thronfolger; 1. Jekaterinoslaw (Grossfürstin Maria Nikolajewna), 2. Gluchowsk (Grossfürst Michael Pawlowitsch), 3. Astrakhan (Prinz Wilhelm von Preussen), 4. Pskow (Grossfürstin Thronfolgerin), 5. Kriegs-Orden, 6. Starodubowskisches (Prinz Peter von Oldenburg), 7. Kleinrussisches (Prinz Albrecht von Preussen), 8. Nowogorod (Grossfürstin Helena Pawlowna); *b*) Dragoner-Regimenter: Garde-Regiment Grenadiere zu Pferde, Garde-Dragoner; 1. Moskau (Grossfürst Thronfolger), 2. Kargopol (Grossfürst Konstantin Nikolajewitsch), 3. Kinburnskisches, 4. Neurussisches, 5. Kasan (Prinz Emil von Hessen), 6. Riga, 7. Finnländisches, 8. Twersches (Grossfürst Michael Pawlowitsch), 9. Nischegorod (Kronprinz von Württemberg); *c*) Husaren-Regimenter: Garde-Husaren, Grodno'sches Garde-Husaren-Regiment; 1. Sumskisches, 2. Klästitzkisches, 3. Elisabethgrad (Grossfürstin Olga Nikolajewna), 4. Lubenskisches (E. H. Karl Ludwig), 5. Mariupolisches (Prinz Friedrich von Hessen-Kassel), 6. Weiss-russisches (König der Niederlande). 7. Pawlograd (Grossfürst Thronfolger), 8. Isum, 9. Achtirskisches (Prinz Friedrich Karl von Preussen), 10. Alexandrinisches (Fürst von Warschau), 11. Kiew (Herzog von Leuchtenburg), 12. Ingermanland (Grossherzog von Sachsen-Weimar), 13. Narwa (Grossfürst Michael Pawlowitsch), 14. Mitau (König von Württemberg); *d*) Uhlanen-Regimenter: Garde-Uhlanen, Garde-Uhlanen-Regiment (Grossfürst Michael Pawlowitsch); 1. St. Petersburg (Fürst Tschernitschew), 2. Kurländisches (Grossfürst Thronfolger), 3. Smolensk (Grossfürst Nikolai Alexandrowitsch), 4. Charkow (Prinz Friedrich von Preussen), 5. Lithauisches (E. H. Albrecht), 6. Volhynisches (Grossfürst Konstantin Nikolajewitsch), 7. Wossnessenskisches, 8. Olwiopol, 9. Bug'sches, 10. Odessa (Herzog von Nassau), 11. Orenburg, 12. Sibirisches, 13. Wladimir (Grossfürst Michael Pawlowitsch), 14. Jamburg, ~~15.~~ Bielogorodskisches (Erzherzog Karl Ferdinand), ~~16.~~ Tschugujeff, 17. Borissoglebʼsches (Prinz Alexander von Hessen), 18. Serpuchow.

Die Kavallerie zerfällt in das Garde-Kavallerie-Korps, 7 leichte Kavallerie-Divisionen des Grenadier- und der 6. Infanterie-Korps, 1 Dragoner-Regiment bei dem kaukasischen Korps und 2 Reserve-Kavallerie-Korps.

a) Garde-Reserve-Kavallerie-Korps: besteht aus der Garde-Kürassier-Division zu 2 Brigaden, diese zu 2 Regimentern und 1 Train-Bataillon dann aus 2 leichten Garde-Kavallerie-Divisionen, jede zu 2 Brigaden, diese zu 2 Regimentern mit 1 Train-Bataillon; (die gleichartigen Regimenter sind nicht vereinigt). Die Ehrengarden, welche im Frieden alle 3 Jahre wechseln und auch im Kriege den Kaiser zu begleiten bestimmt sind, finden sich attachirt bei der 1. leichten Kavallerie-Division: 1 Division Tschernomorische Garde-Kosaken, 1/2 Eskadron Leibgarde der kaukasischen Bergvölker, 1 Leibgarde-Eskadron Krimmscher Tartaren, 1 kombinirtes Kommando von Linien-Kosaken; bei der 2. leichten Kavallerie-Division: 1 Division uralische Leibgarde-Kosaken, die Leibgarde-Kosaken und die Lesghische Eskorte des Kaisers.

b) Die 7 leichten Kavallerie-Divisionen der Linie und des Grenadier-Korps haben je 1 Uhlanen- und 1 Husaren-Brigade zu 2 Regimentern und 1 Train-Bataillon. Die Divisionen Nr. 1 bis 6 gehören zu den 6 Infanterie-, die 7. Division zum Grenadier-Korps.

c) 1 Reserve-Kavallerie-Korps mit 2 Kürassier- und 1. Uhlanen-Brigade, jede zu 2 Regimenter und 1 Train-Bataillon.

d) 2 Reserve-Kavallerie-Korps mit 2 Dragoner-Divisionen, wie oben.

Das 9. Dragoner-Regiment ist dem kaukasischen Korps zugetheilt.[1]

Die Kürassier-, Garde-Uhlanen-, Garde-Husaren-, Garde-Dragoner- und Garde-Kosaken-Regimenter formiren 3 Divisionen zu 2 Eskadrons- und 1 Train-Sekzion, die übrige Kavallerie 4 Divisionen zu 2 Eskadrons. Bei den Garde-Kavallerie-Regimentern besteht im Frieden eine Reserve-Eskadron zur Ausbildung des Ersazes, während für die 6 leichten Kavallerie-Divisionen diese Eskadrons vereinigt und nicht bei den Regimentern sich befinden.

Die Eskadrons theilen sich in Halb-Eskadrons und 4 Züge, die Züge wieder in Halbzüge und in Abmärsche zu Dreien. In jeder Eskadron erfolgt die Rangirung von beiden Flügeln nach der Mitte.

Der Kriegs-Etat der Eskadrons ohne Unterschied ist: 6 Ober-, 12 Unter-Offiziere, 3 Trompeter und 146 Gemeine; der Stab der Regimenter ist bei jenen zu 3 Divisionen: 1 Regiments-Kommandeur, 3 Divisions-Kommandeure (Stabs-Offiziere), 1 Adjutant, 1 Quartier-, 1 Zahlmeister, 3 Porte-épée-Junker (führen die Standarte) und 1 Stabs-Trompeter; zu 4 Divisionen: 1 Divisions-Kommandeur und 1 Junker mehr, sohin 14 und beziehungsweise 16 Kombattanten.

Es ist also jedes Regiment der ersteren Kategorie 1052, jedes zu 4 Divisionen 1384 Kombattanten stark.

Die 8 Dragoner-Regimenter des 2. Reserve-Kavallerie-Korps und des 9. in Kaukasien zählen jedes 5 Divisionen zu 2 Eskadrons, wovon die 4 ersten Divisionen um 1 Spielmann, (nämlich 2 Trompeter und 2 Tambour) stärker sind, als die Eskadrons der anderen Kavallerie, also 174 Kombattanten, während der Etat bei der 5. Division unverändert ist.

Der Stab führt 1 Kommandeur und 1 Junker mehr, als die Regimenter zu 4 Divisionen, sohin 19, 8 Eskadrons zu 174 Komb. = 1392 und 2 Eskadrons zu 173 = 376; Summa eines Dragoner-Regiments 1757 Komb.

Totalstärke der Kavallerie nach dem Kriegsfusse exklusive der Reserve-Eskadrons:

				Eskadr.	Komb.
12	Kürassier-Regimenter	zu 6	Eskadrons,	72	12,624
2	Garde-Uhanen	„ 6	„	12	2104
18	Uhlanen	„ 8	„	144	24,912
2	Garde-Husaren	à 6	„	12	2104
14	Husaren	à 8	„	112	19,376
1	Garde-Grenadier und 1 Garde-Dragoner	à 6	„	12	2104
9	Dragoner	à 10	„	90	15,813
2	Garde-Kosaken	à 6	„	12	2104
			Zusammen	466	81,141

5. Artillerie.

Es gibt schwere Fuss- oder Posizions-, dann leichte Fuss-, schwere und leichte reitende, dann Gebirgs-Batterien, jede zu 8 oder 12 Geschüzen.

Eine schwere Fuss-Batterie zählt 6 zwölfpfündige Kanonen, 6 — $^{1}/_{2}$ pudige Einhörner, 7 Offiziere, 312 M., 241 Pferde; oder 4 zwölfpfündige Kanonen, 4 — $^{1}/_{2}$ pudige Einhörner, 7 Offiziere, 222 M., 177 Pferde.

Leichte Fuss-Batterie: 6 sechspfündige Kanonen, 6 — $^{1}/_{4}$ pudige Einhörner, 7 Offiziere, 246 M., 167 Pferde; oder 4 sechspfündige Kanonen, 4 — $^{1}/_{4}$ pudige Einhörner, 7 Offiziere, 172 M., 128 Pferde.

Eine schwere reitende 8 — $^{1}/_{2}$ pudige Einhörner, 8 Offiziere, 282 M., 374 Pferde.

Eine leichte reitende: 4 sechspfündige Kanonen, 4 — $^{1}/_{4}$ pudige Einhörner, 7 Offiziere, 219 M., 284 Pferde.

Eine Kosaken-Batterie: 4 sechspfündige Kanonen, 4 — $^{1}/_{4}$ pudiger Einhörner, 5 Offiziere, 202 M., 273 Pferde.

Eine Gebirgs-Batterie: 8 dreipfündige Kanonen, 4 zehnpfündiger Mortieren, 7 Offiziere, 222 M., 229 Pferde.

Die Batterien werden zumeist von Stabs-Offizieren kommandirt, auch hat jede eine eigene Trainsekzion.

Die Geschüze sind bespannt: bei der reitenden schweren Batterie mit 8, bei der reitenden leichten und schweren Fuss- mit 6 und bei der leichten Fuss-Batterie mit 4 Pferden. Zur zwölfpfündigen Kanone und $^{1}/_{2}$ pudigen Einhorn gehören 3, zu einer sechspfündigen Kanone und $^{1}/_{4}$ pudigen Einhorn 2 zweirädige Munizions-Karren mit drei Pferden bespannt, welche den Geschüzen als zweite Linie folgen.

Jede Batterie zerfällt in zwei halbe Batterien und in Züge zu zwei Geschüzen, 2 Einhörner stehen in der Mitte und wechseln dann nach den Flügeln zu mit den Kanonen ab.

Die reitende Artillerie ist von der Fuss-Artillerie getrennt.

Das Garde-, das Grenadier- und die 6 Infanterie-Korps haben jedes 1 Artillerie-Division zu 3 Feld- (Fuss-) und 1 reitende (leichte) Brigaden; ausserdem hat das Garde-Korps eine reitende Reserve-Artillerie. Die Fuss-Brigaden werden den Infanterie-Divisionen, die reitenden der Kavallerie-Division jedes Armee-Korps zugewiesen. Jedes Reserve-Kavallerie-Korps hat 1 reitende Artillerie-Division, das Korps in Kaukasien 1 Grenadier-Artillerie-, und 3 Feld-Artillerie-, die übrigen abgesonderten Korps aber nur Kosaken-Batterien.

Jede Artillerie-Brigade hat einen mobilen Park von zweiräderigen Munizions-Karren und 1 Park-Kompagnie bestehend aus 6 Offizieren und 276 M.

Die Artillerie-Brigaden sind formirt:

Garde-Artillerie-Division: 1. 2. 3. Garde-Artillerie-Brigade jede 2 schwere und 2 leichte Batterien; reitende Garde-Artillerie-Brigade: 3 leichte Batterien; reitende Reserve-Artillerie: 1 schwere reitende, 1 Donsche-Kosaken und Raketten-Batterie Nr. 1 in Ladoga.

Grenadier-Artillerie-Division: 1. 2. 3. Grenadier-Artillerie-Brigade, jede 2 schwere und 2 leichte, die 7. reitende Artillerie-Brigade 2 leichte Batterien.

Die 6 Artillerie-Divisionen der Infanterie-Korps: 1 bis 18 Feld- (Fuss), 1 bis 6 reitende; die 1. Brigade jeder Division: 2 schwere, 2 leichte, die 2. und 3.: 1 schwere 3 leichte und die reitende Brigade jeder Division 2 leichte Batterien. Die beiden Artillerie-Divisionen der 2 Reserve-Kavallerie-Korps: 1. und 2. Division zu 2 schweren und 4 leichten Batterien.

Kaukasische Artillerie-Division. Grenadier-Artillerie-Brigade zu: 1 schwere, 1 leichte und 2 Gebirg-, 19. Feld-Brigade zu 1 schwere und 3 leichte; 20. Feld-Brigade: zu 1 schwere, 2 leichte, 1 Gebirgs und Raketten-Batterie Nr. 2. 21. Feld-Brigade: zu 1 schwere, 1 leichte und 2 Gebirgs-Batterien.

Mit Ausnahme des Garde-Korps gehen die Nummern der reitenden Batterien in der Folge der Brigaden durch die ganze Armee von 1 bis 26, jene der Fuss-Batterien in der Folge der Brigaden immer nur durch ein Armee-Korps.

Die Kriegsstärke der regulären Artillerie beträgt also:

	Batterien,	Geschüze,	Kombattanten.
Garde-Artillerie-Division	14	112	3932
Grenadier „ „	14	112	3746
1 bis 6 „ „	84	960	27,588
1. und 2. reitende „	12	96	3814
Kaukasische „	16	156	4514
Zusammen	140	1436	43,594

ohne den 2 Raketten-Batterien.

6. Genie-Truppen.

Zerfallen in das eigentliche Ingenieur-Korps, das Ingenieur-Korps der Militär-Kolonien, welches zugleich sämmtliche nicht zur Fortifikazion gehörige Militärbauten im Lande besorgt, jenes der Wasserbauten bei der Flotte, jenes der Wege und Wasser-Komunikazionen und das Berg-Ingenieur-Korps.

Zum eigentlichen Ingenieur-Korps gehören: die Offiziere der Pläze und Arsenale, die Sappeur-Bataillons, die reitenden Pionier-Divisionen, die Kriegsarbeits- und die Militär-Straf-Kompagnien.

Die Sappeur-Bataillons bestehen: aus 1 Garde, 1 Grenadier, 6 Linien, 1 Kaukasus (4 Reserve und 2 Dépôt) Bataillone, 8 Pontonier-Parks und bilden im Frieden: 1 kombinirte Garde- und Grenadier-Sappeur-Brigade (das Bataillon zu 2 Sappeur, 2 Mineur und 1 Trainsekzion), zu der noch 1 Reserve, und 1 Lehr-Sappeur-Bataillon gehören, — 6 Linien-Sappeur-Brigaden zu 3 Bataillons (jedes Bataillon: 1 Sappeur, 3 Mineur - Kompagnien und 1 Trainsekzion) 1 Reserve und 1 Dépôt-Bataillon, dann die kaukasische, welche aus den gleichnamigen Bataillons und den 4 Reserve-Sappeur-Bataillons formirt ist. 6 Ponton-Parks, je zu 42 Ponton und Haquets, (1 Pontonier-Kompagnie zu 150 M.) dann 2 Reserve Ponton-Parks.

Das Bataillon Sappeur zu 4 Kompagnien zählt im Stabe: 6 Ober- 2 Unter-Offiziere, jede Kompagnie, 4 Ober-, 20 Unter-Offiziere 6 Spielleute und 230 Gemeine, sohin 6 Sappeur-Bataillone 9432 M.; 8 Ponton-Parks-Kompagnien 1200 M. und 336 Pontons.

Die reitenden Pionier-Divisionen: 1 Garde-, 1 Dragoner Pionier-Division (im Frieden zu 2), im Kriege zu 8 Eskadronen eine jede mit 8 ledernen Pontons und ebenso vielen Haquets (1 Reserve, 1 Dépôt - Halbeskadron). Jede Divison zu 2 Eskadrons hat 13 Ober-, 29 Unter-Offiziere, 8 Spielleute, 328 Gemeine und 275 Pferde. Ponton-Train mit 24 Fahrzeugen, 113 Zugpferden. Die Kriegsstärke zu 8 Eskadrons: 1512 M. und 64 Pontons.

7. Gendarmerie.

1 Gardehalbeskadron, 1 Regiment zu 4 Eskadron und 1 Reserve-Eskadron, 3 Gendarmerie-Divisionen, zusammen 11½ Eskadron oder 2364 Köpfe. Sie wird im Frieden zu Militär-Polizei-Zweken an die verschiedenen Korps vertheilt und dient im Kriege als Stabswache.

Eintheilung der Haupt-Armee.

	Kombattanten.
1) Garde-Korps (Petersburg), 3 Garde-Infanterie-Divisionen à 2 Brigaden und 4 Regimenter, dann das Garde-Schüzen-Bataillon, 37 Bataillone. .	40,607
Garde Reserve-Kavallerie-Korps: 1 Kürassier und 2 leichte Kavallerie-Divisionen, 12 Regimenter oder 72 Eskadrons..........................	12,624
Garde Artillerie-Division: 3 Feld-, 1 reitende Artillerie-Brigade zu 3, reitende Reserve-Artillerie zu 2 Batterien, 14 Batterien, ferner 1 Raketen-Batterie und 3 Parks.......................	3932

	Kombattanten.
1 reitende Pionier-Division zu 4 Eskadrons mit 32 Pontons, 1 Garde-Sappeur-Bataillon	1048
Ferner Garde-Train-Brigade.	
2) Grenadier-Korps: (Nowgorod): 3 Grenadier-Infanterie-Divisionen zu 2 Brigaden, 1 Grenadier-Scharfschützen-Bataillon, 37 Bataillons	40,607
1 (die 7) leichte Kavallerie-Division zu 2 Brigaden, 4 Regimenter oder 32 Eskadrons	5536
Grenadier-Artillerie-Division zu 3 Feld-Artillerie-Brigaden, à 4, und 1 reitende Artillerie-Brigade à 2, sohin 14 Batterien	3746
1 Grenadier-Sappeur-Bataillon..........	1048
Ferner, 1 Trainbrigade zu je ein Bataillon der 3 Infanterie, der Kavallerie- und Artillerie-Division, dann 1. Kompagnie des Sappeur-Bataillons.	
3) 6. Infanterie-Korps: (Nr. 1 in Suwalki, 2 in Warschau, 3 in Hommel, 4 Krimisies, 5 in Odessa und 6 in Moskau), jedes Korps: 3 Infanterie-Divisionen zu 2 Brigaden, zu 2 Regimentern, und mit dem Scharfschützen-Bataillon 49 Bataillons oder	52,259
1 leichte Kavallerie-Division zu 2 Brigaden, 32 Eskadrons	5536
Die Artillerie-Division zu 3 Feld-Brigaden, à 4 Batterien und eine reitende Brigade zu 2 Batterien, sohin 14 Batterien, dann 3 mobile Reserve-Parks..	4598
1 Sappeur-Bataillon	1048
1 Ponton-Park mit 32 Pontons	150
1 Train-Brigade (1 bis 6) wie beim Grenadier-Korps.	
4) 1. Reserve-Kavallerie-Korps (Jelisabethgrad), 2 Kürassier-Divisionen zu 2 Brigaden, zu 2 Regimenter oder 48 Eskadrons; und 1 Uhlanen-Division zu 2 Brigaden, zu 2 Regimenter oder 32 Eskadrons	13,952
1. reitende Artillerie-Division zu 6 Batterien und 1 mobilen Reservepark	1907
1 Train-Brigade Nr. 8 zu 3 Bataillons der 3 Divisionen und 1 Train-Kompagnie der Artillerie.	
5) 2. Reserve-Kavallerie-Korps (Tschugujew), 2 Dragoner-Divisionen zu 2 Brigaden, 2 Regimenter oder 80 Eskadrons..................	14,056

2. reitende Artillerie-Division zu 6 Batterien und 1 mobilen Reserve-Park 1907

1. reitende Pionier-Division zu 4 Eskadrons mit 32 Pontons 756

1 Train-Brigade Nr. 9 zu 2 Train-Bataillons der 2 Dragoner-Divisionen und 1. Kompagnie der Artillerie.

6) Kaukasisches Korps (in Tiflis): 3 Infanterie-Divisionen zu 2 Brigaden, zu 2 Regimenter und mit dem Scharfschützen-Bataillon, 49 Bataillons 52,259

Reserve-Grenadier-Brigade zu 2 Regimenter oder 6 Bataillons 6588

47 Linien-Bataillons 49,585

1 Dragoner-Regiment zu 10 Eskadrons 1757

Artillerie-Division zu 4 Feld-Artillerie-Brigaden jede zu 4 Batterien 4514

1 Sappeur-Bataillon 1048

Train-Brigade Nr. 10 zu $3\frac{1}{2}$ Train-Bataillons der $3\frac{1}{2}$ Infanterie-Divisionen, 1 detto der Artillerie dann 1 Kompagnie des Sappeur-Bataillons; die Trains der 47 Linien-Bataillone nicht eingerechnet.

7) Finnländisches Korps (in Riga), 1 Infanterie-Division zu 2 Brigaden jede zu 6 Bataillons 12,660

8) Orenburgisches Korps (in Orenburg). 1. Infanterie-Division zu 2 Brigaden jede zu 5 Bataillons 10,550

9) Sibirisches Korps (zu Tobolsk), 1 Infanterie-Division zu 3 Brigaden jede zu 5 Bataillons 15,825

Bei den Korps 6, 7, 8 u. 9, sind die irregulären Truppen nicht eingerechnet.

Rekapitulazion. (Ohne permanente Reserve-Truppen).

	Bat.,	Esk.,	Batt.,	Pont.,	Komb..	Gesch.
Garde - Korps:	38	72	14	32	58,967	112
Grenad. „	38	32	14	—	50,937	112
I. bis VI. Inf. „	300	192	84	252	381,546	960
I. Res.-Kav. „	—	80	6	—	15,859	48
II. „ „ „	—	84	6	32	16,719	48
Kaukasisches „	103	10	16	—	115,751	156
Finnisches „	12	—	—	—	12,660	—
Orenburgsches „	10	—	—	—	10,550	—
Sibirisches „	15	—	—	—	15,825	—
Gendarmerie „	—	$10\frac{1}{2}$	—	—	2364	—
Summa	516	480	140	316	681,178	1436

Armee- und Korps-Kommandeure.

Garde- und Grenadier-Korps.

Ober-Befehlshaber beider Korps: Grossfürst Thronfolger Alexander Nikolajewitsch, kaiserliche Hoheit;

Stabs-Chef: GL. und General-Adjutant Witofftow;

Chef der Artillerie: GL. Merkhilewitsch;

Chef der Ingenieure: GL. v. Zur Mühlen;

Ober-Quartiermeister: Oberst Schukoffski III.;

General-Arzt: geheimer Rath Schering.

Kommandeur des Garde-Infanterie-Korps: General der Artillerie, General-Adjutant Ssumarokoff I.;

Stabs-Chef: Oberst Wuitsch.

Beim Korps sind attachirt: die GM. Remi I., Woropai und Malinoffski I.

1. Garde-Infanterie-Division: GL. v. Moller I. 2. Division: GL. Ofrosimoff. 3. Division GL. Owander.

Kommandeur des Grenadier-Korps: GL. Murawieff I. Stabs-Chef: GM. v. Rediger.

Beim Korps sind attachirt: GL. Nippa, GM. Rachette, Bolschakoff und Grund I.

1. Grenadier-Division: GL. de Witte I. 2. Division GL. Jerkow. 3. Division GL. Wjattkinn.

Kommandeur des Garde-Reserve-Kavallerie-Korps: G. d. K. v. Strandtmann.

Garde-Kürassier-Division: GL. v. Essen.

1. leichte Garde-Kavallerie-Division: GL. und General-Adjutant Anrepp.

2. leichte Garde-Kavallerie-Division: GL. Engelhardt I.

7. leichte Kavallerie-Division der Linie —: GL. und General-Adjutant Prittwitz.

Aktive Armee.

Ober-Befehlshaber der sechs Infanterie-Korps —: FM. Fürst von Warschau, Graf Paskewitsch von Erivan.

Chefs des General-Stabes —: G. d. A. und General-Adjutant Fürst Gortschakoff.

General-Quartiermeister —: GM. Froloff III.

Chef des Genies —: General des Genies und General-Adjutant Schilder.

Chef der Artillerie—: G. d. A. Sukhozannett II.

Intendant —: General Lichanowski; Feld-Proviantmeister —: General Sattler.

Attachirte Generale —: GL. Ussakow; GM. Buturlin.

I. Korps-Kommandant: G.d.K. Sievers. — Stabs-Chef; Oberst Heyden.

1. Infanterie-Division: GL. Reutern I.; 2.: GL. Bjeljaffski I.; 3. GL. Dik; 1. leichte Kavallerie-Division: GL. Baron von Korff II. (Wilkomierz in Lithauen); Artillerie-Division: GL. Staden I.

II. Korps-Kommandant: G. d. I. und General-Adjutant Panjutin I. — Stabs-Chef: GM. Wranken.

4. Infanterie-Division: GL. Karlowitsch; 5. GL. Labinzoff; 6. GL. Dreschern; 2. leichte Kavallerie-Division: GL. von Stael; (Sidlec in Polen). Artillerie-Division: GL. von Sserschputowski.

III. Korps-Kommandant: G. d. K. und General-Adjutant Frhr. v. Osten-Saken I. — Stabs-Chef: GM. Teternwnikoff.

7. Infanterie-Division: GL. Ussakow; 8. GL. Selvan; 9. GL. Sasmarin; 3. leichte Kavallerie-Division: GL. Grotenjelm: (Gouv. Minsk und Mohilow zerstreut). Artillerie-Division: GM. Hallmann.

IV. Korps-Kommandant: G. d. I. Dannenberg. — Stabs-Chef: GM. Martiney.

10. Infanterie-Division: GL. Ssoimonoff; 11. GM. Pawloff I.; 12. GL. Liprandi; 4. leichte Kavallerie-Division: GL. Graf Nierod I.; Artillerie-Division: GM. Sixtel.

V. Korps-Kommandant: G. d. I. und General-Adjutant Lüders. — Stabs-Chef: GM. Nepokoitschisky.

13. Infanterie-Division: GL. Obrutscheff II.; 14. GL. v. Moller II.; 15. GL. Marinn I.; 5. leichte Kavallerie-Division: GL. v. Fischbach; Artillerie-Division: GM. Meyer I.

VI. Korps-Kommandant: G. d. I. Tscheodajeff. — Stabs-Chef: GM. von Brinn.

16. Infanterie-Division: GL. Kwitsinski; 17. GL. Kirjakoff; 18. GL. Skobelzinn; 6. leichte Kavallerie-Division: GL. Lanskoi II., und Artillerie-Division: GM. Korniloff I.

Chef der ganzen Infanterie aller Reserve-Truppen und des Armee-Dépôts—: G. d. I. Tscheodajeff.

Chef des 1. Reserve-Kavallerie-Korps—: G. d. K. v. Helfreich I.

1. Kürassier-Division—. GL. Mazurkewitsch. 2. GL. Baron Wietinghoff. Division der Reserve-Uhlanen—: GL. v. Korff I.

Chef des 2. Korps—: G. d. K. Schabelskoï.

1. Dragoner-Division —: GM. Stavitzky I. 2. GL. Mutrisoz.

Kaukasische Armee—: Chef G. d. I. und General-Adjutant Fürst Woronzoff.

Chef des General-Stabs— : GL. und General-Adjutant Fürst Barjatinsky.

19. Infanterie-Division—: GL. Kozlowsky I. 20. GM. Baron Wrangel II. 21. GL. Wrangel.

Chef der Küste des schwarzen Meeres —: Vize-Admiral Sérébriakoff.

Chef der kaukasischen Linie—: GL. Zawadowsky.

Chef der Küste des kaspischen Meeres —: General-Adjutant Fürst Argutinsky.

22. Division (Finnland)—: GL. v. Junker.

23. „ (Orenburg)—: GL. Glukhoff.

24. „ (Sibirien)—: GL. Dométi.

Chef der Gendarmerie—: General-Adjutant Graf Orloff.

II. Reserve-Truppen.

a) Erste Reserve: Zu jedem Infanterie- und Jäger-Bataillon gehört 1 Reserve-Bataillon mit gleicher Stärke. Der Kadre beträgt 1 Offizier, 30 M. Die Reserve-Bataillons der Garde und Grenadiere haben keine Kadres. Die 9 Scharfschüzen-Bataillone haben 1 permanentes Reserve-Bataillon, welches im Frieden Unter-Offiziere für die übrigen Bataillons ausbildet.

Jedes Kavallerie-Regiment von 6 oder 8 Eskadrons hat 1 Reserve-Eskadron zu 153, die Dragoner-Regimenter von 10 Eskadrons aber 2 Reserve-Eskadronen zu 153 Köpfen. Das Garde-Korps hat seine Reserve-Eskadron bei den Regimentern permanent formirt und für die 6 leichten Kavallerie-Divisionen bestehen 24 Reserve-Eskadrons zu 20 Rotten pr. Zug, welche als leichte Reserve-Kavallerie-Division unter Kommando des GL. Fürst Bragation-Imiretinsky im südlichen Russland vereinigt sind.

Die 7 leichten Kavallerie-Divisionen und die 2 Reserve-Kavallerie-Korps haben keine Reserve-Eskadron.

Zu jeder Artillerie-Brigade der Fuss-Artillerie gehört ein Reserve-Bataillon mit dem Etat für 8 oder 12 Ge-

19

schüze. Die Kadres der Garde und Grenadier-Korps sind vereiniget, zählen 16 bespannte Geschüze, 4 für die Garde, 12 für die Grenadiere, mit Mannschaften, 6 Reserve-Batterien oder 48 Geschüze. Für die 6 Infanterie-Korps sind die Kadres für 18 Reserve-Batterien à 12 Geschüze, nur mit 24 bespannten Geschüzen und Mannschaften für 72 Geschüze vorhanden.

Von der reitenden Artillerie hat jede Brigade der leichten Garde und 7 leichten Kavallerie-Divisionen 1 reitende Reserve-Batterie mit dem Etat für 8 Geschüze, welche bei der Garde auch Dépôt- (Sapasni) Batterie heisst. Die reitenden Reserve-Batterien der Garde und Grenadiere haben keine Kadres.

Für die 6 Infanterie-Korps bestehen die 6 reitenden Reserve-Batterien als Kadres in 6 Halb-Battterien, welche in 3 Batterien vereiniget der leichten Reserve-Kavallerie-Division in Süd-Russland beigegeben sind. Endlich gehören zu jeder reitenden Artillerie-Division der 2 Reserve-Kavallerie-Korps 2 schwere reitende Reserve-Batterien ohne Kadres.

Die Garde- und Grenadier-, dann die Sappeur-Brigaden der 6 Infanterie-Korps haben jedes 1 permanent bestehendes Reserve-Sappeur-Bataillon, endlich hat jede der 2 reitenden Pionier-Divisionen des Garde- und 2. Reserve-Kavallerie-Korps 1 Reserve-Halb-Eskadron Pioniere mit gleichen Etat.

Die Kriegsstärke dieser Reserve ergibt sich wie folgt:

Für das Garde-Korps: 12 Bat., 10 Esk., 3 Fuss-Batt., 1 reit. Batt., dann für das Grenadier-Korps: 12 Bat., 4 Esk., 3 Fuss-Batt., 1 reit. Batt., für beide Korps zusammen: 30,707 K., 64 Gesch.

Diese beiden Korps haben ferner 1 Sappeur-Bataillon und $1/2$ Eskadron reitende Pioniere zugetheilt.

Für die 6 Inf.-Korps: 72 Bat., 24 Esk., 18 Fuss-Batt., 6 reit. Batt., 2 Sapp.-Bat., 87,638 K., 264 Gesch.

Für das I. Reserve-Kavallerie-Korps: 12 Esk., 2 reit. Batt., 2416 K., 16 Gesch.

Für das II. Reserve-Kavallerie-Korps: 16 Esk., 2 reit. Batt., $1/2$ Esk. reit. Pion., 3123 K., 16 Gesch.

Für das Scharfschüzen-Bat.: 1 Bat., 1055 K.

Für die Gensdarmerie: 1 Esk., 153 K.

Zusammen 97 Bat., 67 Esk., 24 Fuss-Batt., 12 reit. Batt., 3 Sapp.-Bat., 1 Esk. reit. Pion., 125,092 K., 360 Gesch.

Von den abgesonderten Korps hat nur das kaukasische eine permanent bestehende I. Reserve, u. z. mit gleichem Etat wie die übrigen Truppen, vollständig formirt und den bezüglichen Regimentern einverleibt; bleibt jedoch stets in den Stabs-Quartieren zurük, um die Oekonomie zu versehen und bei der Kavallerie den Ersaz auszubilden. Sie besteht mit 1 Reserve-Bataillon pr. Infanterie-Regiment der 3 Divisionen, 1 Reserve-Eskadron für das Dragoner-Regiment und 1 Reserve-Sappeur-Bataillon, aus 14 Bataillonen, 1 Eskadron, 1 Sappeur-Bataillon oder 15,991 Kombattanten. Sohin ist die Totalstärke der I. Reserve: 111 Bataillons, 68 Eskadrons, 24 Fuss-, 12 reitende Batterien, 4 Sappeur-Bataillons, 1 Eskadron reitende Pioniere, 141,083 Kombattanten und 360 Geschüze.

Diese Reserve wird jährlich 4 Wochen in Bataillons geübt, und nimmt auch Theil an grösseren Manövers. Ihre Hauptschwäche ist der Mangel an Offizieren, welche mit kommandirten und auf unbestimmte Zeit beurlaubten aus den Regimentern ersezt werden, während es an tüchtigen Unter-Offizieren, besonders mit Rüksicht auf die Garnison-Truppen, keineswegs fehlt. Diese Reserve dient vorzugsweise als Reserve-Division der bezüglichen Korps, wie dies im Jahre 1849 statt hatte, obwohl die Einverleibung in die entsprechenden Regimenter nicht ausgeschlossen ist; auch soll sie nach Umständen bei dem Garde- und Grenadier-Korps zunächt den Ersaz sichern.

b) Zweite Reserve. Sapasni (Dépôt-) Truppen.

Sie unterscheidet sich von der 1. Reserve: durch die fehlenden Kadres, durch die Altersklassen rüksichtlich der Dienstzeit, durch die besondere Bestimmung zur Ausbildung und Abgabe des Ersazes im Kriege, daher ihr auch die pensionirten Offiziere zugewiesen werden; endlich werden die Sapasni-Truppen nur auf besonderen Befehl des Kaisers zur Waffenübung zusammengezogen.

Nach der speziellen Organisazion gehört zu jedem Infanterie- und Jäger-Regiment, mit Ausnahme der Garde, 1 Sapasni-Bataillon in gleicher Stärke, und zu jedem Kavallerie-Regimente 1 Dépôt-Eskadron zu 153 M. Jede Feld-Artillerie-Brigade hat 1 Dépôt-Batterie zu 12, jede Garde-Artillerie-Brigade 1 derlei Batterie zu 8 Geschüzen mit dem entsprechenden Etat. Die reitenden Batterien haben keine Dépôt-Batterien. Die 2 Sappeur-Brigaden der Infanterie-Korps haben 2 Dépôt-Bataillone in gleicher Stärke, und bestehen mit einem Kadre von 1 Offizier und 30 M.; die reitende Pionier-Division des 2. Reserve-Kavallerie-Korps hat 1 Dépôthalb-Eskadron mit dem Kadre von 12 Köpfen.

Es ist also die II. Reserve stark:

	Bats.,	Esk.,	F.-Batt.,			K.,	Gesch.
Garde-Korps	—	10	3			2067	24
Grnd.-Korps:	12	4	3			14,097	24
der 6 Ift.-„ :	72	24	18	2	Sapp.-Bataillon	86,282	216
des I. Res.-Kav.-Korps:	—	12	—			1836	—
des II. Res.-Kav.-Korpr:	—	8	—		½ Esk. r. Pion.	1319	—
Zusammen	84	58	24	2	½	105,601	264

Das Kaukasische-Korps hat zur Ausbildung des Ersazes 1 Reserve-Division zu 3 Brigaden à 4 Bataillons und eine Halbbrigade zu 3 Bataillons für die Linien-Bataillons, jedes dieser 15 Reserve-Bataillons 652, sohin 9780 Kombattanten.

Totalstärke: 99 Bataillons 58 Eskadrons, 24 Fuss-Batterien, 2 Sappeur-Bataillons, ½ Eskadron reitende Pioniere, 115,381 Kombattanten mit 264 Geschüzen.

III. Garnison-Truppen.

a. Infanterie.

1 Kompagnie-Palast-Grenadier-Garde: 100 M.

1 Korps der inneren Wache: 51,050 M., Chef derselben —: G. d. I. Gartung.

Dieses bildet 50 Bataillons jedes zu 21 Offizieren und 1000 M. (in der Regel aber nur 400 M. stark).

Jedes Bataillon hat 4 Kompagnien und sind sämmtliche Bataillons in 10 Reichsbezirke eingetheilt. Die Bataillone sind in den Gouvernement-Städten dislozirt, versehen daselbst den Wachdienst, die Transportirung der Reserven, Rekruten u. dergl. Ihre Kommandeure führen die Aufsicht über die Reserve aller Klassen. Zu 5 Bataillons gehören 2 Einhörner, auch hat jedes Bataillon eine Korrekzions-Sekzion für leichte Verbrecher der Armee.

b. Artillerie.

Es gibt 98 Garnisons-Artillerie-Kompagnien (mit Einschluss der Garnisons-Artillerie in Kaukasien) jede 4 Offiziere und 165 M.

Sie sind in 15 Brigaden über 12 Bezirke des Reiches vertheilt, bilden die Festungs-Artillerie und werden bei den Arsenalen verwendet. Die Garnisons-Artillerie in Kaukasien versieht 200 feste Punkte mit ungefähr 1200 Geschüzen, und kann mit 10 Batterien zu 8 Geschüzen, in 2 Brigaden, ausrüken.

12 Arsenal-Kompagnien, wovon 7 mobile in der Stärke der Garnisons-Kompagnien, und 5 beständige in den Arsenalen zu Petersburg, Briansk, Kiew, Kasan und Nischegorod.

Endlich 6 Laboratorien-Kompagnien eben so vielen Haupt-Laboratorien zugehörig, jede 4 Offiziere und 182 M.

c. Ingenieure.

Ausser dem Stabe von 10 Generalen und 342 Offizieren bestehen 25 Militär-Arbeits-Kompagnien zu 3 Offizieren und 208 M., die Behufs der Ausführung der Genie-Arbeiten in den Festungen, und zur Verwaltung des Materials mit ausgehobenen Handwerkern ergänzt werden, und mit 54 Strafkompagnien, in 10 Bezirken des Reiches vertheilt sind.

Unter diesem Garnison-Ingenieur-Korps stehen noch 2 mobile Ingenieur-Parks, welche zur Verwaltung des Sappeur- und Ponton-Materials dienen, dann 2 Belagerungs-Parks in Riga und Bender zu 8 Abtheilungen oder 192 Geschüzen für jeden Park, welche bei der Mobilmachung mit 30 Offiziere, 1260 M. pr. Park besezt werden.

Die sämmtlichen Garnison-Truppen zählen 78118 Köpfe, und zwar:

50 Bataillons und 1 Kompagnie	51,150	Köpfe
98 Garnison-Artillerie-Kompagnien	16,562	„
7 Arsenal-Kompagnien	1183	„
6 Laboratorien	1016	„
Garnisons-Ingenieur-Offiziere	352	„
25 Militär-Arbeits-Kompagnien	5275	„
2 Belagerungs-Parks	2580	„

IV. Invaliden.

5 Invalidenhäuser, 16 Grenadier-, 119 Linien-, 15 Kaukasische, 8 Finnländische, 14 Orenburgsche Invaliden-Kompagnien, 94 Sibirische Invaliden-Kommandos, welche bei dem sibirischen Korps noch zu manchen Diensten und namentlich zu Etappen-Kommandos verwendet werden. Weiteres gibt es noch besondere Invaliden-Abtheilungen bei den Truppen, und 552 Kompagnien Veteranen-Infanterie zum Dienst in den Distrikts und Etappen-Städten, k. Schlössern u. dergl.

V. Irreguläre Truppen.

Hierzu gehören die Kosaken, Kaukasier, Kalmuken, Tartaren, Baschkiren, Tungusen und Burjaten, diesseits und jenseits der südlichen östlichen Grenzen des Reiches ansässig, von der Rekrutenaushebung befreit, jedoch verpflichtet eine bestimmte Anzahl von Regimentern, Batterien u. dergl. für den Krieg und Grenzdienst zu stellen.

H e t m a n n a l l e r K o s a k e n —: Se. k. Hoheit Grossfürst C e s a r e w i t s c h.

Sämmtliche Kosakenstämme, einschlüssig der Kalmuken, Beschkiren etc. etc. stellen zumeist Reiterei und reitende Artillerie, und nur in geringer Zahl Infanterie. 2 bis 3 Regimenter (Polk) formiren eine Brigade; jedes Regiment zählt 5 bis 6 Eskadron (Sotnia, Fahne) in der Stärke von 100 — 200 M. Die 27 Batterien, einschlüssig 4 Reserve-Batterien, bestehen aus 4 sechspfündigen Kanonen und 2¼ pudigen Einhörnern zu 5 Offiziere, 20 Unter-Offiziere, 4 Trompeter und 178 Kosaken, oder aus 6 sechspfündigen Kanonen und 6—¼ pudigen Einhörnern mit derselben Zahl von Offizieren, Unter-Offizieren und Trompetern und 261 M. pr. Batterie.

Die Infanterie formirt 18 Bataillons, 9 zu 4 und 9 zu 5 Sotnien, dann 8 Regimenter zu 5 bis 6 Sotnien, jede der lezteren ungefähr 120 M. Bei den Tschernomorischen Bataillons befinden sich 15 Büchsenschüzen pr. Sotnia.

F o r m i r u n g, V e r w e n d u n g u n d b e i l ä u f i g e S t ä r k e:

1. K o s a k e n - H e e r e v o n N e u r u s s l a n d u n d B e s s a r a b i e n.

a) Von der Donau. Hetmann —: GM. S c h o s t a k I. 2 Regimenter, das 1. und 2. Dunaiskische zu Pferd à 5 Sotnias 117 M., bestehen aus den seit dem Jahre 1814 vom schwarzen Meere hier angesiedelten Kosaken, dann aus Bulgaren, Serben, Albanesen u. dergl.

b) Vom Azow. Hetmann —: Oberst K a s s a l o g, ad int. 10 Sotnien Infanterie 1000 M., früher das Zaporagische Fuss-Regiment. Bestimmte Kommandos kreuzen in mit Kanonen armirten Ruderböten (Barkassen) an der Ostküste des schwarzen Meeres.

c) Krimmsche Tartaren. Hetmann —: GM. à la Suite B a l k a s c h i n. 4 Regimenter zu Pferde; die Leibgarde-Eskadron in Petersburg und 1 griechisches Scharfschüzen-Bataillon (Balaclava) zu 4 Kompagnien 427 M.

2. K o s a k e n - H e e r e i m K a u k a s u s.

a) Tschernomorische (vom schwarzen Meere). Hetmann —: G. d. K. Z a w a d o w s k y. 12 Regimenter zu Pferde in 6 Sotnien à 850 M., die Leibgarde-Division in Petersburg; 9 Bataillons Infanterie à 4 Kompagnien zu 125 M., 3 reitende Kosaken-Batterien (Nr. 10 bis 12) zu 8 Geschüzen und 207 M., und 1 Fuss-Batterie Garnisons-Artillerie zu 16 Geschüzen und 169 M.

b) Kaukasische Linien-Kosaken. Hetmann —: GM. Fürst E r i s t o f f II. 20 Regimenter zu Pferde, zu 6 Sotnien à 100

M., in 9 Brigaden, am Kuban und Terek angesiedelt; ½ Sotnia Leibgarde-Bergvölker in Petersburg; 3 reitende Batterien (Nr. 13 bis 15) à 290 M.; ferner das Lhesginische Muselmännische Reiter-Regiment zu 6 Sotnien à 145 M., das Transkaukasische Muselmännische Reiter-Regiment (in Polen) zu 4 Sotnien à 100 M., das irreg. kaukasische Kavallerie-Regiment (2 Sotnia Tscherkessen, 2 Sotnia Kosaken, jede 100 M.) ebenfalls in Polen, und 10,000 M. Dscharo Lhesginische und andere Milizen, (⅖ Reiterei, ⅗ Fussvolk).

c) Astrachanische. Hetmann —: GM. Wrubel. 3 Reiter-Regimenter à 883 M. zu 6 Sotnien; reitende Batterie Nr. 16 zu 8 Geschützen und 207 M.; ferner 12 Kalmüken-Regimenter zu Pferd von der Wolga, jedes zu 5 Sot. à 100 M. und 10 Kompagnien Stawropoler Reiter á 100 M. (3 Komp. nach Orenburg kommandirt).

Ausser diesen drei Kosaken-Heeren sind zum kaukasischen Korps detachirt: 19 Kavallerie-Regimenter, jedes 844 M. das Regiment in 5 Sotnien = 16,036 und 1 reitende Batterie 297 M. donische Kosaken, sohin ist die Stärke dieses Korps an irregulären Truppen 65,911 Komb. in 381 Sotnien, 10 Bataillons und 8 Batterien mit 76 Geschützen, mit Einschluss des Asow'schen Bataillons und mit Ausnahme der in Polen und Petersburg detachirten Abtheilungen; also die Totalstärke der kaukasischen Armee: 113 Bataillons, 391 Eskadrons, 232 Geschüze oder 181,662 M.

3) Donische Kosaken. Hetmann —: G. d. K. Khomutoff. In 4 Bezirken: 2 Garde-Kosaken-Regimenter zu 6 Sotnien = 2104 M., 54 Regimenter zu Pferd zu 844 M. oder 6 Sotnien; 1 Garde-, 9 reitende (Nr. 1 bis 9) und 4 Reserve-Batterien zu 8 Geschützen und 207 Komb., 1 Sotnie Militär-Handwerker 221, 5 Sotnien Handelsschus-Kosaken und Pferdefänger à 100 M., 2 Arbeits-Regimenter. Von den donischen Kosaken sind detachirt: 19 Regimenter und 1 Batterie zum kaukasischen Korps, 5 Regimenter und 1 Batterie zur aktiven Armee in Polen, 2 Regimenter und 1 Batterie beim Garde-Korps, 2 Regimenter in Bessarabien, und 1 Regiment beim Finnländischen Korps.

4) Kosaken des Orenburgischen Korps.

a) Vom Ural. Hetmann —: GL. Geke. 12 Regimenter zu 578 M. in 5 Sotnien und 1 Division Leibgarde-Kosaken 262 M. in Petersburg. Am Ural, Ilek und kaspischen Meere angesiedelt. Zu den Uralischen Kosaken gehören: die Baschkiren, Metscherägen und Tepliaren zwischen der Wolga und dem Ural, welche 17 Kompagnien Reiter à 100 M. stellen.

b) Orenburgische. Hetmann —: GM. Podurow. 10 Reiter-Regimenter zu 6 Sotnien, jedes Regiment 800 M., 3 reitende Batterien (Nr. 17 bis 19) zu 8 Geschüzen und 207 M. 1 Sotnie Militär-Handwerker 100 M. und Handelsschuz-Kosaken, welche die orenburgische Linie und die kirgisischen Horden bewachen. Das orenburgische Korps zählt daher mit Ausschluss der Garde-Abtheilungen an irregulären Truppen: 138 Sotnien, 3 Batterien — 17,357 und mit den regulären Truppen: 10 Bataillons, 138 Sotnien, 3 Batterien und 27,907 Kombattanten.

5) Kosaken des sibirischen Korps. Hetmann — GM. Worobjeff I.

a) Linien-Kosaken: 9 Regimenter in 4 Brigaden, jedes Regiment zu 6 Sotnien à 100 M., 3 reitende Batterien (20—22) zu 8 Geschüzen und 207 M. auf der Linie vertheilt, welche von dem orenburgischen Gouvernement nach der Festung Peterpawlowsk, Omsk am Irtish entlang, zur chinesischen Grenze, Ustkamenogorski und Kusnezk führt.

b) Städte-Kosaken: 1 Infanterie-Regiment zu 6, 7 Infanterie-Regimenter zu 5 Sotnien à 100 M. Die Regimenter führen folgende Namen: Tobolsk, Sibirsk, tartarisches, Tomsk, Jersei, Irkuzk, am Baikal und Jakuzk. Ausser diesen Regimentern bestehen noch 1 Werchoturisches und 1 kamtschatkisches Stadt-Kosaken-Kommando.

c) Grenz-Kosaken gegen China: 6 Regimenter zu 6 Sotnien und 9 Bataillons zu 6 Sotnien à 100 M.; 3 Abtheilungen zu Pferde, eine zu 4, die anderen zu 3 Sotnien à 100 M., 1 Regiment Tungusen zu Pferd 5 Sotnien à 100 M. und 4 Regimenter Burjaten zu Pferde, mit den Namen Aschebagatoff, Gorgoloff, Ataganoff und Sortoloff à 5 Sotnien oder 100 M. Das sibirische Korps zählt daher an irregulären Truppen: 125 Sotnien, 17 Bataillons, 3 Batterien oder 22,621 K. und mit den regulären: 38,446 K. und 24 Geschüze in 32 Bataillons, 125 Sotnien und 3 Batterien.

Gesammt-Stärke der vorstehenden irregulären Truppen:

	Sot.	Bat.	Batt.	M.	d. Zahl d. Streitf.
Donau-Kosaken	10			1117	7000
Asow'sche „		1		1000	6000
Krimsche Tartaren	1	1		597	3500
Tschernomorische	74	9	3	15,660	125,000
Kaukasische	134½	—	3	24,371	150,000
Astrachanische	88	—	1	9856	50,000
Donische	329	—	13	48.988	440,000
Uralsche	79	—	—	8898	50,000
Orenburgsche	61	—	3	8721	60,000
Sibirische	125	17	3	22.621	50,000
Summa	901½	28	26	141,829	mit 220 Ge-

schüzen, die Garnisons-Artillerie bei den Tschernomorischen, und die Garde-Abtheilungen bei den donischen Kosaken nicht eingerechnet.

Wenn von dieser Totalstärke die Detachirungen, wozu beim Garde-Korps 5½ Sot. oder 851 K. und beim finnischen Korps ein donisches Regiment 844 Köpfe, daher im Ganzen bei den abgesonderten Korps zu zählen sind: 655½ Sotnien, 27 Bataillons, 14 Batterien, 124 Geschüze = 107,584 K. abgeschlagen werden, so verbleiben noch an irregulären Truppen zur Disposizion: 34,245 Komb. mit 96 Geschüzen, eingetheilt in 246 Sotnien, 1 Bataillon und 12 Batterien.

Die hier angeführte Stärke ist, wie gesagt, nur eine approximative und kann der disponible Stand mindestens um die Hälfte erhöht werden, da es an Waffenfähigen nicht mangelt, auch die Ausrüstung in so weit keiner Schwierigkeit unterliegt, als sich diese Truppen meistentheils selbst kleiden, bewaffnen und beritten machen.

V. Mustertruppen

bestehen aus 1 Muster-Infanterie- und 1 Muster-Kavallerie-Regiment, 1 Muster-Fuss- und 1 reitende Batterie, dann 1 Muster-Bataillon des kaukasischen Korps.

VI. Lehr-Truppen.

a) Kantonisten-Abtheilungen sind zur Ausbildung sämmtlicher Soldaten-Söhne vom 6. bis zum 20. Jahre, als Unter-Offiziere, Spielleute, Schreiber, Handwerker u. s. w., und zum Uebertritt mit dem 18. Jahre in die eigentlichen Lehr-Abtheilungen oder Regimenter bestimmt, und bestehen aus 13 Kantonisten-Bataillons, 6 Halb-Bataillons, 3 Kompagnien und 1 Halb-Kompagnie aus 20 Kantonisten, Kavallerie-Regimenter, 5 reitende Batterien in den Militär-Kolonien, aus den Regiments-Schulen der Garde-Regimenter, 11 Artillerie-Divisionsschulen, 3 Sappeur-Brigadeschulen, aus Kosaken-Schulen und 1 Burjaten-Schule in Irkutzk.

b) Lehr-Abtheilungen: u. z. 4 Lehr-Karabinier-Regimenter zu 4 bis 5 Bataillons mit Lehr-Hautboisten-Kompagnien, 1 Lehr-Artillerie-Brigade (1 schwere, 2 leichte Batterien), 1 Lehr-Sappeur-Bataillon, und 1 dem Muster-Kavallerie-Regiment attachirte Lehr-Eskadron.

c) Besondere Anstalten: 11 Garnisons-Artillerie-Schulen für die Subaltern-Beamten der Artillerie-Verwaltung, 3 technische Schulen der Handwerks-Meister bei den Waffen-Fabriken, 3 Schulen der Pulvermeister, 3 Arsenal-Schulen, 1 Thierarznei-Schule, 1 chirurgische Lehr-Anstalt, 1 dem

Petersburger Kanton-Bataillon zugetheilte Auditor-Schule, 1 Bereiter- und 1 zur Ausbildung der Fechtmeister bestimmte Garde-Fecht-Schule.

d) Offiziers-Schulen: Die Generalstabs-Schule (Militär-Akademie), die Artillerie-Schule mit 1 Batterie (auch für Unter-Offiziere); die Ingenieur-Schule mit 1 Kondukteur-Kompagnie (auch für Unter-Offiziere), die Garde-Junker- oder Fähnrichs- und die Topograten-Schule, dann 23 Kadeten-Korps oder ähnliche Anstalten, endlich die medizinisch-chirurgische Akademie.

Diese Lehr-Anstalten fassen an 160,000 Köpfe.

VII. Quarantaine-Truppen und Grenzwachen.

Erstere 1650 M. in $2^1/_2$ Bataillons und 1 Kompagnie gegen die europäisch-türkische Grenze am schwarzen Meere und im Gouvernement Astrachan; dem Ministerium des Innern untergeordnet, aber aus der Armee ergänzt.

Die Grenzwache zählt 44 Kompagnien bei 5000 M., zur Hälfte Infanterie, zur Hälfte Kavallerie, ohne die Grenzwache in Polen gegen Oesterreich und Preussen; sie steht unter dem Finanzministerium, ergänzt sich aus der Armee, erhält aber seine Offiziere aus den Zivil-Beamten.

VIII. Militär-Kolonien.

Sie datiren aus dem Jahre 1818, wo der General Graf Araktschejew im Norden am Wolkowo bei Nowgorod zunächst für die Infanterie- und im Süden am Bug für die Kavallerie, Kolonien in der Art etablirte, dass man gewissen Regimentern bestimmte Landstriche zuwies, deren Bewohner die Truppen ergänzen und verpflegen sollten, dagegen aber von allen Abgaben befreit waren. Im Jahre 1831 wurde die nördliche Kolonie, welche sich als unhaltbar erwies, in der Art aufgehoben, dass die Regimenter in denselben nur kaserniren; die Kolonisten erhielten den Namen „Akerbau-Soldaten" und bewirthschaften ihren Boden frei gegen eine Abgabe. Es bestehen also eigentliche Militär-Kolonien, für die Kavallerie und reitende Artillerie nur im Süden, welche wie folgt eingetheilt sind: *a)* Ukrainische: das 2. Reserve-Kavallerie-Korps und die 6. leichte Kavallerie-Division mit der 6. reitenden Artillerie-Brigade im Gouvernement Charkow. (Stabs-Quartier Tschugujew). *b)* Neu- oder Süd-Russische: für das 1. Reserve-Kavallerie-Korps im Gouvernement Cherson (Stabs-Quartier Jelisabethgrad). *c)* Bugische:

für die 4. leichte Kavallerie-Division und 4. reitende Artillerie-Brigade im Gouvernement Podolien (Stabs-Quartier Tulczin), und für die 5. leichte Kavallerie-Division mit der 5. reitenden Artillerie-Brigade am untern Bug (Stabs-Quartier Wosnesensk). Ausserdem sind noch die leichte Reserve-Kavallerie-Division nebst der 6. reitenden Reserve-Halb-Brigade in diesen Kolonien stazionirt.

Bei den „Akerbau-Soldaten" im Norden sind untergebracht in den Gouvernements Nowgorod, Witebsk und Mohilow: die 1. und 3. Grenadier-Division, die 2. leichte Garde-Kavallerie-Division, die 3. Grenadier-Artillerie-Brigade, das 1. Lehr-Karabinier-Regiment, das Grenadier-, das Lehr-, Sappeur- und das Grenadier-Scharfschüzen-Bataillon.

Die Stärke der in den südlichen Kolonien etablirten Truppen beträgt 54,892 Komb. in 284 Eskadrons mit 21 Batterien oder 108 Geschüzen, dann 32 Pont. nebst 3 Arbeits-Bataillons zu 600 M., welche fast alle in den Kolonien erforderlichen Arbeiten verfertigen.

In Bezug der Verwaltung dieser Kolonien folgendes: die Hälfte des Bodens gehört der Krone für die Nutzung der Truppen, den die Kolonisten durch Robot-Tage bearbeiten, die andere Hälfte ist unter die Kolonisten vertheilt; ein oder mehrere Familien haben 90 Diessätinen (1 Diessatin = 1:^{0091} Wiener-Joch oder 4¼ Magdeburger Morgen), einen Pflug und ein Haus. 40 bis 50 Häuser bilden einen Zug, 180 — 190 eine halbe Verwaltungs-Eskadron oder ein Dorf und 6 oder 8 Dörfer das Regiment. Die Eskadronen haben ihre eigenen Stabs-Offiziere und Beamte, welche die militärische und gesezliche Ordnung in den Kolonisten-Häusern erhalten. Jedes Haus hat einen Soldaten ohne Pferd aufzunehmen und zu verköstigen, wogegen dieser seinen Wirth in der Arbeit zu unterstüzen hat. Der Kolonist ist von allen Abgaben, militärischen Uebungen u. dgl. frei. Der Besiz geht auf den ältesten Sohn über und macht ihn militärfrei, während die übrigen Söhne mit den Soldatenkindern in den Kantonisten-Schulen untergebracht und zur Ergänzung des Regiments ausgebildet werden.

In jedem Kolonisten-Dorfe sind Ställe, Reitschulen, Spitäler, Zeughäuser u. dgl. für die Soldaten aufgeführt.

IX. Totalstärke des Heeres.

Mit Ausnahme der höheren Stäbe, der Quarantaine-, Grenz-, Muster- und Lehr-Truppen, so wie aller Nicht-Kombattanten:

	Bat.	Esk.	B. od.	Gesch.	Pont.	Komb.
Garde - Korps	38	81½	14	112	32	59,818
Grenadier „	38	32	14	112	—	50,937
I. bis VI. Inf. „	300	192	84	960	252	381,546
I. Reserve-Kav. „	—	80	6	48	—	15,859
II. „ „ „	—	84	6	48	32	16,719
Kaukasisches „	113	391	24	232	—	181,662
Finnisches „	12	5	—	—	—	13,504
Orenburgsches „	10	138	3	24	—	27,907
Sibirisches „	32	125	3	24	—	38,446
I. Reserve-Armee	115	69	36	360	—	141,083
II. „ „	101	58½	24	264	—	115,381
Garnison-Truppen u. 2 Belager.-Parks	50 137 K.	—	—	—	—	78,118
Gensdarmerie	—	11½	—	—	—	2364
Disponible Irreguläre Truppen	1	246	12	96	—	34,245
Summa	810 137 Komp.	1513½	226	2280	316	1,157,589

Die vorstehenden Etats sind der in Berlin bei Mittler erschienenen „Organisazion der k. russischen Armee," zu den Vorträgen an der k. preussischen Allgemeinen Kriegsschule bestimmt, entlehnt.

Das Augustheft 1853 des „United Service Magazin" weiset dagegen die Stärke der Armee auf Grundlage des von dem Finanzminister im Jahre 1852 bezahlten Soldes und Unterhaltes wie folgt nach:

	Generale.	Stabs-Offiz.	Subalt.-Offiz.	Unter-Offiz.	Spielleute.	Gemeine.	Nicht-Komb.	Summa. (Regul. u. irregulär.)
Inf.	200	1672	15,858	60,431	23,469	660,201	37,026	798,857
Kav.	92	715	7170	17,756	4195	298,972	9380	338,280
Art.	27	234	2294	7925	1343	61,085	11,469	84,377
Sum.	319	2621	25,322	86,112	29,007	1,020,258	57,875	1,221,514

mit 1636 Geschüzen und zwar 1176 Fuss- ud 460 reitende.

Die Reserve war für das Jahr 1852 mit folgenden Zahlen aufgestellt:

	Generale,	Offiziere,	Gemeine,	Regul. u. irreg.
Infanterie	14	158	116,583	116,755
Kavallerie	5	98	13,949	14,052
Artillerie	3	270	7600	7873
	22	526	138,132	138,680

Dazu die Kantonisten (Soldatenkinder):

Bei den Regimentern gekleidet, unterhalten und bezahlt unter 2 Generalen und 323 Offizieren 41,725

Bei den Eltern oder sonst untergebracht 417,935

Zusammen 459,660

Diese Summen theilen sich nach Spezialitäten;

	Generäle	Stabs-Offiziere	Subalt.-Offiziere	Unter-Offiziere	Spielleute	Gemeine	Nicht-Kombattanten	Summa
Das Garde-Korps...	50	161	1629	5288	2686	50,546		64,042
Grenadier-Korps ...	15	159	1431	4132	1710	42,141	3682	52 366
6 Infanterie-Korps..	90	1050	9806	30,564	12,504	323,214	2778	396,494
Reserve-Kavallerie..	30	150	1420	3400	552	26,472	19,266	35,244
Stehende Reserve ..	3	28	138	504	96	4560	3220	5793
Reserve-Artillerie...	1	13	76	720	63	1440	464	2693
Sappeurs..........	5	26	289	1040	603	11,960	380	16,101
Kaukasiches Korps].	37	263	2283	10,927	3512	122,930	2178	152,574
Reserve desselben ..	1	19	199	1230	324	4800	12,622	7362
Garnison-Truppen ..	12	102	2025	9429	1513	108,893	789	125,002
Gensdarmen	10	87	289	495	12	3125	3028	4368
Garnisons-Artillerie	12	58	375	1888	179	15,939	350	20,790
Kosaken (im Dienst	17	229	2087	5509	1631	88,459	2339	99,583
Kosaken (ausser							1651	
Dienst aber zur Disposizion).....	—	106	1517	3832	1007	150,351	873	157,686
Summa	283	2451	23,564	78,958	26,392	954,840	53,620	1,140,098

Die Kosaken ausser Dienst erscheinen nicht auf der Liste des Finanz-Ministers.

B. Bewaffnung.

Die Linien- und leichte Infanterie, mit Ausnahme der Scharf-Schüzen, das perkussionirte Bajonnet-Gewehr mit dem Bajonnet in der Scheide. Die alten Garde-Regimenter haben durchweg, bei den übrigen Regimentern der Armee bloss die Grenadier- und Karabinier-Kompagnie so wie die Avanzirten Säbel; die Stuzer-Schüzen gezogene Gewehre mit Bajonnet.

Die Scharf-Schüzen-Bataillons: Delvignesche Büchsen und Hirschfänger.

Kürassiere: Pallasch, 1 Pistole, das 1. Glied 12 bis 14' lange Lanzen.

Uhlanen: 9 bis 10' lange Lanzen, Säbel, 1 Pistole.

Husaren: Säbel, 2 Pistolen, Karabiner.

16 Karabiniers per Eskadron sind bei diesen 3 Kavallerie-Gattungen mit gezogenen Karabinern bewaffnet, fassen die Züge der Flügel ein, und haben den Flankeur-Dienst zur Bestimmung.

Dragoner: die Regimenter zu 6 Eskadrons haben durchgängig und die von 10 Eskadrons in 8 Eskadron Bajonnet-Gewehre zu 8 Pfd., welche zu Pferde über die rechte Schulter und das Bajonnet in einer Scheide am Säbel-Kuppel hängen. Die übrigen beiden Eskadron, Pikeniere genannt, sind hingegen mit Lanzen bewaffnet. Ausserdem haben alle Dragoner Säbel und 1 Pistole.

Garde-Kosaken: 12 bis 14' lange Lanzen ohne Fahnen; Korbsäbel und 1 Pistole hinten am Gurt in einem Ueberzuge.

Die Feuerwaffen der ganzen Kavallerie sind perkussionirt.

Die Fuss-Artillerie: Säbel der Infanterie, die reitende Artillerie leichte Kavallerie - Säbel. — Die im Infanterie-Dienst ausgebildeten Sappeurs sind mit dem Dragoner-Gewehr und 1 Faschinenmesser bewaffnet.

Die gewöhnliche Bewaffnung der Lanzen-Kosaken bildet die 12 bis 14' lange Lanze ohne Flagge und Armriemen, der Säbel, 2 Pistolen im Gürtel und bei einigen Mannschaften (10 per Sotnia) Flinten, die mitunter, bei den Tschernomorischen Kosaken z. B., auch sämmtliche Mannschaften führen.

Die Linien-Kosaken vom Kaukasus und die Tscherkessen haben keine Lanzen, sondern eine lange Türkische Flinte, 2 — 3 Pistolen, eine Schaschka, d. i. ein wenig gekrümmter Säbel ohne Bügel, und einen Kinschal am Gürtel,

d. i. ein langer breiter Dolch. Die Tscherkessen-Offiziere haben statt der Flinten Bogen und Pfeile.

Die Kosaken-Artillerie hat Säbel und 1 Pistole im Gürtel an einer Schnur.

Die Kosaken-Infanterie endlich ist mit einer Flinte, Seitengewehr und Pistolen bewaffnet.

Die Generale, Generalstabs-Offiziere und Infanterie-Adjutanten tragen Degen; die Infanterie-Offiziere wenig gekrümmte Säbel, die Reiter-Offiziere Korbsäbel in eisernen Scheiden.

C. Ausrüstung.

Generalität und nicht regimentirte Offiziere tragen Hüte mit Federbüschen, die Generalität weisse, unten mit wenig schwarz und orange Federn, die übrigen Offiziere schwarze.

Die Garde, Grenadiere, Linien-Infanterie, Jäger und Schüzen, dann die Artillerie und Sappeurs tragen Helme; die kaukasische Infanterie flache Pelzmüzen mit einem Spizen Tuchboden. Der Mantel ist in einem wachstuchenen Ueberzug auf den Tornister, welcher auf der Rükenseite eine Tasche für die Müze hat, befestigt. Die Tornisterriemen deken das Kreuz des Patrontaschen und Bajonnetriemens. Die Infanterie hat gemeinschaftliche Kochgeschirre für 12 M., das kaukasische Korps einzelne Kochgeschirre.

Kürassiere: Eiserne Helme, Kürasse. Garde-Kürassier deutsche Sättel, die übrigen Kürassiere und überhaupt alle Kavallerie-Regimenter: Ungarischen Bok.

Uhlanen: Czapkas, Achsel-Schuppen.

Husaren: Die Garde-Husaren-Regimenter Bären-Müzen, alle übrigen Husaren-Regimenter Czakos.

Dragoner: Czakos, mit Ausnahme der Garde-Grenadiere zu Pferd, welche Grenadier-Müzen mit einer Quer-Raupe haben, und des Dragoner-Regiments bei der Kaukasichen Armee, welches spize Pelzmüzen, oben mit einem Knopf und vorne einen Schirm hat. Alle Dragoner Achsel-Schuppen.

Garde-Kosaken: Zilinderartige Pelzmüzen (Kiwer) mit Kalpaks.

Die Garde, Grenadiere, die Lehrtruppen, reitenden Pioniere und Artillerie, die Kadetten-Korps haben auf den Helmen Haarbüsche, die übrigen Truppen keine. Die Helme werden durch Zinnketten befestigt, und an ihnen die Ehrenzeichen für Auszeichnung, welche die meisten Regimenter besizen, und die aus einem Bandeau von Blech über dem Adler besteht, erhalten.

Die ganze Kavallerie hat Kochgeschirre zu 3 Mann, in welche das Ende des Mantelsaks passt.

Die regulären Kosaken sind ausgerüstet: Kopfbedekung, auch der Artillerie, eine hohe runde Müze (Kiwer) von Lammafell mit einem Kalpak. Pistolen im Gürtel. Kartousche. Kantschuh. Die Pferde haben Wasser-Trensen, hohe Sättel und einen hinten aufgeschnallten Mantel, während die Effekten in das Sattel-Kissen gepakt sind.

Bei den Tschernomoren findet man Filzmäntel (Burka) und Regen-Kappen von Tuch (Baschlik.)

Die Kosaken der Linie tragen flache, langhaarige Pelzmüzen mit einem Boden und führen 12 Patronen in der Brusttasche des Roks (Tschok).

Die Baschkiren bedeken ihren kahl abgeschorenen Kopf mit einer Kappe und dann mit einer spizen, niedrigen Pelzmüze.

Das Lhesginische Muselmännische Regiment hat Turbans.

Die Tscherkessen endlich haben an den Kopf schliessende Pelzmüzen oder Pikelhauben, mit in den Naken hängenden Panzerketten und übrigens Panzerhemden, die Patronen gleichfalls in Brusttaschen.

D. Uniform.

Grundfarbe: dunkelgrün; Röke und Pantalons von dieser Farbe, leztere im Sommer bei den Fuss-Truppen weissleinen; nur jene Regimenter, deren Röke von anderer Farbe als grün sind, haben graue Pantalons. — Aufschläge, Achselklappen, Knöpfe und Epauletts sind die Unterscheidungszeichen der Truppentheile.

Bei den Regimentern, die fremde Chefs haben, ist der Namenszug derselben in Roth auf den Achselklappen, bei den Offizieren in Gold und Silber auf dem Spiegel der Epaulettes angebracht. Die Grade sind durch Sternchen auf den Epaulettes unterschieden. Diese haben bei den Stabs-Offizieren dünne Fransen bei den Generälen dikere Bouillons.

Weitere Abzeichen der Offiziere sind die Schärpe, bei der Garde von Silber, bei den übrigen Truppen von weissem Kameelgarn, mit ein wenig schwarz und orange; ein ähnliches Porte-épée und im Dienst ein Ringkragen. Die Unter-Offizier-Abzeichen sind eine goldene oder silberne Borte nach den Knöpfen über den Kragen, und auf den Aufschlägen. Die meisten Truppentheile haben Vorstösse von der Farbe der Krägen und Aufschläge, zuweilen auch von anderer Farbe

z. B. weiss. Die Mäntel sind von groben wollenen Zeug, mit grauen Kragen, vorn mit Patten von der Farbe der Krägen; sie werden ausser Dienst, und auf Märschen bei schlechtem Wetter immer angezogen, bei gutem Wetter und Paraden über den Tornister gerollt. Die Offiziere tragen hellgraue Mäntel mit langen Kragen, und den eigentlichen Kragen von der Farbe der Aufschläge. Aehnlich sind die Mäntel der Reiterei. Ausser Dienst in gewissen Fällen tragen die Offiziere Ueberröke von der Farbe der Uniformen, ebenso diese und die Soldaten dunkelgrüne Feldmüzen mit einem Streifen von der Farbe des Aufschlags und der Kompagnie-Nummer. Die ganze Armee trägt Stiefeln in den Pantalons, nur die Generäle, die kaiserlichen Flügel-Adjutanten und die Kürassiere zur Parade Steifstiefeln über die weissen Beinkleider.

Die Generalität hat rothe Krägen mit Gold gestikt und eine Reihe Knöpfe, die General-Adjutanten mit eigener Stikerei und Achselschnüren; Generäle in Garnison silberne Stikerei, Knöpfe und Epaulettes. Die Adjutantur: rothe Krägen mit 2 silbernen Lizen, eine Reihe Knöpfe und silberne Achselschnüre; die Flügel-Adjutanten mit der Stikerei der General-Adjutanten in Silber und solchen Achselschnüren; der Generalstab schwarze Krägen und Aufschläge, silberne Stikerei und silberne Achselschnüre, das Kriegs-Ministerium rothe Krägen und nach dem Departement gestikt, mit, und die Beamten ohne Epaulettes; das topografische Bureau schwarze Krägen und Aufschläge, hellblaue Patten und Vorstoss, weisse Knöpfe und Epaulettes.

Bei der Infanterie hat die Garde rothe Rabaten und Aermelaufschläge und weisses Lederzeug, die I. Regimenter jeder Division rothe, die II. hellblaue, die III. schwarze Aufschläge; die IV. den Jägerdienst versehenden Regimenter haben dunkelgrüne Krägen und Rabatten mit Vorstoss, rothen Aermel-Aufschlag und schwarzes Lederwerk; die Achselklappen der meisten Regimenter sind roth, nur das Regiment König von Preussen und Kaiser von Oesterreich haben gelbe Achselklappen. Die Unter-Offiziere und Gemeinen des 1. bis 8. und des 12. Regiments haben gelbe Knöpfe, und auf den Krägen 2, auf den Aermel-Patten 3 gelbe Lizen, die Offiziere in Gold nach verschiedenen Mustern gestikt und goldene Epaulettes; das 9., 10. u. 11. Regiment und das Schüzen-Bataillon weisse Knöpfe, Lizen, Stikerei und Epaulettes. Die Grenadiere: rothe Krägen und Aufschläge, ausser dem 3., 8. u. 11., welche Karabinier-Regimenter heissen, und dem 10. welche dunkelgrüne Krägen, aber rothe Aermelaufschläge haben und

20

den leichten Dienst verrichten; die Kragen sind ohne Stikerei; Knöpfe und Achselklappen sind gelb, bei den Offizieren mit Stikerei, der russische Anfangs-Buchstabe der Personen, nach denen sie heissen, darauf in Gold oder Roth befindlich, Lederzeug weiss.

Die Linien-Infanterie (Musketiere) rothe Kragen und weisses Lederzeug, die Jäger-Regimenter dunkelgrüne Kragen und schwarzes Lederzeug, beide rothe Aermel-Aufschläge und gelbe Knöpfe, worauf die Regiments-Nummer. Das 1. Musketier-Regiment jeder Brigade hat rothe, das 2. weisse, das 1. Jäger-Regiment hellblaue, das 2. dunkelgrüne Achselklappen und Epaulettes. Auf der Achselklappe und dem Epaulette ist die Nummer der Division (nicht des Regiments) von 1—24 durch die ganze Armee fortlaufend. Aehnlich sind die Divisionen in Cis- und Trans-Kaukasien, das finnländische, orenburgische, sibirische Korps, so wie die einzelnen Bataillons uniformirt, Knöpfe und Epaulettes weiss, Aufschläge schwarz.

Die Kavallerie ist mannigfaltig und sehr geschmakvoll ausgestattet, besonders die Garde-Kürassier, 2 mit rothen, 2 mit blauen Aufschlägen und Kragen, goldene und silberne Lizen; sie tragen Kürasse, die bei 2 gelb, bei 1 weiss und bei 1 schwarz sind; das Garde-Grenadier-Regiment zu Pferde hat grün und roth mit gelben Knöpfen und rothen Rabatten. Die Garde-Dragoner haben grün, roth mit Silber, die 2 Garde-Uhlanen-Regimenter blau, das 1. mit roth und Gold, das 2. mit hellblau und Silber, Rabatten und rothe und gelbe Czapkas, die Garde-Husaren rothe Pelze, Dolmans, und Czakos mit Silber, das Regiment Grodno-Husaren blau und hellblau, die Garde-Kosaken blaue Beinkleider, blaue Kosakenjaken mit Silber. Alle diese Truppen sind mit gelben oder weissen Lizen auf Kragen und Aermel-Aufschlägen, die Offiziere mit Stikerei geziert.

Von der Linien-Kavallerie haben die Kürassiere weisse Kollets und dunkelgelbe, dunkelblaue, hellrosenrothe, schwarze, hellblaue, dunkelgrüne Kragen und Aufschläge. 6 Regimenter gelbe, 2 weisse Knöpfe, und wie die Garde-Kürassiere gelbe, weisse, meist aber schwarze Kürasse. Ausser bei grossen Paraden führen sie hellblaue Beinkleider. Die Dragoner haben dunkelgrüne Kollets oder Litewken, rothe oder gelbe, hellblaue, weisse Aufschläge, gelbe Knöpfe und Schulterstüke.

Von den Husaren haben einige Regimenter dunkelblaue, hellblaue, dunkel-, hellgrüne, graue, braune, rothe Dolmans und meist eben solche Pelze, die Czakos sind roth oder grün, hellblau oder gelb.

Die Uhlanen blaue Kollets, Beinkleider und Schabraken, rothe oder dunkelgelbe, hellgelbe, weisse und hellblaue Kragen, Aufschläge und Rabatten, weisse Knöpfe und Schulterstüke, die Czapkas sind meist von der Farbe der Aufschläge, die Fähnchen an den Lanzen entsprechen den Aufschlägen. Lederzeug bei sämmtlicher Kavallerie weiss, bei den Offizieren Kartouche-Riemen silbern oder golden.

Die Kosaken tragen kurze, eng anliegende Reitjaken ohne Schösse und weite Beinkleider; die Offiziere silberne Epaulettes, die donischen Kosaken und die vom schwarzen Meer dunkelblaue Bekleidung und Achselklappen, nur wenig roth vorgestossen, die von der Donau mit dunkelrothen Aufschlägen, die vom Ural mit hellblauen Achselklappen und Vorstoss, die von Sibirien dunkelblaue Kragen, rothe Aufschläge und Achselklappen, die von Orenburg dunkelgrüne Uniform mit roth.

Die muhamedanischen Regimenter, so wie die Baschkiren blaue, auch braune Röke mit verschiedenfarbigen Aufschlägen, die Offiziere silberne Epaulettes.

Die Artillerie: schwarze Aufschläge, gelbe Knöpfe, rothe Achselklappen und Aermelpatten, die Offiziere mit gelben Epaulettes, die Soldaten mit weissen Lederzeug, die Garde mit Lizen, die reitende Artillerie ist eben so wie die Dragoner mit messingenen Schulterstüken versehen.

Das Ingenieur-Korps ist eben so wie die Artillerie uniformirt, nur mit weissen Knöpfen, Stikerei auf dem Kragen und Epaulettes, rothen Patten der Aermelaufschläge. Die Sappeurs haben die Uniform der Fuss-Artillerie, nur weisse Knöpfe und schwarzes Lederzeug, und die der Garde Kragen mit gelben Lizen, die Offiziere mit Silberstikerei; die reitenden Pioniere dieselbe Uniform, nur Kavallerie mässig.

Die Kriegs-Arbeits-Bataillone des Ingenieur-Korps haben dieselbe Uniform, nur keine rothen Achselklappen, sondern rothen Vorstoss. Eben so sind die Arsenal-Kompagnien der Ingenieure.

Die mobilen Invaliden-Kompagnien sind grün uniformirt, ohne Vorstoss, mit weissen Knöpfen, schwarzen Achselklappen, weissen Epaulettes, eben so die Invaliden-Kommandos. Die Korrekzions-Bataillons sind ebenfalls grün.

Der Train grau uniformirt, mit blauen Aufschlägen und weissen Knöpfen und Lederzeug, rothe Achselklappen, die Wagenmeister hellblaue Krägen, weisse Knöpfe und silberne Lizen und Epaulettes. Die Gendarmerie hat hellblaue Uniform, weiss vorgestossen, weisse Knöpfe, die bei der Garde weisse Lizen und graue Beinkleider.

E. Ergänzung und Dienstpflicht.

Von der allgemeinen Aushebung sind die höheren Stände, Priester und einzelne Provinzen (Finnland, Lappland, Bessarabien, Sibirien u. s. w.) ausgenommen. Statt der Stellvertretung besteht die Auskaufung (Achotnik, freiwillig Dienender) mit 1000 Rubel Papier und darüber. Die Rekrutenstellung erfolgt, von Polen abgesehen, jährlich abwechselnd von der östlichen und westlichen Hälfte des Reiches, ist aber in grossem Masse erforderlich und kann dieser Turnus nicht immer festgehalten werden.

Zur östlichen Hälfte gehören: Wologda, Kostroma, Jaroslaw, Wladimir, Moskwa, Kaluga, Tula, Riäsan, Tambow, das donische Heer, Kaukasien, Astrachan, Ssaratow, Pensa, Nischegorod, Samara, Ssimbirsk, Kasan, Wjätka, Perm, Orenburg, Tobolsk, Tomsk, Jeniseisk, Irkutsk. Zur westlichen: Archangelsk, Olonez, Petersburg, Nowgorod, Twer, Smolensk, Pskow, Esthland, Livland, Kurland, Wilna, Grodno mit Bialystok, Minsk, Witepsk, Mohilew, Wolhynien, Kiew, Podolien, Cherson, Taurien, Jekaterinoslaw, Poltawa, Tschernigow, Orel, Kursk, Charkow. Im Frieden betrifft die Aushebung meist 5 von 1000 Seelen, ist aber im Kriege unbestimmt und kann nach Bedarf wiederholt werden.

Die erste Ausbildung des Ersazes für die Infanterie geschicht zum grössten Theile beim 6. Infanterie-Korps in Moskau, um die Wintermärsche zu vermeiden. Jährlich wird die Rekrutenaushebung im Sommer ausgeschrieben und muss im Winter vollzogen sein. Von diesem Korps werden die Rekruten erst nach Jahresfrist an die Regimenter abgegeben.

Die Dienstzeit ist für die Garde 22, für die Linie 25 und für die Militär-Kolonien 20 Jahre. Die Garde wird durch Soldaten aus der Linie und durch Rekruten ergänzt.

Sowohl bei der Garde, dem Grenadier- und den Infanterie-Korps beträgt die ununterbrochene Dienstzeit 15 Jahre, manchmal auch, nach Massgabe des Bedürfnisses der Reserve-Truppen, kürzer. In dieser Periode dürfen Beurlaubungen nur auf ein Jahr in einer bestimmten Zahl eintreten, und sind diese Beurlaubten zur Kompletirung der Truppen auf den Kriegsfuss bestimmt.

Nach der ersten ununterbrochenen Dienstzeit kommen die Entlassenen zur I. Reserve auf 5 Jahre, und die aus dieser Reserve Ausscheidenden für die Dauer ihrer übrigen Dienstpflicht zur II. Reserve. Die Mannschaften dieser beiden Reserven heissen Beszrotschni.

Alle Gemeinden, Gutsbesizer u. dgl. haben für das pünktliche Eintreffen der ihnen zur Stellung bestimmten Rekruten, bei festgesezten Geldstrafen, welche für jeden Rekruten und Monat auf 3 Rubel nebst der doppelten Summe für den Unterhalt fixirt sind, Sorge zu tragen. Da ferner die Leibeigenschaft mit dem Soldatenstande aufhört, so ist durch diese Umstände der Ersaz für die Armee eine bedeutende Steuer der Unterthanen, welche sich bei einer Verkürzung der Dienstzeit jedesmal erhöhen würde.

Marine.

Ober-Befehlshaber—: Se. Majestät der Kaiser. General-Stab Sr. Majestät—: Admiral Fürst Menschikoff, als Chef desselben; — Se. k. H. Grossfürst Konstantin. Vize-Admiral Graf Heyden, du jour General, und GL; Primo.

Ministerium des Seewesens. Minister—: Admiral Fürst Menschikoff.

Adjunkt und Dirigirender des Ministeriums —: Se. k. Hoheit Grossfürst Konstantin.

General-Inspektor der Artillerie —: GL. Primo; der Werften und des Schiffbaues—: GL. Massloff I.; der Ingenieure —: Vize-Admiral Bogdanowitsch; der Steuerleute —: GL. Davidoff: der Lehr-Marine-Anstalten —: GL. Kochins.

Flotte.

Sie zerfällt in die Flotte des baltischen und in jene des schwarzen Meeres, oder in 5 Divisionen und zählt 60 Linienschiffe von 70 bis 120 Kanonen, 37 Fregatten von 40 bis 60 Kanonen, 70 Korvetten, Briggs, Brigantinen und 40 Dampfschiffen, dann an 400 Kanonenbooten, Galeeren und Schiffen der Ruder-Flotille des kaspischen und ochozkischen Meeres. Die Flotte ist bemannt mit 42,000 Matrosen, 20,000 See-Soldaten und Artilleristen und soll 9000 Kanonen führen. Jedes Linienschiff hat eine Equipage von 1100 Matrosen und Marine-Soldaten, jede Division 12 Linienschiffe, 7 Fregatten, 14 Korvetten, 8 Dampfschiffe.

Gross-Admiral der Flotte—: Se. k. Hoheit Grossfürst Konstantin.

General-Adjutanten —: Admiral Fürst Menschikoff und Kolsakoff, Vize-Admiral Lütke I., Graf Heyden, Putjatin und Korniloff; sechs Flügel-Adjutanten.

Flotte im baltischen Meere. 1. Division: Vize-Admiral Zamitski; 1. Brigade —: Contre-Admiral Rumiantschoff; 2. Contre-Admiral Lutkowski II.; 3. Contre-Admiral Mittkow.

2. Division —: Vize-Admiral Balk I.; 1. Brig: Kontre-Admiral Rumjanzow; 2. Kontre-Admiral v. Moller I.; 3. Kontre-Admiral Nikonow I.

3. Division —: Vize-Admiral Epantschin II. 1. Brigade: Kontre-Admiral Tirinoff; 2. Kontre-Admiral: Schichmanoff; 3. Kontre-Admiral Kutiginn.

Flotte im schwarzen Meere. 1. Division —: Vize-Admiral Salinapuski; 1. Brigade —: Kontre-Admiral Novossiltsky; 2. Kontre-Admiral Bukotitsch II.; 3. Kontre-Admiral v. Messer.

2. Division —: Vize-Admiral Nachimow; 1. Brigade: Kontre-Admiral Jurakine I.; 2. Kontre-Admiral Schinitzinn; 3. Kontre-Admiral Wulf.

Inspektor der Seeleute für die Flotte des schwarzen Meeres —: GM. Schmeleff; der Ingenieure —: Oberst Prokorieff; der Artillerie —: GM. Kosehkin; der Transportsmannschaften, der Arbeits-Equipagen und der Arrestanten-Kompagnien —: Kontre-Admiral Metlin.

Marine-Lehranstalten (1852): 1. Seekadetten-Korps mit 93 Lehrern, 545 Kadetten und 32 Offizieren. 2. Erste Marine-Lehrequipage mit 4 Lehrern mit Offiziersrang, 8 Lehrern mit Unter-Offiziersrang, 2 Matrosen als Lehrpersonal, dann 424 Matrosen und 623 Kantonisten als Lernende. 3. Marine-Arbeiter-Lehrequipage mit 48 Lehrern und 630 Zöglingen. 4. Kommerz-Schiffahrt-Kompagnie bei der Marine-Lehrequipage mit 12 Lehrern und 38 Lehrlingen. 5. Die erste Steuermanns-Halbequipage mit 32 Lehrern und 354 Kadetten. 6. Die Steuermanns-Kompagnie der Flotte vom schwarzen Meere mit 21 Lehrern und 164 Zöglingen. 7. Die zweite Marine-Lehrequipage mit 76 Lehrern und 616 Matrosen und Kantonisten. 8. Die Nikolajew'sche Marine-Anstalt mit 19 Lehrern und 437 Jungen. 9. Die Nikolajew'sche Lehranstalt für Mädchen mit 6 Lehrern und 100 Zöglingen. 10. Die Sevastopol'sche Lehranstalt für Mädchen mit 6 Lehrern und 100 Zöglingen. Ueberhaupt 327 Lehrer und 4063 Lernende.

Flagge. Dreierlei: weiss mit blauem Diagonalkreuz; blau und roth, beide lezte in der linken obern Eke auf die Hälfte der Breite weisses Feld mit dem blauen Diagonalkreuze.

Am 27. Dezember 1852 fand zu St. Petersburg das 100-jährige Jubiläum des Seekadetten-Korps Statt, welches durch drei Tage dauerte, und bei welcher Gelegenheit das Seekadetten-Korps eine neue Fahne verliehen erhielt.

Mittelst kaiserlichem im Februar 1853 erlassenen Ukas wurde befohlen, dass in Zukunft keine Ausländer als Rekruten-Volontäre oder Stellverteter (Achotnik) angenommen werden sollen, selbst wenn sie den Homagialeid geleistet haben, wenn sie sich nicht vorher einem Stande haben zuschreiben lassen. Zur Erläuterung, was Achotnik oder Rekruten-Volontär heisst, Folgendes: Manche Bauern, die das Loos trifft, Soldat werden zu müssen, kaufen einen solchen, wie begreiflich, um schweres Geld. Von dem Augenblik an, wo der Handel geschlossen und das Geld gezahlt ist, wird der Achotnik nicht selten der Tyrann der Bauern bis zu dem Tag der Rekruten-Einstellung. Er droht, davonzugehen, und die Bauern, um ihn abzuhalten, thun Alles, ihn durch Wohlleben zu fesseln. Der Achotnik aber bringt, in dulci jubilo lebend, meist sein Geld durch und sucht davonzukommen. Auch vom Regiment desertiren diese losen Miethlinge oft über die Grenze. Um dieselben fester an die erwählte Heimath, wenn sie Ausländer sind, zu schmieden und Missbräuchen vorzubeugen, ist obiger Ukas erlassen worden.

Ein Ukas Ende April 1853 erschienen, hebt die Militärbefreiung des Adels theilweise auf. Dies betrifft die Söhne des „persönlichen Adels", welche einerseits als Freigeborne frei von der Rekrutirung waren, anderntheils aber auch ohne die Privilegien des Erbadels gewissermassen einen unabhängigen sich vermehrenden Stand bilden. Um nun dem Anwachs einer Klasse, die ein bestimmtes Lebensziel und bestimmte Pflichten entbehre, vorzubeugen, werden künftig alle jungen Leute dieses Adels dem Heere eingereiht, welche bis zum 18. Jahre nicht freiwillig entweder einen bestimmten vom Militärdienst exemten Beruf oder auch den Heeresdienst selbst gewählt haben. Dieser Massregel werden auch jene unterzogen, welche nach Beendigung des Schulkurses nicht binnen Jahresfrist sich irgend einem dienstlichen Berufe widmen. Diese Individuen werden übrigens dem Lehrkadre eingetheilt, und treten von da erst in die Armee oder in die Flotte.

In der Mai-Nummer 1853 brachte der „Invalide" mehrere Artikel mit der Ueberschrift „die neuen Marine-Verordnungen." Es war nämlich seit dem Jahre 1850 ein Komité unter dem Vorsiz des Grossadmirals Grossfürst Konstantin thätig, die bestehenden Verordnungen in Einklang zu bringen mit den jezigen Bedürfnissen, welche Verordnungen die kaiserliche Zustimmung erhielten.

Sardinien.

Se. Majestät König Viktor Emanuel II. (geb. 1820).

Adjutantur.

1. Adjutant: GL. Carl Graf Ferrero della Marmora; Adjutanten: — GM. Jakob Chev. Durando; Heinrich Chev. Morozzo della Rocca; Ferdinand Graf Maffei de Broglio; Alex. Graf Luserna d'Angrogne; Honorar Adjutanten: GM. Josef Chev. Dabormida; Paul Frhr. Solaroli; Peter Pilo Boyl di Putifigari und Stanislaus Marquis Cordero di Pamparoto; die Obersten Peter Marq. Franzoni und Alex. Chev. Canera di Salasco. Ueberdies 9 wirkliche und 7 Honorar Ordonanz-Offiziere.

Kriegs-Ministerium.

(Organisazions-Dekret vom 21. Dezember 1850. Umfasst alle Militärzweige im weitesten Sinne; die Offiziere des Pensions-Standes, die mobile Nazional-Garde u. dgl.).

Minister des Krieges und der Marine —: GL. Alfons Ferrero della Marmora. — Staats-Sekretär —: Artillerie Oberst Leopold Valfré di Bonza. — 1. Präsidial-Kabinet—: Vorstand Ignaz Ballero; 2. Personalien—: Vorstand Giob. Curti; 3. Rekrutirung —: Vorstand. Oberst v. Monti; 4. Operative Sekzion —: Vorstand Peter Bongioanni; Administrazion—: Vorstand Karl Campora; 5. Artillerie und Genie —: Ludwig Fantini; 6. Rechnungswesen —: Josef Brunetti; 7. Archiv —: Ferdinand Tempia; 8. Finanzielles —: Carl Rostagno.

Berathender permanenter Kriegsrath. Präsident —: General Baron Bava; Mitglieder —: General Graf Franzini; GL. Baron Chiodo, Graf Broglia, Graf Lazari; GM. Graf Prat; Marquis Cordero; Josef Dabormida; Bongioanni di Castelborgo; Lorenz Montale; Heinrich Morozzo della Rocca und Graf Ferd. Maffei; Oberst Emil Chev. Alliaud; Graf Wilh. Moffa di Lisio und Ignaz Degenova di Pettinengo. —1 Major als Sekretär, 1 Kapitän als Sekretär-Stellvertreter.

Grosser Generalstab. Nach dem Gesez vom 4. Juli 1851 soll die Armee 12 Generale und General-Lieutenante und 24 General-Majore zählen. Ihr Stand war zu Ende 1853: 1 Marschall: Graf Viktor Salier della Torre; 3 Generale: Euseb. Baron Bava; Hektor Chev. Gerbaix de Sonnaz und der Herzog v. Genua; k. H.; 12 General-Lieutenante: Cäsar Chev. di Saluzzo di Monesiglio; Marius Graf Broglia di Casalborgone; Aug. Baron Chiodo; Joh. Chev. Durando; Karl Marq. Ferrero della Marmora; Alfonso Chev. Ferrero della Marmora, Ardingo Chev. Trotti, Josef Chev. Rossi, Gouverneur Sr. k. H. des Kronprinzen; Ferdinand Graf Prat, Karl Graf Biscaretti di Ruffia; Alex. Chev. Ferrero della Marmora; in Disponibilität: Hiacinth v. Provoma; 24 aktive, 5 disponible und 6 Honorare- GM. — Im Retrait-Stande befinden sich 8 Generale, 32 GL. und 70 GM. — Obersten in der Aktivität sind 53; Oberstlte. 27; Majore 172.

General-Inspektor der Armee —: General Euseb. Baron Bava.

Inspektor der Infanterie —: GL. Marius Graf Broglia.

Inspektor der Kavallerie —: GM. Ferdinand Graf Maffei.

Inspektor der Bersaglieri —: GM. Alex. della Marmora; Kommandant —: Oberst Joh. Savant.

Chef des Generalstabes —: GM. Heinrich Chev. Morozzo, 5 Obersten, 3 Oberstlte., 7 Majore, 24 Hauptleute, 6 Oberlte.

Präsident des Genierathes —: GL. Baron Chiodo; Mitglieder —: GM. Claudio v. Gomet, Aug. v. Verani und Nik. v. Passera; Oberst Dominik v. Barabino und Friedr. v. Menabrea. — Kommandant des Genie-Korps —: GM. Franz v. Olivero; 2 Obersten; 10 Majore; 34 Kapitäne; 55 Ober- und Unter-Lieutenante.

General-Direktor der Artillerie —: Se. k H. der Herzog von Genua; General; — Vize - Direktor GL. Ferdinand Graf Prat. Präsident des Artillerie-Rathes —: der Herzog v. Genua; Vize-Präsident —: GL. Graf Prat; Mitglieder —: GM. Faustin v. Como, Josef v. Pastore; und 3 Obersten.

Kommandant der Karabinieri —: GM. Friedr. Lovera di Maria.

Kommandant der k. **Militär-Akademie** —: GM. Ludw. **Feccia di Cossato.**

General-Kommandanten der Militär-Divisionen: in Turin —: General **Gerbaix**; in Savoien —: GL. A. Chev. **Trotti**; in Alessandria —: GL. v. **Rossi**; in Genua —: GL. Alex. della **Marmora**, Inspektor der Bersaglieri; in Sardinien —: GL. Johann **Durando**, sub-Division in Novara; GL. Josef Graf **Biscaretti** und in Nissa: GM. Ludw. v. **Damiano.**

Das Heer.

A. Etat.

(Organisazion, k. Dekret vom 19. März 1852.)

a) **Generalstab.** Armee-Inspektoren: 5 Generale. Generalstabs-Korps: 1 General; 39 Offiziere. Generalstab der Militär-Divisionen; 5 Generale; 20 Offiziere; Generalstab der Festungen und Provinzen: 215 Offiziere; 41 Mann.

b) **Infanterie.** Formirt 10 Brigaden, jede von 1 GM. kommandirt und aus 2 Regimentern (zu 4 Bataillon, je 4 Kompagnien gebildet). Die 1. Brigade der Grenadiere umfasst die 2 Grenadier-Regimenter, und hat den Vorrang vor den andern Infanterie-Brigaden.

Jedes Regiment ist zusammengesezt aus 79 Offizieren und 1276 Unter-Offizieren und Gemeinen, u. z. im Regiments- und Bataillonsstab: 1 Kommandeur (Oberst oder Oberstlt.), 4 Majore, 2 Adjutanten, 1 Zahlmeister, 1 Masse-Offizier, 1 Kaplan, 1 Regiments-, 2 Bataillonsärzte, 2 Stabsfouriere, 1 Regimentstambour, 1 Verwaltungsfourier, 3 derlei Feldwebel, 3 Korporale, 4 Bataillonsschreiber, 3 Bataillonstamboure, 1 Stabstrompeter, 1 Ober-Zimmermann, 1 Musikmeister, 1 Büchsenmacher, 1 Waffenschmied, 1 Schneider, 1 Schuhmacher, 18 Hautboisten, 8 Hornisten, 8 Zimmerleute, 2 Marketender. — Jede Kompagnie: 1 Hauptmann, 1 Ober-Lieutenant, 2 Lieutenante, 1 Ober-Feldwebel, 4 Feldwebel, 9 Korporale, 2 Tambours, 8 Gefreiten und 52 Gemeine. — Sohin die Stärke der 20 Regimenter: 27,100 M.

c) **Scharfschüzen-Korps** (Bersaglieri); der Stab und 10 Bataillons à 4 Kompagnien, nebst einer Dépôt-Kompagnie. Diese zählen im Korps- und Bataillonsstab: 1 Oberst, 1 Oberstlt. 10 Majore, 1 Verwaltungs-, 1 Massa-Hauptmann, 1 Zahlmeister, 1 Verwaltungs-Offizier, 1 Materialvorsteher, 2 Lieutenants, 1 Regiments-Adjutant, 10 Bataillons-Adjutanten, 1 Regiments-, 9 Bataillonsärzte, 40 Hauptleute, 80 Ober-Lieutenante, und 80 Lieutenante; dann 1 Ober-Lieutenant und 2 Lieutenante für die Dépôt-Kompagnie. — Zusammen 244

i) Straf-Kompagnien (cacciatori franchi) bilden 5 Kompagnien und den Stab*). — Die Kompagnien zählen im Stabe:

1 Oberstlt. oder Major als Kommandant, 1 Adjutant, 1 Zahlmeister, 1 Verwaltungs-, 1 Masse-Offizier, 1 Arzt, dann 8 Mann; jede Kompagnie: 1 Hauptmann, 1 Oberlt., 2 Lieutenant, 1 Fourier, 6 Feldwebel, 13 Korporale, 2 Tambour und 100 Gemeine; sohin das ganze Korps 26 Offiziere und 618 Mann.

k) Karabinier-Korps auf dem Festlande unter Kommando eines Generals, theilt sich in reitende und Fuss-Karabiniere und zählt im Stabe: 1 Oberst als 2. Befehlshaber, 2 Oberstlts., 4 Majore, 2 Adjutanten, 1 Quartiermeister, 1 Regiments-, 1 Bataillonsarzt; in den Abtheilungen: 21 Hauptleute, 30 Oberlts., 12 Lieutenants, 1 Stabs-Ober-Wachtmeister, 8 Ober-Wachtmeister, 99 Wachtmeister, 395 Brigadiere, 170 Vize-Brigadiere, 2206 Gefreite und Gemeine und 95 Eleven; im Ganzen 75 Offiziere, 2973 Mann, wovon 833 zum reitenden Korps gehören.

l) Leichte sardinische Reiterei auf der Insel zählt 44 Offiziere und 1084 M.; u. z. im Stabe: 1 Oberst, 1 Oberstlt., 2 Major, 1 Verwaltungs-Hauptmann, 2 Adjutanten, 1 Verwaltungs-, 2 Masse-Offiziere, 1 überzähligen Lieutenant, 1 Regiments-, 3 Schwadrons-, 3 Thierärzte und 34 M.; in den 6 Schwadronen: 6 Rittmeister, 12 Oberlts., 6 Lieutenants, 6 Oberwachtmeister, 36 Wachtmeister, 126 Korporale, 48 Gefreite, 6 Sattler, 6 Hufschmiede, 6 Trompeter, 600 Reiter und ~~276~~ Rekruten. 216

Hiernach soll die Armee zählen:

	M.	Pf.
Infanterie	27,100	
Scharfschützen	4077	—
Kavallerie	5715	3396
Artillerie	4313	1110
Genie	1159	—
Armee-Train-Korps	464	160
Straf-Kompagnien	644	—
Karabiniers	3048	620
Leichte Reiter	1128	771
Zusammen	47,648	6057

Indessen hängt der effektive Stand jedesmal von dem Antrage der Kammern ab und zählte z. B. im Jahre 1853 nach dem bewilligten Budget: 45,245 M. und 5836 Pf., u. z.:

*) k. Dekret vom 23. Dezember 1852.

a) Aktive Armee:

	Off.	M.			
Infanterie	1580	24,880			
Bersaglieri	204	3433			
Kavallerie	315	4896	und	3636	Pferde.
Artillerie	237	3923	„	940	„
Ingenieure	94	935			
Armee-Train	24	440	„	160	„
Straf-Kompagnien	26	618			
b) Sicherheits-Truppen:					
k. Karabiniere auf dem Festlande	75	2708	„	620	„
Auf der Insel Sardinien	32	823	„	480	„

Hierzu kommen noch: das k. militärische Haus, u. z. 3 Generale und 17 Offiziere als Adjutanten und Ordonnanzen, 67 Offiziere und 18 M. als Leibgarde; 3 Offiziere und 105 M. als Pallastgarde; ferner 31 Offiziere und 1164 M. Veteranen und Invaliden, endlich der Sanitätsdienst mit 98 Offizieren und 352 M.

In der Armee besteht bei den Kompagnieu eine disziplinarische Abstufung der einzelnen Leute in 3 Klassen u. z. die 1. Klasse (scelte), die 2. (ordinarie) und die 3. (rigore).

B. Eintheilung und Dislokazion.

a) Infanterie: 1. Grenadier-Brigade Sardinien; — Kommandant GM. Josef Graf Biscaretti di Ruffia; (enthält das 1. und 2. Grenadier-Regiment, beide in Genua.)

2. Brigade Savoyen; Kommandant Oberst Graf Jaillet di S. Cerguos; 1. Regiment in Novara, 2. in Casale.

3. Brigade Piemont—: GM. Marcell Graf Gianotti. 3. Regiment in Chambery, 4. in Annecy.

4. Brigade Aosta—: GM. Georg von Ansaldi. 5. und 6. Regiment in Turin.

5. Brigade Cuneo—: GM. Johann von Campia; 7. und 8. Regiment in Alessandria.

6. Brigade Königin—: Oberst Franz von Canda; 9. Regiment in Cagliari, 10. in Sassari.

7. Brigade Casale—, Kommandant — — 11. und 12. Regiment in Nizza.

8. Brigade Pignerol—: GM. Ludwig von Damiano; 13. und 14. Regiment in Alessandria.

9. Brigade Savona—: GM. Peter Pilo-Boyl di Putifigari; 13. und 14. Regiment in Genua.

10. Brigade Acqui—: GM. Viktor von Delfino; 17. und 18. Regiment in Turin.

b) Scharfschüzen-Korps: 1., 2., 3., 4. in Cuneo; 5. und 10. in Genua, 6. in Sardagna, 7. in Savona, 8. in Turin, 9. in Chambery.

c) Kavallerie. Linien-Regimenter: Nizza in Saluzzo; Piemont in Savigliano; Savoyen in Pignerol und Genua in Vercelli; — leichte (Chevauxlegers) Regimenter: Novara in Vigevano; Aosta in Voghera, Saluzzo in Voghera, Montferrat und Alessandria in Turin.

Die Brigade Savoien wird ausnahmsweise in französischer Sprache kommandirt; die Brigade-Generale begleiten ihre Brigaden bei einem etwaigen Garnisonswechsel und nur die kommandirenden Divisions-Generale in den Provinzen bleiben in ihrem Bezirke, ohne Rüksicht auf die in denselben garnisonirenden Truppen.

d) Artillerie: Handlanger und Festungs-Regiment in Turin; Feld-Regiment in Veneria Reale.

e) Genie-Korps: in Turin.

f) Straf-Kompagnien: Stab mit der 1. und 2. Kompagnie zu Fenestrelle, 3, zu Lesaillon, die 4. zu Bard und die 5. zu Exilles.

C. Uniform, Bewaffnung und Ausrüstung.

Grundfarbe blau. Die Infanterie-Brigaden haben ein und dieselbe Uniform und unterscheiden sich nur durch die Nummern 1 und 2 auf den Knöpfen. Die ganze Uniform ist wenig verschieden von jener der französischen, nur gibt es keine Elite-Kompagnie. Die Gemeinen erster Klasse den französischen Grenadieren entsprechend, jedoch in den Kompagnien eingetheilt, tragen als Auszeichnung den Halamar oder die Silbertresse. Die Bewaffnung ist die der französischen Infanterie.

Die Uniform der Bersaglieri hat eine grosse Aehnlichkeit mit der der französischen Chasseurs; statt des Czakos tragen sie einen Hut mit breiten Krempen, der von einem grünen Federbusch fast vollständig umwallt wird. Als Waffe die kurze Tiroler-Büchse nach dem Delvigne'schen System, die eine Spizkugel schiesst; sie ist zu kurz, um eine grosse Schussweite zu geben, zu schwer bei der geringen Länge. Der untere Theil des Kolbens ist mit einem 5 bis 6 Zoll langen Eisenbeschlage versehen, der die Bestimmung hat, den Mannschaften das Erklettern von Bergen zu erleichtern und gleichzeitig als blanke Waffe benuzt zu werden; gewöhnliches Bajonnet; statt der Patrontasche oder Kartouche führen die Mannschaften ein Pulverhorn, das an einem grünem Bande von der Schulter herabhängt. — Die Offiziere der Infanterie sind durch das silberne, die der Bersaglieri durch das goldene Epaulette ausgezeichnet.

Die Linien-Kavallerie hat kurze, blaue Waffenröke mit zwei Reihen Knöpfen, karmoisinrothe Abzeichen, graue Tuchhosen mit karmoisinrothen Streifen, Helme und englische Epaulette. Sie führt die Lanze, den Säbel und die Pistole. Die Chevauxlegers sind eben so uniformirt, nur haben sie gelbe Abzeichen und Passe-poils und als Kopfbedekung den Czako. Die Regimenter Aosta und Novara führen die Lanze, den Säbel und den Piston, eine leichte Feuerwaffe, die aus freier Hand und durch Anlegen an die Schulter abgefeuert werden kann; die anderen drei Regimenter haben den Säbel, die Pistole und statt der Lanze den Musqueton. Die Artillerie, vortrefflich ausgerüstet, ist der Stolz des Landes. Die Lafetten haben statt eines Blokes deren zwei, die am unteren Ende mit einander verbunden sind und an dem oberen Ende die Richtmaschinen aufnehmen.

D. Ergänzung.

Diese erfolgt durch freiwilligen Eintritt gegen Handgeld und durch Aushebung nach dem erreichten 20. Lebensjahre mit erlaubter Stellvertretung. Das jährliche Kontingent theilt sich in zwei Klassen, in permanente Soldaten, Ordinanza, die 8 Jahre ununterbrochen dienen und dann gänzlich verabschiedet werden, und in Provinziali, die 16 Jahre zum Dienste verpflichtet bleiben, jedoch nur zeitweise einberufen werden. Aus der Ordinanza rekrutirt sich die Kavallerie, das Genie und die Feld-Artillerie; sie besteht aus freiwillig Eintretenden, Stellvertretern und durch das Loos aus den Konskripzionspflichtigen gewählten Leuten. Die Provinziali stehen die ersten 8 Jahre in der aktiven Armee, die 8 folgenden aber in der Reserve; während der Aktivität sind sie nur 14 Monate zur Abrichtung präsent, dann werden sie auf unbestimmten Urlaub belassen, mit der Verpflichtung, im Fall des Bedarfs einrüken zu müssen. Zur Reserve eintretend, werden sie von den Listen der Regimenter gestrichen und in die Provinzial-Bataillone ihres Bezirkes eingeschrieben. Bei der Artillerie ist die Dienstzeit der Provinziali 13 Jahre, wovon 3 Jahre im aktiven Dienste, 6 Jahre auf Urlaub und 4 Jahre in der Reserve.

Die grossen Mängel des vorstehenden Rekrutirungsmodus haben die Regierung veranlasst, ein neues Gesez ins Leben zu rufen, welches zur Stunde noch nicht in Ausführung gekommen ist.

Marine.

Minister —: Jener des Krieges mit 10 Beamten.

General-Intendant —: Kontre-Admiral Franz Graf Serra.

Personale der Flotte. Admiral —: Se. k. Hoheit Prinz Eugen von Savoyen; Vize-Admiral Josef Graf Albini; Kontre-Admiral —: Philibert Ludwig Chev. Courtois d'Arcolliers und Emil Peletta di Cortanzone. Ferner 7 Schiffs-Kapitäne, 6 Fregatten-Kapitäne, 10 Majore, 26 Kapitäne, überhaupt 2860 Köpfe.

Präsident des Rathes der k. Marine —: Vize-Admiral Graf Albini.

Präsident des Rathes der Handels-Admiralität und des Verwaltungsrathes —: Kontre-Admiral Louis Chev. Courtois.

General-Kommandant der k. Marine —: Kontre-Admiral Emil Peletta.

Kommandant des Equipagen-Korps —: Schiffs-Kapitän Horatius Marquis Dinegro.

Kommandant des k. See-Bataillons —: Oberst Silvio Marquis Alli Macarani.

Die Flotte, welche bestehen soll aus: 4 Segel- und 4 Dampffregatten, 4 Korvetten, 3 Brigantinen, 1 Brigg, 6 Dampfbooten etc. etc., im Ganzen 40 Fahrzeugen mit 900 Kanonen — zählt: 1 Linienschiff mit 64, 1 Fregatte mit 61, 3 Dampf-Fregatten jede 16, 3 Korvetten jede 22 und 1 Brigg mit 16, zusammen 239 Kanonen und 3 Dampfer.

Flagge: blau, in der linken obern Eke auf $^2/_3$ der Breite rothes Feld, darin ein kleines rothes, weiss umfasstes Kreuz, weissgeränderte rechtwinklige Abschnitte an den vier Eken; — seit 1848 die Trikolore.

Nach dem im Jahre 1852 in Wirksamkeit getretenen Pensionsgeseze werden von den Soldaten, Unter-Offiziers und Lieutenants 25, vom Kapitän bis zum General aber 30 und von Geistlichen und Aerzten 20 Dienstjahre gefordert, um Anspruch auf Pension zu machen.

Ein neues, nach dem französischen, österreichischen und preussischen Sisteme kompilirtes Exerzier-Reglement, welches versuchsweise bei der Brigade Piemont in Uebung war, wurde mit k. Dekret vom 17. Oktober 1852 sankzionirt und trat am 1. Dezember 1852 ins Leben. Da es gegen das ältere wesentliche Veränderungen enthält, so würde dieses im Jahre 1838 veröffentlichte nunmehr ausser Wirksamkeit gesezt.

Ein am 26. März 1853 ergangenes k. Dekret bestimmt in der Organisazion des Artillerie-Korps Folgendes:

§. 1. Der Stab des Korps wird vermindert:

Um den Stabs-Offizier und Lokal-Kommandanten zu Cagliari, dessen Funkzionen von jezt an von dem Stabs-Offizier und Direktor der königlichen Pulverfabrik am genannten Orte versehen werden; — ferner um den Stabs-Offizier und Direktor des königlichen Waffensaales zu Turin, dessen Dienst auf den mit der Oberleitung der Bibliothek und des Museums der Artillerie und der Ueberwachung der lithografischen Anstalt beauftragten Hauptmann übergeht; — endlich um die beiden Subaltern-Offiziere beim Bombardier-Laboratorium und der Zündhütchenfabrik, nämlich dem Ober-Feuerwerker der ersteren und Ober-Werkmeister der lezteren, deren Obliegenheiten in Zukunft durch einen Subaltern-Offizier der Feuerwerker-Kompagnie ausgeübt werden.

§. 2. Der Stab des Korps wird in Folge der nach §. 5 verfügten Aufhebung der Pulverarbeiter-Kompagnie (polveristi) vermehrt: um 1 Hauptmann, 4 Subaltern-Offiziere, 1 Fourier, 6 Feldwebel und 9 Korporale, sowie 38 Pferde, welche für den Dienst in den Fabriken und Pulverhäusern bestimmt waren.

§. 3. Im Fort Santa Maria bei Spezzia wird ein neuer Lokal-Artillerie-Kommandant eingesezt. Diesem wird ein Subaltern-Offizier vom Stabe des Korps beigegeben, der sich in Folge der in den vorhergehenden Paragrafen angedeuteten Veränderungen ergibt, so dass die Zahl derselben im Ganzen sich nicht vermehrt.

§. 4. Der Stab des Handwerker-Regiments wird vermindert: um den Oberst oder Oberstlt., um 1 Major, um den ersten Adjutanten, um den Geistlichen, um den Regimentsarzt, um 1 Stabsfourier und um 1 Korporalfourier.

§. 5. In dem vorgenannten Regiment werden aufgelöst *a*) die 2. Arsenal-Kompagnie, *b*) die 2. Pontonier-Kompagnie und *c*) die Pulverarbeiter-Kompagnie. — Leztere bleibt so lange noch im Kompagnie-Verbande mit ihren Chargen bestehen, bis eine anderweitige Verfügung über den Dienst der Pulverfabrikazion erfolgt ist.

§. 6. Die bleibende Arsenal-Kompagnie wird vermehrt um: 1 Unterlt., 2 Feldwebel, 4 Korporale und 73 Soldaten, von denen 10 erster und 63 zweiter Klasse sind.

§. 7. Die bleibende Pontonier-Kompagnie wird vermehrt um: 1 Unterlt., 1 Feldwebel und 68 Pontoniere, von denen 10 erster und 68 zweiter Klasse sind. Diese Kompagnie wird auch in Zukunft keine Mannschaftspferde mehr haben.

§. 8. Die allgemeine Dépôt-Kompagnie wird um 14 Kanoniere 2. Klasse vermehrt.

§. 9. Jede Kompagnie des Festungs-Artillerie-Regiments wird um 6 Kanoniere 2. Klasse vermehrt.

§. 10. Im Feld-Artillerie-Regiment wird eine jede Feldbatterie um einen Kanonier 2. Klasse vermindert; ferner der Stand der Mannschaftspferde bei einer Feld-Batterie um 7, bei einer reitenden Batterie um 10 verringert.

Schweden und Norwegen.

Se. Majestät Oscar I. König von Schweden und Norwegen (geb. 1799). Chef der Land- und Seetruppen.

Adjutantur.

General-Adjutanten: GL. Lefrén, — GM. Graf Falkenberg, — v. Tersmeden, — Graf Posse, — v. Bergenstrahle, — Baron Wrede, — v. Wetterstedt, — Baron Palmstjerna.

Adjutanten: Obersten Louén, — v. Söderberg, — v. Thulstrup, — Kléen, — Bruncrona, — Major Baron Klinkowström, — Kapitän Graf Björnstjerna, — Billot.

a) Schweden.

Kriegs-Ministerium.

Chef des Departements: GM. Graf Gyldenstolpe (Staatsrath).

Das Kriegsministerium ist in 2 Bureaux oder Sekzionen eingetheilt:

a) Das Kommando betreffende Gegenstände, vom König direkt mit dem Minister erledigt und von lezterem „auf Befehl des Königs" ausgefertigt. — Chef —: Oberstlt. Erich Magnus v. Klint.

b) Administrative Gegenstände, — oder Kanzlei-Bureau, — vom König mit dem Minister im Kriegs-Kollegium erledigt. — Sie werden vom König signirt und vom Kriegs-Minister kontrasignirt.

Das Kriegs-Kollegium besteht aus 4 Bureaux unter dem Chef Malcolm Gustav v. Schantz.

a) Verpflegung und Bekleidung (Chef: der General-Intendant).

b) Artillerie (Chef: ein Oberst der Waffe).

c) Genie (Chef: der Kommandant der Waffe).

d) Pensions-Bureau, ein aus Generalen, Stabs- und Ober-Offizieren zusammengeseztes Kollegium unter dem Vorsiz des Kriegsministers.

Aktive Generalität.

General: Graf Gustav Karl Löwenhjelm.

General-Lieutenants: Se. k. Hoheit der Kronprinz; Graf Karl Axel Löwenhjelm; Herr Peter Lefrén; Graf Karl Gustav Löwenhjelm.

General-Majors: 17.

Sr. k. M. Leibtrabanten-Korps. Chef: GM. Graf Gyldenstolpe.

General-Quartiermeister-Stab: GL. Lefrén.

Topographisches Korps: Oberst Akrell.

Artillerie. Chef: Se. k. Hoheit der Kronprinz.

Ingenieur-Korps. Chef: General Meyer.

Das Heer.

A. Etat.

a) Infanterie: 22 Linien-Regimenter zu 2 Bataillons dann 5. selbstständige Bataillons, das Bataillon zu 4 Kompagnien (1. und 2. Leibgarde-Regimenter).

b) Kavallerie: 1 Regiment Garde (Uhlanen) — 2 Dragoner-, 4 Husaren-Regimenter und 1 Regiment reitender Jäger.

c) Artillerie: 3 Regimenter à zwei Bataillons, ausserdem 8 Dépôt-Kompagnien. Im Ganzen 17 Batterien zu 8 Geschüzen, 6 Kanonen, 2 Haubizen.

d) Pionier-Korps: Chef Oberst v. Sydow.

Das schwedische Heer besteht aus folgenden verschiedenen Truppen:

1. Die beständig unter den Fahnen sind, und „Värfvade“ (Geworbene) heissen. Sie bilden das eigentliche stehende Heer und werden aus Freiwilligen geworben. Die Värfvade bestehen aus den 2 Garde-Infanterie-Regimentern und dem Wärmeländischen Jäger-Regiment, 3 Artillerie-Regimenter, dem Garde-Regiment zu Pferd — 4 Esk., dem Husaren-Regiment des Kronprinzen — 4 Esk.

Stärke dieser Truppen 2200 M., 1055 Pferde (ohne die Artillerie, s. unten).

2. Die sogenannte Indelta-Armee, eingetheilte Truppen, welche die eigentliche Stärke des schwedischen Heeres bildet, und in der Art der österreichischen Grenzer durch Krongüter, welche ihr zur Benüzung überlassen sind, erhalten wird. Dieselbe kömmt nur alle Jahre, die Infanterie auf 14 Tage, die Kavallerie auf 4 Wochen zusammen. Sie besteht aus 20 Regimentern und 5 selbstständigen Bataillons, 6 Kavallerie-Regimenter. Totale 28,499 M., 4182 Pferde.

Die Garnisonen der Indelta-Truppen erscheinen bei der unten detaillirten Dislokazion nicht, weil dieselben in ihren Regiments-Bezirken vertheilt, auf ihrem Grund und Boden leben.

3. Die Bevering (Reserve oder Landwehr), bestehend aus allen waffenfähigen Leuten von 20—25 Jahren, ohne Unterschied des Ranges. Ein Theil dieser Bevering, nämlich für jedes Regiment 1 Bataillon, kommt alle Jahre auf 14 Tage zusammen. Sie wird nur im Falle eines Krieges aufgeboten.

Stärke der Bevering: 104,731 M.

Stärke der Artillerie und Pioniere 2700 M., 724 Pf.

Totale der ganzen Armee: 137,930 M., 5962 Pf. Hiebei die weiter unten folgende Gothland'sche Nazional-Miliz mit 9284.

B. Eintheilung und Dislokazion.

1. Militär-Distrikt (Provinz Schonen). Kommandant: GM. Graf Essen.

Truppen. Infanterie: Die 2 schonischen Regimenter (Süd- und Nordschonisches).

Kavallerie: Das schonische Dragoner- und das schonische Husaren-Regiment; — das Husaren-Regiment des Kronprinzen.

Artillerie: Das wendische reitende Artillerie-Regiment.

Garnisonen: Artillerie in Christianstad und Landscrona. Das Husaren-Regiment des Kronprinzen: Ystadt, Malmö, Helsingborg und Engelholm.

2. Militär-Distrikt. (Provinzen Småland, Oestergothland und Sudermannland.

Kommandant GM. Boy.

Truppen. Infanterie: Das Kronoberg'sche, das Jönköpinger und Calmarer-Regiment, das småländische Grenadier-Bataillon, die zwei östergothischen Grenadier-Regimenter, das sudermannische Regiment.

Kavallerie: das smälandische Husaren-Regiment.

3. Militär-Distrikt (Provinzen Westgothland, Halland, Bohuslau, Wärmland). Kommandant: GL. Graf Löwenhjelm.

Infanterie: Die Regimenter von Westgothland, Skaraborg, Elfsborg, Westgottendahl, Bohuslau, Wärmland und die Jäger von Wärmland.

Artillerie: Das Götha'sche Regiment.

Garnisonen der Artillerie: Gothenburg; die Festungen Carlsberg, Carlstein, Elfsborg.

4. Militär-Distrikt (Provinzen Uppland, Westmannland, Dalecarlien). Kommandant: GL. Lefrén.

Infanterie: das Leibgrenadier-Bataillon, die Regimenter von Uppland, Westmannland, Nerike, Dalecarlien.

Kavallerie: das Leib-Dragoner und das Leib-Husaren-Regiment.

Artillerie: das Swea Artillerie-Regiment.

Garnisonen der Artillerie: Stokholm und die Festungen Waxholm und Dalarö.

5. Militär-Distrikt (Provinzen Helsingland, Angermannland, Jämtland, Westerbotten, Norbotten). Kommandant: GM. Hederstjerna.

Infanterie: Das Regiment Helsingland, die Bataillons von Jämtland, Norbotten und Westerbotten.

Kavallerie: Das Korps der reitenden Jäger von Jämtland.

Artillerie: das Westerbottensche Artillerie-Korps.

Garnisonen der Artillerie: Hernösand und das Fort Fredrikskant.

Die Insel Gothland besizt eine eigens organisirte Nazional-Miliz, 21. Kompagnien stark, die jedoch nicht ausserhalb der Insel zu dienen brauchen.

Die oben genannten Garde-Regimenter bilden eine Brigade unter Befehl des Kronprinzen und haben ihre beständige Garnison in Stokholm.

C. Bewaffnung.

Die Infanterie: Perkussions-Gewehre in der ganzen Armee. Die Füsiliere: Pallasche und Pistolen. Artillerie-Batterie zu 8 Geschüzen wovon 2 Haubizen, Kaliber 12 und 6 Pfünder. Festungs-Artillerie zum Theil à la Paixhans.

D. Ausrüstung.

Infanterie und Jäger: Pikelhauben nach Art der preussischen; — Artillerie: Helme mit schwarzen Raupen.

Dragoner: **Helme** — Husaren: kleine Czakos wie die österreichischen Husaren. — Uhlanen: Czapka wie die österreichen, das erste Glied mit Lanzen ausgerüstet.

E. Uniformirung.

Grundfarbe dunkelblau; Kokarde dunkelblau und gelb. — Die Generalität: Waffenrok, gelbe Aufschläge mit Goldstikerei, gelbe Knöpfe und Passe-poil, derlei Doppelstreifen an den Pantalons. Epaulette mit reichen Bouillons. Hüte mit blau und gelben Federn; Schärpe gelb und blau. Kurze Säbel; dunkelgraue Mäntel; Adjutantur eben so nach den Graden.

Infanterie: blauer Waffenrok, mit gelb oder rothen Aufschlägen, und Passe-poil an den Pantalons, im Sommer weisse Hosen; dunkelgraue Mäntel. Offiziere Epaulettes, Stabs-Offiziere desgleichen ohne Bouillons, weisse Knöpfe und silberne Distinkzion; die Offiziere Ringkragen als Dienstzeichen. Die Grade der Offiziere durch Sterne auf der Epaulette unterschieden. — Das Uhlanen-Garde-Regiment hellblau, nach Art der österreichischen Uhlanen mit Silber. — Dragoner dunkelblauen Waffenrok mit gelben Aufschlägen. — Husaren dunkelblau mit gelb. — Artillerie dunkelblaue Kollets mit gelben Riemzeug.

E. Ergänzung und Dienstpflicht.

Das eigentliche der Organisazion der schwedischen Armee in Beziehung auf Stellung, wurde unter der Rubrik Stärke des Heeres ausführlich berührt. — Die Värfvade-Truppen, werden gewöhnlich durch die Kompagnien, Eskadrons und Batterie-Kommandanten auf 6 Jahre angeworben.

Marine.

Chef des Departements und Staatsrath —: Kontre-Admiral Karl Hans Ulner.

Ministerial-Departements-Chefs —: Schiffs-Kapitän Karl v. Ehnemark und Kurt Meinader.

Die Verwaltung der Flotte ist einem eigenen Rathe anvertraut der von einem Admiral präsidirt wird, dem ein Kontre-Admiral, 2 Stabs-Offiziere, 2 Admiralitäts Kammerräthe, 1 Justizrath und 1 k. Fiskal beisizen.

Personalien.

Admiral —: Karl Friedr. Coyet.

Vize-Admirale —: Joh. Heinrich Kreuger. Karl August Frhr. Gyllengranat; Kontre Admiräle —: Karl Reinh. Frhr. Nordenskjöld; Salamon Moriz von

Krusenstjerna; Karl Joh. Ulner; Folke Magnus von Puke, Christ. Adolf v. Virgin; ferner 200 Kapitäns und Lieutenante, bei 1000 See-Artilleristen, 450 Matrosen, 400 Schiffsjungen, 340 Steuermänner und Schiffer, 1200 Lootsen, Handwerker, Arbeiter u. s. w. 5700 eingereihte Bootsleute, 900 Bootsleute der Stadt, 1600 Extrabootleute Stellung, 11,600 Seebeverings-Mannschaft, zusammen 24,000 M. Die besoldeten Marine-Truppen zählen 49 Kompagnien, davon 34 auf der Orlogs, 15 auf der Scheeren-Flotte. Die Indeltamannschaft ist in 30 Kompagnien formirt. Im Kriege werden diese Leute durch die Bevering verstärkt.

Flottenstand.

10 Linienschiffe, 8 Fregatten, 8 Briggs und Korvetten, 6 Schooner, 8 Mörser-Fahrzeuge, 22 Frachtschifte, 256 Kanonier-Schaluppen, 12 Dampfschiffe.

Die Flotte ist eingetheilt: in die königliche Orlogs-Flotte, im Hafen von Karlskrona, und in die Scheeren-Flotte, in Stokholm und Gothenburg vertheilt. Jede hat ihren eigenen Generalstab.

Flagge.

Blau mit schmalem gelben Kreuze, in der linken obern Eke auf die Hälfte der Breite rothes Feld mit weissem Diagonalkreuz.

b) Norwegen.

Die norwegische Armee besizt eine von der schwedischen ganz getrennte und verschiedene Organisazion und Verwaltung.

Staatsrath und Chef des Armee-Departements, dann Chef des Generalstabes —: GL. Hans Karl Bloch. Bureau Chefs —: Tollew Lem Ravn; Th. C. Brok, Oberster.

General: Vakant.

General-Lieutenants: Carl Maunsbach, und Bloch.

General-Majors: Se. k. H. der Kronprinz und 7 GM.

General-Adjutant: H. Berndt Krog.

Ingenieur-Brigade, Chef: GM. Garben.

Artillerie-Brigade. Chef: GM. Meidell.

Die Infanterie besteht aus 5 Brigaden:

1. Die erste Agerhuus-Brigade. Kommandant: GL. Bloch; 5 Bataillons.

2. Die zweite Agerhuus-Brigade. Kommandant: GM. Michelet; 5 Bataillons.

3. Die Drontheim'sche Brigade. Kommandant: GM. Thome. 4 Bataillons.

4. Die Bergen'sche Brigade. Kommandant: GM. Holck. 5 Bataillons.

5. Die Christiansand'sche Brigade. Kommandant: GM. Reichmann. 3 Bataillons.

Die Kavallerie besteht in einer Brigade, deren Chef GM. Glad, aus 3 reitenden Jäger-Korps von Drontheim, Agerhuus und Oppland.

Die Stärke der norwegischen Armee beläuft sich auf:

Infanterie	11,924
Kavallerie	1070
Artillerie	1330
Landwehr oder Reserve	9160
Summa	23,484 und 1360 Pferde.

Von diesen Truppen sind im Frieden nur 2000 M. unter den Fahnen für den Garnisonsdienst, die übrigen, so wie die Reserve, kommen theilweise alle Jahre auf kurze Zeit zusammen. Die Indelta-Organisazion findet in Norwegen nicht statt.

Die Grundfarbe der Bekleidung ist dunkelblau und roth, so wie auch die Kavallerie, die reitenden Jäger grau und roth.

Marine.

Staatsrath, Chef des Marine-Departements, dann General-Adjutant der Marine —: Ole Wilhelm Ericksen.

Ministerial-Departements-Chef —: Ole Munch-Raeder.

Etat. 1 Vize-Admiral, 1 Kommandeur, 3 Kommandeur-Kapitäne, 24 Kapitäne, 40 Lieutenants, 350 Unter-Offiziere und See-Soldaten; weiters besteht eine Artillerie und eine Matrosen-Kompagnie, jede 108, eine Handwerker-Kompagnie 144 und 1 Schiffsbau-Kompagnie 180 M.

Flottenstand: 2 Fregatten, 4 Korvetten, 1 Brigg, 5 Schooner, 5 Dampfschiffe, 136 Kanonenboote und 30,000 enrollirte Seeleute zwischen 30 und 60 Jahren. Es bestehen 6 Lootsen-Distrikte, jeder unter einem Oberlootsmann. Eine Vermehrung der Kriegs-Fahrzeuge ist beschlossen und soll demnächst zur Ausführung kommen.

Im Januar 1853 hat Se. Majestät der König eine veränderte Organisazion des Artillerie-Bootsmann-Korps (artillerie-batsmancorpsen) und eine erneuerte Instrukzion für die Artillerie-Exerzierschule der Flotte genehmigt. Gleichzeitig wurde bestimmt, dass die

Chefs der Bootsmann-Kompagnien sich bestreben müssen, bei jeder Korporalschaft einen Vize-Korporal auszubilden, der die Pflichten des wirklichen Korporals zu erfüllen vermag.

Das Artillerie-Regiment hat in Zukunft neben dem Infanterie-Exerzizium auch die Bedienung der Geschüze auf der Flotte und den gesammten Artilleriedienst zu üben, auch haben sich die Unter-Offiziere desselben einem Examen in den See-Artillerie-Wissenschaften zu unterwerfen, wie dies für das See-Artillerie-Regiment nach der Organisazion vom Jahre 1824 vorgeschrieben war.

Von den bei der Armee eingeführten Infanterie-Gewehren (Modell 1845) und von den bei der Kavallerie gebräuchlichen Pistolen (Modell 1850) wurden auf k. Befehl im Jahre 1853 Exemplare an das Artillerie-Museum nach Paris und an die Modell-Kammer nach Brüssel abgesendet.

Se. Majestät der König hat unterm 3. Dezember 1853 verfügt: dass die Verwaltung der beiden Militär-Departements und das Kommando der Armee und Flotte für Norwegen dergestalt vereinigt werden sollen, dass derjenige Staatsrath (Minister), welcher dem Armee-Departement vorsteht, zugleich Chef des Generalstabes sein, und im Namen des Königs das Kommando über die Armee, und derjenigen Staatsrath, der dem Marine-Departement vorsteht, zugleich den Befehl über die Marine führen soll.

Schweiz.

Oberste Militär-Behörden.

Die Bundesversammlung; sie trifft die gesezlichen Bestimmungen über die Organisazion und den Unterricht der Truppen, so wie über die Leistungen der Kantone; sie verfügt über das Bundesheer, über Aufstellung und Zahl, so wie über die Entlassung desselben; sie ernennt den Ober-Befehlshaber, ertheilt ihm die Verhaltungs-Befehle und beeidigt ihn, so wie sie auch den Chef des Generalstabes ernennt.

Der Bundesrath, aus 7 Mitgliedern von der Bundesversammlung aus dem Nazionalrathe auf 3 Jahre gewählt, und von dieser mit ausserordentlichen Vollmachten versehen, leitet und beaufsichtiget die Vollziehung der Militär-Organisazion, nimmt genaue Kenntniss von dem Stande und der Beschaffenheit der personellen und materiellen Streitkräfte; ihm werden von den Kantonen alljährlich die Etats eingereicht; er entwirft die Reglements, erlässt die Instrukzionen auf das Heer Bezug nehmend im weitesten Sinne, und hat für Alles zu sorgen, was das Aufgebot, die Ergänzung, Entlassung u. s. w. der Truppen betrifft. Wenn kein Ober-Befehlshaber bestellt ist — also in Friedenszeiten — übt der Bundesrath dessen Rechte und Pflichten aus.

Das Militär-Departement, eine Abtheilung des Bundesrathes (Vorstand Ulrich Ochsenbein aus Bern) berathet und besorgt die Organisazion des Wehrwesens überhaupt, den Unterricht, die Vertheidigungsmittel, das Material, die Befestigungen, die topographischen Arbeiten, die Wahlvorschläge in den Stab u. dgl. und erhält die Entscheidungen vom Bundesrathe als Behörde. Unmittelbar unter diesem Departement stehen folgende, je auf 3 Jahre wählbare Militärbeamte: die Inspektoren der Infanterie, des Genie und der Artillerie, aus Obersten gewählt; dann der Oberst der Kavallerie und der Scharfschüzen, endlich der Ober-Kriegs-Kommissär, der Ober-Auditor und der Ober-Feldarzt.

Der eidgenössische Stab besteht:

a) Aus dem Generalstabe: 40 Obersten, 30 Oberstlt., 30 Majore; dann aus einer unbestimmten Zahl von Hauptleuten und Oberlt. Unter diesen befindet sich der Oberst für die Kavallerie und jener für die Scharfschüzen, mit der entsprechenden Zahl von Oberstlieutenanten, Majoren und Subaltern-Offizieren für diese Waffe.

b) Dem Geniestabe: 2 Obersten, 3 Oberstlts., 4 Majore.

c) Dem Artilleriestabe: 4 Obersten, 10 Oberstlts., 15 Majore; jeder dieser Stäbe noch mit einer unbestimmten Zahl Subaltern-Offiziere.

d) Dem Justizstabe: 1 Ober-Auditor mit Oberstenrang und eine unbestimmte Anzahl Justiz-Beamte.

e) Dem Kommissariatsstabe: 1 Ober-Kriegs-Kommissär mit Oberstenrang und der erforderlichen Zahl von Beamten in 5 Klassen getheilt, deren erste den Oberstlts.-, die fünfte aber den Lieutenants-rang hat; endlich

f) dem Gesundheitsstab, der sich in das Medizinal- und Veterinär-Personale theilt. Beim Ersteren: der Ober-Feldarzt mit Obersten-Rang, 9 Divisionsärzte (3 mit Oberstlts.-, 6 mit Majors-Rang), 1 Stabsarzt und 1 Stabs-Apotheker mit Hauptmanns-Rang; ferner Aerzte mit Hauptmann-, Ober- und Unterlts.-Rang. Beim Veterinär-Personale: 1 Ober-Pferdarzt mit Majors-Rang und die erforderlichen Stabs-Pferdärzte mit Ober- und Unterlts.-Rang.

Das Bundesheer besteht:

1) Aus dem Bundes-Auszuge (erstes Aufgebot), d. h. der Mannschaft von 20—34 Jahren, zu 3 Prozent der Bevölkerung gerechnet;

2) der Reserve (zweites Aufgebot), d. h. der aus dem Bundes-Auszuge ausgetretenen Mannschaft von 34—40 Jahren zu 1½ Prozent der Bevölkerung, und

3) der Landwehr, der gesammten waffenfähigen Mannschaft bis zum 44. Jahr, welche nicht im Bundes-Auszuge oder in der Reserve dient.

Nach der lezten im März 1851 stattgefundenen Volkszählung besteht demnach das Bundesheer gesezmässig:

a) aus dem Bundes-Auszuge von	72.000 M.
b) aus der Reserve von	36,000 „
zusammen	108,000 M.

I. Infanterie: Auszug: 75 Bataillons und 5 uneingetheilte Kompagnien; im Ganzen 443 Kompagnien und 9 Jäger-Kompagnien. Rerserve: 31 Bataillons, 11 halbe Bataillons und 15 Jäger-Kompagnien. — Scharfschüzen: Auszug: 46 Kompagnien à 100 M.; Reserve: 27 Kompagnien.

II. Kavallerie: Im Bundes-Entwurf mit 38 Dragoner-Kompagnien à 77 Pferde, und 12 Guiden-Kompagnien à 32 Pferde angesezt.

III. Artillerie; 25 Batterien und 2 Gebirgs-Batterien Auszug; 13 Batterien und 2 Gebirgs-Batterien Reserve; 4 Raketen-Batterien Auszug, und 2 dergleichen Reserve; 4 Posizions-Kompagnien Auszug, und 9 dergleichen Reserve; 6 Park-Kompagnien Auszug, und 6 dergleichen Reserve.

IV. Genie: 12 Kompagnien Sappeurs (6 Auszug und 6 Reserve) à 100 M.; 6 Kompagnien Pontoniere (3 Auszug und 3 Reserve) desgleichen.

Infanterie.

In der Regel sollen die Bataillons aus 6 Kompagnien, nämlich aus 2 Jäger- und 4 Füsilier-Kompagnien bestehen. Die Bildung von Bataillonen mit 5 oder 4 Kompagnien soll nur da statt finden, wo die Zahl der Kompagnien des Kontingents zur Aufstellung von Bataillonen von 6 Kompagnien nicht hinreicht. Die Bataillone von 5 und 4 Kompagnien sollen wenigstens eine Jäger-Kompagnie haben. Es gibt 67 Bataillons zu 6 Kompagnien, 4 Bataillons zu 5 Kompagnien, 4

Bataillons zu 4 Kompagnien, ausserdem sind noch 5 Kompagnien uneingetheilt vorhanden. Die Bataillons werden gestellt: Zürich 8. Bern 19 Luzern 4, Uri und Zug 1, Glarus 1, Freiburg 3, Solothurn 2, Bassellandschaft 1, Schaffhausen 1, St. Gallen 5, Graubündten 3, Aargau 6, Thurgau 3, Tessin 4, Waadt 6, Wallis 3, Neuenburg 2 Bataillone zu 6 Kompagnien, Appenzell-Ausserrhoden 2, Genf 2 Bataillon zu 5, Schwyz 2, Unterwalden 1 und Baselstadt 1 Bat. zu 4, endlich die Bassellandschaft 2 und Appenzell Innerrhoden 3 einzelne Kompagnien.

Der Stab eines Bataillons von 6 oder 5 Kompagnien besteht aus 1 Kommandanten, 1 Major, 1 Bataillons-Adjutanten (aidemajor), 1 Quartiermeister (Rechnungsführer), 1 Waffen-Offizier (zugleich Fahnenträger), 1 Feld-Prediger, 1 Bataillons-Arzt, 2 Unter-Aerzten, 1 Adjutant-Unter-Offizier, 1 Stabs-Fourier, 1 Tambour-Major, 1 Waffen-Unter-Offizier, 1 Wagenmeister, 2 Büchsenmacher, 1 Schneidermeister, 1 Schuhmachermeister und 1 Profos. Total 19 M.

Der Stab eines Bataillons zu 4 Kompagnien hat nur 13 Mann.

Der Bestand einer Füsilier-Kompagnie ist: 1 Hauptmann, 1 Oberlt., 1 erster und 1 zweiter Unterlt., 1 Feldwebel, 1 Fourier, 5 Wachtmeister, 10 Korporale, 1 Frater, 1 Zimmermann, 3 Tambours und 99 Gemeine. Die Jäger-Kompagnien sind ebenso formirt, nur haben sie Trompeter statt der Tambours.

Die Infanterie steht in zwei Gliedern, die Füsilier-Kompagnien bilden die eigentliche Schlachtlinie des Bataillons, die Jäger-Kompagnien hingegen sind für den leichten oder Plänklerdienst bestimmt. In taktischer Beziehung bildet die Kompagnie eine Division, die in 2 Pelotons und 4 Züge zerfällt.

Scharfschüzen.

Die eidgenössischen Reglements behandeln die Scharfschüzen beinahe wie eine selbstständige Waffen-Gattung, was wohl hauptsächlich in der hohen Bedeutung dieser Truppe für die Landes-Vertheidigung und in dem Ansehen, welches die Scharfschüzen geniessen, seinen Grund hat.

Die Scharfschüzen-Kompagnien werden gestellt:

Der Auszug: Zürich 4, Bern 6, Luzern 2, Uri 1, Schwyz 2, Unterwalden ob dem Wald 1, nieder dem Wald 1, Glarus 2, Zug 1, Freiburg 2 Basellands,chaft 1, Appenzell Ausserrhoden 2, St. Gallen 2,, Graubündten 2 Aargau 3, Thurgau 2, Waadt 4, Wallis 2, und Neuenburg 2 Kompagnien.

Der Bestand einer Kompagnie ist: 1 Hauptmann, 1 Oberlt., 1 erster und 1 zweiter Unterlt., 1 Feldwebel, 1 Fourier 5,

Wachtmeister, 10 Korporale, 1 Frater, 1 Büchsenmacher, 3 Trompeter und 74 Gemeine. Total 100 Mann.

Wie bei der Infanterie, bildet auch hier die Kompagnie in taktischer Einheit eine Division von zwei Pelotons und vier Zügen. — Unter die Scharfschüzen des Bundes-Kontingents wird von den Militär-Behörden Niemand aufgenommen, der nicht durch eine bestimmte Anzahl Schüsse schon eine erlangte grosse Schiessfähigkeit bewiesen hat. In der Instrukzion werden sie nicht blos zum gewöhnlichen Scheibenschiessen angehalten, sondern es soll sie dieselbe auf durchaus alle Kriegsfälle im freien Felde vorbereiten.

Die Schiess-Uebungen beginnen auf die Entfernung von 200 Schritt und gehen allmählig bis auf 900 Schritt. Bei Stuzenproben im Kanton Bern wird jede Kugelbüchse verworfen, mit welcher der Büchsenschmied, der solche verfertigt hat, bei 15 schnell nach einander gethanen Schüssen auf 200 Schritt nicht wenigstens 13 Mal ein Vierek von 2 Zoll, und bei 15 eben so schnellen Schüssen auf 900 Schritt wenigstens 13 Mal ein Ziel von 8 Fuss trifft. Auf 200 Schritt durchschlägt die Stuzenkugel, 25 auf ein Pfund gerechnet, eine 6 Zoll dike Scheibe von Tannenholz.

Kavallerie.

Der Miliz-Kavallerist muss das Pferd auf eigene Kosten anschaffen, ehe er bei der Schwadron angenommen, der Inspekzion und Schäzung unterworfen wird; er muss fortdauernd mit demselben ohne Entgelt in Bereitschaft stehen und darf es während der Dauer seiner Dienstverpflichtung ohne Einwilligung der Militär-Behörde nicht veräussern. In Bern ist es gewöhnlich, dass der Reiter sein Pferd mit 20 bis 25 Louisd'or bezahlt.

Blos in administrativer Beziehung besteht die Kavallerie-Kompagnie für sich selbst; in taktischer Beziehung bildet, wie überall, die Schwadron die Einheit. Hierfür werden zwei Kompagnien vereinigt, und der ältere Hauptmann führt als Schwadrons-Chef das Kommando. Die Schwadron zerfällt in vier Züge. Regiments-Eintheilung ist auch bei dieser Waffen-Gattung nicht vorhanden.

Die Schweiz hat auf 820 Geviertmeilen und 2,200,000 Einwohnern einen Pferdebestand von 110,000 Stük. Im lezten Feldzuge stellten die beiden kriegführenden Theile zusammen 30 Kavallerie-Kompagnien, 1900 Pferde auf.

Eine Dragoner-Kompagnie besteht aus: 1 Hauptmann, 1 Oberlt., 1 Lieutenant, 1 Pferdearzt, 1 Feldwebel, 1 Fourier, 2 Wachtmeister, 6 Korporale, 1 Frater, 1 Hufschmied, 1 Sattler, 4 Trompeter, 56 Reiter, zusammen 77; — eine Guiden-Kompagnie: 1 Oberlt., 1 Lieutenant, 1 Feldwebel, 2 Wachtmeister, 4 Korporale, 1 Hufschmied, 1 Trompeter, 21 Reiter; zusammen 32.

Artillerie.

Die Artillerie besteht:

a) aus 29 Kompagnien zur Bedienung von eben so vielen bespannten Batterien Feld-Geschüz, nämlich:

4 Kompagnien für zwölfpfünder Kanonen-Batterien zu 142 M.

19 Kompagnien für sechspfünder Kanonen, und

6 Kompagnien für zwölfpfünder Haubiz-Batterien zu 122 M.

b) aus 10 Kompagnien zur Bedienung des Posizions- und Reserve-Geschüzes, so wie der Gebirgs-Batterien, jede ohne Train zu 73 M.

c) aus 5 Kompagnien für den Parkdienst zu 125 M.

d) uneingetheilter Train 790 M.

Im Ganzen zählt die Feld-Artillerie 116 Stük Geschüze.

Der Bestand einer Kompagnie zur Bedienung einer fahrenden Batterie sechspfünder Kanonen oder zwölfpfünder Haubizen ist: 1 Hauptmann, 1 Oberlt., 1 erster und 1 zweiter Unterlt., 1 Batterie-Arzt, 1 Pferde-Arzt, 1 Feldwebel, 1 Fourier, 5 Kanonier-Wachtmeister, 1 Train-Wachtmeister, 5 Kanonier-Korporale, 3 Train-Korporale, 10 Kanonier-Gefreite, 1 Frater, 2 Hufschmiede, wovon ein Gefreiter, 1 Schlosser, 1 Wagner, 1 Sattler, 3 Trompeter, 40 Kanoniere und 35 Train-Soldaten. Zusammen 122 M.

Für eine Batterie zwölfpfünder Kanonen ist der Bestand 142 M., indem bei derselben 4 Train-Korporale, 13 Kanonier-Gefreite, 7 Train-Gefreite und 50 Train-Soldaten sind.

Die Posizions-Kompagnien sind 73 M. stark. Die beiden Kompagnien, welche Gebirgs-Batterien bedienen sollen, sind 61 M. stark. Jeder derselben wird eine der besonders dafür bestimmten Train-Abtheilungen der Kantone Graubündten oder Wallis zugeordnet. Eine solche besteht aus 55 M.

Ein Park-Kompagnie besteht aus 1 Hauptmann, 1 Oberlt., 1 erster und 1 zweiter Unterlt., 1 Arzt, 1 Feldwebel, 1 Fourier, 5 Kanonier-Wachtmeistern, 1 Ober-Feuerwerker, 10 Kanonier-Korporalen, 20 Feuerwerkern, 1 Frater, 3 Trompetern und 78 Kanonieren. Zusammen 125 M.

Ausser demjenigen Train-Personal, welches einen integrirenden Bestandtheil der bespannten Batterie bildet, besteht noch der uneingetheilte Train, 110 M. und 88 Pferde für die Gebirgs-Batterien. 274 Gefreite und Soldaten mit 400 Zugpferden gehören zur Bespannung der Infanterie- und Scharfschüzen-Caissons und der Sappeurwagen.

Eine Batterie zwölfpfünder Kanonen hat 4 Geschüze, 8 Caissons, 1 Rüstwagen, 1 Feldschmiede, 1 Vorraths-Lafette, 10 Reit- und 66 Zugpferde, zusammen 76 Pferde, die der Offiziere nicht mitgezählt.

Die zwölfpfünder Kanonen sind mit 8 Pferden bespannt; die sechspfünder Kanonen und Haubizen und sämmtliche Caissons mit 6 Pferden; die Rüstwagen, Feldschmieden und Vorraths-Lafetten mit 4 Pferden. — Zu einer Gebirgs-Batterie gehören 44 Pakpferde zum Tragen von 4 Geschüzröhren, 6 Lafetten, wovon 2 Vorraths-Lafetten, 40 Munizionskasten, dem Arbeitszeug, den Vorrathsstüken und dem Gepäk.

Bei Mobilmachung einer vierundzwanzigpfünder Haubiz-Batterie geben die Posizions-Kompagnien die Bedienung; das Train-Personal, Geschüz und Fuhrwerke werden aus dem Reservepark genommen. Jede bespannte Batterie zerfällt in 2 Züge von je 2 Geschüzen und 1 Reserve-Batterie. Der Hauptmann ist Batterie-Chef, 2 Lieutenants befehligen die beiden Züge, der noch übrige Offizier die Reserve.

Genie-Truppen.

Dieselben bestehen aus 5 Sappeur- und 2 Pontonier Kompagnien, jede von 100 M., welche zusammengesezt sind, aus: 1 Hauptmann, 1 Oberlt., 1 erster und 1 zweiter Unterlt., 1 Arzt, 1 Feldwebel, 1 Fourier, 4 Wachtmeister, 8 Korporale, 1 Frater, 3 Tambours und 67 Soldaten.

Extra-Personal.

Ausser den Kontingenten stellen die Kantone ferner nach den näheren Bestimmungen der betreffenden Reglements:

1) Das Personal zur Bedienung der beweglichen Feld-Hospitäler, noch 80 Aerzte 1., 2, und 3, Klasse, 10 Apotheker und 50 Gehülfen;

2) Büchsenschmiede;

3) für den Feldpost- und für den Verpflegungsdienst werden besondere militärisch organisirte Korps errichtet, und

4) die Bundes-Militär-Behörde kann bewilligen, dass die Infanterie-Bataillone Feld-Musiken mit sich führen, welche nicht zum Effektiv-Bestande der Bataillons gezählt werden und nicht über 21 Mann stark sein dürfen.

Eintheilung.

Das Bundesheer wird in 8 Divisionen eingetheilt, jede besteht aus:

a) 3 Brigaden von 3 Bataillons und 2 Scharfschüzen-Kompagnien, die 3. Brigade hat jedoch nur eine der leztern;

b) einer Kompagnie Kavallerie;

c) einer Artillerie-Brigade mit 2 Batterien Sechspfünder Kanonen, einer Batterie Zwölfpfünder Haubizen und einer halben Park-Kompagnie.

Die beiden Divisionen, welche in Wallis und Tessin zu stehen kommen, haben jedoch nur eine Sechspfünder-Batterie und daneben eine Batterie Gebirgs-Haubizen.

Die Reserve-Artillerie hat 4 Brigaden und im Ganzen 14 Batterien Zwölf- und Sechspfünder-Kanonen und schwere Haubizen nebst einer Park-Kompagnie.

Die Zusammenordnung der taktischen Einheiten in die grösseren Abtheilungen, nämlich in Divisionen und Brigaden, steht dem Ober-Befehlshaber der eidgenössischen Armee, oder wenn ein solcher nicht bestellt ist, dem eidgenössischen Kriegsrath zu.

Die Schweiz hat in Friedenszeiten weder General-Kommanden noch Generalität. Der einzige General Dufour ist Genie-Oberst und führt nur den ersteren Titel; die Obersten und Oberstlts. des eidgenössischen Stabes sind also Divisions- oder Brigade-Generale, je nachdem sie von der Bundesgewalt einem Truppenkörper vorgesezt werden. Die einzelnen Bataillone werden von Kantonal-Obersten oder Oberstlts. kommandirt, welche die Kantonsregierungen ernennen, und die im eidgenössischen Stabe öfters gar keine Stelle oder die eines Majors oder Hauptmanns bekleiden.

Der eidgenössische Stab zählte im August 1853 an Kombattanten: 45 Oberste, 41 Oberstlt., 41 Majore, 78 Hauptleute, 12 Ober-, 5 erste und 6 zweite Unterlt.; an Nicht-Kombattanten: im Justizstabe 4 Oberste, 5 Oberstlt., 5 Majore und 31 Hauptleute; beim Kommissariate: 2 Oberste, 3 Oberstlt., 10 Majore, 40 Hauptleute, 15 Ober- und 11 Unterlt.; im Gesundheitsstabe: 1 Oberst, 2 Oberstlt., 8 Majore, 30 Hauptleute, 38 Ober- und 39 Unterlt.; sohin 228 Kombattanten, 230 Nicht-Kombattanten und 65 Stabs-Sekretäre.

Bewaffnung, Ausrüstung und Uniform.

Im Allgemeinen hat der Generalstab grüne Röke mit dunkelrothen Krägen und Aufschlägen, Hüte mit Federbusch; die Infanterie dunkelblaue Röke und Beinkleider mit rothen, die Jäger mit schwarzen Aufschlägen und Passe-poils, eine Reihe weisse Knöpfe, niedere Czakos mit farbigen Ponpons; die Scharfschüzen dunkelgrüne Röke, schwarzgrüne Beinkleider, Czakos oder runde schwedische Hüte; die Offiziere der Jäger und Scharfschüzen führen kleine Signalhörner an grünen Schnüren. Kavallerie dunkelgrüne Kollets

22

und Beinkleider, rothe Aufschläge; weisse Knöpfe, Helme; die Artillerie wie die Infanterie, nur gelbe Knöpfe und rothe Epaulettes. Im Sommer: weisse Beinkleider. — Als Gradabzeichen führen die Unter-Offiziere Tressen am Kragen und Aufschlag, Lieutenants, Oberlts. und Kapitäns ein volles Epaulette und ein Kontre-Epaulette, die Stabs-Offiziere zwei volle Epaulettes, sämmtlich von der Farbe der Knöpfe.

In Bezug der Uniform kommen bei den einzelnen Kantons viele Verschiedenheiten in Schnitt, Form, Passe-poils, so wie in der Kopfbedekung vor.

Bewaffnet ist die Infanterie mit perkussionirten Gewehren und Säbel, Scharfschüzen mit Büchsen, deren an die Schulter passende Kolben sehr weit ausgeschnitten sind, und Hirschfänger; Kavallerie und Artillerie führt den Säbel. Die Bundes-Reserve ist wie der Auszug bewaffnet, die Landwehr ist mit Gewehren von eidgenössischen Kaliber versehen.

Jedes Infanterie-Bataillon des Bundesheeres führt eine Fahne mit den Farben der Eidgenossenschaft, dem weissen Kreuze auf rothem Grunde und dem Namen des Kantons in Gold auf dem Querbalken des Kreuzes. Bei den Bataillonen der Reserve und Landwehr erscheinen noch die alten historisch gewordenen Fahnen, geflammt in den Kantonsfarben und vom weissen Kreuz durchschnitten, in dessen Mitte oft das Kantonswappen, umgeben von kriegerischen Emblemen oder goldgestikten Sinnsprüchen, prangt.

Das allgemeine Feldzeichen aller im aktiven Dienste der Eidgenossenschaft stehenden Militärpersonen ist das rothe drei Zoll breite Armband mit weissem Kreuz, am linken Arm getragen. Die Offiziere des eidgenössischen Stabes tragen die rothe und weisse eidgenössische Kokarde; sämmtliche Truppen die Farben ihres Kantons.

Ergänzung.

Jeder Schweizer ist vom angetretenen 20. bis zum vollendeten 44. Altersjahre wehrpflichtig; Stellvertretung ist untersagt; über Ausnahmen und Ausschliessung von der Wehrpflicht entscheidet die Bundesversammlung.

Der Bundesrath hat am 8. Dezember 1853 eine zweckmässigere Bewaffnung der Jäger-Kompagnien beschlossen; es ist diess eine Jägerbüchse nach Art derjenigen der französischen Chasseurs à pied, leichter als der Stuzen, schneller zu laden und doch von grösserer Treff-Fähigkeit als das gewöhnliche Infanterie-Gewehr. Diese Büchse hat einen gezogenen Lauf und Spizkugeln, die an den Patronen angebracht sind.

Beide Sizilien.

Se. Majestät König Ferdinand II. (geb. 1810), Ober-Befehlshaber der Land- und Seemacht.

General-Adjutanten: GM. Luigi Graf Gaetani di Laurenzana; Fürst d'Ischitella; Fürst di Castelcicala; Brigade-General Graf v. Trapani, k. Hoheit und Marine-Brigadier Federico Roberti.

Kriegs-Ministerium.

Staats-Sekretär des Krieges —: GM. Franc. Pinto Marchese di S. Giuliano, Principe d'Ischitella.

1. Sekzion: Departement *a*) Protokoll, Registratur, Expedizion, geheime Korrespondenz; *b*) Personelles des Generalstabes, des Korps des k. Hauses, der Linien-Truppen, Schweizer und Gendarmerie; *c*) desgleichen der immobilen Truppen und Veteranen.

2. Sekzion: Departement *a*) Artillerie und Fuhrwesen; *b*) Genie-Truppen und Fortifikazionen; *c*) Militär-Bildungs-Anstalten und Topografie.

3. Sekzion: Departement *a*) Waisen-Angelegenheiten; *b*) Rekrutirung; *c*) Pensionen und Gnadensachen.

4. Sekzion: Departement *a*) Buchhaltung; *b*) Kommissariat; *c*) Sanitätswesen.

Das Kriegs-Ministerium zählt: 6 Sekzions-Chef, 6 Departements-Vorsteher erster und sechs der zweiten Klasse, 46 Offiziale und 63 sonstige Beamte.

Oberster Militär-Gerichtshof —: Präsident GL. Luigi Nic. Marchese de Majo, Duca di S. Pietro; mit 10 Mitgliedern aus GM. und Brigade-Generalen gebildet.

Kommandirende Generale. In Neapel —: Brigade-General Giuseppe Chatenauf Landini, k. Statthalter; — in Sizilien —: GL. Carlo Filangieri Prinzipe di Satriano, Duca di Taormina.

General-Inspektoren: der Infanterie —: GM. Demetrio Lecca; Kavallerie —: GM. Emanuel di Gaeta; der Schweizer-Truppen —: Brigadier Giuseppe Sigrist; der Gendarmerie — : Brigadier Franc. Antonio Winspeare; der Militär-Spitäler —: Brigadier Filippo Scudieri; des szientifischen Korps —: Brigadier Gius. Scala; Chef des Generalstabes —: Brigadier Gaetano Garofalo; General-Intendant —: GM. Franc. Casella.

22*

Präsident der Remontirungs-Kommission —: GM. Graf Gartani.

Der Montours- und Waisen-Angelegenheiten —: GM. Robert de Sauget.

Der Prüfungs-Kommission —: GM. Giuseppe Ruffo Scilla.

Generalität.

GLte. —: Massimo Selvaggi, mit dem Detail der k. Garde-Korps beauftragt; Carlo Filangieri Principe di Satriano; Luigi Nic. di Majo, wie oben, ferner 15 GM. (Maresciallis) und 50 Brigadiere. — Im Jahre 1853 zählte die Armee in der Aktivität und im Sedentär-Stande: 65 Obersten, 79 Oberstlts. und 167 Majore.

Armee.

A. Etat.

I. K. Garde-Korps. Jenes zu Pferd zählt 1 Kapitän, 4 Lieutenant, 8 Führer, 12 Brigadiers und 100 Garden; die Offiziere sind Generale, die Unter-Offiziere: Stabs-Offiziere oder Kapitäns, die Garden: Edellente mit Offiziersrang, welche alle 6 Jahre als Offiziere in die Armee eingetheilt werden. — Die Garde zu Fuss: 80 Unter-Offiziere, welche mindestens 12 Jahre tadellos gedient haben müssen und der Invalidität sich näheren.

II. Technische Korps. 1. Artillerie: zerfällt *a*) in den Stab und bei den Etablissements Angestellte. Hierzu gehören 2 Obersten als Unter-Inspektoren zu Neapel und Palermo, 1 Oberst als Direktor der Schule, 1 als Unter-Chef des Generalstabes, 1 als Inspektor der Etablissements; der 14 Artillerie-Direkzionen, u. z. 1. Arsenal, 2. Giesshaus, 3. Gewehrfabrik, sämmtliche zu Neapel, 4. Gewehrfabrik zu Torre del Annuciata, 5. das Etablissment in Moggiano mit den in Calabrien befindlichen Eisenwerken, Bleigiessereien u. dergl., ferner den 9 Direkzionen zu Neapel, Capua, Gaeta, Pescara, Reggio, Messina, Palermo und dem Zweige der General-Direkzion. Die Zahl der unter *a*) Angestellten beträgt 163 Köpfe.

b) 2 Fuss-Regimenter, jedes 4 Bataillons, dieses zu 4 Kompagnien und 2 Dépôt-Kompagnien, im Frieden 2204 Köpfe. Im Stabe hat jedes Regiment 34 Offiziere und 6 M., jede Kompagnie: 2 Offiziere und 57 M. Je 2 Kompagnien bedienen im Frieden 1 Batterie zu 8 Geschüzen, 4 Kompagnien formiren 1 Brigade von einem Major kommandirt. — Im Kriege ist der Stand der 2 Regimenter 5340 Köpfe und 3040 Pferde, die Vermehrung geschieht nur bei 2 Bataillons, die andern 2 Bataillons mit den Dépôt-Kompagnien sind zum Festungsdienst bestimmt. Jede der 8 Kompagnien zählt auf dem Kriegsfuss 6 Offiziere, 219 M. mit 22 Reit- und 168 Zugpferden.

c) 1 Kompagnie reitende Artillerie der Garde zugetheilt:
im Frieden 6 Offiziere, 186 Mann und 200 Pferde
im Kriege 6 „ 250 „ „ 294 „

d) 1 Brigade Handwerker, Feuerwerker und Pontoniere, wovon 2 Kompagnien Handwerker, 1 Kompagnie Feuerwerker und 1 Kompagnie Pontoniere. Der Stab zählt 5 Offiziere und 4 Unter-Offiziere, jede Kompagnie 3 Offiziere und 102 M., also die Brigade 429 Köpfe.

e) 1 Train-Bataillon zu 6 Kompagnien in der Stärke von 508 Köpfe und 495 Pferde. Der Stab zählt 7 Offiziere und 9 M., jede Kompagnie hat 3 Offiziere und 79 M.; fünf Kompagnien jede 89 Pferde, die sechste (Dépôt-) Kompagnie ist ohne Pferde. Weiters bestehen:

f) Die Küsten-Artillerie in Neapel 200 M., und die Veteranen-Artillerie in Sizilien 100 M., erstere aus konskripzionsbefreiten Bauern, welche einmal des Monats in der Geschüzbedienung unterrichtet werden, und die Geschüze an den Küsten zu bedienen haben. Dieselbe Verpflichtung hat die Veteranen-Artillerie in Sizilien.

2. Ingenieur-Korps. a) Stab: 2 Oberste als Unter-Inspektoren in Neapel und Palermo; 9 Oberstlts. und Majors als Genie-Direktoren in Capua, Gaeta, Pescara, Reggio, Barletta, Palermo, Messina, Syrakus und Neapel, 1 Major als Kommandant des topografischen Korps, 1 Oberstlt. bei der General-Direkzion; den Genie-Direkzionen sind beigegeben 50 Offiziere und eine gleiche Zahl Beamte, so dass der Geniestab im Ganzen 114 Köpfe zählt. b) 1 Bataillon Sappeur, Mineur, dann c) 1 Bataillon Pioniere jedes zu 6 Kompagnien und im Stabe: 6 Offiziere und 6 M.; jede Kompagnie hat 4 Offiziere und 118 M., sohin beide Bataillone im Frieden 1488 M., im Kriege wird eine Dépôt-Kompagnie für jedes Bataillon aufgestellt, und jede Kompagnie um 32 M. vermehrt, wornach sich die Kriegsstärke beider Bataillone mit 2180 Köpfe ergibt.

III. Garde-Truppen: 1 Jäger-Regiment zu 2 Bataillons oder 12 Kompagnien; 1 Karabinier-Regiment in gleicher Stärke; 1 Gendarmerie-Regiment in derselben Stärke.

IV. Infanterie: 2 Grenadier-Regimenter (Re und Regina), jedes zu 2 Bataillons oder 24 Kompagnien. 13 Linien-Regimenter in gleicher Stärke mit folgenden Benennungen: Nr. 1. Re, 2. Regina, 3. Prinzipe, 4. Prinzipessa, 5. Borbone, 6. Farnese, 7. Napoli, 8. Calabria, 9. Puglia, 10. Abruzzo, 11. Palermo, 12. Messina und 13. Lucania.

Jedes der vorstehenden Regimenter hat auf dem Friedens-Etat im Stabe: 10 Offiziere und 31 M., jede Kompagnie 4 Offiziere und 100 M., das Regiment 1289 K. Im Kriege werden 3 Bataillons zu 7 Kompagnien aufgestellt, und jede Kompagnie um 50 M. vermehrt, wornach das Regiment 3283 M. zählet.

12 Jäger - Bataillone von 1 bis 12. Die ersten 9 Bataillons jedes 6, die lezten 3 zu 7 Kompagnien; jedes Bataillon im Stabe 5 Offiziere und 8 M., jede Kompagnie in der Stärke der Linien-Infanterie; im Kriege wird eine Dépôt-Kompagnie, also die 7. und respektive 8., errichtet.

V. Schweizer-Truppen: 4 Regimenter Infanterie zu 2 Bataillons, diese zu 6 Kompagnien. Die Regimenter führen den Namen ihrer Obersten; das 1. Mohr aus Luzern, das 2. Sury aus Solothurn, das 3. Rascher aus Graubündten und das 4. Steiger aus Bern.

1 Jäger-Bataillon (in der Reihenfolge das 13.) vom Oberstlt. Mechel kommandirt und 8 Kompagnien stark.

Die Schweizer-Truppen zählen bei 10,000 M. und ist jede Kompagnie 4 Offiziere und 180 M. stark. 4 Offiziere und 156 Mann bedienen die diesen Truppen gehörige Batterie. Die Schweizer geniessen in jeder Beziehung ausserordentliche Vortheile. Die Kapitulazion wurde im Jahre 1825 auf 30 Jahre abgeschlossen. Die Rekruten, welche zwischen 16 und 36 Jahre alt sein und eine Verbindlichkeit der Dienstleistung von 6 Jahren eingehen müssen, können sich gegen Handgeld bis zum 40. Jahre reengagiren lassen. Ein Drittel können Nicht-Schweizer — jedoch weder Oesterreicher noch Italiener — sein. Die Regimenter sind nicht verpflichtet, zur See oder gegen ihr Vaterland zu dienen; bedarf sie die Schweiz, so muss Neapel auf seine Kosten die Truppen mit der Bewaffnung nach Genua schiken, und nach beendigtem Kriege wieder nach Neapel zurükführen lassen. Eine grosse Zahl der Mannschaften wird jährlich auf 8 Monate mit voller Löhnung und freier Hin- und Herreise von Neapel bis Genua beurlaubt. Die Regimenter haben ihr deutsches Kommando, und eigene, von den Kantons - Regierungen festgesezte Gerichtspflege.

VI. Kavallerie: 2 Regimenter Husaren, 1 Reg. Jäger zu Pferd, 1 Karabinier-Regiment, 1 Gendarmerie - Regiment, 3 Dragoner- und 2 Uhlanen-Regimenter, jedes zu 4 Eskadr. Im Kriege wird ein 4. Dragoner- und bei jedem Kavallerie-Regimente die 5. Eskadron aufgestellt. Der Stab des Regiments zählt im Frieden 10 Stabs- und Ober-Offiziere und 17

M., im Kriege um 1 Arzt mehr; die Eskadronen im Frieden 5 Offiziere und 148 M., darunter 20 Unberittene; im Kriege: 28 Berittene und 10 Unberittene mehr, sohin 5 Offiziere und 186 M. Jedes Regiment hat im Frieden 639 M., 516 Pferde, im Kriege 983 M. und 793 Pferde.

VII. Garnisons-Truppen: 1) 3 Bataillone Veteranen à 4 Kompagnien in der Gesammtstärke von 1930 M.; jede Kompagnie hat 4 Offizere, 4 Unter-Offiziere und 10 bis 16 Escouaden von 1 Unter-Offizier und 10 M. 2) 1 Bataillon Invaliden zu 4 Kompagnien, 320 M., jede Kompagnie 2 Offiziere und 75 Gemeine, welche in den Invaliden-Häusern zu Kloster St. Martino bei Neapel und zu Massa an der Küste zu Sorrent etablirt sind. 3) 27 Waffen-Kompagnien in Sizilien, jede 1 Hauptmann und 12 Gemeine, welche in den 23 Distrikten der Insel, in den drei Provinzen und 1 in Palermo zum Sicherheitsdienst aufgestellt sind und aus bewaffneten, aber nicht montirten Landleuten bestehen; Gesammtstärke: 351 M.; endlich 4) 4 Dotazions-Kompagnien auf den kleinen Inseln vertheilt (Bewohner der Insel, welche ausser Dienst ihrem Berufe nachgehen); jede Kompagnie zählt 4 Offiziere und 100 M.; sohin diese Kompagnien im Ganzen 416 M.

VIII. Das Sedentär-Korps zählte im Jahre 1853: 20 Obersten, 14 Oberstlts., 62 Majore, 159 Kapitäne, 96 Ober-, 80 Unterlts. und 40 Fähnriche. Ausser den beim Veteranen-Regimente Angestellten sind aus den Sedentären die Kommandanten und Angestellten in den festen Plätzen gewählt.

IX. Die Militär-Intentanz hat 4 Departement-Chefs, 15 Sekzions-Chefs, und 107 Offiziale verschiedener Klassen.

Etat der aktiven Truppen.

	Im Frieden.	Im Kriege
Technisches Korps	5469	9363
Garde-Truppen	3867	9849
Grenadiere und Linien-Infanterie	19,335	49,245
Jäger-Bataillone	11,621	14,645
Schweizer-Truppen	10,000	10,000
Kavallerie................	5751	9830
Zusammen	56,043	102,932

B. Eintheilung.

In taktischer Beziehung unterstehen die Truppen

a) In Neapel. Den Territorial-Divisionen in der Provinz Terra di Lavora und Molise (GM. Pietro Vial); in der Provinz Neapel (GM. Bernardo Palma); in der Provinz Principato Ultra (Brig. Nikola Flugy); in der Provinz Principato Citra (Brig. Ferd. Roberto); dem Ober-Kommando der in Caserta, St. Maria und Aversa vereinigten Kavallerie (Brig. Gennaro Carratta). Ferner den 4 Brigaden in Neapel, den Brigaden in Caserta, Nocera, St. Maria, Gaeta, jener im jenseitigen Calabrien und in Capua.

b) In Sizilien. Der 1. Division in Palermo (Brigadier Ferdinand Lanza); der 2. (Brigadier Rafaelò Zola) und 3. (GM. Enrico Cont. Statella). Jede Division mit 2 Brigaden.

Im Kriege soll eine Brigade aus 2, eine Division aus 4 Infanterie- oder Kavallerie-Regimentern bestehen; im Frieden sind die Brigaden auch 3 Regimenter stark.

In militärischer Hinsicht hat jede der 14 Provinzen Neapels, dann jede der 7 Provinzen Siziliens einen Militär-Kommandanten (Oberstlt. bis zum GM.), in Gaeta und Capua sind Militär-Gouverneure, in Neapel, Palermo, Messina und Syrakus Militär-Kommandanten, dann in 42 verschiedenen befestigten Ortschaften Plaz-Kommandanten 2., 3. und 4. Klasse angestellt.

D. Uniformirung, Bewaffnung und Ausrüstung.

Grundfarbe der Uniform blau. Die Generalität in ihrer Stikerei der spanischen ähnlich; Hüte als Kopfbedekung.

Grenadiere: blaue Röke mit kurzen Schössen auf der Brust mit weissen Streifen verziert, hohe Bärenmüzen.

Die Garde trägt als Auszeichnung an der Uniform den Streifenschmuk in einer Abwechslung von weiss oder gelb mit einer dunklen Farbe. — Jäger grüne Röke. Linien-Infanterie: blaue mit verschiedenfärbigen Aufschlägen, die Artillerie mit derlei schwarzfärbigen. Czako als Kopfbedekung bei gesammten Truppen. Schweizer-Regimenter: Offiziere blaue Waffenröke, die Mannschaft in der Kampagne weisse Röke und graue Hosen, in der Parade rothe Röke mit gelben Epauletten und weisse Beinkleider. Die Husaren rothe Uniform, Lanziers und Dragoner blau, leztere Helme als Kopfbedekung. Alle Truppen tragen kurze Säbel als Seitengewehr; Garde und Jäger perkussionirte Büchsen, die anderen derlei Musketen mit Bajonnet; die Kavallerie ist mit Pistolen bewaffnet. Das Lederwerk nach österreichischem Muster, weiss.

E. Ergänzung.

In Neapel durch Konskripzion vom 18. bis zum 25. Lebensjahre; Geistlichkeit, Künstler oder Leute, welche die Stüzen ihrer Familie sind, bleiben ausgeschlossen. Stellvertretung ist gestattet, der freiwillige Eintritt selten. In den

Regimentern werden Soldatenkinder aufgenommen, beziehen Löhnung, müssen sich aber nach dem 18. Lebensjahre zu einer Kapitulazion verstehen. Konskripzions-Dépôts befinden sich: in Neapel, Sulmona, Monteleone, Cosenza, Bari, Potenza, und Reggio.

In Sizilien besteht keine Konskripzion sondern nur freiwillige Werbung. Die Dienstzeit ist auf 5 Jahre in der Linie und 5 in der Reserve festgeseczte. Als Reservist kann der Soldat seinem bürgerlichen Erwerb nachgehen, muss aber jedesmal zur Einrükung bereit sein, so wie den die Reserve alljährlich durch eine bestimmte Zeit in den Waffen geübt wird. — Freiwillige, Artilleristen und Gendarmen dienen 8 Jahre.

Marine.

Minister Staats-Sekretär der Marine —: Jener des Kriegs.

Das Ministerium ist in 2 Departements getheilt, jedes in 2 Abtheilungen. Die erste Abtheilung umfasst das Personelle der aktiven Offiziere und Seesoldaten; die zweite: Kommissariat, Spitäler, und Angelegenheiten der Marine-Institute; die dritte: Hauptbuchhaltung und das Materiale, und die vierte: Forstkultur, Schiffsbau, Pensionen und Gnaden-Gaben.

Angestellte beim Marine-Ministerium: 41 Beamte.

Admiralitätsrath. Präsident —: Vize-Admiral Graf v. Aquila, k. Hoheit; Vize-Präsident —: Kontre-Ad miral di Blasi; Beisizer: 2 Kontre-Admirale, 2 Brigadiere.

General-Intendant der Marine —: Brigadier Pier Luigi Cavalcanti.

Inspektor der Marine-Truppen und Institute —: Brigadier Federico Roberti; zugleich General-Adjutant Se. Majestät des Königs und Ober-Kommandant der zum besonderen A. H. Dienste bestimmten Schiffe.

Inspektor des Materials —: Brigadier Antonio Bracco.

Etat.

Vize-Admiral Graf v. Aquila, k. H. — Kontre-Admirale —: Giuseppe di Blasi Marchese di Campo Real; Alfonso Sozi Caraffa; Giov. Ant. della Spina; Franc. Garofali; Lucio Palma; 9 Brigadiere, 8 Schiffs-, 17 Fregatten-Kapitäne, 30 Schiffs-Lieutenante und 36 Schiffs-Fähnriche.

Marine-Infanterie-Regiment zu 2 Bataillons oder 12 Kompagnien — wie die Linien-Infanterie organisirt; —

Marine-Artillerie-Korps in 14 Kompagnien jede zu 225 M., dann 2 Sedentär-Kompagnien jede 138 M., und der Korpsstab 42 M. In Friedenszeiten sind auf jedem Linien-Schiffe 2, auf jeder Fregatte von 60 Geschüzen 1½, auf jeder Fregatte von 50 Geschüzen 1, und auf jeder Brigantine von 20 Geschüzen, ½ Kompagnie eingeschifft.

Matrosen-Korps in 3 Klassen mit 104 Offizieren und 800 M., und Genie-Korps mit 18 Offizieren. Ausserdem besteht eine Abtheilung Schiffsbaumeister und ein Telegrafen-Korps.

Flotte. Die Bemannung der Marine zählt an 700 M. Segelschiffe: 2 Linienschiffe, („Vesuvio" und „San Carlo") von 84 Kanonen; 5 Fregatten („Partenope", „la Regina", jede mit 50 Kanonen, „Isabella", 48 Kanonen, „Amalia", „Urania" jede mit 46 Kanonen); 2 Korvetten („Cristina", 22 Kanonen, „Etna", 14 Kanonen): 5 Brigantinen („il Zefiro", „il Valoroso", „l'Intrepido", „il Generoso" und „il Prinzipe Carlo") und 1 Goelette. — Die Dampf-Marine besteht aus 12 Fregatten („il Ruggiero", „il Sannito", „il Carlo II.", „il Guiscardo", „l'Archimede", „l'Ercole", „il Roberto", „l'Ettore", „Ettore Fieramosca", „il Torquato Tasso" und „la Virtu"); aus 4 Korvetten („lo Strombolo", „il Misano", „il Palinuro", „il Fernando II."); aus 12 Dampfschiffen („il Palermo", „il Vesuvio", „il Nettuno", „il Peloro", „il San Venefredo", „il Flavio Gioja", „il Delfino", „l'Antilope", „l'Arundine", „la Maria Teresa", „il Lilibeo", „l'Argonaute".

Flagge: weiss mit dem Landeswappen.

Spanien.

Ihre Majestät Königin Isabella II. die Katholische (geb. 1830), führt den Ober-Befehl des Heeres.

Kriegsministerium.

Staats-Sekretär des Krieges (Secretaria de estado y del despacho universal de la guerra) —: GL. Don Anselmo Blaser.

Unter-Staats-Sekretär —: GM. Don Eduardo Fernandez San Roman.

Das Ministerium ist in 4 Sekzionen getheilt. Chefs derselben —: Francisko Palou; Angel Maria Paz y Membirla; Matias de Cevallos Escalera und Seb. Carlos Ortega; mit 50 Beamten.

Oberster Militär- und Marine-Gerichtshof—: Präsident General-Kapitän Pedro Villacampa; Vize-Präsident —: GL. Joachim Ezpeleta; Minister für das Kriegs-Tribunal—: GL. Franzisko de Aspiroz; für das Marine-Tribunal—: GL. Kasimir Vigodet; Fiscal —: GM. Mariano Peray; mit 21 Beisizern, aus dem Stande der Generalität.

Generalität.

Nach einer k. Resoluzion ist der Stand der Generale, ausser einer unbestimmten Zahl von General-Kapitänen, festgesezt: auf 70 GL., 102 Generale und 144 Brigadiere.

Im Jahre 1853 zählte man General-Kapitäne 5: Se. Majestät den König Gemal; Se. k. Hoheit den Infanten Don Francisco de Paula; Don Baldomero Espartero, Herzog von Vittoria und Morella (seit 1838) — Don Prudenzio de Guadalfajara, Herzog von Castroterreno (seit 1844); Don Raymund Maria Narvaez (seit 1844); Don Manuel Gutierrez de la Concha, Marquis von Duero (seit 1849) und Don Pedro Villacampa (seit 1852).

General-Lieutenants: 70, davon 36 im Ruhestande; also im aktiven Dienste 34.

Generale: 184, davon 117 im Ruhestande; also im aktiven Dienst 67.

Brigadiere: 411, davon 265 im Ruhestande, also 146 im aktiven Dienste. Ferner 213 Obersten, 241 Oberstlt., 389 erste, 358 zweite Kommandanten, 1879 Hauptleute, 3022 Lieutenante und 1911 Unterlt. — im Ganzen 8013 Offiziere, überdiess 1309 Militär-Beamte.

General-Vikar des Heeres—: Tomas de Yglesias y Barcones, Patriarch in Indien.

General-Direkzion der Militär-Verwaltung —: *) Vorstand: General Don Francisco de Mata y Allos mit 1 Sekretär, 14 Intendanten in den Militär-Distrikten.

General-Militär-Auditor—: Don Julian Velarde Graf von Velarde mit 2 Sekzions-Chefs, 13 Gerichtshaltern in den Militär-Distrikten und 17 Auditoren.

General-Kommandant der Garde der Königin —: General-Kapitän Herzog von Castroterreno.

Ober-Befehlshaber der Waffengattungen (Gefes superiores de las armes). Infanterie—: GL. D. Fernandez de Cordova; Sekretär—: Brigadier Roman Dominguez.

---

*) k. Dekret vom 29. Dezember 1852 (siehe am Schlusse dieses Artikels).

Artillerie —: Direktor, Inspektor und General-Oberst —: GL. Jose Luciano Campuzana; Sekretär —: Brigadier Artillerie-Oberst Lorenso Guelelmi mit 9 Beamten; ökonomische Abtheilung unter dem Präsidium des Artillerie-Direktors mit 6 Offizieren; wissenschaftliche Abtheilung mit 6 Offizieren, Museum und Archiv —: Direktor Oberst San Jago Pineiro.

Genie —: General-Ingenieur und General-Inspektor —: GL. Antonio Remon Zarco del Valle.

Kavallerie. General-Direktor —: GM. Domingo Dulce; Sekretär —: Oberst Antolin von Santelices.

Gendarmerie (Guardia civil). General-Inspektor —: GL. Duque Ahumada.

Karabinier-Korps. General-Inspektor —: nicht besezt. Sekretär — : Brig. Genera di Quesada.

Generalstab der Armee: General-Direktor —: GL. Don Laureano Sanz, — 3 Brigadiere, 9 Oberste, 12 Oberstlt., 25 Majors, 60 Hauptleute und 40 Lieutenants, ohne die Ueberzähligen in allen Chargen einzurechnen. General-Stabsschule: Studien-Direktor der Brigadier-Oberst des Korps Don Antonio Terrero, 10 Professoren (1 Oberst und 9 Hauptleute des Korps). Topographisches Kriegs-Archiv (zum Generalstab gehörig). Direktor: der General-Direktor des Generalstabs, 11 Beamte (Offiziere: 1 Oberstlt., 3 Majors, 7 Hauptleute des Korps).

Das Heer.

I. Truppen der Halb-Insel.

a) Garde der Königin (guardias de la Reina), mit k. Ordonanz vom 2. Februar 1853 aus dem Hellebardier-Korps und der Leibwache-Eskadron zusammengesezt und 360 Köpfe stark.

b) Infanterie der Halb-Insel: 1 Grenadier- und 45 Linien-Regimenter zu 3 Bataillons, dann das Regiment „Fijo von Ceuta" aus 2 Bataillonen, endlich 16 Jäger-Bataillons und 2 leichte Bataillons von Afrika.

Durch das k. Gesez vom 21. Oktober 1849 wurde angeordnet, dass in Friedenszeiten ein Theil der bewaffneten Macht nur im aktiven (permanenten) Dienst stehen solle und der andere die Reserve zu bilden habe; diese hat bei den Infanterie-Regimentern aus den dritten Bataillonen und bei den Jäger- und leichten Bataillons aus 2 Kompagnien je eines Bataillons zu bestehen.

Jedes Regiment zählt im Stabe: 1 Oberst, 1 Oberstlt.; jedes Bataillon: 1 Kommandanten der ersten und einen der zweiten Klasse (Majors). Jede der 6 Kompagnien (darunter 1 Grenadier- und 1 Schützen-Kompagnie), im Frieden: 4 Offiziere, 14 Unter-Offiziere, 1 Tambour, 1 Hornist und 73 Soldaten; im Kriege: 5 Offiziere, 27 Unter-Offiziere, 2 Tambours, 1 Hornist und 160 Soldaten. Die gesammte Infanterie mit den Jägern hat 156 Bataillone, davon 110 zum aktiven und der Rest zum Reserve-Dienst gehören. Diese Reserve, die 3. Bataillone und die 5. und 6. Kompagnie der Jäger hat ihre Kadres in den Hauptstädten der Provinzen und ist wie die aktive Truppe organisirt.

Das Regiment „Fijo de Ceuta" hat als Disziplinar-Regiment einen unbestimmten Etat. Wenn die Zahl der Sträflinge den angenommenen Normalstand überschreitet, so werden für je 40 M. 2 Korporale kreirt.

Die Namen der Regimenter sind: Grenadier-Regiment. 1. Inf.-Reg. König, 2. Königin, 3. Prinz, 4. Prinzessin, 5. Infant, 6. Savoyen, 7. Afrika, 8. Zamora, 9. Soria, 10. Cordova, 11. San Fernando, 12. Saragossa, 13. Mallorka, 14. Amerika, 15. Estremadura, 16. Kastilien, 17. Bourbon, 18. Almansa, 19. Gallizien, 20. Guadalachara, 21. Arragonien, 22. Gerona, 23. Valenzia, 24. Bailen, 25. Navarra, 26. Albuera, 27. Königin Regentin, 28. Union, 29. Konstituzion, 30. Iberien, 31. Asturien, 32. Isabella II., 33. Sevilla, 34. Granada, 35. Toledo, 36. Burgos, 37. Murzia, 38. Leon, 39. Kantabrien, 40. Malaga, 41. Jaen, 42. Viktoria, 43. St. Quentin, 44. Astorga, 45. Martial — das von Ceuta.

Jäger-Bataillone: 1. Catalonien, 2. Taragona, 3. Barzellona, 4. Barbastro, 5. Talavera, 6. Tarifa, 7. Chiclana, 8. Figueras, 9. Ciudad-Rodrigo, 10. Alba de Tormes, 11. Arapiles, 12. Baza, 13. Simancas, 14. Las Navas, 15. Antequera, 16. Vergara. 1. und 2. leichtes Bataillon Afrika.

c) Kavallerie: 16 Regimenter, jedes zu 4 Eskadronen; die ersten 4 Regimenter sind Karabiniere (schwere) und die zwölf übrigen Lanziers (Linien-Reiterei); ferner 16 Eskadronen Jäger und 4 Eskadronen zum Dienste für die Remontirungs-Anstalten.

Jedes der 16 Regimenter zählt im Stabe: 1 Obersten, 2 Kommandanten 1. und 2 Kommandanten 2. Klasse (Divisions-Chefs): 2 Regiments-, 4 Eskadrons-Adjutanten und 1 Lieutenant-Quartiermeister. Jede Eskadron 5 Ober-, 23 Unter-Offiziere, 3 Trompeter, 74 berittene und 30 unberittene Soldaten. Jede Jäger-Eskadron: 1 Stabs-Offizier als Kommandanten, 8 Offiziere, 1 Ober-, 1 Unter-Adjutant, 2 Aerzte, 23 Unter-Offiziere, 3 Trompeter, 78 berittene und 30 unberittene Soldaten. Jede Remontirungs-Eskadron hat 138 M. und 48 Pferde.

Ausserdem besteht die General-Kavallerie-Schule zu Alcala de Henarez, in welcher der Dienst aller Reitergattungen gelehrt und geübt wird.

Die Namen der Regimenter sind: 1. Karabiniers des Königs, 2. Karabiniers der Königin, 3. Principe, 4. Bourbon, 5. Lanziers von Farnesio, 6. von Amansa, 7. Pavia, 8. Villaviciosa, 9. Spanien, 10. Sagunt, 11. Calatrava, 12. Santiago, 13. Montesa, 14. Numantia, 15. Lusitania (Portugal), 16. Alcantara.

Die Jäger-Eskadronen: 1. Mallorka, 2. Gallizien, 3. Afrika, 4. detto, 5. Konstituzion, 6. Bailen, 7. Maria Christine, 8. Arragonien, 9. Valenzia, 10. Sevilla, 11. Kastilien, 12. Alava, 13. Burgos, 14. Katalonien, 15. Granada, 16. Valladolid.

d) Artillerie: besteht gegenwärtig auf der Halbinsel und auf den kanarischen und balearischen Inseln aus dem General-Direktor, Inspektor und Obersten Generalen der Artillerie in Spanien und Indien; dann 5 Generalen, Unter-Inspektoren, 5 Brigadieren (Vorständen der Artillerie-Schule) 38 Obersten, 56 Oberstlts., 27 erste Majors Bataillons-Kommandanten, 12 zweite Majors Bataillons-Kommandanten, 1 Major-Adjutanten, 149 Hauptleute und 246 Lieutenants und Adjutanten, diese alle im Truppendienste — ausserdem 35 Hauptleute, 84 Lieutenants und 92 Unterlts. als „praktische Offiziere."

Die Halbinsel nebst den balearischen Inseln, und der Küste von Afrika ist in 5 Departements eingetheilt, in welche je ein Regiment Fuss-Artillerie (2 oder 3 Brigaden), dann nach Bedarf eine Brigade fahrender oder Gebirgs-Artillerie, so wie eine Artillerie-Werkstätte mit einem oder mehren Loboratorien verlegt sind.

Diese 5 Departements sind folgende:

1. Katalonien und die balearischen Inseln.
2. Valenzia und Arragonien.
3. Andalusien, Granada und Estremadura nebst den Festungen an der afrikanischen Küste.
4. Galizien und Asturien.
5. Beide Kastilien, Navarra und die baskischen Provinzen.

Jede Artillerie-Brigade ist vier Batterien stark, jedoch stehen nur jene der Fuss-Artillerie im Regimentsverbande. Die Batterie einer Fuss-Brigade zählt an Kombattanten 1 Hauptmann, 2 Lieutenants und 100 Unter-Offiziere und Gemeine; jene der fahrenden Artillerie: 1 Hauptmann, 3 Lieutenants, 110 Unter-Offiziere; und die der Gebirgs-Artillerie: 1 Hauptmann, 3 Lieutenants und 115 Unter-Offiziere und Gemeine. Die Geschüze und Munizionswagen der fahrenden Artillerie werden von Maulesel gezogen; die Haubizen und Munizionskisten der Gebirgs-Artillerie von derlei Thieren getragen. Erstere hat zu diesem Ende für die aus 4 (in Kriegszeiten 6) Geschüzen bestehende Batterie 68, leztere für die aus 6 fünfzölligen Haubizen zusammengestellte Batterie 32 Maulesel zugewiesen.

Jede der 4 Garnisons- oder Festungs-Brigaden bildet gleichfalls 4 Batterien, deren Stand aus 1 Hauptmann, 1 Ober-, 2 Unter-Lieutenants und 100 Unter-Offiziere und Gemeine besteht.

Die in den 5 Artillerie-Departements vertheilten 5 Handwerker-Kompagnien zählen je 1 Hauptmann, 2 Lieutenants und 65 Unter-Offiziere und Gemeine. Die Stärke der gesammten Artillerie auf dem Friedensfuss beträgt: 23 Brigaden, oder 90 Batterien mit 312 Geschüzen, 9300 M., 1200 Zug- und Tragthiere, und 240 Reitpferde.

Die Kaliber für die Bronze-Geschüze sind nach der lezten Anordnung festgesezt: für Belagerungsgeschüz 24 und sechzehnpfündige Kanonen, 14, 12 und siebenzöllige konische Mörser; — für Feldgeschüz lange und kurze 12 und achtpfündige Kanonen, lange und kurze 7, $6^1/_2$ und fünfzöllige Haubizen, endlich für Gebirgs-Artillerie kurze fünfzöllige Haubizen.

Die Artillerie-Schule in Segovia ist nach dem königlichen Gesezen vom 3. Oktober 1843 und 13. Oktober 1847 auf 80 Kadetten, 80 Ueberzähligen und 30 Externen festgesezt.

e) Ingenieur-Korps zählt: 1 General-Inspektor, 14 Direktoren Unter-Inspektoren, (3 davon Generale, 7 Brigadiere, die 4 jüngsten Oberste) 15 Oberste, 20 Oberstlts., 18 Major-Kommandanten, 62 Hauptleute und 81 Lieutenants; ausserdem besteht eine Anzahl von Unterlts.: Zöglingen, welche in der Genie-Akademie mit 2 Vorständen und 9 Professoren zu Guadalajara gebildet werden. Ihre Anzahl steht mit den in jedem Jahre zu erwartenden wahrscheinlichen Beförderungen und erledigten Stellen im Einklang. Zum überseeischen Dienste werden gewöhnlich bestimmt 2 Unter-Inspektoren (1 General und 1 Brigadier) 4 Oberste, 2 Oberstlts., 15 Major-Kommandanten und 16 Hauptleute.

Das Ingenieur-Regiment besteht aus 3 Bataillons. Jedes derselben zählt 4 Sappeur-, 1 Mineur- und 1 Pontonier-Kompagnie.

f) Gendarmerie (guardia civil): 13 Tercios (je eine für 1 General-Kapitanat) mit 49 Kompagnien Infanterie und $11^1/_2$ Kompagnien Reiterei; erstere in 248, leztere in 44 Sekzionen getheilt. Sie zählt im Stabe 35 Stabs- und Ober-Offiziere, in den Tercios 340 Offiziere und 10,025 M. mit 1500 Pferden. Das Dekret vom 5. Februar 1853 stellt diese Stärke in folgender Art auf: Stäbe sämmtlicher Tercios: erste Chefs 8 Obersten und 3 Oberstlt.; zweite Chefs 2 Oberstlt. und 9 Kommandanten, dann 13 Adjutanten; in den Kompagnien: 105 Hauptleute, 170 Lieutenantes, 65 Unterlt. und Fähnriche, 286 Sergeanten, 65 Tambours, Trompeter und Hornisten, 582 Korporale erster, 644 zweiter Klasse, 1701 Guardias erster und 7127 zweiter Klasse.

g) Karabinier (Sicherheits- oder Grenzjäger) Korps: besteht aus 31 Kommandanturen, von denen 30 auf die Halbinsel und 1 auf die Balearen zu rechnen kommen. Jede Kommandantur zerfällt in Kompagnien, deren Anzahl 75 beträgt, wovon 11 Kavallerie bilden. Die Infanterie zählt in 316 Unter-Abtheilungen 7972, die Kavallerie in 60 Unter-Abtheilungen 1200 M. Die Karabiniers zur See sind 523 M. stark, mit 71 Unter-Offizieren. Jede Kompagnie wird von einem Sergeanten, jede Unter-Abtheilung von einem Unter-Sergeanten befehliget.

h) Sanitäts-Korps: bildet zwei Sekzionen, die „medizinische und die farmaceutische" und zählt folgende ordentliche Mitglieder: 1 General-Direktor, 4 Vize-Direktoren, 9 Räthe, 14 Vize-Räthe, 86 Aerzte 1. und 161 Aerzte 2. Klasse, für die medizinische Abtheilung; dann 1 Vize-Direktor, 2 Vizeräthe, 10 Aerzte 1. und 20 Aerzte 2. Klasse für die Farmacie; General-Direktor: GL. Don Manuel de Monteverde.

i) Invalidenhaus zu Atocha und San Germino, in zwei durch Gärten verbundenen ehemaligen Klostergebäuden, am 10. Oktober 1838 (Namenstag der Königin) eröffnet. Direktor: General-Kapitän Don Pedro Villacampa.

II. Kolonial-Truppen.

a) Auf der Insel Cuba: 16 Infanterie-Regimenter, 1 Artillerie-Regiment zu Fuss mit 2 Brigaden à 4 Batterien, dann eine Manövrir-Brigade mit 4 Berg- und 1 Kavallerie-Batterie; Kavallerie besteht seit 1850 zu 2 Regimentern Lanziere, jedes zu 4 Eskadronen, in der Stärke von 598 M. und 500 Pf., dann aus anderen 4 Eskadronen mit 151 M. und 125 Pf.

b) Auf Porto Ricco: 3 Infanterie-Regimenter, 1 Brigade-Artillerie zu Fuss mit 4 Batterien, einheimische Miliz aus 7 Bataillons bestehend; 1 einheimisches Freiwilligen-Regiment aus 2 Bataillons, jede mit 1 Grenadier- und 3 Füsilier-Kompagnien, aus 870 Köpfen. 1 Kavallerie-Regiment.

c) Auf den Filippinen. 8 Inf.-Reg., 1 Lanziers-Regiment; Artillerie: 2 Brigaden, eine aus Einheimischen, die andere aus Europäern zusammengesezt; erstere 7, leztere 4 Batterien.

Gesammte Artillerie in den Kolonien zählt 2 Unter-Inspektoren, 1 Departements-Kommandeur, 7 Oberste, 15 Oberstlt., 4 Majore; 44 Hauptleute und 112 Lieutenants und Unterlts.

Etat der Armee auf der Halbinsel.

110 Bataillonen Permanente Infanterie	62,598	M.
46 „ Reserve „	29,420	„
Kavallerie und reitende Jäger	1504	„
Artillerie in 23 Brigaden	9300	„
Gendarmerie	10,405	„
Karabinier (Grenz-Jäger)	9766	„
Zusammen	132,993	M.

auf dem Friedensfuss.

Der Kriegs-Etat, nach welchem die permanente Infanterie, das Bataillon auf 8 Kompagnien erhöht, 233,606 M., und die Reserve-Infanterie 74,512 M. zählen soll, kann auf das Dreifache der Friedensstärke angeschlagen werden.

Die Kolonial-Truppen zählen auf Cuba 10,000, auf Puertoricco 5000 und auf den Filippinen 10,000 M.

Eintheilung.

In den Provinzen des festen Landes und den Kolonien sind 17 General-Kapitäne angestellt und denselben 50 kommandirende Generale untergeordnet. Das nachfolgende Schema gibt das Nähere:

General-Kapitäne. 1. Neukastailien zu Madrid: GL. Don Juan de Lara, ad latus: GM. Jose Antonio Turon, mit den kommandirenden Generalen in Madrid, Cuenca, Segovia, Guadalajara, Toledo und Ciudad Real.

2. Altkastilien zu Valladolid: GM. Don Jaime Ortega; ad latus: GM. Don Franzisko Castrillon, mit den kommandirenden Generalen in Valladolid, Leon, Valencia, Salamanca, Zamora, Avila und Oviedo.

3. Arragonien zu Zaragoza: unbesezt; ad latus: unbesezt, mit den kommandirenden Generalen in Zaragoza, Huesca und Teruel.

4. Catalonien zu Barcelona: GL. Don Ramon de la Rocha; ad latus: GM. Don Mariano Belesta. Kommandirende Generale in Barcelona, Lerida, Gerona und Tarragona.

5. Valencia zu Valencia: GL. Don José Luciano Campuzano; ad latus GM. D. Antonio Maria Blanko. Kom-

23

mandirende in Valencia, Murcia, Alicante, Albacete, Castellon und Maestrazgo.

6. Balearische Inseln zu Palma: GL. Don Fernando Cotoner; ad latus: GM. Don Pedro Maria Pastors. Kommandirende in Mallorca und Menorca.

7. Navarra zu Pamplona: GM. Don Eusebio Calonge, ad latus GM. Don Franzisko Ortigosa: — ohne Unter-Abtheilungen.

8. In den baskischen Provinzen zu Vittoria: GL. Don Manuel de Mazarredo, ad latus: GM. Don Bernardo Echaluce. Kommandirende in Navarra, Alava, Biscaya und Guipuzcoa.

9. Andalusien zu Sevilla: GL. Rafael Graf Mirasol; ad latus: GM. Don José Rodriguez Soler. Kommandirende in Sevilla, Cadiz, Cordoba und Huelva.

10. Granada zu Granada: GL. Don Fermin de Ezpeleta; ad latus: GM. Don Rafael Leon y Navarrete. Kommandirende in Granada, Malaga, Almeria, Jaen.

11. Estremadura zu Badajoz: GM. Don Ramon Boiguez, ad latus: GM. Don José Trillo. Kommandirende in Badajoz, und Caceres.

12. Galizien zu Corunna: GM. Don Juan Zapatero, ad latus: GM. Don Alonso Luis de Sierra. Kommandirende in Corunna, Pontevedra, Lugo und Orense.

13. Burgos zu Burgos: GM. Don Ramon Barrechea, ad latus: GM. Don Franzisko Guajardo. Kommandirende in Burgos, Logrono, Santander und Soria.

14. Auf den kanarischen Inseln zu Santa Cruz: GM. Don José Maria Lavina, ad latus: GM. Don José Fernandez Cendrera.

15. Auf Cuba: GL. Juan Marq. de Pezuela, ad latus: GM. Don Franzisko Lavalette.

16. Auf Puertoricco: GL. Don Fernando de Norzagaray, ad latus: GM. Don Enrique de Espana, Marquis de Espana.

17. Auf den Filippinen in Asien: GL. Don Manuel Pavia Marq. de Novaliches, ad latus: GM. Don Ramon Montore.

Dislokazion der Truppen.

Die dritten Bataillone stehen von den übrigen 2. Bataillonen des Regiments entfernt. Die bedeutendsten Infanterie-Garnisonen sind: Madrid mit 12, Barcelona mit 6, Valencia mit 5, Zaragossa und Valladolid, Vittoria und Burgos mit 4 Bataillons.

Uniform.

Grundfarbe: dunkelblau. Generäle und Generalstab lange dunkelblaue Waffenröke (mit 2 Reihen Knöpfen), Krägen von derselben Farbe mit Goldborden; die Goldstikerei beim General-Kapitän drei Reihen, beim GL. zwei, beim General eine Reihe, der Brigadier diese aus Silber. Vom General aufwärts, die Brigadiere nicht eingeschlossen, wird die rothseidene Schärpe (Faja) mit goldenen Quasten als Hauptauszeichnung getragen. Die dunkelblauen Beinkleider sind mit Goldborden, der Hut mit Goldtressen, beim General-Kapitän mit weissem, bei der anderen Generalität mit schwarzem Federbusch versehen. Säbel mit elfenbeinernem Griffe, blausammetner Kuppel, karmoisinrothes Porte-épée mit Goldfäden. — Der Generalstab hat hellblaue Aufschläge, Krägen und Passe-poil, goldene Epauletten, Degen in eiserner Scheide und blauseidene Schärpen.

Die Linien-Infanterie hat weisses Lederzeug, bestehend aus einem Patrontaschen-Bandelier nebst einem Gürtel, um dasselbe festzuhalten. Das 27. Regiment (Regiment der Königin-Mutter) und die Jäger-Bataillone haben schwarzes Lederzeug. Die Feldwebel und Korporale tragen den Säbel an einer Kuppel, das schmäler als das Bandelier der Patrontasche ist und mit diesem ein Kreuz an der Brust bildet. Der ziemlich kleine Tornister von Kalbfell darf nicht über 12 Pfund, 12 Loth wiegen. Bei grossen Märschen lässt der Soldat den Mantelüberzug und Tornisterkästchen, so wie alle entbehrlichen Kleidungsstüke in den Magazinen; das Gewicht des Tornisters wird dadurch bis auf sieben Pfund vermindert und es findet sich alsdann mehr Raum für den Mundvorrath und die Munizion. Die Uniformirung ist bei der Infanterie und Jägern gleich: dunkelblaue kurze Waffenröke, Kragen, Aufschläge und Vorstoss roth; vergoldete konvexe Knöpfe mit der Regiments- oder Bataillons-Nummer; graublaue Tuchhosen; schwarztuchene Kamaschen; Mantel von demselben Tuche wie die Hosen, mit rothen Kragen und Knöpfen wie die des Rokes. Der Czako ist konisch und niedrig, von schwarzem Tuche gefertigt, mit schwarzlakirtem Schirme und Dekel, die Kinnbänder sind von vergoldetem Metalle; bei den Grenadieren ist derselbe mit einer rothen, bei den Schüzen mit einer grünen und bei den Füsiliren mit einer gelben Borde, so wie mit einem platten Pompon von derselben Farbe wie die Borde und mit der Regimentsnummer versehen; auch hat derselbe ein messingenes Schild mit dem Wappen von Kastilien; die Kokarde wird mit einer messingenen Schleife befestiget. Die Eliten-Kompagnien tragen Epauletten von gleicher Farbe wie die Borde am Czako; die Bänder derselben sind weiss. Die Offiziere tragen eine Uniform von der nämlichen Farbe wie die Mannschaft, so wie einen gleichfarbigen Oberrok mit rothem Kragen; den Säbel an einem Umhängekuppel.

Die Karabiniere und Lanziere haben scharlachrothe Röke mit dunkelblauen Kragen, Aufschlägen und Vorstoss, weisse Epauletts, eiserne Helme mit Raupen, einen Schweif und rothen Federbusch; graublaue Beinkleider, roth passepoillirt, im Sommer weisse leinene Beinkleider; Mäntel: graublau mit rothen Aufschlägen. Die Jäger: braune Röke mit smaragdgrünen Kragen und Aufschlägen, gelbe Knöpfe, schwarze konische Czakos mit rothen Ponpons und rossharenem Busch; Epauletten von dunkelgrüner Farbe, graue Pantalon; schwarzen Leibgurt, daran Patrontasche und Bajonnetscheide befestiget; braune Ueberröke (Poncho),* Offiziere tragen Säbel und grüne Büsche.

Sämmtliche Reiter führen Pistolen, die Karabiniere einen geraden Säbel und Karabiner, die Lanziere krumme Säbel und eine Lanze, mit roth und gelben Fähnlein (Nazional-Farben) und die Jäger krumme Säbel und Karabiner. Das Riemzeug ist von weissem, das Sattelzeug von schwarzem Leder. Schabrake und Mantelsak: grün mit rother Einfassung.

Artillerie: dunkelblaue Röke und Beinkleider, rothe Krägen, Aufschläge, Epauletten von rothwollenen Fransen mit Schuppen aus gelbem Metall, die Offiziere von Gold; Czako mit rothen Pompon und derlei Rossschweif; Karabiner und Säbel. Die Gendarmerie lange dunkelblaue Waffenröke, wie die Infanterie, weisse Knöpfe mit G. C (Guardia Civil) und Schildern; dunkelblaue Beinkleider mit scharlachrothen Streifen. Marine dunkelblaue Waffenröke mit Scharlach-Aufschlag in Galla; für den kleinen Dienst denselben Waffenrok mit gleichfarbigen (dunkelblauen) Futter auch Jaken aus demselben Tuch zur See.

Ergänzung.

Diese erfolgt durch Konskripzion, bei der Infanterie auf 8 Jahre, wovon 5 in der Linie und 3 in der Miliz; die Mannschaften der anderen Truppen-Gattungen haben 7jährige Dienstzeit und keine Verpflichtung in die Miliz zu treten. Die Stellvertretung ist gestattet; jeder Wohlhabende pflegt sich auszukaufen, daher der Ersaz vorherschend aus unbemittelten Leuten besteht. Die Offiziere haben nach 12 Jahren Dienstzeit das Recht, die Uniform auch ferner zu tragen; nach 20 Jahren sind sie pensionsfähig und steigt die Pension von da an bis zum vollen Gehalt mit 40 Jahren, so wie darauf auch Anspruch gemacht werden kann, bei Verlust eines Auges oder Gliedes im Dienste; eine Zivilversorgung benimmt nicht den Anspruch auf Pension.

Marine.

Minister des Seewesens —: Don Antonio Doral.

Unterstaats-Sekretär —: Antonio Navarro de Casas.

Das Ministerium ist in 2 Departements; das erste mit 4, das zweite mit 6 Beamten getheilt.

Das Offizier-Korps der Flotte besteht aus dem General-Kapitän Don Francisco Xavier de Ulloa, 5 GL., 8 Geschwader-Kommandanten, 14 Brigadieren, 25 Schiffs-Kapitäns, 50 Fregatten-Kapitäns, 157 Schiffs-Lieutenants und 172 Schiffs-Fähnrichen für den aktiven Dienst; dann für die Schiffs-Regimenter: aus 10 Kommandanten von Schiffs-Regimentern aus der Klasse der Brigadiers; 26 Provinz-Kommandanten, in der Charge von Schiffs- oder Fregatten-Kapitäns, 36 zweite Kommandanten im Range von Fregatten-Kapitäns oder Schiffs-Lieutenants und aus einer dem Adjutanten-Dienste entsprechenden Anzahl subalterner Offiziere.

Direkzion der hydrografischen Arbeiten: Direktor Don Georg Perez Lazzo de la Vega, Marine-Intendant; mehrere abkommandirte Offiziere zur Verfertigung von Landkarten, Plänen u. s. w.

Kommandant der k. Feluken: Titular-Fregatten-Kapitän Don Manuel Eulate.

Astronomisches Observatorium zu San Fernando (auf der Insel). Direktor: Titular-Brigadier der Flotte: Don Saturnino Montojo mit 3 Astronomen (Fregatten-Kapitäns) und einer entsprechenden Zahl von Beamten.

Schiffs-Museum. Direktor Schiffs-Kapitän Don Juan Nep. Martinez.

Militär-Kollegium für Aspiranten zum Seedienst. Direktor Brigadier der Flotte: Don José Maria Halvon, 2 Unter-Direktoren, 6 Professoren, 2 Kapitäne, 1 Arzt. Unterricht dauert $3^1/_2$ Jahr. Alter der Aufnahme 11 bis 14 Jahre; nach vollendeter Bildung treten die Zöglinge aus, als

Marine-Garden (guardias marinas), deren Anzahl seit 17. März 1844 auf 160 M. festgesezt ist.

Nazional-Artillerie-Korps der Marine: 1 Oberster-Kommandant, 1 Oberstlt. als 2. Kommandant, und 3 Brigaden, jede 1 Kapitän, 2 Lieutenants, 2 Unterlts., 4 erste Sergeants, 8 zweite Sergeants und eine entsprechende Anzahl von Aufsehern und Artilleristen stark.

Marine-Infanterie; 3 Bat., jedes von 1 Obersten und Oberstlt. befehliget und 6 Kompagnien stark.

Flotte.

Im Jahre 1853 zählte man 4 Linienschiffe, 5 Fregatten (die bald um 2 vermehrt sein dürften, deren Vollendung man auf dem Werft zu Ferrol entgegensieht), 6 Korvetten, 11 Briggs, 4 Briggs-Goeletten (Bergantines Goletas), 10 Goeletten, 10 Schoonern, 6 Kuttern, 16 Feluken 1. und 19 Feluken 2. Klasse, 2 Luggern, 118 Trinquarts (Trincaduras) und 29 Kriegs-Dampfschiffen. Ausserdem gibt es noch 5 Fregatten, 3 Briggs und 1 Brigg-Goelette, die als Transportschiffe gebraucht werden. Ein altes Linienschiff eine detto Fregatte und eine Brigg dienen als Gefangenschiffe, liegen in Cadix und heissen Pontones. Sämmtliche Schiffe sind mit 1206 Kanonen und 274 Steinstüken (Pedreros) bewaffnet, und die Gesammtstärke der Dampfmaschinen 6602 Pferdekraft.

Nach einem den Kammern am 10. Oktober 1853 vorgelegten Dekret soll die Flotte aus 90 Schiffen aller Art bestehen, u. z. 6 Linschiffen von 80—90 Kanonen oder 400 — 600 Pferdekraft, 12 Fregatten von 30—50 Kanonen oder 300 — 400 Pferdekraft; 12 Korvetten von 20—30 Kanonen, 14 Briggs von 6 bis 20 Kanonen, 6 Kriegs- und Post-Dampfschiffen von 400 — 500 Pferdekraft, 8 Dampfschiffe für den transatlantischen Dienst von 300 — 400 Pferdekraft, 12 Küstenschiffen, 12 Schiffen für niedriges Wasser und 8 Segel-Transportschiffen. Die jezigen Schiffe werden mit Dampfmaschinen versehen.

Die Flotte zählt 15,000 Marine-Soldaten und 9000 Matrosen.

Flagge.

Der Länge nach roth, gelb und roth gestreift, in der Mitte das kastilische Wappen.

Das Sekretariat des Kriegsministeriums wurde mit Dekret vom 10. November 1852 gänzlich reorganisirt und an die Stelle des abgetretenen Brigadier und Staats-Sekretärs Miralpeix, der General Fernando San Roman, einer der ausgezeichnetsten Offiziere der Armee und der Gründer der „Revista militar" ernannt.

Durch königliches Dekret vom 29. Dezember 1852 wurde eine Reform der Militär-Verwaltung angeordnet, nach welcher die bisher bestandene Militär-General-Intendantur abgeschafft und durch eine General-Direkzion der Militär-Verwaltung unter spezieller Leitung des Generals **Matay Alos** ersezt worden ist, die nunmehr für alle Waffengattungen und Institute der Armee gilt. Der General-Direktor hat die gleichen Prärogative und Verpflichtungen bei dem Militär-Verwaltungs-Korps, wie die Direktoren der verschiedenen Waffen bei ihren respektiven Korps, und trägt für die Ausführung aller derjenigen Bestimmungen Sorge, welche das Kriegs-Ministerium bezüglich der Einrichtung, des Dienstganges etc. der Militär-Verwaltung anzuordnen für nöthig findet.

Im März 1853 ist das **Reglement für die Spezialschule des Militär-Verwaltungs-Korps**, nach erhaltener königlicher Genehmigung, publizirt worden. Die Gründung dieser Schule ist eine der Folgerungen der in neuerer Zeit im Militär-Verwaltungs-Korps geschehenen Reformen. Man hofft durch dieselbe sich tüchtige, mit den geeigneten Kenntnissen versehene Beamte für die fragliche Armee-Branche heranzubilden und in Zukunft allen solchen, denen die betreffenden Funkzionen fremd sind, diese Karriere zu verschliessen. Die Zöglinge werden vier Jahre in der Schule verbleiben und innerhalb dieser Zeit eine sorgfältige, mit ihren künftigen Dienstverrichtungen übereinstimmende Unterweisung erhalten. Unter den Unterrichts-Gegenständen, welche das Programm aufzählt, befinden sich: Mathematik, französische Sprache, Militär-Geschichte, öffentliches Recht u. s. w. Hinsichtlich der Zulassung ist bestimmt, dass die Eintretenden zum mindesten 15 Jahre und nicht über 20 Jahre alt sein dürfen; an Kenntnissen werden verlangt: korrektes Lesen und Schreiben; Grundzüge der Grammatik der spanischen Sprache; Arithmetik; Anfangsgründe des Zeichnens; Religion.

Ueber die Dauer, Erhaltung und Revision der Waffen der Infanterie und Kavallerie erschienen im Juli 1853 folgende k. Bestimmungen:

Auf	18	Jahre	die	Dauer	für	das Perkussions-Gewehr, Modell von 1836 und für die Spizkugelbüchse.
„	20	„	„	„	„	den Infanteriesäbel.
„	12	„	„	„	„	den Säbel (machete) der Infanterie und Pioniere.
„	40	„	„	„	„	das Terzerol und die Karabiner von 1831.
„	12	„	„	„	„	den Kavaleriesäbel 1841 und den Degen von 1832.
„	25	„	„	„	„	die Lanze.

Befinden sich einzelne Waffen, nachdem sie die vorstehende Zeit gebraucht worden, in einem solchen Zustande, dass sie noch eine längere Periode Dienste leisten können, so wird für sie bei den jährlichen Waffen-Revisionen eine neue Dauer festgesezt. Die umgeänderten Waffen, welche die Truppen besizen, werden nach Ablauf der Zeit durch neue ersezt, die bei ihrer Verausgabung festgestellt worden; wenn jedoch die Unbrauchbarkeit derselben durch ausserordentliche Verhältnisse früher herbeigeführt wird, so muss nach Anleitung der Verfügung vom 14. April 1849 ermittelt werden, ob die Unbrauchbarkeit durch Ursachen entstanden, an denen die Truppen schuld sind, oder ob diess nicht der Fall. Unter den erstgenannten Umständen müssen die Schuldigen die Kosten der Beseitigung der Mängel tragen. Die Truppen haben die Verpflichtung, stets einen Vorrath von Gewehr- und Schlosstheilen, die aus den Fabriken der Artillerie gezogen werden, bereit zu halten; um diess zu erleichtern, sind die Verwaltungen der Zeughäuser der Hauptorte der Militär-Distrikte und der grösseren Festungen angewiesen, ihrerseits fortwährend mit einem Vorrath von den verschiedenen Gewehrtheilen und den erforderlichen Preisverzeichnissen versehen zu sein. Die Truppen können zwar jederzeit die nöthigen Gewehrtheile aus den Zeughäusern käuflich erhalten, müssen aber nichts desto weniger stets einen kleinen Vorrath, der den dringendsten Bedarf des Augenbliks dekt, selbst besizen. — Die Büchsenmacher aller Regimenter des Heeres müssen in Zukunft ihre Befähigung zu dieser Stellung durch eine Prüfung bei der Artillerie dargelegt haben und sich im Besize eines hierauf bezüglichen Zeugnisses befinden. Die Büchsenmacher, welche in vorstehender Weise ihre Befähigung nachgewiesen haben, erhalten ein monatliches Gehalt von 360 Realen (24 Thlr. 38 fl. CM.); die Kosten für die Schmiede, das Brennmaterial und die Werkstatts-Utensilien haben die Truppen zu bestreiten. Die strenge Beobachtung und Ausführung der Instrukzion über die Reinigung und Erhaltung der Waffen vom 16. Juli 1852 wird wiederholt in Erinnerung gebracht. — Im Dezember jeden Jahres findet eine allgemeine Revision sämmtlicher Waffen der Infanterie und Kavallerie statt. Für jeden Militär-Distrikt wird hierzu von den betreffenden General-Kapitän ein General oder Brigadier ernannt, dem die erforderliche Anzahl von Artillerie-Kapitänen und Büchsenmachern beigegeben wird. Die Büchsenmacher revidiren in Gegenwart der erwähnten Offiziere nach den Grundsäzen der königlichen Bestimmung vom 6. Oktober 1849 die Waffen speziell und erstatten über die Anzahl der Waffen, die Gebrauchsfähigkeit derselben, die Zahl der unbrauchbaren, die

Gründe der Unbrauchbarkeit u. s. w., einen ausführlichen Bericht; eine Ausfertigung desselben geht an das Kriegs-Ministerium, eine zweite an den General-Direktor der betreffenden Waffe, und eine dritte endlich an den General-Direktor der Artillerie. (A. M. Z.)

Im August 1853 hat Ihre Majestät die Königin, „um die Lage der Soldaten zu verbessern und es ihnen möglich zu machen, dass sie mit einigen Ersparnissen nach Hause gehen" eine Solderhöhung verfügt. Die dadurch entstehende Mehrausgabe wird durch Ersparungen in anderen Zweigen des Militär-Dienstes gedekt.

Durch königliche Ordonnanz vom 6. März 1853 ist die Errichtung einer Kompagnie-Schule von Zöglingen der Guardia Zivil (compania-colegio de guardias jovenes) angeordnet worden. In dieselbe werden, nach den Bestimmungen einer besonderen Vorschrift, die Söhne von Guardias 1. und 2. Klasse, so wie von Korporalen und Sergeanten des Korps aufgenommen, militärisch erzogen, unterhalten und gekleidet, in sofern solche hinsichtlich ihrer guten Aufführung und sonstigen Körper-Beschaffenheit entsprechen. Hinsichtlich der Aufnahme sind drei Kategorieen aufgestellt. In die erste zählen die Söhne solcher Individuen der Guardia Zivil, welche seit der Errichtung des Korps in Ausübung ihrer Dienstpflichten den Tod erlitten oder tödtlich verwundet oder beschädigt wurden und in Folge davon gestorben sind; die in diese Klasse gehörenden nachgelassenen Söhne müssen indessen ein Alter von 8 Jahren haben. In die zweite Kategorie gehören diejenigen Söhne von Mitgliedern der Guardia Zivil, welche wegen Untauglichkeit aus diesem Dienste ausscheiden mussten. Die Söhne müssen indessen ein Alter von 14 Jahren vollendet haben und dürfen nicht älter als 16 Jahre sein, da sie mit dem 18. Jahre aus der Kompagnie scheiden und in das Korps eingereiht werden. In die dritte Kategorie gehören die 14 Jahre alten Söhne von gegenwärtigen Mitgliedern der Guardia Zivil, und zwar solcher, welche zur Klasse der neu und wiederholt engagirten gehören; die grössere Zahl der Dienstjahre der Väter gibt hierbei hinsichtlich der Zulassung den Vorrang. Im Allgemeinen sind vorerst die Aspiranten der ersten Kategorie, dann zunächst die der zweiten und zulezt die der dritten zum Eintritt — nach Erfüllung verschiedener Formalitäten — berechtigt.

Toskana *).

Se. k. k. Hoheit Grossherzog Leopold II. (geb. 1797), k. k. österr. G. d. K.

Adjutantur.

General-Adjutant: GM. Josef Ritter v. Sproni.

Adjutant des k. Hofes: Major Peter Ritter v. Majoli.

Kommandant der Leibgarde: Major Klaudius Bargagli.

Kommandant der Pallast-Garde (Sergenti di Palazzo): Major Majoli.

Kriegs-Ministerium.

Provisorisch mit der Leitung der Geschäfte beauftragt: Johann Ritter v. Baldasseroni, Minister-Präsident und Minister der Finanzen.

Das Ministerium zerfällt in 2 Sekzionen:

Die 1. hat die Personal-Angelegenheiten: Sekretär Ludwig Serresi.

Die 2. das Material und die Marine: Sekretär Achilles Niccolini.

Unter dem Ministerium steht als selbstständige Sekzion die Militär-Administrazion: Direktor derselben Karl Cecchi.

Direktor des Ingenieur-Korps und General-Inspektor —: GM. Ludwig Graf Serrosteri.

Marine-Kommandant —: Oberstlt. Franz Cantini.

Kommandirender General sämmtlicher Truppen und festen Pläze: GM. Friedrich Ritter Ferrari da Grado.

Generalstab und General-Adjutantur: Chef Oberstlt. Karl Ripper.

Militär-Gouvernements.

Zu Livorno, beauftragt mit dem Kommando der Küstenvertheidigung des Festlandes: GM. Ritter Hiacint Melani; zu Portoferrajo beauftragt mit dem Kommando (zugleich Zivil-Gouverneur) der Insel Elba: Oberst Michael Ritter Costa-Righini.

Artillerie-General-Inspektor —: Oberstlt. Alex. Ritter Contri.

Gendarmerie (Regiments-Kommando zu Florenz): Kommandant: Oberstlt. Eduard Ritter Facdouelle.

*) Das ganze Heerwesen ist in der Reorganisirung.

Militär-Gerichtshof: Chef: Tit. Major Theseus Prezziner.

Aktive Generalität.

GM. Ferrari da Grado. GM. Ludwig Graf Serristori. GM. Josef Ritter v. Sporni und Hiacint Ritter v. Melani.

Die Armee.

A. Stärke auf den Friedensfuss gerechnet:

Infanterie: 8 Linien-Bataillons (Nr. 1 Veliti und Nr. 2 bis 8). Jedes Bataillon zu 4 Komp. und 630 Kombattanten.

Kavallerie: 1 Division (2 Eskadronen), jede 130 Kombattanten.

Artillerie: 1 Division (2 Kompagnien oder Batterien zu 8 Geschützen, 1 bespannt, 1 unbespannt), die Feld-Artillerie 360 M.

2 Bataillons zu 4 Kompagnien Festungs-Artillerie, in der Stärke von 1060 M.

Gendarmerie: 1 Regiment zu 2 Bataillons; das 1. Bataillon zu 6 Kompagnien, das 2. zu 4 Kompagnien und 1 Eskadron zu Pferde — 2231 M.

Invaliden und Veteranen: 1 Bataillon zu 5 Kompagnien.

Straf-Division: 2 Kompagnien.

Die Landwehr unter nachfolgenden Benennungen zur Bewachung der Grenzen und Küsten:

a) 1 Insular-Bataillon 526 M.

b) 3 Bataillons freiwillige Jäger der Küsten 2856 M.

c) 3 Bataillons freiwillige Jäger der Grenze 1656 M.

Das Insular-Bataillon aus Artillerie, die anderen nur aus Infanterie zusammengesezt.

Die Gesammtstärke der aktiven Truppen, mit der Gendarmerie, jedoch ohne Landwehr: 8951 Kombattanten.

B. Dislokazion.

Infanterie: 1. Bataillon Veliti mit dem Stabe in Florenz; 2. Bataillon, Pisa; 3. Bataillon, Pistoja; 4. Bataillon, Orbetello; 5. Bataillon, Livorno; 6. Bataillon, Florenz; 7. Bataillon, Florenz; 8. Bataillon, Portoferrajo.

Kavallerie: mit dem Stabe in Pisa.

Artillerie: General-Direkzion und Stab der Feld-Division in Florenz; 1. Bataillons-Stab in Livorno; 2. in Orbetello.

Gendarmerie und Veteranen: Stab Florenz.

Straf-Division: Longone (Elba).

Landwehr: Insular-Bataillons-Stab Portoferrajo.

Freiwillige Jäger der Küste: 1. Bataillons-Stab Pisa, 2. Bataillons-Stab Volterra, 3. Bataillon Orbetello.

Freiwillige Jäger der Grenze: 1. Bataillons-Stab Arezzo; 2. Florenz; 3. Pistoja.

C. Eintheilung.

Das General-Kommando ist die oberste Behörde, dem sämmtliche Truppen unterstehen. Mit Dekret Sr. k. k. Hoheit des Grossherzogs vom 15. Mai 1852 wurden die früher bestandenen Truppenkörper der Infanterie und Kavallerie aufgelöst, und wie folgt neu organisirt:

Die Infanterie bildet 2 Brigaden, jede zu 4 Bataillons; die Brigadestellen sind unbesezt, und die Bataillons stehen direkte unter dem General-Kommando.

Die Artillerie erhielt mit dem k. Dekret vom 19. Juni 1853 folgende Eintheilung: das General-Inspektorat; 1 Division Feld-Artillerie mit 2 Kompagnien; 2 Bataillons Küsten-Artillerie; 1 Arbeiter-Abtheilung.

D. Bewaffnung und Ausrüstung.

Infanterie: Perkussions-Gewehr und Bajonnet; Unter-Offiziere und das Bataillon Veliti Säbel; die Offiziere tragen Schleppsäbel in eiserner Scheide.

Kavallerie: Ober- und Unter-Offiziere, dann die Mannschaften Pallasch und 2 Pistolen, leztere Karabiner.

Feld-Artillerie: Offiziere und Unter-Offiziere wie die Kavallerie; die Mannschaft Karabiner mit Hau-Bajonnet. Festungs-Artillerie wie die Veliti.

Infanterie und Artillerie tragen Czakos, das Bataillon Veliti mit einem rothen Rossbusche. Die Kavallerie: Helme mit Verzierung von Messing, das Lederzeug ist bei der Feld-Artillerie gelb, bei den anderen Truppen weiss.

E. Uniform.

Grundfarbe: dunkelblau. Die Generalität hat rothe Aufschläge und Krägen mit Goldborden, gelbe Knöpfe, goldbordirtes Säbelkuppel, goldbordirte Hüte mit grünem Federbusche. Die Infanterie: Aufschläge und Krägen der Waffenröke scharlachroth; Knöpfe weiss; Beinkleider kornblumenblau, das Bataillon Veliti roth. Kavallerie: Aufschläge und Krägen der Waffenröke wie die Infanterie; Beinkleider hechtgrau mit zwei scharlachrothen Streifen. Artillerie: Aufschläge und Krägen schwarz, die Feld-Artillerie mit gelben, Festungs-Artillerie mit rothem Vorstoss; Beinkleider lichtgrau.

Sämmtliche Truppen: hechtgraue Mäntel.

Distinkzionszeichen: die Stabs-Offiziere haben Aufschläge und Krägen je nach den Knöpfen gold- oder silberbordirt; diese, so wie die Ober- und Unter-Offiziere unterscheiden sich durch Sternchen in der bezüglichen Charge.

F. Ergänzung.

Erfolgt nach dem Dekret vom 18. Februar 1853 durch Stellung mittelst Losung nach vollendetem 19. Lebensjahre, und durch freiwilligen Eintritt. Stellvertretung ist gestattet Die Dauer der aktiven Dienstzeit ist auf 8 Jahre festgesezt. Akatholische Unterthanen müssen Ersazmänner stellen, welche die erforderlichen Eigenschaften besizen.

In Bezug der oben berührten Eintheilung der Artillerie sezt das Dekret vom 19. Juni 1853 Folgendes fest: *a*) die General-Inspekzion hat zu bestehen aus 1 Obersten oder Oberstlt. und 1 Adjutanten; *b*) die Artillerie-Division aus dem Ober- und Unter-Stab, 1 Feld- und 1 Festungs-Artillerie-Kompagnie, jede vom Hauptmann an, 180 M., wovon die Feld-Kompagnie 1 Batterie von 8 Geschüzen, darunter 6 sechspfündige und 2 vierundzwanzigpfündige Haubizen bedient; *c*) Handwerker-Abtheilung 43 M. und *d*) 2 Bataillone Küsten-Artillerie, das erste Bataillon, Stab und 4 Kompagnien, jede 120 Kanoniere und 20 Pferde, das zweite in gleicher Weise organisirt, nur dass die vierte Kompagnie 100 M. und keine Pferde zählet.

Türkei.

Se. Hoheit Grofssultan Abdul-Medjid Khan, 31. Souverän vom Stamme Osmans; (geb. 1823).

General-Adjutant —: Edhem Pascha; erster Adjutant: Mustapha-Aga, Oberst der Garde.

Oberste-Militär-Behörden.

a) Ober-Befehlshaber der Landmacht ist der Seraskier (zur Zeit Rizza Pascha), der das Amt eines Kriegs-Ministers und Ober-Kommandanten versieht, und einen Obersten-Hofkriegs- oder Verwaltungsrath (Dari-Churaï), zur Seite hat. Präsident dieses lezteren isf ein Feld-Zeugmeister, (zur Zeit Mohammed Pascha), und dessen Beisizer ein Kasasker, dem als Vorstand des Obersten-Gerichtshofes das Vetorecht zukommt, und der aus den Ulemas (Rechtsgelehrten) hervorgeht. Dieser oberste Rath überwacht

Freiwillige Jäger der Grenze: 1. Bataillons-Stab Arezzo; 2. Florenz; 3. Pistoja.

C. Eintheilung.

Das General-Kommando ist die oberste Behörde, dem sämmtliche Truppen unterstehen. Mit Dekret Sr. k. k. Hoheit des Grossherzogs vom 15. Mai 1852 wurden die früher bestandenen Truppenkörper der Infanterie und Kavallerie aufgelöst, und wie folgt neu organisirt:

Die Infanterie bildet 2 Brigaden, jede zu 4 Bataillons; die Brigadestellen sind unbesezt, und die Bataillons stehen direkte unter dem General-Kommando.

Die Artillerie erhielt mit dem k. Dekret vom 19. Juni 1853 folgende Eintheilung: das General-Inspektorat; 1 Division Feld-Artillerie mit 2 Kompagnien; 2 Bataillons Küsten-Artillerie; 1 Arbeiter-Abtheilung.

D. Bewaffnung und Ausrüstung.

Infanterie: Perkussions-Gewehr und Bajonnet; Unter-Offiziere und das Bataillon Veliti Säbel; die Offiziere tragen Schleppsäbel in eiserner Scheide.

Kavallerie: Ober- und Unter-Offiziere, dann die Mannschaften Pallasch und 2 Pistolen, leztere Karabiner.

Feld-Artillerie: Offiziere und Unter-Offiziere wie die Kavallerie; die Mannschaft Karabiner mit Hau-Bajonnet. Festungs-Artillerie wie die Veliti.

Infanterie und Artillerie tragen Czakos, das Bataillon Veliti mit einem rothen Rossbusche. Die Kavallerie: Helme mit Verzierung von Messing, das Lederzeug ist bei der Feld-Artillerie gelb, bei den anderen Truppen weiss.

E. Uniform.

Grundfarbe: dunkelblau. Die Generalität hat rothe Aufschläge und Krägen mit Goldborden, gelbe Knöpfe, goldbordirtes Säbelkuppel, goldbordirte Hüte mit grünem Federbusche. Die Infanterie: Aufschläge und Krägen der Waffenröke scharlachroth; Knöpfe weiss; Beinkleider kornblumenblau, das Bataillon Veliti roth. Kavallerie: Aufschläge und Krägen der Waffenröke wie die Infanterie; Beinkleider hechtgrau mit zwei scharlachrothen Streifen. Artillerie: Aufschläge und Krägen schwarz, die Feld-Artillerie mit gelben, Festungs-Artillerie mit rothem Vorstoss; Beinkleider lichtgrau.

Sämmtliche Truppen: hechtgraue Mäntel.

Distinkzionszeichen: die Stabs-Offiziere haben *Aufschläge* und Krägen je nach den Knöpfen gold- oder silberbordirt; diese, so wie die Ober- und Unter-Offiziere unterscheiden sich durch Sternchen in der bezüglichen Charge.

F. Ergänzung.

Erfolgt nach dem Dekret vom 18. Februar 1853 durch Stellung mittelst Losung nach vollendetem 19. Lebensjahre, und durch freiwilligen Eintritt. Stellvertretung ist gestattet Die Dauer der aktiven Dienstzeit ist auf 8 Jahre festgesezt. Akatholische Unterthanen müssen Ersazmänner stellen, welche die erforderlichen Eigenschaften besizen.

In Bezug der oben berührten Eintheilung der Artillerie sezt das Dekret vom 19. Juni 1853 Folgendes fest: *a*) die General-Inspekzion hat zu bestehen aus 1 Obersten oder Oberstlt. und 1 Adjutanten; *b*) die Artillerie-Division aus dem Ober- und Unter-Stab, 1 Feld- und 1 Festungs-Artillerie-Kompagnie, jede vom Hauptmann an, 180 M., wovon die Feld-Kompagnie 1 Batterie von 8 Geschüzen, darunter 6 sechspfündige und 2 vierundzwanzigpfündige Haubizen bedient; *c*) Handwerker-Abtheilung 43 M. und *d*) 2 Bataillone Küsten-Artillerie, das erste Bataillon, Stab und 4 Kompagnien, jede 120 Kanoniere und 20 Pferde, das zweite in gleicher Weise organisirt, nur dass die vierte Kompagnie 100 M. und keine Pferde zählet.

Türkei.

Se. Hoheit Grofssultan Abdul-Medjid Khan, 31. Souverän vom Stamme Osmans; (geb. 1823).

General-Adjutant —: Edhem Pascha; erster Adjutant: Mustapha-Aga, Oberst der Garde.

Oberste-Militär-Behörden.

a) Ober-Befehlshaber der Landmacht ist der Seraskier (zur Zeit Rizza Pascha), der das Amt eines Kriegs-Ministers und Ober-Kommandanten versieht, und einen Obersten-Hofkriegs- oder Verwaltungsrath (Dari-Churaï), zur Seite hat. Präsident dieses lezteren ist ein Feld-Zeugmeister, (zur Zeit Mohammed Pascha), und dessen Beisizer ein Kasasker, dem als Vorstand des Obersten-Gerichtshofes das Vetorecht zukommt, und der aus den Ulemas (Rechtsgelehrten) hervorgeht. Dieser oberste Rath überwacht die Handhabung des Gesezes bei jenen Kriminal-Angelegenheiten, die vor das Forum des Rathes kommen, und hat die Verantwortung, dass im Allgemeinen die Massregeln, welche dort besprochen und angenommen worden, mit dem Geiste der osmanischen Rechtsgelehrsamkeit im Einklange sein. Dem Rathe sind als militärische Mitglieder beigezogen: 2 Feriks (FML.) und 4 Beisizer welche nach ihrer Amtsstellung bestehen:

a) aus dem Inspektor der Militärschulen;

b) aus dem Inspektor der Artillerie-Dépôt;

c) aus jenem der Armee-Fabriken und

d) aus dem Ober-Kommandanten der Reserve; (sämmtliche Inspektoren haben den Rang des FML.).

Die Mitglieder aus dem Zivile sind beauftragt mit den Finanziellen und Verwaltungs-Angelegenheiten des Kriegsrathes; hierzu werden noch beigezogen: der Liva (GM.) welcher sich an der Spize der Zentralstelle befindet, und die Offiziere, welche die Adjutantens-Dienste versehen. Der oberste Kriegsrath theilt sich in zwei Sekzionen: die erste hat die Begutachtung der Appelle, und die nochmalige Durchsicht der vor Gericht gesprochenen Urtheile; in die zweite Sekzion gehören: die Dislokazion der Truppen, deren Bewegung und die Verproviantirung.

Bei jeder Armee (Ordu) besteht ein besonderer Kriegsrath, zusammengesezt aus einem Ferik, dem Chef des Generalstabes, dem ältesten Liva, den 2 ältesten Obersten, 1 Oberstlt., 1 Militär-Ober-Intendanten oder Zahlmeister und 1 Majorsrang bekleidenden Sekretär (Kiatib). Eben so hält jede Garnison ihre Berathungen, zu welchen die ältesten Offiziere der verschiedenen Grade berufen werden. Diese lezteren Versammlungen geben über militärische Vergehen nur ihre Meinung ab, ohne ein Urtheil zu fällen, da die Handhabung des Gesezes dem Hofkriegsrathe allein verbehalten ist.

b) Grossmeister der Artillerie und General-Inspektor der Festungen —: Ahmed-Fethi Pascha; ist eine selbstständige oberste Behörde und umfasst den Feldzeug-Amtsrath, (1 Präsident, 6 Mitglieder und 1 Sekretär) dann die Intendanz der Artillerie, welche folgenden 12 besonderen Diensteszweigen vorsteht: 1. den Festungen, 2. dem Kriegs-Materiale, 3. den Pulvermühlen, 4. der Geschüzgiesserei von Topchané, 5. der Waffenfabrik in Dolma-Bagtsche, 6. der Dampfmaschinen-Fabrik zu Zeitun-Burnu, 7. dem Steinkohlen-Bergwerk in Eregli, 8. der Geschüzgiesserei zu Samagovdjy und Prautscha, 9. der Stuterei und dem Remonten-Dépôt zu Enos, 10. der Artillerie und Genieschule, endlich 11. und 12. den Direkzionen des Genie-

und Artilleriewesens: diese lezteren werden von einem besonderen aus 4 FML. zusammengesezten Komité geleitet.

Das Heer.

Nach der Organisazion vom Jahre 1833, unter dem Seraskierat des Rizza Pascha, begreift das Militär-System zwei verschiedene Dienstleistungen: *a*) den aktiven Dienst (Nizam) und *b*) die Reserve (Redif).

a) Der Nizam, (aktive Armee).

Besteht aus 6 Armee-Korps (Ordu) unter dem Befehle eines Muschirs (FM.); jede Ordu bildet 2 Divisionen, von einem Ferik (FML.), jede Division 3 Brigaden, von einem Liva (GM.) befehliget. Es zählt jede Ordu 6 Infanterie-, 4 Kavallerie- und 1 Artillerie-Regiment.

1. Die 36 Infanterie-Regimenter sind 4 Bataillone, jedes Bataillon 8 Kompagnien stark. Der Etat eines Bataillons 815 M. zählt: 1 Bataillons-Chef (Bimbaschi), 1 Major Adjutant (Kol Agasi), 8 Kapitäns (Füsbaschi), 8 Oberlt. (Mülasimi-Evvel), 8 Unterlts. (Mülasimi-Sani), 8 Ober-Feldwebel (Basch-Tschausch), 8 Feldwebel (Tschausch), 8 Fouriere, 64 Korporals (Onbaschi), 640 Soldaten (80 per Kompagnie), 24 Tambours und Hornisten, 8 Wasserträger, 2 Aerzte, 1 Apotheker, 1 Feldprediger. Für ein Regiment gehören noch: 1 Oberst (Miri-Alaj), 1 Oberstlt. (Kaimekam) und 1 Major. Das Regiment hat daher im Solletat 3263, im effektiven Stand aber nur 2800 Köpfe.

2. Kavallerie: 24 Regimenter.

Es gibt nur Linien-Kavallerie; jedes Regiment besteht aus 6 Eskadronen, nämlich 4 Eskadronen Lanziers und 2 Eskadronen Chasseurs an den Flügeln; die Lanziers im Gefechte in erster Linie. Die Eskadronen zählen im Durchschnitte 120 M., was den Obersten und Oberstlt. mit eingerechnet, die Gesammt-Summe eines Regimentes auf 722 M. bestimmt.

3. Artillerie. 6 Regimenter jedes 15 Batterien stark, wovon

4	Batterien	zu 8 Geschüzen zu Fuss,
2	„	„ 12 „ „ „
2	„	kurze Haubizen zu 700 Schritt Tragweite,
3	„	leichte Artillerie,
1	„	langer Haubizen zu 1200 Schritt Tragweite,
2	„	zu 4 Geschüzen,
1	Bergbatterie,	

bilden also einen Park von 60 Geschüzen und einen Effektivstand von 1300 M.

Der Effektivstand jedes Ordu ist daher:

Infanterie	6 Regtr.	zu 2800 M.	=	16,800 M.,		
Kavallerie	4 „	„ 720 „	=	2880 „		
Artillerie	1 „	„ 1300 „	=	1300 „	60 Geschüze.	
			Summe	20,980 M.,	60 Geschüze.	

Ausserdem bestehen nachfolgende besondere Korps, unter dem unmittelbaren Befehl des Grossmeisters der Artillerie, welche nicht in die Ordu der Nizams eingerechnet werden, u. z. *a*) 4 Regimenter des Zentral-Artillerie-Korps, wovon 1 Reserve-Regiment und die 3 anderen in den Festungen am Hellespont, am Bosporus, an der Donau, in Serbien, im adriatischen Meere, an den Küsten Kleinasieas etc. vertheilt sind. *b*) 1 Genie-Brigade zu 2 Regimenter à 800 M. *c*) das 13. Korps auf der Insel Creta, 3 Infanterie- und 1 Reiter-Regiment, *d*) das 14 in Tripolis und das 15. in Tunis, jedes aus 1 Infanterie- und 1 Reiter-Regiment zusammengesezt.

Totalstärke des Effektiv-Standes des „Nizam."

	Reg.	Effektiv	Solletat.
Infanfanterie	36	100,800	117,366
Kavallerie	24	17,280	22,416
Artillerie	6	7800	7800
Festungs-Artillerie	4	5200	5200
Genie-Truppen	2	1600	1600
Detachirtes Korps in Creta (Candia)	4	8000	8000
in Tripolis	2	4000	4000
in Tunis	2	4000	4000

Zusammen in 80 Regimentern 148,680 im effektiven und 170,375 M. im Soletat.

b) Die Redifs (Reserve).

Die Soldaten treten nach fünf Dienstjahren im Nizam in die Reserve über, um in derselben noch durch sieben Jahre zu dienen. Die Reserve ist wie die aktive Armee organisirt und soll beiläufig denselben Effektivstand haben.

Die Regimenter sind mit Rüksicht auf die örtlichen Verhältnisse in Bataillone, Eskadronen und Kompagnien getheilt, und haben die vollständigen Kadres an Offizieren und Unter-Offizieren. Diese erhalten vom Staate einen bestimmten Sold, und haben dafür die Verpflichtung in den Städten und Ortschaften in Mitten der verabschiedeten Soldaten zu wohnen und mit ihnen jede Woche einmal Exerzier-Uebungen vorzunehmen.

Uebrigens werden die Reservemänner jedes Jahr in das Hauptquartier der Ordu, zu welcher sie gehören, einberufen, um daselbst die Manöver der Bataillons- und der Linien-Schule mitzuüben. Während der Dauer dieser Uebungen und für die Zeit, um sich auf den Sammelplaz zu begeben und von demselben wieder heimzukehren, erhalten diese Soldaten den Sold und die Razion an Lebensmitteln, wie er reglementsmässig für die aktiven dienstleistenden Krieger bestimmt ist.

Jedes Armee-Korps hat seine Reserve, welche in Friedenszeiten unter dem Befehle eines Brigade-Generalen steht, der seinen Siz in dem betreffenden Armeekorps-Hauptquartier hat. Die Reserve der ersten vier Korps besteht aus 11 Regimentern, die auf demselben Fusse, wie die aktive Armee organisirt und — was die verschiedenen Waffengattungen betrifft — auch in gleicher Weise vertheilt sind.

Die Reserven der 5. und 6. „Ordu" sind noch nicht organisirt, man berechnet jedoch, dass sie im Falle eines Krieges jede 20 — 25,000 M. stark sein können. Uebrigens bestehen in jedem Kantonnement Dépôts von Waffen, die zu den Manövern und im Bedarfsfalle auch zu einer unverweilten Bewaffnung dienen.

c) Hilfs-Kontingente.

Die Wallachei 6000, Bosnien und Herzegowina 40,000, Ober-Albanien 20,000, Serbien 30,000 und Egypten 25,000, zusammen 121,000 M.

Die Moldau zählt an regulärem Militär: 1 Regiment Infanterie und 1 Regiment Kavallerie, beide 2280 M. stark; weiters an Miliz-Truppen: 934 Städte-Trabanten, 12,730 Bürger und Grenz-Garden, im Ganzen 15,904 M., unter einem General-Inspektor und einem Hetmann oder Kommandanten der Miliz.

Die Wallachei: 2 Infanterie und 1 Kavallerie-Regiment 4665 M. reguläre Truppen, dann 1 Batterie Artillerie und 1 Muster-Bataillon. Diese Truppen werden von einem Gross-Wornik (Chef) und einem Obersten ad latus befehiget; der Artillerie steht ein Oberst, dem Muster-Bataillon ein Major vor.

An Miliz-Truppen zählt die Wallachei 680 Städte-Trabanten, 3808 Land-Trabanten, 36,000 Bürger und Grenz-Garden, im Ganzen 45,153 M.

Serbien hat an regulären Truppen 2 Bataillone Infanterie und 1 Schwadron Kavallerie, bei 2000 M.; doch können diese in kurzer Zeit um ein Namhaftes vermehrt werden, da es weder an Waffenfähigen noch an der Bewaffnung fehlt.

Egytens Streitmacht dürfte sich mit den irregulären Truppen auf 150,000 M. belaufen. Die regulären Truppen sind gut bewaffnet und ausgerüstet, und nach europäischem Exerzizium eingeübt. Zur Heranbildung für das Heer bestehen, ausser den Primär und den zwei Vorbereitungsschulen in Kahira und Alexandrien: die Artillerie-Schule in Tura, die Kavallerieschule in Dschisch, die Infanterieschule in Damiette und die Marineschule zu Alexandrien.

d) Irreguläre Truppen.

Kavas (Gendarmen zu Fuss) und Seymons (Gendarmen zu Pferd) 6000, Soubechis (Feldwächter) 24,000, Tartaren und die „Iznat" (ausgewanderte Kosaken) 2000, Freiwillige (Muselmänner) 50,000; ungarische und polnische Freiwillige 2000, zusammen 87,000 M.

Wenn die Streitkräfte der Türkei rekapitulirt werden, so ergibt sich:

	M.
1) die reguläre aktive Armee (Nizam)	148,680
2) die reguläre Reserve-Armee (Redif)	148,680
3) Hilfs-Kotingente	121,000
4) irreguläre Truppen	87,000
Gesammt-Summe	505,360

Indessen dürfte sowohl die aktive, wie die Reserve-Armee in der Wirklichkeit weit hinter der obigen Zahl zurükbleiben, auch ist auf die Hilfstruppen mit Ausnahme der Egyptier, und eines schwankenden Kontingentes aus Bosnien und Albanien gar nicht zu rechnen, so dass vielleicht nach Abschlag der zum Garnisonsdienst nothwendigen Truppen, kaum 200,000 M. feldtüchtig sein dürften.

Eintheilung des Heeres.

Das folgende Tableau zeigt die Organisazion der Ordus mit den Nizams und Redifs und deren Kommandeurs, wie sie im vorigen Jahre bestanden.

Die erste Ordu, Chassa oder die Garden genannt, hat den FM. Tobdschubaschisade Mahmud Pascha zum Kommandanten; ihre 2 Divisionen stehen unter den Befehlen der FML. Osman Pascha und Abdül-Halim Pascha; Hauptquartier: Scutari am Bosporus.

	Nizam	Reserve *)	Rekrutirt sich in
1. Division.	1. Inf.-Regim.	Reg. von Ismid (Nicomedia),	Kodscha-ili und Sultan-öni;
	2. „ „	„ von Brussa (Chudavendigiar),	Chudavendigiar und Karassi;
	3. „ „	„ von Smyrna,	Saruchan, Sigala u. Aivalik;
	1. Kavall.-Reg.	„ von Isnik,	den vorgenannten
	2. „ „	„ „ Tire,	Ortschaften;
2. Division.	4. Inf.-Reg.	„ „ Aidin,	Aidin u. Mentescha;
	5. „ „	„ „ Kütahje,	Kütahje und Karahissar;
	6. „ „	„ „ Sparta (in Pisidien),	Denisli, Hamid und Teke;
	3. Kavall.-Reg.	„ von Karahissar,	den vorgenannten
	4. „ „	„ „ Sparta,	Ortschaften;
	Artillerie-Brigade	„ „ Scutari,	allen Ortschaften der Ordu.

Zweite Ordu, Deri Seadet, oder die Armee der Hauptstadt wird vom FM. Mehemmed Pascha befehligt; die FML. Arif Pascha und Salim Pascha sind die Divisionäre; Hauptpuartier: Konstantinopel.

	Nizam	Reserve	Rekrutirt sich in
1. Division.	1. Inf.-Reg.	Reg. von Adrianopel, (Edirne),	Adrianopel und Philippopolis (Filibe);
	2. „ „	„ Schumni,	Silistra und Varna;
	3. „ „	„ Boli,	Boli, Viranschehir und Kastamoni;
	1. Kavall.-Reg.	„ Babadagi,	den vorgenannten
	2. „ „	„ Josgad,	Ortschaften;
2. Division.	4. Inf.-Reg.	„ Angora,	Angora, Kiangri, Bosok u. Amasje;
	5. „ „	„ Konja,	Itschil, Tarsus, Adana und Merasch;
	6. „ „	„ Kaisserije,	Kaisserije und Nigda;
	3. Kavall.-Reg.	„ Angora,	den vorgenannten
	4. „ „	„ Konja,	Ortschaften;
	Artillerie-Brigade	„ Tschorum,	allen Ortschaften der Ordu.

---

*) Die Reserve ist dort stazionirt, wo die entsprechenden Regimenter für den aktiven Dienst ausgehoben werden.

Die **dritte Ordu**, **Rumilische** oder **Europäisch-Türkische Armee** genannt, steht unter dem FM. **Omer Pascha** und ihre zwei Divisionen unter den FML. **Abdi Pascha** und **Avni Pascha**; Hauptquartier: **Monastir** in **Albanien**.

	Nizam	Reserve	Rekrutirt sich in
1. Division.	1. Inf.-Reg.	Reg. von Monastir,	dem Ejalet Epirus;
	2. „ „	„ „ Tirhala,	„ Thessalien;
	3. „ „	„ „ Selanik,	„ Selanik;
	1. Kavall.-Reg.	„ „ Janina,	„ Janina (Epirus);
	2. „ „	„ „ Prezrin, (Pristina),	den Ejalet's Pristina und Bosna;
2. Division.	4. Inf.-Reg.	„ „ Ueskûb,	dem Ejalet Ueskûb;
	5. „ „	„ „ Sofia,	„ Nisch;
	6. „ „	„ „ Widin,	„ Widin;
	3. Kavall.-Reg.	„ „ Sofia,	den vorgenannten Ejalet's.
	4. „ (ist noch nicht organisirt).		
Artillerie-Brigade		„ „ Monastir,	dem Ejalet Rumelien.

Vierte Ordu, welche auch **Anatolische** oder **Klein-Asiatische Armee** heisst, wird vom FM. **Mehemmed Reschid Pascha** und ihre beiden Divisionen von den FML. **Ali Risa Pascha** und **Selim Pascha** kommandirt; Hauptquartier: **Charbrut**.

	Nizam	Reserve	Rekrutirt sich in
1. Division.	1. Inf.-Reg.	Reg. von Sivas,	Divriki, Karahissar u. Gönischürke;
	2. „ „		
	3. „ „	„ „ Tokad,	dem Ejalet Sivas;
	1. Kavall.-Reg.	„ „ Charbrut,	„ Charbrut;
	2. „ „	„ „ Tokad,	den vorgenannten Ejalet's und Ortschaften;
2. Division.	4. Inf.-Reg.	„ „ Wan,	
	5. „ „	„ „ Erzerum,	dem Ejalet Erzerum;
	6. „ „	„ „ Kars,	„ Erzerum;
	3. Kavall.-Reg.	„ „ Diarbekir,	„ Kürdistan;
	4. „ (ist noch nicht organisirt).	„ „ Mardin,	dem Departement Mardin.
Artillerie-Brigade		„ „ Charbrut,	dem Ejalet Charbrut.

Fünfte Ordu oder die **Armee Arabiens** hat den FM. **Mehemmed Pascha** an der Spize, und die FML. **Izzet Pascha** und **Abd' ül kerim Pascha** zum Kommandanten der Division; Hauptquartier: Damaskus. — Diese Armee hat noch keinen Reserve-Dienst.

	Aktiver Dienst	Rekrutirt sich in
1. Division.	1. Infanterie-Regiment	Scham (Damascus);
	2. „ „	Balbek;
	3. „ „	Akka (Acre);
	1. Kavallerie-Regiment	Havran;
	2. „ „	Tarablus (Tripolis);
2. Division.	4. Infanterie-Regiment	Saida (Sidon);
	5. „ „	Bejrut;
	6. „ „	Haleb (Aleppo);
	3. Kavallerie-Regiment	Dejrülkamer;
	4. „ „	Hama;
	Artillerie-Brigade	Ladkije.

Die sechste Ordu oder die Armee von Irak, einem Theile Arabiens wird von den FM. Namik Pascha und die 2 Divisionen vom FML. Mahmud Pascha und Ahmed Pascha befehligt; Hauptquartier: Bagdad. Diese Armee entbehrt ebenfalls des Reserve-Dienstes.

	Nizam.	Rekrutirt sich in
1. Division.	1. Infanterie-Regiment	Bagdad;
	2. „ „	Sülejmanije;
	3. „ „	Kerkuk;
	1. Kavallerie-Regiment	Bagdad und Basra;
	2. „ „	Mussul;

	Nizam.	Rekrutirt sich in
2. Division.	4. Infanterie-Regiment	Mussul;
	5. „ „	Dschidde und Mekke;
	6. „ „	Mocha und Massu;
	3. Kavallerie-Regiment	Derije und Nedschid;
	4. „ „	Dschidde;
	Artillerie-Brigade	in allen Ortschaft. d. Ordu.

Uniformirung, Bewaffnung und Ausrüstung.

Die Grad-Auszeichnungen bestehen aus dem „Nischan" einer am Halse zu tragenden Dekorazion und dem Säbel, welche vom Staate bei jeder neuen Beförderung zurükgenommen und durch andere ersezt werden.

Die Infanterie trägt dunkelblaue Waffenröke und Beinkleider, erstere roth aufgeschlagen und weiss passe-poilirt, leztere mit Passe-poils von rother Farbe.

Die Kavallerie und Artillerie ein Kamisol, welches nach den Ordus verschiedenfärbig ist, u. z. in der ersten Ordu blau, in der 2. roth, in der 3. purpur, in der 4. braun, in der 5. fahlgelb und in der 6. hellblau. — Allgemeine Kopfbedekung: der rothe Fess, in der Mitte ein gelber Knopf unter welchem die blaue Quaste herabhängt; die Artillerie trägt bei Paraden einen schwarzsammtenen Fess mit gelbem Messingschilde, worauf ein Koran abgebildet ist. Die Beinkleider sind weit, im Sommer bei der Infanterie grauleinen. Graue Mäntel mit Kapuzen. Fussbekleidung: Infanterie Schuhe und Halbstrümpfe, die Kavallerie Halbstiefeln. — Epauletts: Stabs-Offiziere volle goldene, die Generale mit Kandillen. Riemenzeug: weiss, um den Leib schwarzledernen Gurt mit gelber Verzierung. Unter-Offiziere haben weisse, Stabs-Offiziere goldbetresste Kuppel.

Bewaffnet ist der Infänterist mit der Bajonnet-Flinte, Säbel für die Ober-Offiziere nach europäischem Muster in einer schwarzledernen mit Messing beschlagenen Scheide, für Stabs-Offiziere nach altorientalischem Muster, Soldaten und Unter-Offiziere tragen keinen Säbel. Die Kavallerie führt 14 Fuss lange Lanzen mit rothen Fähnchen, Säbel und zwei Pistolen. Der Sattel ist ein Mittelding zwischen ungarischem Bok und englischer Pritsche. — Die Infanterie trägt keine Tornister und wird das Gepäk durch Lastthiere transportirt. Infanterie, Kavallerie und Genie ist nach französischem, die Artillerie nach preussischem Fusse organisirt.

Ergänzung und Heranbildung des Heeres.

Seit dem Jahre 1844 findet die Rekrutirung durch freiwillige Werbung und durch Einberufung der jungen Leute von zwanzig Jahren Statt, von denen der Bedarf (jährlich 25,000 M.) durch das Loos fürgewählt wird.

Jede Ordu hat, wie oben nachgewiesen, ihren eigenen Werkbezirk, wodurch die Organisazion der Reserve sehr erleichtert wird, denn die Offiziere, Unter-Offiziere und Soldaten treten nach 5 Jahren zurükgelegten Dienstes im „Nizam" mit einander in die Reserve über, wo die Soldaten noch 7 Jahre zu dienen verpflichtet sind. Neuester Zeit werden auch Nichtmohamedaner (Rajah) zum Dienst beigezogen.

In jedem Regimente bestehen Schulen für die gemeinen Soldaten, welche von den Imams (Geistlichen) und den Taburkiatibi und Bölük-Emini gehalten werden. Nach einer neuen Verordnung wird Niemand befördert, der nicht Lesen und Schreiben kann.

Jede Ordu hat eine Vorbereitungsschule, in welche 2—300 Zöglinge von 12 bis 15 Jahren aufgenommen, und nach fünfjährigem Kurse, wenn sie gut bestehen, in die Kriegsschule (Mektebiharbije) eingereiht werden, wo sie durch 4 Jahre in allen Waffen Unterricht erhalten, und dann als Lieutenante in die Infanterie und Kavallerie treten. Nur die Fähigsten bleiben noch 1 bis $1^1/_2$ Jahre in der Kriegsschule, und werden ausschliesslich für den Generalstab ausgebildet. In die Kriegsschule werden bei 200 Zöglinge aufgenommen. Weiters besteht noch eine Genie- und Artillerie Akademie, in zwei Abtheilungen. Die erste Abtheilung bildet die Zöglinge in 3jährigem Kurse von 12 bis 15 Jahren zu der zweiten höheren Abtheilung, wo sie in allen auf diese Waffen bezüglichen Wissenschaften, und auch in der deutschen Sprache Unterweisung erhalten.

Marine.

Marine-Minister (Kapudan-Pascha) —: Achmed Pascha.

Admiralitäts-Rath (Medschlici-bahrié).

Präsident —: Admiral Raghib Pascha, 7 Mitglieder, 2 Sekretäre.

Flottenstand.

2 Dreideker von 130 und 120 Kanonen, 4 Zweideker von 90 bis 74 Kanonen, 10 Segelfregatten von 60 bis 40 Kanonen, 6 Korvetten von 26 bis 22 Kanonen, 14 Briggs von 20 bis 12 Kanonen, 16 Kutter-Schooner etc. 12 bis 4 Kanonen, 6 Dampffregatten von 800 bis 400 Pferdekraft, 12 Korvetten und kleinere Fahrzeuge. Zusammen 70 Kriegsschiffe. Der Personalstand eines Linienschiffes (Drei- oder Zweideker) zählt: 1 Kommandant (Beg), 1 Sous-Kommandant, 1 Major, 16 Offiziere, 3 Aerzte, 1 Feldprediger, 800 bis 900 M.

Die Equipagen zählen 32,000 Matrosen, theils zum Manöver, theils zum Dienst der Geschüze. Ausserdem besteht ein Marine-Infanterie-Regiment (Bahriè alaï) von 4000 M. unter dem Ober-Befehl eines Brigade-Generals, welche, wenn sie nicht eingeschifft sind, im Arsenal kaserniren.

Der Stab der Marine begreift in sich: den Kapudan-Pascha, Gross-Admiral und Kriegs-Minister; 5 Admirale, (Fehriki bariè) von denen drei im aktiven Dienste sind, den Kommandanten der Flotte, Kapudana oder Chef des Geschwaders und den Admiral des Hafens, (Liman Keïssi); 3 Vize-Admirale, (Bahriè livaci), den Vize-Admiral der Flotte (Patrona), den Direktor der Marine-Werkstätten, Iplikanè Mudivi, und den Direktor der Seeschule; 7 Kontre-Admirale, (Bahriè-mir alaï), von denen drei mit dem edlen Titel Miala oder Meala die Stazionen der Donau und des schwarzen

Meers, des Archipels und des persischen Meerbusens befehligen, die vier andern aber zu dem Admiralitätsrath gehören, unter den lezteren befindet sich der Mimarbachi oder Ober-Baumeister.

Diese Befehlshaber rangiren in Grad und Sold mit den Generalen der Land-Armee: die Admirale mit den Feriks, die Vize-Admirale mit den Livas und die Kontre-Admirale mit den Mir-Alaïs oder Obersten. Der Kommandant oder Flaggen-Kapitän eines Admiralschiffes hat ebenfalls den Rang eines Obersten.

Flagge.

Roth, in der Mitte ein ovaler grüner Schild, darin drei abnehmende gelbe Monde.

Dritte Abtheilung.

Erfindungen und Verbesserungen,

aus dem

Jahre 1853.

Armstrong's Geschüzrohr. Nach der Nav. and military Gazette vom 26. März 1853 hat der Dragoner Robert Armstrong zu Dublin ein neues Geschüzrohr erfunden, das nach allen Zielen in einem Gesichtsfelde von 90 Grad gerichtet werden kann, ohne dass dabei der Lafette eine Seitenrichtung gegeben zu werden braucht. Die Vortheile dieser Erfindung sollen, der genannten Zeitschrift nach, in einer bedeutenden Verminderung der Zahl der Bedienungs-Mannschaften und darin bestehen, dass alle Geschüze einer Breitseite eines Schiffes ohne Schwierigkeit nach einem verhältnissmässig wenig ausgedehnten Ziele gerichtet werden können, ohne dass die Lafetten irgendwie ihre Stellung verändern.

Blanchards Brüke. Bei Gelegenheit des Chobhamer Lagers hat der k. grossbrit. Genie-Oberst Blanchard bei Virginia Water im Windsor-Park eine Brüke nach dem von ihm erfundenen Systeme geschlagen. Statt den Pontons dienten hohle Zylinder von fast 7 Metres Länge und 1 Metre Umfang, welche an beiden Seiten mit einem vorspringenden konvexen Körper enden, an dem ein metallener Ring sich befindet, um daran eine Art Hakenbalken zu befestigen, zwischen deren Zähnen die kreuzweis über einander liegenden Pontonsbalken eingreifen und unter einander, so wie mit dem Hakenbalken durch eiserne Bolzen verbunden sind. Ueber die Balken von je zwei dieser beinahe 2 Metres von einander entfernten Pontone, werden Bohlen gelegt, um den Brükenweg zu forciren. Die Brüke bewährte sich als vollkommen entsprechend.

Coquilhats Anwendung des Bohrens bei Belagerungs-Arbeiten. Der k. belgische Artillerie-Major Coquilhat, Unter-Direktor der Geschüzgiesserei zu Lüttich hatte Versuche angestellt über den Widerstand den die Werkzeuge beim Bohren erleiden. Er erlangte eine grosse Anzahl von Resultaten und wurde so in den Stand geseztz, die Menge der dynamischen Einheiten ziemlich genau zu bestimmen, welche bei der Theilung der am gewöhnlichsten beim Haus und beim Maschinenbau benuzten Materialien erforderlich sind.

In Bezug des **Bohrens der Laufgräben, welche in festen Gesteinen** ausgeführt werden sollen, heisst es (in den Annales des travaux publics en Belgique, Tome X. pag. 199, deutsch in Dinglers polytechnischem Journal, Januar Heft 1853 Seite 90 u. s. f.): Das Bohren bietet ein weit leichteres Mittel dar, um im Felsen vorwärts zu kommen, als das Bohren und Schiessen. Man bohrt 2,50 Meter tief unter dem Boden parallel mit der Oberfläche, und in der erforderlichen Richtung ein Bohrloch von 6 bis 12 Zentimeter Durchmesser, welches ohne Anstrengung von den Mineuren ausgeführt werden kann, besezt dieses Loch und zündet die Pulverbesezung an. Indem nun die Explosion das Gestein über dem Bohrloch auflokert und hebt, entsteht eine Tranchée von 2,50 Meter Tiefe, und einer oben fast eben so bedeutenden Weite. Dieser Tranchée könnte man alsdann die zwekmässigen Dimensionen und Formen geben. Da das Bohren um 0,20 Meter in der Stunde und selbst noch mehr vorrüken kann, so würde der Laufgraben leicht um 3 bis 4 Meter in 24 Stunden weiter geführt werden können. Allerdings erscheint diese Verfahrungsart eine sehr langsame, kann aber doch in einem Jahre 1000 bis 1400 Meter vorschreiten, was unter gewissen Umständen hinreicht; als Beleg dient die Belagerung von Gibraltar zu Ende des vorigen Jahrhunderts, welche über sieben Jahre dauerte und doch vollständig missglükte. Die im festen Gestein gemachten Laufgräben, könnten wenn es erforderlich ist, geblendet werden, und man könnte sie alsdann in gerader Linie führen, wodurch sie sichere Verbindungen bilden, und Menschen und Material zum Schuze dienen würden. Auch die Parallelen könnten mit Hülfe der Bohrarbeit vorgerichtet werden. Nachdem die Laufgräben und die Parallelen bis gegen den Felsen geführt sind, auf welchem sich die Befestigungen befinden, braucht man nur eine Streke zu bohren und das Innere der Felsmasse mit einer sehr beträchtlichen Pulverladung (50,000 bis 200,000 Kilogramen) besezen und dann durch Entzünden der Mine alle Befestigungen zerstören, alle natürlichen Hindernisse umwerfen, um sich der für uneinnehmbar geltenden Posizionen bemächtigen zu können.

Dürich's Mess-Instrument. Der k. würtembergische Generalstabs-Hauptmann von **Dürich** konstruirte ein Mess-Instrument, welches so kompakt und einfach ist, dass es nicht über 12 fl. zu stehen kommt, und mit Leichtigkeit von jedem Offizier zu Pferd und zu Fuss mitgeführt werden kann.

Elektrische Telegrafie und ihre Benützung zu militärischen Zweken. Die erste Anregung hierzu gab der nunmehr verstorbene österreichische GM. v. Körber, im Monat Jänner 1853, und brachte den Gegenstand dienstlich zur Sprache. Der „österreichische Soldatenfreund" vom 9. November 1853 Nr. 90 berichtete hierüber Folgendes:

Die durch GM. Körber veranlassten weiteren Erörterungen hatten einen im Monate Mai 1853 erflossenen Befehl allerhöchst Seiner Majestät zur Folge, in welchem angeordnet wurde, Versuche über Benützbarmachung elektrischer Telegrafie zum Kriegsgebrauche an der k. k. Genie-Akademie durch daselbst angestellte Offiziere des k. k. Geniestabes vornehmen zu lassen.

Es war den mit der Ausführung betrauten Offizieren auf den ersten Blik klar, dass die Versuche wie die Sache überhaupt, nur durch den günstigen Umstand möglich seien, dass für die Zweke der Kriegsführung telegrafische Linien von grosser Länge nicht erfordert werden. Mit Drähten von solchem Durchmesser und Gewicht wie sie bei permanenten Linien nothwendig sind, liesse sich keine Beweglichkeit erzielen, für Entfernungen von 20 Meilen jedoch, und selbst solche dürften selten vorkommen, sind mit Verwendung noch ganz transportabler Batterien, dünne und leichte Drähte anwendbar. Indem man nun einen Draht wählte, dessen Gewicht per Meile 230 Pfund betrug, konnte das bewährte Prinzip der stabilen oberirdischen Telegrafen-Linien in all und jedem beibehalten, und eine Linie gebildet werden, welche bei genau gleicher Verlässlichkeit mit dem genannten Originale, dennoch in Folge der Abschwächung aller Bestandtheile, jeder Anforderung an Beweglichkeit völlig entsprach.

Die Entwikelung und Aufstellung solcher telegrafischer Linien wurde nun in nachfolgender Weise eingeleitet:

Der genannte Draht ist in Theilen von 1000 Klaftern auf eiserne Trommeln aufgespult, die nach Bedarf an eine Achse gestekt werden, welche in Lagern ruht, die an den Seitenwänden eines Schiebkarrens angebracht sind. Der Draht hat die Bestimmung an Isolatoren aus Gutta-percha von der bekannten amerikanischen Form fixirt zu werden, welche von 12 bis 14 Fuss hohen, $1\frac{1}{2}$ Zoll diken, in Entfernungen von 20 Klaftern gestellten Stangen, durch eine Eisenstüze befestigt sind. Wo es die Umstände erheischen, werden Winkel-Isolatoren angewendet. Die erste Arbeitspartie hebt nun die Stangen von dem das Materiale führenden Wagen und legt sie, die Distanzen abschreitend, an den Aufstellungsplätzen nieder, mit ihm wandert der Schiebkarren, von dessen Trommel sich der am Ausgangspunkte bereits befestigte Draht von selbst abrollt. Das Geschäft der zweiten nachfolgenden Arbeitspartie ist sodann, den Draht um den Isolator zu schlingen und die Stangen festzustellen; sie ist dazu mit Locheisen und kleinen Holzkeilen versehen, durch deren Gebrauch es beinahe auf jedem Terrain in wenig Augenbliken gelingt der Stange unter gehöriger Spannung des Drahtes eine sichere und feste Stellung zu geben. — Die Abbrechung der Linie geschicht in ähnlicher Weise; die erste Partie schlägt die Keile aus und legt die Stangen um, die zweite löst den Draht von den Isolatoren und ladet die Stangen auf den Wagen, die dritte spult den Draht auf die Trommel, indem ein Mann, der neben dem Schiebkarren geht, mittelst einer Handhabe die Achse der Trommel dreht. Die gesammte Arbeitskraft bewegt sich somit neben der entstehenden, oder verschwindenden Linie.

Nach Erzeugung des Materiales und Einübung der Mannschaft war es möglich, am 4. September 1853 den ersten ausgedehnteren Versuch, durch Herstellung einer 6000 Klaftern langen Linie, der kommissionellen Prüfung zu unterziehen. Die Resultate dieses und folgender bei Gelegenheit des Lagers nächst Olmüz ausgeführter Versuche waren in Kürze die nachstehenden:

Das Gesammtgewicht einer Meile beträgt 17 Zentner. Es theilt sich bei der Aufstellung in ein Gewicht von 279 Pfund, welches die Mannschaft bewegt und in eines von 1421 Pfund, welches der Wagen verführt.

Die Kosten belaufen sich per Meile auf ungefähr 450 fl.

Als Arbeitskräfte wurden ein zweispänniger Vorspannswagen und 16 Mann verwendet, durch leztere können ohne Verminderung der Geschwindigkeit zwei Meilen aufgestellt, und deren Bewachung sofort übernommen werden.

Die Zeit der Aufstellung auf mittleren Terrain, den Strassen folgend, betrug 2 Stunden für eine Meile, jene der Abbrechung 20 pCt. weniger.

Es ist klar, dass grössere Distanzen gleichzeitig von mehreren Arbeits-Detachements in Angriff genommen werden können, dass ihre Herstellung daher, die Dislokazion der Partien vorausgesezt, nicht mehr Zeit erfordert, als die zur Einheit gewählte Distanz. — Der Gebrauch des Schiebkarrens macht die Aufstellung unabhängig von Strassen; Richtungen ausgenommen, in welchen die Fortschaffung des Materiales überhaupt unmöglich ist, wird jede andere gewählt werden können. — Die Festigkeit der Linie, so wie die ihre stete Brauchbarkeit bedingte Art der Isolirung, haben sich bei allen Witterungs-Verhältnissen als genügend erwiesen; es *hätte* weiters nicht erst der Proben im Olmüzer Lager bedurft, um die Ueberzeugung zu gewinnen, dass sie Truppen-Bewegungen, irgend welcher Art weder hindern, noch von ihnen beirrt werde. Die Möglichkeit endlich, das für eine Meile erforderliche Materiale mit jedem requirirten zweispännigen Vorspannswagen zu verführen, scheint von Wichtigkeit, indem es besondere Transportmittel entbehrlich macht.

In soferne nun die Aufgabe war, in den gewonnenen Resultaten Anhaltspunkte für fernere Entschlüsse zu finden, könnte sie als gelöst angesehen werden; dem Problem jedoch gegenüber: elektrischer Telegrafie überhaupt eine für Kriegszweke passende Form zu geben, kann das Erreichte nur als erste Annäherung gelten. Das gewählte Verfahren hat lange nicht jene Ausbildung, deren es fähig ist, eben so wurde auf Wahl und Einrichtung geeigneter Batterien und Signal-Apparate (so wenig schwierig auch solches wäre) vorderhand noch nicht Bedacht genommen, man bediente sich zur Benützung der Linien Smee'scher Batterien und Morse'scher Signal-Apparate.

Fayes elektrische Telegrafie zu topografischen und trigonometrischen Arbeiten, insbesondere bei trigonometrischen Vermessungen eine grössere Schnelligkeit zu erzielen, wurde in Frankreich versucht. In dem zu Anfang des Jahres 1853 erschienenen Sizungsbericht der Pariser Akademie der Wissenschaften heisst es: „Oberst Blondel, Direktor des Kriegs-Dépôts, schreibt der Akademie, dass die neuerdings von Faye bezüglich der Benuzung der elektrischen Telegrafie zu topografischen Arbeiten ausgesprochenen Ideen bereits die Gedanken der Offiziere des Generalstabes beim Kriegs-Dépôt beschäftigt haben. Sie haben die Vortheile erkannt, die man aus elektrischen Kommunikazionen für die Berechtigung, die Bekräftigung und die Ausdehnung der Karte von Frankreich ziehen kann. Sie schmeicheln sich, diesen Weg unter dem Einflusse der Akademie der Wissenschaften gehen zu können. Man würde bei ihnen einen bewährten Eifer und eine reiche Erfahrung finden, die ihnen vielleicht das Recht geben dürften, sich als würdige Agenten der gelehrten Versammlung zu betrachten. Demzufolge bietet der Direktor der Akademie, mit Genehmigung des Ministers und in der Grenze, die ihm die Umstände sezen, die Mitwirkung der Generalstabs-Offiziere des Kriegs-Dépôts für die Realisazion der von Faye angeregten Projekte an. Dieser Leztere hat erklärt, dass er in dem Momente, in dem die Offiziere des Generalstabes berichten, dass sie ein dem seinigen analoges Projekt gefasst haben, jeder persönlichen Initiative entsagt und seine eigenen

Kräfte dem berühmten Korps so weit zur Disposizion stellt, als dieses von denselben Gebrauch machen will. Der beste Weg scheint jedenfalls der zu sein, die Arbeit der elektrischen Triangulazion einer Zahl von Offizieren des Generalstabes anzuvertrauen und ihnen einen oder zwei Akademiker beizugeben."

Feld-Bakofen vom Bosch. Der k. spanische Oberst Lorenzo Milanes del Bosch unterlegte dem Kriegs-Ministerium im März 1853 die detaillirten Pläne zu einem neuen System von Feld-Baköfen. Derselbe ist aus eisernen Platten gefertiget und kann auf einem gewöhnlichen Artillerie-Transportswagen gestellt werden. Das Gewicht des Ofens ist gleich dem eines gefüllten Munizionswagens, d. h. etwa 600 bis 800 Arobas. Innerhalb 1½ Stunden kann der Ofen 100 Brode liefern. Zu dem Ofen und seinem Wagen gehört auch noch eine Art Waggon, welcher zur Fortbewegung der benöthigten Anzahl von 10 Arbeitern mit einem Aufseher dient.

Goudin in England konstruirte einen Feldbatterie-Munizionswagen, der sich durch besondere Leichtigkeit auszeichnet.

Guggenberger's, k. k. Hauptmann, verbessertes Wagenrad für militärische Anwendung in folgender Weise:

Durch seinen stossmildernden sanfteren Gang für die Sanitätswägen, die Brüken-Equipagen und den Munizions-Transport, aber auch für schnell gehende Fuhrwerke, bei denen die Achsen gleichsam assekurirt erscheinen. Durch die leichtere Ueberschreitung aller Unebenheiten und Hindernisse auch für die schwer beladenen Wägen. Die Zugerleichterung beträgt nach den Versuchen einer Ministerial-Kommission auf gewöhnlicher Strasse 25% und auf glatten Steinboden (Wiener-Pflaster) 33% Mehrladung.

Dieses verbesserte Wagenrad ist kein Weg verderbendes, wie das gewöhnliche, sondern ein Weg verbesserndes, da selbes den Boden ebnet und presst, also für Strassen-Ausbesserung auch der Walze, die ihrer Natur nach strebt und verschiebt, weit vorzuziehen.

Guggenberger's, k. k. Hauptmann, wärmevertheilende Pyramidal-Oefen zur zwekmässigen und der Gesundheit zuträglichen Beheizung grosser Lehr-, Schlaf-, Speise- und Uebungssälen in den Militär- und andern Erziehungs-Instituten, auch für Spitäler, Kasernen und Militär-Werkstätten und Troknungsräumen. Die gleiche Wärme-Vertheilung im ganzen Raume bis auf 50 Wr.-Fuss Entfernung vom Ofen und ein grösseres Herabreichen der Wärme nach unten, wurde bereits durch längern Gebrauch konstatirt, und eine Erprobung für Militärgebrauch vom k. k. Armee-Ober-Kommando angeordnet.

Guggenberger's, k. k. Hauptmann, verbesserte Benüzung der Gasflamme zur verstärkten, schattenlosen und ökonomischen Beleuchtung des unter dem Lichtträger befindlichen Raumes. Für Arbeitsflammen in den Militär-Etablissements von wesentlichen Nuzen.

Hanquet's Revolver-Pistole. Hierüber berichtet die Allg. Militär-Zeitung vom 1. November 1853: „Die dem Fabrikanten J. B. Hanquet in Lüttich kürzlich patentirte Revolver-Pistole zeichnet sich in mehreren Punkten vortheilhaft gegen die gewöhnliche Konstrukzion aus und wird gewiss dazu beitragen, dieser Art Schusswaffe einen immer grösseren Eingang zu verschaffen. Die Haupt-Abweichung der Hanquet'schen Konstrukzion vor dem gewöhnlichen Revolver besteht darin, dass die umgewälzte mit sechs Abtheilunden versehene Schuss-Kammer durch den Druk des Hahnes gegen den festen Lauf vorgeschoben wird, wodurch dieser mit seinem conischen Ende in eine Abtheilung der Schuss-Kammer fasst und eine innigere Verbindung mit derselben enthält, als in den Fällen, wo nur ein Wälzen, nicht aber ein Verschieben der Schus-Kammer stattfindet. Nur in dieser Art dürfte selbst beim längeren Gebrauche ein theilweises, die Wirkung des Schusses beeinträchtigendes Entweichen des Gases vermieden werden können. Bei dem Hanquet'schen Revolver ist ferner die Ladung bequem und rasch zu bewerkstelligen, da bei dem Wälzen der Schuss-Kammer die einzelnen Oeffnungen frei und zugänglich werden, während bei den mit einem Kniehebel versehenen, mit dem Laufe verbundenen Ladstöken ein genaues Einstellen erforderlich ist. Der Hahn des Hanquet'schen Revolvers ist seitwärts angebracht, wodurch das Korn beständig in Sicht bleibt; die Zündkapseln sind bequem aufzusteken und durch einen Schirm geschüzt, welcher den Schüzen zugleich gegen den Splitter der Zündhütchen sicher stellt.

Jester aus Tirol erzeugte einen neuartigen Stuzen, mit zweizügigen Lauf, Kaliber von 84 Kugeln pr. Pfund, bedeutend grössere Triebkraft und neuartiges Schloss.

Lancasters gezogene Geschüzröhre. Derlei Geschüzröhre mit bedeutend grösserer Tragweite zu erzeugen, sind in England nach vielfältigen Versuchen mit Erfolg gekrönt worden. Das von Lancaster projektirte Rohr mit gewundener eliptischer Bohrung lieferte die gewünschten Resultate und man erlangte damit Schussweiten, die viermal so weit sind, als die bisherigen.

Minen und Pulver mittels Reibungs-Elektrizität zu entzünden, wurde im Lager bei Olmüz am 26. September 1853, bei Gelegenheit einer Produkzion der k. k. Genie-Truppen am Forte Tafelberg zum erstenmale mit Erfolg versucht:" Die berührte Produkzion beschloss heisst es in einem Artikel des „österreichischen Soldatenfreundes" das gleichzeitige Zünden von 20 Flatterminen, deren jede vier Schuh Tiefe hatte, mittelst des elektrischen Funkens und die Benüzung eines 1000 Klafter langen Kupferdrahtes zur Telegrafirung und zur Entzündung einer gleich weit gelegenen Mine auf elektrischem Wege."

„Diese Art Minen und Pulver überhaupt, mittelst Reibungs-Elektrizität zu entzünden, wurde hier das erste Mal versucht und ist ein Verdienst des in der Genie-Akademie als Professor angestellten Genie-Hauptmanns (derzeit Major) Moriz Baron Ehner, deren künftige Benüzung, jezt, wo das Experiment bei heftigen Regengüssen geschah, ausser Zweifel gesezt sein dürfte. Zur Begründung dieses Ausspruches gehen wir in ein Näheres in Bezug des mit der 1000 Klafter langen Leitung ausgeführten Experiments. Zwischen der kaiserlichen Tribune und den Lagerfort Nr. 15 (wo auch der zu sprengende Boule'sche Brunnen mit zwei Zentner Ladung sich befand), war ein Morse'sches Telegrafensystem angebracht; von der kaiserlichen Tribune wurde telegrafirt: den Leitungsdraht des Telegrafen mit der Feuerleitung der Mine zu verbinden, welche ebenfalls aus einem Kupferdrahte mit Gutta-percha umwunden bestand und durch die Erde in das Innere des Pulverkastens führte. Da der elektrische Funke das grobe Sprengpulver schwer entzündet, so wurde der Draht durch Hauptmann Ebner in eine mit eigenem Saze gefüllte Patrone geführt. Vom Lagerfort Nr. 15 wurde nun zurüktelegrafirt: dass in einer Minute gezündet werden könne. Bei der kaiserlichen Tribune war in einem 2 Schuh langen und 1½ Schuh hohen Kasten eine gewöhnliche Elektrisirmaschine mit einer Leidnerflasche behufs der Zündung aufgestellt. Hauptmann Ebner lud die genannte Flasche und die Zündung erfolgte auf ein Signal. Noch war der Schall der Signal-Trompete nicht verhallt, als auch schon die Mine spielte. Nicht weniger überraschend war auch das frühere ganz gleichzeitige Spielen der zwanzig Flatterminen, zu welchen eine gewöhnliche Luftdrahtleitung führte."

Aehnliche Versuche fanden im November 1853 bei den Uebungen der k. spanischen Genie-Truppen zu Guadalajara Statt, welche der Oberst Verdu angestellt hatte. Der hiezu benuzte Apparat war einfach, sicher und nicht kostspielig und bewerkstelligte die Zündung auf eine Entfernung von mehr als einer halben Legua.

Marstons Gewehr, welches sehr schnell geladen werden kann und dessen Lauf sich selbst reinigt. William Marston Büchsenmacher zu New-York hat ein Gewehr erfunden, welches sich unter allen Gewehren, bei welchen die Ladung an der Schwanzschraube stattfindet, durch die Schnelligkeit, womit es geladen und abgefeuert wird, und durch den Vortheil auszeichnet, dass das Innere des Laufes nach einer noch so grossen Anzahl von Schüssen stets blank und rein bleibt. Dieses durch eine einfache Konstrukzion und die zahlreichen mit seiner Handhabung verbundenen praktischen Vortheile empfehlenswerthe Gewehr gestattet, vermöge der Einrichtung des hintern Theiles des Laufes, die Länge des lezteren um die Länge einer Patrone zu verkürzen und bietet der Explosion eine solide rükwirkende Fläche dar, welche durch keine noch so starke Entladung erschüttert werden kann. Dieser Zwek wird auf folgende Weise erreicht: Ein Ladehebel, welcher sich innerhalb des Schaftes in eine exzentrische Rinne endigt, dreht sich hinter dem Drüker um einen Zapfen und ist so gebogen, dass er ein geeignetes Schuzblech für den Drüker bildet. Die Stelle der Schwanzschraube und des Ladstokes zugleich, vertritt ein Riegel, der sich gegen die exzentrische Rinne stemmt. Ein an dem hintern Ende des Riegels befestigter Bolzen tritt in jene Rinne, und sezt dadurch den Ladehebel in den Stand, den Riegel mit einer leichten und raschen Bewegung zurükzuziehen oder ihn vorwärts in den Lauf zu schieben. — Die Patrone besteht aus einer zylindrischen Hülse von Pappdekel, deren Durchmesser etwas kleiner ist, als derjenige des Laufes. Sie schliesst vorne mit der gewöhnlichen Spizkugel, welche eingekittet wird, und hinten durch eine kreisrunde Lederscheibe, welche in der Mitte durchbohrt ist. Beim Laden öffnet man den Ladehebel, oder zieht ihn vom Schafte hinweg nach Aussen, wodurch der Riegel zurükgezogen wird, so dass im Laufe eine Oeffnung zur Aufnahme der Patrone entsteht. Nachdem die leztere eingesezt worden ist, schliesst man den Ladehebel, wodurch die Patrone vorwärts in den Lauf geschoben wird. Das Ende des Riegels nächst der Patrone bildet einen genau in das Kaliber des Laufes passenden Zylinder, welcher der Explosion eine Grenze sezt, und von der Mitte dieser Begrenzungsfläche aus erstrekt sich ein Kanal durch seinen Körper nach seiner obern Fläche. Wenn der Ladehebel seine Bewegung vollbracht hat, so fällt das obere Ende dieses Kanals genau mit dem der Warze zusammen, wodurch ein zusammenhängender Kanal gebildet wird, der sich von der Warze bis zur Füllung der Patrone durch die Lederscheibe hindurch erstrekt. In diesem Zustande wird das Gewehr durch Anziehen des Drükers abgefeuert.

Die Selbstreinigung des Gewehres findet auf folgende Weise statt. Mit dem Schuss wird auch die Hülse hinausgetrieben, aber die Lederscheibe, gegen welche die Explosion in entgegengezezter Richtung wirkt, bleibt zurük. Bei der nächsten Ladung jedoch wird diese Lederscheibe vor der Patrone hergetrieben, und da sie etwas grösser ist, als der Querschnitt des Laufs, da ferner ihr Rand mit Fett getränkt ist, so nimmt sie beim Abfeuern während ihrer raschen Bewegung durch den Lauf alle vom vorhergehenden Schusse zurükgebliebenen Unreinigkeiten mit sich hinweg. Was das Schloss anbelangt, so unterscheidet sich dieses von dem gewöhnlichen Schlosse nur insofern als die Federn u. s. w. in ihm wie in einem Gehäuse eingeschlossen sind, und dass es nicht in dem Schaft eingelassen, sondern neben denselben angeschraubt wird.

Das Laden dieses Gewehrs geschieht mit einer Schnelligkeit und Leichtigkeit, welche selbst Colts Revolver übertrifft, und die Reinigung des Laufs bei jedesmaliger Abfeuerung ist so vollständig, dass derselbe bei einem solchen Gewehr nach mehreren tausend Schüssen noch vollkommen blank war. Ein anderer bedeutender praktischer Vortheil besteht darin, dass kein Rükstoss stattfindet. Die Rükwirkung des Pulvers gegen den Riegel wird nämlich auf das wirksame Ende des mit ihm in Kontakt befindlichen Hebels übertragen und, nachdem sie in Folge der Veränderung der Richtung auf die Hälfte reducirt worden ist, von der starken Drehungsachse des Hebels aufgefangen.

In Amerika, England und Frankreich ist dieses Gewehr bereits eingeführt worden. (Dinglers: Politechnisches Journal, Maiheft 1853 S. 260 nach dem Mechanics Magazine 1853 Nr. 1538).

Oppelt's Sicherheitsverschluss. Die Allg. Militär-Zeitung berichtet hierüber: „Seit vielen Jahrzehnten ist man vergebens bemüht gewesen, die beklagenswerthen Selbst-Entzündungen der Ladungen beim Einführen in die Seele, die durch glimmende Stüke des Kartuschbeutel-Zeuges des vorigen Schusses und durch schlechten Verschluss des Zündloches bewirkt werden, zu beseitigen. Durch die von einem Herrn Gustav Oppelt zu Brüssel gemachte Erfindung scheint nun endlich diesem Uebelstande vorgebeugt werden zu sollen. Derselbe hat unterm 4. Dezember 1852 vom König von Belgien ein Patent auf einen Sicherheitsverschluss (Obturateur de sûreté erhalten, der bestimmt ist, dergleichen fatale Unglüksfälle zu verhindern. Ein mit Hirschhaut, Kautschuk und Gutta-Percha umgebener Zylinder wird in das Zündloch gebracht und schliesst so dicht an die Wände desselben an, dass jeder Luftzutritt unmöglich ist. Der Apparat ist einfach, leicht zu handhaben und lässt sich bei allen Geschüzen und bei jeder Abfeuerungsmethode anwenden. Ein Exemplar dieses Apparates ist nach Paris zur Prüfung eingesendet worden.

Pikos Zentrum-Zylinder-Muskete. Diese von dem Mechaniker Josef Piko aus Oedenburg in Ungarn konstruirte Muskete hat die Grösse eines gewöhnlichen Infanterie-Gewehres und macht das Laden überflüssig. Der durchbohrte Lauf besizt einen zerlegbaren Schaft, in welchem sich der Zentrum-Zylinder mit einem drei Zoll im Durchmesser befindlichen Wechsel, der die unter dem Laufe in einen Messing-Zylinder eingebrachte Patrone mittelst einer Feder in die Pulverkammer treibt, und sie so festsezt, als wäre sie vom Ladstok aufgesezt. Ein neben dem Zylinder angebrachter Drüker schlägt den Zünder los. Dieser Messing-Zylinder ist 14 Zoll lang, und nimmt 16 Patronen auf. Die Tragweite des Gewehres ist um 200 Schritt grösser, als die der gewöhnlichen Muskete und man kann in einer Stunde 500 Schüsse abfeuern. Der Ladstok ist bei diesem Gewehre überflüssig, und die Handhabung so einfach, dass ein zweifaches Tempo hinreicht zu laden und zu schiessen.

Spizkugeln für Kanonen zu verwenden. Im April 1853 fanden bei Rümlang (Zürich) gelungene kommissionelle Versuche mit den von den eidgenössischen Stabs-Hauptmann Curti in Rapperswyl in Verbindung mit Mechaniker Gutknecht erfundenen Spizkugeln für Kanonen statt. Die Ladung war die gewöhnliche eines Sechspfünders, nämlich 48 Loth; das Spizgeschoss wog 12 Pfund. Es wurde nur im Visirschuss geschossen. Der erste Aufschlag geschah durchschnittlich nach 600 Schritten, die Schussweite betrug 12 bis 1500 Schritte; die Seitenabweichungen waren unbedeutend, die grösste, auf die weiteste Distanz betrug 30 Fuss.

390

Verpakung von Arzneien und Lebensmitteln. Ein im Militär - Medizinal - Wesen angestellter preussischer Beamte hat eine für die Marine und die Festungen wichtige Entdekung gemacht. Er hat nämlich für Lebensmittel und Arzneien eine Form der Verpakung und eine dazu anzuwendende Masse erfunden, welche die Luft vollständig abschliesst, so dass nach langen Jahren die verpakten Waaren sich noch in demselben brauchbaren Zustande befinden müssen, in welchem sie verpakt worden sind. Diese Erfindung führt ausserdem noch das Gute mit sich, dass fortan das Fleisch für die Marine nicht so stark wie bisher gesalzen zu werden braucht. Das k. preussische Kriegs - Ministerium hat die Einführung dieser neuen Erfindung in das k. preussische Land- und See-Heer angeordnet.

Vierte Abtheilung.

Militärische Bibliografie

aus dem

Jahre 1853.

Agricola A. Die Führung des Patronenwagens, ein Handbuch für Infanterie Unter-Offiziere. Merseburg, Stolberg.

Altes und Neues, militärisches; von dem Verfasser „der militärischen Betrachtungen“ aus den Erfahrungen eines alten preussischen Offiziers. Berlin, Mittler und Sohn.

Andres, Theodor k. k. Obertlt., Handbuch zum Brükenbau im Felde. Zunächst für Linien-Offiziere zum Unterrichte der Infanterie-Pionier-Abtheilungen. Olmütz, Hölzel.

Anleitung praktische, für Unter-Offiziere und Soldaten jeden Grades und Ranges der Infanterie und Scharfschüzen, in allen Verhältnissen des innern, äussern und Feld-Dienstes. Nach bestehenden Reglementen bearbeitet von einem (eidgenössischen) Instruksions-Offiziere. Herissau, Meisels Sortiments-Buchhandlung.

Anleitung zur **Uebung des Felddienstes** bis zur Stärke eines Bataillons oder einer Kavallerie-Division. München, Palm.

Anleitung zum Unterrichte im Schäzen der Entfernungen für Infanterie. Nach dem Französischen. Berlin, Mittler und Sohn.

Anton, F. E. Erinnerungen an die Jahre 1848 bis 1850. Zur Erklärung des patriotischen Gedenkblattes „das preussische Heer“. Magdeburg, Barosch.

Arneth, Alfred. Das Leben des k. k. FM. Grafen Guido Starhemberg (1657—1737). Ein Beitrag zur österreichischen Geschichte. Wien, Gerold und Sohn.

Aster, k. sächsischer Oberst: Gefechte und Schlachten bei Leipzig im Oktober 1813. Dresden, 2 Theile mit Plänen, Arnold'sche Buchhandlung.

Atlas zu den **Vorlesungen** der Kriegs-Geschichte. 1 Sekzion: das Sudetenland. Massstab 1 — 500,000, Berlin, Schropp und Kompagnie.

Ausbildung der Truppenführer für das Gefecht; von einem deutschen Offizier. München, Lindauer.

Auszug aus den **Dienstes-Vorschriften** für die k. baierische Landwehr; zweite verbesserte Auflage, Ansbach, Gummi.

A v i l a y Z u n i g a , Don Louis de, Geschichte des Schmalkadischen Krieges. Mit Zusäzen und Erläuterungen. Berlin, Mittler und Sohn.

A l g i e r , M e m o i r e n ü b e r , vom Brigadier Don Crispin Iimenenez de Sandoval und Obersten Don Antonio Madera y Vivero. (Aus Anlass der Kommission welche auf k. Befehl sich in den Jahren 1844 und 1845 in diesem Lande aufhielt; durch die Verfasser mit Notizen bis zu Ende 1852 versehen). Mit einer Generalkarte von Algier, Madrid. (In spanischer Sprache.)

B a j o n n e t f e c h t e n (d a s). Leichtfassliche Darstellung dasselbe in kurzer Zeit gründlich zu erlernen, nebst kurzer Auseinandersezung, wie solches ohne hohe Kosten in der Schweiz einzuführen. Mit 6 Abbildungen. Chur, Druk von Hitz.

B a j o n n e t f e c h t e n, vom spanischen Infanterie-Hauptmann Don Jose Casado Lanchez. Madrid (in spanischer Sprache).

B a e r t l , Ferd. k. k. Oberlt. — Handbuch zur Führung des innern Dienst-Manipulazions-Geschäftes (nach dem neuen Rechnungs-Systeme), bei einer Unter-Abtheilung der k. k. österreichischen Armee, basirt auf die in Wirksamkeit stehenden, und in jüngster Zeit erlassenen A. H. Anordnung und Vorschriften, zweite Auflage, Olmütz, Franz Slawik.

B a e r t l , Ferd. k. k. Oberlt., Supplement zum obigen Handbuche. Olmütz, Franz Slawik.

B e a u l i e u , Ernst Freiherr Kriegs- und Friedenslieder. Leipzig, Brokhaus.

B e l a g e r u n g v o n B i l b a o , Rükblike auf die, unter den Generalen Villareal und Eguia, vom 23. Oktober bis 25. Dezember 1836. (Besonderer Abdruk aus der Allgemeinen Militär-Zeitung). Darmstadt, C. W. Leske.

B e r g e r A. F. Felix Fürst zu Schwarzenberg, k. k. FML. Minister-Präsident. Ein biografisches Denkmal, mit dem Porträt des Fürsten. Leipzig, 2 Theile, Otto Spamer.

B e r n e k v., k. preussischer Rittmeister; Elemente der Taktik für alle Waffen, innerhalb der Bestimmungen für das Offiziers-Examen der k. preussischen Armee. Berlin, Mittlers Sortiments-Handlung (A. Bath).

B ö h n , Hub. v. k. preussischer Sekond-Lieutenant, Zustand der Türkei im Jahre der Profezeihung 1853. Berlin, W. Hain.

B o m s d o r f f : Spezial-Karte des Regierungs-Bezirkes Magdeburg, der Anhaltischen Herzogthümer und der angrenzenden Ländertheile. Nach den preussischen Generalstabs-Karten und andern amtlichen Materialien entworfen. Magdeburg, Kägelmann.

Boennii: enschiklopeditscheskii leksikon (militärisch encyklopädisches Lexikon), 2. Auflage, St. Petersburg in 12 Bänden (bisher drei erschienen).

Briefe des Generals Calvert über den Feldzug des Jahres 1793 und 1794 unter Kommando des Herzogs von York. London, Sir Harry Verney (in englischer Sprache).

Brialmont A.: Considerations politiques et militaires sur la Belgique; Bruxelles.

Broeker, k. preussischer Artillerie-Hauptmann, Lehre über das Planzeichnen und Tuschen (mit 3 in Kupfer gestochenen und lithographirten Uebungsblättern) und einem Anhange über Planzeichnungen in Tuschmanier nach Chauvin und nach Broeker. Berlin, Nicolai.

Buch der Ritterorden und Ehrenzeichen: Geschichte, Beschreibungen und Abbildungen der Insignien aller Orden, Medaillen und Ehrenzeichen etc., nebst einer Auswahl der vorzüglichsten Kostüme. 2. durch ein Supplement bis 1853 vervollständigte Ausgabe in Lieferungen. Leipzig und Brüssel, Muquardt.

Busch W. und C. Hoffmann, k. preuss. Artillerie-Majore: die Kriegs-Feuerwerkerei der preussischen Artillerie. Nach dem jezigen Standpunkte der Wissenschaft und Technik bearbeitet. Nebst zahlreichen Figuren auf 14 Tafeln. Berlin, Th. Grieben (in Lieferungen).

Buschbek, Hauptmann a. D.: Preussisches Feldtaschenbuch für Offiziere aller Waffen zum Kriegs- und Friedensgebrauch. Mit 107 Abbildungen, 2 Thle. Berlin, Hempel.

Bülow, Heinrich, Dietr. v.: Militärische und vermischte Schriften. In einer Auswahl mit Bülows Leben und einer kritischen Einleitung, herausgegeben v. Ed. Bülow und Wilhelm Rüstow. Leipzig, Brockhaus.

Casse, k. franz. Kapitän: Memoires du Roi Josef. Paris, Perrotin (in Lieferungen), 8 Bände.

Chesterton (George Laval): An autobiographical Memoir of, formerly of the Field Train - Department of the Royal Artillery, subsequently a Capitain in the Army of Columbia and at present Governor of the House of Correction ath Cold - bath - Fields. — London. 2 Theile. Longman, Brown, Green.

Christon, Joaquin, Don, k. spanischer Oberstlt.: El guia del soldato (der Führer der Soldaten). Madrid.

Clausewiz, Karl v., General. Vom Kriege. Hinterlassenes Werk. 2. Auflage, 3 Theile. Berlin, Dümler.

Coello's Karte von Spanien und seinen überseeischen Besizungen. Madrid. Im Jahre 1850 begonnen, im Jahre 1852 acht neue Blätter erschienen.

Comentar über das Strafgesezbuch für das preussische Heer, vom geheimen Kriegsrath Eduard Flek, Justiziarius des Kriegsministeriums. 1 Th. Militär-Strafgeseze, 2 Theil. Militär-Strafprozess-Ordnung. Berlin, Decker'sche geh. Ober-Hof-Buchdrukerei.

Courbiére, Major: Kommando-Tabelle für die Evoluzionen zu Pferde der k. preussischen Kavallerie-Regimenter. Ein Auszug aus dem Exerzier-Reglement von 1812 und dessen späteren Ergänzungen. Soest, Sasse.

Creassy, E. S. the fifteen decisive battles of the world (die fünfzehn entscheidenden Schlachten der Welt), 5. Auflage. London. Bentley.

Crousaz, Premier-Lieutenant im preussischen 10. Infanterie-Regimente: Kurze Darstellung der preussischen Kriegs-Operazionen in den Jahren 1848 und 1849 in Verbindung mit geografischen, militärischen und anderen Erläuterungen zur Lektüre und Unterricht. Breslau, Trewendt und Granier.

Deutschen Legion, zur Karakteristik der, von 1851, im k. brasilianischen Dienste. — Nebst einem Anhange: Mittheilungen und Fingerzeuge für Auswanderer nach der brasilianischen Provinz Rio Grande do Sul. Marburg, bei Elwert.

Dichter-Album, militärisches, v. Dr. G. M. Kletke. Berlin, Brandis.

Douglas, Howard, General: An Essay on the principles and Construction of Military Bridges and the Passage of Rivers in Military operations. 3. Ausgabe. London.

Droysen, I. G.: Leben des FM. Graf York von Wartenburg. 3 Bände. Berlin, Veit und Comp.

Dub, k. k. Oberlt: Organisazion der Militär-Verwaltungs-Behörden und ihr Wirkungskreis von dem neuesten Standpunkte aus. Wien, Sommer.

Dub, k. k. Oberlt.: Abhandlung über die Feld- und beständige Befestigungskunst. Zum besonderen Gebrauche für Militärs ausser der Geniewaffe. Wien, J. F. Gress.

Dziobek, Ernst: Taschenbuch für den preussischen Ingenieur. Eine Sammlung von Notizen zum Gebrauche im Krieg und im Frieden. 2. Auflage. Koblenz, bei Bädeker.

Ebersberg, Julius, k. k. Oberlt.: Soldaten Ehr' und Pflichten. Ein Lesebuch für Oestreichs Jugend überhaupt, Wien, Braumüller.

Ebersberg, Julius, k. k. Oberlt.: Aus dem Wanderbuche eines jungen Soldaten. Ein Geschenk für junge Leute, welche sich dem Militär-Stande widmen. 2. vermehrte Auflage. Wien, Leopold Grund.

Ehrenstein F., k. k. Oberlt., Rechnungsführer: Manuale delle competenze e sistema della massa dell' J. R. Gendarmeria dell' Impero giusta le emanate prescrizioni concernenti l'amministrazione della Gendarmeria, e le normali militari che hanno rapporto con quest' istituto. Trad in Ital. da Ant. Riva Palazzi. 2 Ediz. — Milano, tip. dei Class. Italiani.

Ehrenstein F.: Oesterreichischer Gendarmerie-Almanach für das Jahr 1854. Wien, in Kommission bei C. Gerold und Sohn.

Ehrenstamm: Lehrbuch der Marine-Artillerie-Wissenschaft. Stokholm.

Eenens, A. M.: Systéme raisonné au guerre défensive proposé pour la belgique. Bruxelles. Imprim. d'em. devroye etc. etc.

Erstürmung der beiden Blokhäuser von Malborghetto und Predill im Jahre 1809, Villach.

Essai sur la marine francais, par le prince de Joinville. Bruxelles.

Etudes sur l'art de la guerre, par un officier général russe. Paris, Dumaine.

Exerzier-Reglement für die k. sächsische Infanterie, 3 Theile. Dresden, Meinholds und Sohn.

Favé, französischer Kapitän: Neues System der französischen Feld-Artillerie vom Kaiser Napoleon III. Magdeburg, Baensch.

Feld-Artillerie, die Organisazion und Leistungen der. Eine Zeitfrage für alle Heere. Von einem süddeutschen Artillerie-Offizier, Leipzig, Fr. Fleischers Verlag.

Feldzug der k. k. österr. Armee in Italien in den Jahren 1848 und 1849, nunmehr in 7 Heften mit 4 Plänen vollständig. Herausgegeben vom Generalstabe. Wien, k. k. Hof- und Staatsdrukerei.

Feldzug (der französische) nach Italien im Jahre 1849. Von einem Offizier des Generalstabes. Mit 2 Plänen. Freiburg, Wangler.

Feldzüge der deutsch-dänischen Kriege in den Jahren 1848 und 1849. Von F. N., deutschen Offizier. Mit Karten und Planskizzen. Leipzig: E. Schäfer.

Femoik, Horace: The field Exercise and Evolutions of the Army. London, W. Clowes and Sons.

Fesca, F. A., k. preussischer Major: Handbuch der Befestigungskunst für die jüngern Offiziere der Infanterie und Kavallerie und die Offizier-Aspiranten beider Waffen. 2 Bde. F. A. Herbig, Berlin.

Fischer, Lieutenant: Spezialkarte der Anhaltinischen Herzogthümer Dessau, Bernburg, Köthen nebst Theilen der angrenzenden Länder mit genauer Bezeichnung der Eisenbahnen, Chausseen, Feldwege. Dessau, Aue.

Fliegner F.: Militärverhältnisse der Türkei. Aus den Bildern aus Konstantinopel. Breslau.

Französische Armee in ihrem Verhältniss zu dem Kaiser Louis Napoleon und den deutschen Heerestheilen. Von einem deutschen Offizier a. D.; Leipzig, F. L. Herbig.

Friedberg, k. k. Generalstabs-Hauptmann: Karte der Woiwodina und des Temeser Banates mit Einschluss der dazu gehörigen Militärgrenze. Temesvar, 4 Blätter.

Fielding, Newton, Lessons on Fortification, mit Plänen und Zeichnungen. London. Parker, Furnivall and Parker.

Funder, niederl. Oberstlt.: Geschiedenis van het 4de Regiment Dragonders. Nijmwegen, J. F. Thieme.

Feldherrn, berühmte, alter und neuer Zeit. Von Don Evaristo San Miguel. Madrid. (In spanischer Sprache.)

Gardon: Remarks on national defence, Volunteers and Rifles, with a report on experiments with small arms carried on at the Royal Manufactory at Enfield. London, Parker, furnirall et Parker.

Gavenda A. B., k. k. Oberlt.: Vertheidigung und Angriff einzelner Gegenstände und Oertlichkeiten. Für jede Waffengattung. Mit den entsprechenden, dem Texte beigesezten Figuren. 2. Auflage. Wien, Leopold Sommer.

Gay de Vernon, Capitain au 8. Regiment du Chasseur: Essai historique sur l'organisation de la cavalerie legere, et principalement sur l'arme de chasseurs á cheval. Paris, J. Dumaine.

Gerhardt L. v.: Erlebnisse und Kriegsbilder aus dem Feldzuge von 1850 in Schleswig-Holstein. Berlin, C. Flemming.

Geschichte des k. k. 29. Infanterie-Regiments Ritter von Schönhals in den Jahren 1848 und 1849. Von einem Offizier des Regiments, Troppau, Ad. Trassler.

Geschichte des Feldzuges vom Jahre 1806. Drei Lieferungen mit Karten und Schlachtplanen. Darmstadt bei C. W. Leske.

Geschichte der Kriege in Europa seit dem Jahre 1792 als Folge der Staats-Veränderung in Frankreich unter Ludwig XVI. 15 Theile, Berlin bei Mittler und Sohn.

Gförer, A. F.: Gustav Adolf König von Schweden und seine Zeit. 3. verbesserte Auflage. Stuttgart. Das Werk ist vom katholischen Standpunkte gehalten.

Gräfe, C., k. preussischer Lieutenant und Adjutant im 3. Artillerie-Regiment: die Pferde der Sahara vom General Daumas. Aus dem Französischen. Berlin. Allgemeine deutsche Verlagsanstalt.

Gräfe C.: die Zäumung des Pferdes mit dem Mors regulateur des Herrn Casimir Nöel. Mit einer Abbildung. Berlin, Mittler und Sohn.

Grebner v., Militär-Oberthierarzt: Thierärztliches Rezeptbuch. Eine Sammlung der neuesten und bewährtesten thierärztlichen Rezept-Formeln. Zum Gebrauche für Kavallerie-Offiziere. 3. völlig umgearbeitete Auflage von Professor Adolf Straub. Ulm, Fr. Ebner.

Grundtwig, Pr. Lieutenant: Beitrag zur Geschichte der (dänischen) Armee 1848—1851, Kopenhagen.

Gündel, W. H. k. hannov. Kapitän und Kompagnie Chef: die Feuerwaffen der k. hannov. Infanterie, ihre Einrichtung, Behandlung und ihr Gebrauch, nebst einem Anhange über das Zündnadel-Gewehr. Hannover, Hahn'sche Hofbuchhandlung.

Göethe, Theod. Aus dem Leben eines sächsischen Husaren und aus dessen Feldzügen 1809, 1812 und 1813 in Polen und Russland. Leipzig, Hinrichs'sche Buchhandlung.

Gumppenberg-Pöttmes, und Preissinger: Taschenbuch für bairisches Militär und für Freunde dieser Krieger. Sulzbach, Seidl.

Gymnastische Freiübungen nach dem System P. H. Lings, mit 54 Figuren. Berlin, Schröder.

Hackländer F. W. Nicht illustrirte Soldatengeschichten. Ein Jahrbuch für das Militär und seine Freunde, 1854 Stuttgart, E. Hallberger.

Hahn, Werner, Hans Joachim von Ziethen, k. preus. G. d. K. 2. Auflage. Berlin, Deker.

Hauer, J., k. k. Hauptmann: Elementarbuch für Militär-Schreibschulen enthaltend: die Schnellunterrichts Lehr- und Schreibmethode. Brünn, bei Winiker.

Hauer, K., k. k. Hauptmann: Handbuch zur Verfassung militärischer Aufsäze. 3. Auflage. Mit 16 Tabellen und 18 Plänen. 8. Wien, Tendler und Kompagnie.

Hauer, K., k. k. Hauptmann: Der Unter-Offizier im Felde. 2. Auflage. Wien, Tendler und Kompagnie.

Hauer, K., k. k. Hauptmann: Handbuch für Pionier-Arbeiten im Felde mit 160 den Text erläuternden Figuren. Olmüz.

Heilmann J., k. bairischer Oberlt.: Kriegskunst der Preussen unter König Friedrich dem Grossen. Leipzig und Meissen, F. W. Goedsche'sche Buchhandlung.

Heilmann J., k. bairischer Oberlt.: Geschichte Baierns. Regensburg, Manz.

Heilmann J., k. bairischer Oberlt.: Die Wittelsbacher im Thronsaal der neuen Residenz zu München. Eine Reihe von Biografien. Mit 12 Abbildungen in Stahlstich, gr. 8. Regensburg, Manz.

Herberger Theod.: Schertlin von Burtenbach, Sebastian, und seine an die Stadt (Augsburg) geschriebenen Briefe. Augsburg, Jenisch und Stage.

Heyn, Oberlt.: Die passagere Befestigungskunst für Offiziere und Unter-Offiziere der Infanterie. Oldenburg, Schmidt.

Hirtenfeld: Oesterreichisches Militär-Konversazions-Lexikon (1—41 Lieferung) A bis K. Wien, Selbstverlag. In Kommission bei K. Gerold und Sohn.

Hirtenfeld: Oesterreichischer Militär-Kalender für 1854. In Kommission bei K. Gerold und Sohn.

Historischer Bericht über die Dienstleistungen der spanischen Provinzial-Miliz-Regimenter während des Bürger-Krieges, bearbeitet nach den von jenen Korps selbst geführten offiziellen Operazions-Journalen Denkschriften etc.; zwei Bände oder 22 Lieferungen. Madrid. (In spanischer Sprache).

Histoire des Berbères et de dynasties Musulmanes de l'Afrique Septentrionale par Ibn Khaldoun, traduite de l'Arabe par le Baron de Slane. Alger. 4 Bände.

Hoburg K., k. preussischer Hauptmann im 1. Artillerie-Regimente: Geschichte der Festungswerke Danzigs mit 23 Zeichnungen. Danzig, Wedell'sche Hofbuchdrukerei.

Hotz, Johann Conrad, später Friedrich Freiherr v. Hotze, k. k. FML. Von dem Verfasser der kriegerischen Ereignisse in Italien. Zürich, Friedrich Schulthess.

Hübner, k. preussischer Feldwebel und Rechnungsführer: Handbuch für Offiziere, Feldwebel und Unter-Offiziere, betreffend die Geld und Natural-Verpflegung, den Service und die Bekleidung der Kompagnien, in Friedens-Verhältnissen so wie nach erfolgter Mobilmachung. Berlin.

Hütz J., k. baierischer Oberstlt.: Die Feld-Artillerie und ihre Organisazion. München, Georg Franz.

Jahre (noch fünfzehn), aus dem Leben eines Todten. Hinterlassene Papiere eines französisch-preussischen Offiziers (1830 — 1845). Fortsezung der vierzig Jahre aus dem Leben eines Todten. Tübingen, Ossiander.

Jordan, K. A., Blücher und Wellington. Ein Erinnerungswort. An Napoleons neuere deutsche Lobredner. Gumbinnen.

Kameraden-Gespräche zur Belehrung und Unterhaltung für Unter-Offiziere. Darmstadt, Verlag der Hof-Buchhandlung von G. Jonghaus.

Karte der Provinz Brandenburg. Herausgegeben von dem k. preussischen Generalstabe. Massstab: 1:100,000; Sekt. 44; Sorau. Berlin Schropp und Komp.

Karte von Ost-Preussen nebst Preussisch-Lithauen und West-Preussen nebst dem Nez-Distrikt, aufgenommen unter Leitung des k. preuss. Staats-Ministers Frhr. v. Schroetter in den Jahren 1796 bis 1802, hinsichtlich der Chausséen und Eisenbahnen berichtigt und von der Original-Karte umgedrukt von C. Baldamus. 25 lith. Bl. Imp. Fol. Berlin, Schropp und Komp.

Karte für die Uebungen des 4. Armee-Korps im Jahre 1853. Massstab 1 : 50,000. 9 lith. Bl. in Imp. 4. Berlin, Schropp und Kompagnie.

Karte, topografische, der Provinz Westphalen und der Rheinprovinz im Massstabe 1:180,000. Herausgegeben v. d. k. preussischen Generalstabe. Nr. 63: Mettendorf (Vianden). Lith. Fol. Berlin, Schropp und Kompagnie.

Kessler, Hauptmann, der badische Soldat (der Infanterie) in seinen Dienst-Verhältnissen, in der Garnison und im Felde, bearbeitet für den Unterricht in der Kompagnie mit Rüksicht auf den Dienst der Jäger, für Unter-Offiziere und Rekruteninstruktoren. Karlsruhe, Braun.

Kiepert, Dr., Generalkarte der europäischen Türkei nach den vorhandenen Original-Karten und itinerarischen Hilfsmitteln. 4 Blätter. Eigenthum des Herausgebers. Berlin. In Kommission bei Reimer.

Kletke, Dr. G. M., systematisch-chronologisches Repertorium und alfabetisches Sachregister zu dem k. preussischen Militär-Wochenblatte für die Jahre 1848 bis 1852. Berlin, Hasselberg.

Klopp, Dr., Leben und Thaten des Admirals de Ruyter. Hannover.

Kriegsartikel, für das preussische Heer; Amtliche Ausgabe. Berlin, Decker.

Kriegsschriftsteller, griechische. Griechisch und Deutsch mit kritischen und erklärenden Anmerkungen von H. Köchly und W. Rüstow. Leipzig, Engelmann.

Krtschek, Emanuel, k. k. Oberlt., der italienische und ungarische Krieg 1848—49. Im Auszug aus den besten Werken. Mit 6 Plänen. Olmütz.

La Roche (Karl du Jarrys Frhr. v.), grossherzoglich badenscher Hauptmann: Der dreissigjährige Krieg vom militärischen Standpunkte aus beleuchtet. 3 Bände, mit Schlachtplänen. Nach grösstentheils archivarischen und sonstigen unbenützten Quellen. Schaffhausen, Verlag von Hurter.

Leitfaden zum Unterrichte des k. sächsichen Infanteristen. Bearbeitet in Fragen und Antworten von einem k. sächsischen Offizier. Leipzig. Reichenbach.

Leitner, J. v., k. k. Major, Geschichte der Wiener-Neustädter Militär-Akademie. Hermannstadt, Steinhausen.

Lendy, A. F., Principles of war; or treatise on the higher tactics and strategy. London, Parker.

Lichtenstern, Max Frhr., und Kummersberg, Ritter, Hauptleute, Karte des Grossherzogthums Krakau nach der neusten Aufnahme zusammengestellt und herausgegeben, 2 Blätter. Krakau, Wildt.

Ludwig, k. grossherzoglich badenscher Oberst, Studien über Ballistik. Mit 20 (lith.) Taf. Abbildungen. (Autografie.) gr. 4. Karlsruhe. Gutsch.

Lüders, Th., GL. v. Willisen und seine Zeit. Acht Kriegsmonate in Schleswig-Holstein. 3. Auflage. Stuttgart bei Metzler.

Lütgen, A., Major a. D., Feldzug der schleswig-holsteinischen Armee und Marine im Jahre 1850. Mit 3 Karten. Kiel, Karl Schröder und Kompagnie.

Macintosh, John, New Strategies in Warfare. London. Effingham Wilson.

Map of India showing the british terrotories subdivided into collectorates and including the Tenasserim provinces, with the position and boundary of each native state chiefly compiled from trigonometrical surveys etc. vom Geografen John Walker, 6 Blt. London, Allen & Kompagnie.

Messerschmidt, G. K., k. preussischer Militär-Intendant, Die Verwaltung des Militär-Haushaltes in Preussen. Berlin, Verlag von Grobe.

Messerschmidt, G. K., k. preussischer Militär-Intendant, Die Militär-Oekonomie, ein Handbuch für Militär-Verwaltungs-Beamte, Militärs und Diejenigen, welche sich in der Militär-Oekonomie vertraut machen wollen. Berlin, Bahn und Faudel.

Meyer, J., Grosser und vollständiger Kriegs- und Friedensatlas. Enthaltend die Staaten der ganzen Erde nach den neuesten politischen Abgrenzungen. Hildburghausen, Bibliografisches Institut.

Militär-Gesez-Kodex für das preussische Heer. Herausgegeben von H. J. (Kattner). 2. Auflage. 12. (XIII und 43 S.) Frankfurt a. d. O., Kosky und Kompagnie.

Militär-Bibliothek, allgemeine preussische, 1. Band, gr. 8. Berlin 1854. Hasselberg. Inhalt: Das k. preussische Militär-Reglement vom 13. Juni 1825 und respektive 4. Juni 1851 und Versorgung der altgedienten Militärs und der Militär-Invaliden in Zivil-Diensten. Zusammengestellt und herausgegeben von Dr. G. M. Kletke. (314 S. m. 1 Tab. in Fol.)

Minsberg, F., Geschichte der Stadt und Festung Gross-Glogau. Herausgegeben von dem Geschichts-Verein zu Gross-Glogau. Mit einem Urkundenbuche. Glogau, Reisner.

Napier, W. F. P., Lieut. General, Defects, Civil and military of the Indian Government. By Lieut. General Sir Charles James Napier. London, Charles Westerton.

Némedy, Josef, Die Belagerungen der Festung Ofen in den Jahren 1686 und 1849, mit Fontanas und Juvignis Plänen der alten und einem Situazionsplane der neuern Belagerung, nach authentischen Berichten und Tagebüchern. Pest, Emich.

Neues System für die Feld-Artillerie von Louis Napoleon Bonaparte (Kaiser der Franzosen). Resultate der im Jahre 1850 gemachten Versuche; Angabe und Prüfung aller Entwürfe. Veröffentlicht von Kapitän Favé. Mit Autorisazion des Kriegs-Ministeriums herausgegeben, deutsch von einem k. k. österreichischen Artillerie-Offizier (Hauptmann Sichrowsky). Pest, Verlag von Herm. Geibel.

Nobiling, C., k. preussischer Major, Die Berliner Bürgerwehr in den Tagen vom 19. März bis 7. April 1848. Berlin, Reimer.

Nogall, János, A. Keresztény Vitéznek Paizsa; tábori imadságos könyv. Magyár Hadi vitézek számára. Pesth; Trattner und Karoly.

Oelze, F., Second-Lieutenant, Lehrbuch der Artillerie für preussische Avanzirte dieser Waffe, mit 5 Figuren-Tafeln, nach den neuesten Vorschriften bearbeitet. 4. sehr vermehrte und verbesserte Auflage, nach dem Tode des Verfassers zum zweitenmale herausgegeben von Lieutenant Schinkel. Berlin, Voss.

26*

Organisazion des deutschen Bundes-Heeres, der k. k. österreichischen, der baierischen, hannoveranischen, sächsischen, württembergischen, russischen, französischen, britischen und ostindischen Armee. Berlin, Mittler und Sohn.

Osthoff, A. (herzogl. braunschweig. Premier-Lieutenant), Handbuch der Feld-Befestigungskunst mit Hinblik auf die bei den jüngsten Kriegsereignissen stattgefundene Anwendung derselben. 2 Theile mit Holzschnitten. Braunschweig.

Ott, Jos., k. k. Lieutenant und Lehrer der Fechtkunst an der Artillerie-Akademie in Olmütz, System der Fechtkunst à la contrepointe für den Stoss und Hieb. 3 Bücher mit Figuren. Olmütz.

Paris, k. preussischer Hauptmann, Handbuch zum Gebrauch für die Subaltern-Offiziere der Linie und Landwehr-Infanterie. Mit in den Text gedrukten Holzschnitten. Sr. k. Hoheit dem Prinzen von Preussen zugeeignet. Berlin.

Patrouillendienst für sämmtliche Fusstruppen und Reiter. Troppau bei Trassler.

Phull, Lieutent.-général Baron C. L. de, Essai d'un système pour servir de guide dans l'étude des opérations militaires, suivi d'un précis de l'histoire militaire de France depuis de régne de Philippe de Valois jusqu'à la paix de Fontainebleau en 1762. Original Français publié pour la première fois par le Baron F. de Batz, Colonel etc. Leipzig, Brockhaus.

Dasselbe Werk in deutscher Uebersezung, bei Cotta, Stuttgart und Tübingen erschienen.

Plan der Stadt Mainz. Lith. und illum. Mainz. Kunze.

Pz. (Pöniz), Die Eisenbahnen und ihre Benüzung als militärische Operazions-Linien. 2. Auflage. Adorf, Verlags-Bureau.

Praktisches Handbuch zur Lösung taktischer Aufgaben für Subaltern-Offiziere der k. k. österreichischen Armee. Mit 20 Tafeln, Brünn bei Buschek und Irrgang.

Raeder, v., k. dänischer Oberst, Danmarks Krigs og Politiske Historie. Fra 6 Nobr. 1807—24. Juni 1808. Copenhagen. 2 Theile.

Rath, Ant. Gust., k. k. Oberlt., Gemeinfassliche Darstellung der Erd- und Himmelskunde. Lemberg, Winiarz.

Rath, Ant. G., k. k. Oberlt., Lehrbuch für Kompagnie-Schulen der k. k. österreichischen Infanterie-Regimenter, in deutscher und polnischer Sprache. Ebenda.

Rey, A., Traité de marechalerie veterinaire etc. Lyon et Paris.

Reymann, Hauptmann, und Oberst v. Oesfeld, topografische Spezialkarte der Provinz Preussen in 33 (lith. und illuminirten) Blt. Glogau, Flemmings Verlag.

Richter, Dr., Geschichte des 30jährigen Krieges aus Urkunden und andern Quellenschriften erzählt, 2 Bände. Erfurt, Hennings und Hopf.

Riedwald, k. k. Lieutenant, Allgemeine politische Geografie und Statistik mit besonderer Rüksicht für österreichische Militärs; Wien. Sommer. (In Lieferungen) bisher 3 erschienen.

Rothenburg, F. A. v., Schlachten-Atlas. 135 Pläne, fünfte vermehrte Auflage. Berlin und Leipzig, Rein.

Rothstein, das Bajonnetfechten nach dem System P. H. Lings reglementarisch dargestellt, mit 32 erläuterten Figuren Berlin, Schröder.

Rüstow, C., k. preussischer Lieutenant im 32. Infanterie-Regimente: Leitfaden durch die Waffenlehre nach den über den Unterricht an den k. Divisionsschulen gegebenen A. H. Bestimmungen, Erfurt und Leipzig. Verlag von G. W. Körner.

Rüstow, W., Der Krieg von 1805 in Deutschland und Italien, als Anleitung zu kriegshistorischen Studien. Frauenfeld. Verlags-Komptoir.

Rüstow, W., Die Lehre von der Anwendung der Verschanzungen nach den allgemeinen Grundsäzen der Kriegskunst. Mit 13 in den Text gedrukten Holzschnitten. Frauenfeld. Verlags-Komptoir.

Sammlung von Aufsäzen aus dem Gebiete des Kriegswesens. Darmstadt, Leske.

San Roberto, k. sard. Major, Graf, Ueber Bereitung des Schiesspulvers. Betrachtungen und Vorschläge. Aus dem Italienischen. Von Oberstlt. von Teichert. Berlin, Behr.

Schalhammer, Anton Ritter, k. k. Hauptmann, Kriegerische Ereignisse im Herzogthum Salzburg in den Jahren 1800, 1805 und 1809. Mit einem Schlachtenplan. Salzburg, Meyr'sche Buchhandlung.

Schenk, Hauptmann, W. G. F., Wilhelm der Fünfte, Prinz von Oranien, Fürst zu Nassau und Erbstatthalter der vereinigten Niederlande etc. Herausgegeben nach dessen Tode von seinem Sohne Strassenbau-Inspektor, E. G. C. Schenk. Stuttgart. Mäcken in Comm.

Schimmel, k. preuss. Major, Compendium des kleinen Krieges für Infanterie- und Kavallerie-Offiziere; zum Gebrauche im Felde, bei Truppen-Uebungen, über Anfertigung der darüber einzureichenden Relazion. Mit einem Croquis der Gegend bei Drevenak. Düsseldorf, Kaulen.

Schneidawind, Dr., Der lezte Feldzug und der Heldentod des Herzogs Wilhelm zu Braunschweig-Lüneburg im Jahre 1815. Darmstadt.

Scoffern, John, Projectile weapons ofwar and explosive compounds. Second Edition. London, Cooke and Whitley.

Schönhals, FZM., Biografie des k. k. FZM. Julius Frhr. von Haynau. Graz, Hesse.

Schweigerd: Oesterreichs Helden und Heerführer von Maxmilian I. bis auf die neueste Zeit, in Biografien und Charakter-Skizzen. Erster Band. Leipzig und Grimma, Verlags-Komptoir.

Segure, Anatole de, Der Soldaten-Sonntag. Geschichten und Erzählungen. Uebersezt nach der dritten französischen Ausgabe. Osnabrük, Fredewest.

Serbien, Karte von, nach den Aufnahmen der k. russischen Offiziere, von Jorom Milenkowic, Zolleinnehmer in Belgrad, 1853.

Skizze der Ereignisse an der untern Donau in den Jahren 1848 und 1849 mit besonderer Beziehung auf das Peterwardeiner Regiment; mit einem Plane (das Titler Plateau). Wien bei Fr. Manz.

Skizze eines Vortrages über Generalstabs-Wissenschaft, von (Oberst) J. v. Hardegg. Stuttgart, Franz Köhler.

Soldatenwelt (aus der), Erlebtes und Erlauschtes von einem müssigen Kriegsknechte. In 2 Bänden. I. Band: Oesterreich, II. Band: Ungarn. Stuttgart 1852 und 1853, bei J. B. Metzler.

Staroste, k. preussischer Oberstlt., Tagebuch über die Ereignisse in der Pfalz und Baden im Jahre 1849. Ein Erinnerungsbuch für die Zeitgenossen und für alle, welche Theil nahmen an der Unterdrükung jenes Aufstandes. — 20 Beil. 2 Uebersichtskarten. Potsdam, Riegel'sche Buchhandlung. 2 Bände.

Staroste, k. preussischer Oberstlt., Erzählungen in der Wachtstube und im Bivouak. Eine Sammlung charakteristischer Züge und ausgezeichneter Thaten aus den Kämpfen der Jahre 1848 und 1849, 2 Bände. Potsdam, Riegel'sche Buchhandlung.

Stangen, L., k. preussischer Unter-Offizier, Biografie eines Veteranen des k. preuss. 6. Husaren-Regiments. Nebst einem Anhange. Ohlau, A. Bial.

Stamm-, Rang- und Quartier-Liste, illustrirte, der k. preussischen Armee, von L. Schneider. I. (Lieferung). Imp.-Fol. (3 lith. Bl.) Mit Text (1.—3. Heft). Lex. 8. Berlin 1854, A. Duncker. Inhalt: 1. Das 1. Garde-Regiment zu Fuss, bearbeitet vom Second-Lieutenant Graf Waldersee. (VIII. und 101 S.) 2. Das Regiment Garde du Korps, bear beitet von Kuno Wolfgang von Schöning (VIII. und 55 S.) Das 3. Heft wird als Rest nachgeliefert.

Stammliste der k. preussischen Armee für den Zeitraum von 1840 bis 1852. Fortsezung der Stammliste vom 16. Jahrhundert bis 1840. 2 Tafeln Abbildungen. Berlin, Mittler und Sohn.

Stocqueler, J. H., The military Encyclopädia; a technical, biographical and historical Dictionary, referring exclusively to the military Sciences, the Memoirs of distinguished Soldiers and narratives of remarkable battles. London, W. H. Allen et Komp.

Strassenkarte vom Königreich Baiern im Massstabe 1 : 500,000. Bearbeitet und herausgegeben vom topografischen Bureau des k. baierischen General-Quartiermeister-Stabs. Kupferstich. Imp. München, Mey et Widmayer.

Strähle, k. preussischer Major, Lexikon der Schlachten, Treffen, Scharmüzel, Belagerungen etc., an denen seit der Mitte des siebzehnten Jahrhundertes kurbrandenburgische und k. preussische Truppen Theil genommen haben. Neuwied, G. A. van der Beeck, Hofbuchhändler.

Strähle, k. preussischer Major, Handbuch für Offiziere. Neuwied, van der Beeks Hofbuchhandlung.

Streffleur, Valentin, Die Armee im Felde. Erster Theil: Die Organisazion und der Geschäftsbetrieb bei der Armee im Felde, nebst der speziellen Schilderung der Organisazion des k. k. österreichischen Heeres, nach den neuesten bis zum Schluss des Jahres 1853 erflossenen Bestimmungen. Wien in Kommission bei Gress.

Sunstenau, H. Frhr., FML., Analitische Uebersicht der Kriegs-Operazionen der k. k. österreichischen Armee in Italien im Jahre 1848. Olmüz, bei Joh. Neugebauer.

Sypesteijn, Premier-Lieutenant im Genie-Korps, J. W. von, Geschiedenis van het Regiment Nederlandsche Rijdende Artillerie. Zalt Bommel. Joh. Noman en Zoon.

Taborsky v. Hirschfeld, k. k. Lieutenant, Der Manipulant, enthält die in der Kompagnie vorkommenden und für einen Transportführer nothwendigen tabellarischen Eingaben und Formularien. Für Unter-Offiziere der k. k. Fusstruppen. Olmüz (Wien Kaulfuss Witwe, Prandel und Komp.).

Tagebuch eines Soldaten (aus dem), aber keines Lanzknechtes. Leizig, Otto Wigand.

Tagebuch des Generals Patrik Gordon, während seiner Kriegsdienste unter den Schweden und Polen vom Jahre 1655 bis 1699, und seines Aufenthaltes in Russland vom Jahre 1661 bis 1699. Zum erstenmal vollständig veröffentlicht durch Dr. M. C. Posselt. 3 Bände. St. Petersburg. Leipzig, Köhler in Kommission.

Technisches Wörterbuch des Artillerie- und Geniewesens, von Emilio de Tamarit, Professor in der Militär-Administrazionsschule. Madrid. (In spanischer Sprache.)

Thadden, Sekond-Lieutenant, Instrukzion über den Schüzendienst für Unter-Offiziere und Gemeine der Infanterie, nebst einem Auszuge aus der Terrainlehre, katechetisch bearbeitet. Posen, Gebrüder Scherk.

The Steam Navies of England and france Compared, London.

The recent operations at Rangoon and Martaban. By the late Rev. Thomas Turner Baker. Caplain and Naval Instructor of H. M. Ship fox. London.

Thielen, Max., k. k. pensionirter österr. Major, Der Uebergang über den Rhein der verbündeten Haupt-Armee, unter dem Ober-Befehl des Fürsten C. Schwarzenberg am 21. Dezember 1813, nebst einem Berichte über die Ereignisse bis zum 2. Februar 1814 in Frankreich. Wien. Leop. Sommer.

Timbs, J., Wellingtoniana. Anekdoten, Meinungen, Charakterzüge von dem Herzog von Wellington. Aus dem Englischen. Nordhausen bei Adolf Büchting 1853.

Traun (Julius von der), Unter den Zelten, Soldatenlieder im Krieg und Frieden. Wien bei C. Gerold und Sohn.

Trafalgar, Geschichte der Seeschlacht von, vom königl. spanischen Kapitän D. Josa Ferrer de Couto. (In spanischer Sprache.) Madrid.

Uchatius, k. k. Artillerie-Hauptmann, Praktische Methode zur Bestimmung des Salpetergehalts im Schiesspulver. Mit 1 Tafel. Aus dem Sizungsberichte 1853 der k. Akademie der Wissenschaften. Wien, Braumüller.

Valentini, v., k. preuss. Oberstlt., Des Kriegers Wohl an Geist und Leib. Berlin, J. A. Wohlgemuth.

Vogelmann, geh. Kriegsrath, Die badische Militär-Verwaltung. Als Handbuch für Offiziere und Kriegs-Beamte und als Anleitung zu Vorlesungen für das Kadeten-Korps bearbeitet. Karlsruhe, Braun.

Vollständige Anciennitätsliste der k. preussischen Offiziere des stehenden Heeres vom General bis inklusive Premier-Lieutenant mit Angabe des Datums der Ernennung zu den höheren Chargen, nach den verschiedenen Waffengattungen zusammengestellt, von L. v. M., Major a. D. Burg bei August Hopfer.

Was sich die Offiziere im Bureau erzählten. Mittheilungen eines alten Registrators. Berlin, Mittler und Sohn.

Welden, k. k. FZM., Ludwig Frhr. v., Krieg der Oesterreicher in Italien gegen die Franzosen in den Jahren 1813 und 1814. Mit 1 Karte. Graz, Damian und Sorge.

Welden, k. k. FZM., Ludwig Frhr. v., Episoden aus meinem Leben. Graz, Damian und Sorge 1853.

Wickede, Julius von, Bilder aus dem Kriegerleben. Stuttgart bei Hallberger.

Wickede, Julius v., Ein Soldatenleben. Erinnerungen aus den napoleonischen, südamerikanischen, griechischen, spanischen und algerischen Feldzügen. 1 Th. Feldzüge in Spanien, Russland und Frankreich. Stuttgart, E. Hallberger.

Wickede, Julius v., Preussische Husaren-Geschichten. 3 Theile. Leipzig bei Herbig.

Wittich, k. preuss. Hauptmann, Zur Taktik des leichten Perkussions-Gewehres nebst darauf bezüglichen Exerzier-Uebungen. Mit Zeichnungen. Düsseldorf, Schaub'sche Buchhandlung.

Wörterbuch, Militärisches, enthaltend die Elementar-Definizionen der Kriegskunst und die technischen Ausdrüke jeder Waffe, vom k. spanischen Brigadier Louis Corsini (in spanischer Sprache). Madrid.

Zäumung mit der Kandare. Aus dem Nachlasse F. A. L. von der Marwiz auf Friedersdorf, k. preuss. GL. a. D. Mit 29 Abbildungen und 12 Tafeln. Berlin.

Zimmermann, k. preuss. Major, über die von Rohr'sche Ausbildungs-Methode der Rekruten der Infanterie und den Geist dieses Systems. Winke für alle Waffen der deutschen Bundesstaaten. 2. Auflage. Danzig, Homann.

Nachtrag.

Bei **Russland** sind unter den obwaltenden Verhältnissen einige Personal-Veränderungen eingetreten. Auch ist in Bezug der **Namen der Regimenter** Folgendes zu berichtigen:

Seite 279 1. Hus.-Reg. Inhaber „Graf v. der Pahlen."
„ 280 6. „ „ „ „FM. Graf Radetzky."
„ „ 8. „ „ „ „Prinz Friedrich Wilhelm von Preussen."
„ „ 11. „ „ „ „Grossfürst Nikolai Maximowitsch."

Bei den Uhlanen-Regimentern ist Seite 280 von dem 11. an zu lesen:

Nr. 11 Bjelgorod „E. H. Karl Ferdinand."
„ 12 Tschugujeff „General Graf Nikitinn."
„ 13 Ukrain „E. H. Leopold."
„ 14 Neu-Archangel.
„ 15 Nowogorod.
„ 16 Elisabethgrad „Grossfürstin Jekaterina Michailowna."
„ 17 Erstes kombinirtes,
„ 18 zweites kombinirtes Reserve-Uhlanen-Regiment.

Seite 281, Zeile 20 von oben ist nach „führen die Standarte" einzuschalten: 3 Junker; Zeile 21 soll es statt 1 Junker, 2 und die folgende Zeile statt 16, 17 Kombattanten, endlich in der weiter folgenden Zeile 1401 (statt 1384) Kombattanten heissen, da der Stab mit 17 zu dieser irrig angeführten Ziffer gerechnet werden muss. Dadurch erweiset sich auch bei der Berechnung der Totalstärke der Kavallerie ein allerdings nicht sehr wesentlicher Unterschied in der Hauptsumme.

Endlich ist S. 285 Zeile 28 von oben 42 statt 32 Pontons zu lesen.

FSC
www.fsc.org
MIX
Papier | Fördert gute Waldnutzung
FSC® C083411

Kolibri 360 GmbH
Ferdinand-Jühlke-Straße 7
99095 Erfurt, Deutschland
produktsicherheit@kolibri360.de